CHANYE ZHUANLI
FENXI BAOGAO

产业专利分析报告

(第68册)——人工智能关键技术

国家知识产权局学术委员会 ◎ 组织编写

| 关键技术一：计算机视觉
| 关键技术二：自然语言处理

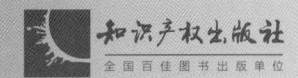

知识产权出版社
全国百佳图书出版单位

图书在版编目（CIP）数据

产业专利分析报告. 第68册，人工智能关键技术/国家知识产权局学术委员会组织编写. —北京：知识产权出版社，2019.7

ISBN 978－7－5130－6347－0

Ⅰ.①产… Ⅱ.①国… Ⅲ.①专利—研究报告—世界②人工智能—专利—研究报告—世界 Ⅳ.①G306.71②TP18

中国版本图书馆CIP数据核字（2019）第131168号

内容提要

本书是人工智能关键技术行业的专利分析报告。报告从该行业的专利（国内、国外）申请、授权、申请人的已有专利状态、其他先进国家的专利状况、同领域领先企业的专利壁垒等方面入手，充分结合相关数据，展开分析，并得出分析结果。本书是了解该行业技术发展现状并预测未来走向，帮助企业做好专利预警的必备工具书。

责任编辑：卢海鹰　王瑞璞	责任校对：潘凤越
内文设计：王瑞璞	责任印制：刘译文

产业专利分析报告（第68册）
——人工智能关键技术
国家知识产权局学术委员会◎组织编写

出版发行：知识产权出版社有限责任公司	网　　址：http://www.ipph.cn
社　　址：北京市海淀区气象路50号院	邮　　编：100081
责编电话：010－82000860转8116	责任邮箱：wangruipu@cnipr.com
发行电话：010－82000860转8101/8102	发行传真：010－82000893/82005070/82000270
印　　刷：北京嘉恒彩色印刷有限责任公司	经　　销：各大网上书店、新华书店及相关专业书店
开　　本：787mm×1092mm　1/16	印　　张：23.75
版　　次：2019年7月第1版	印　　次：2019年7月第1次印刷
字　　数：540千字	定　　价：110.00元
ISBN 978-7-5130-6347-0	

出版权专有　侵权必究

如有印装质量问题，本社负责调换。

（关键技术一）图3-2-15 人脸识别技术路线图

（正文说明见第60~63页）

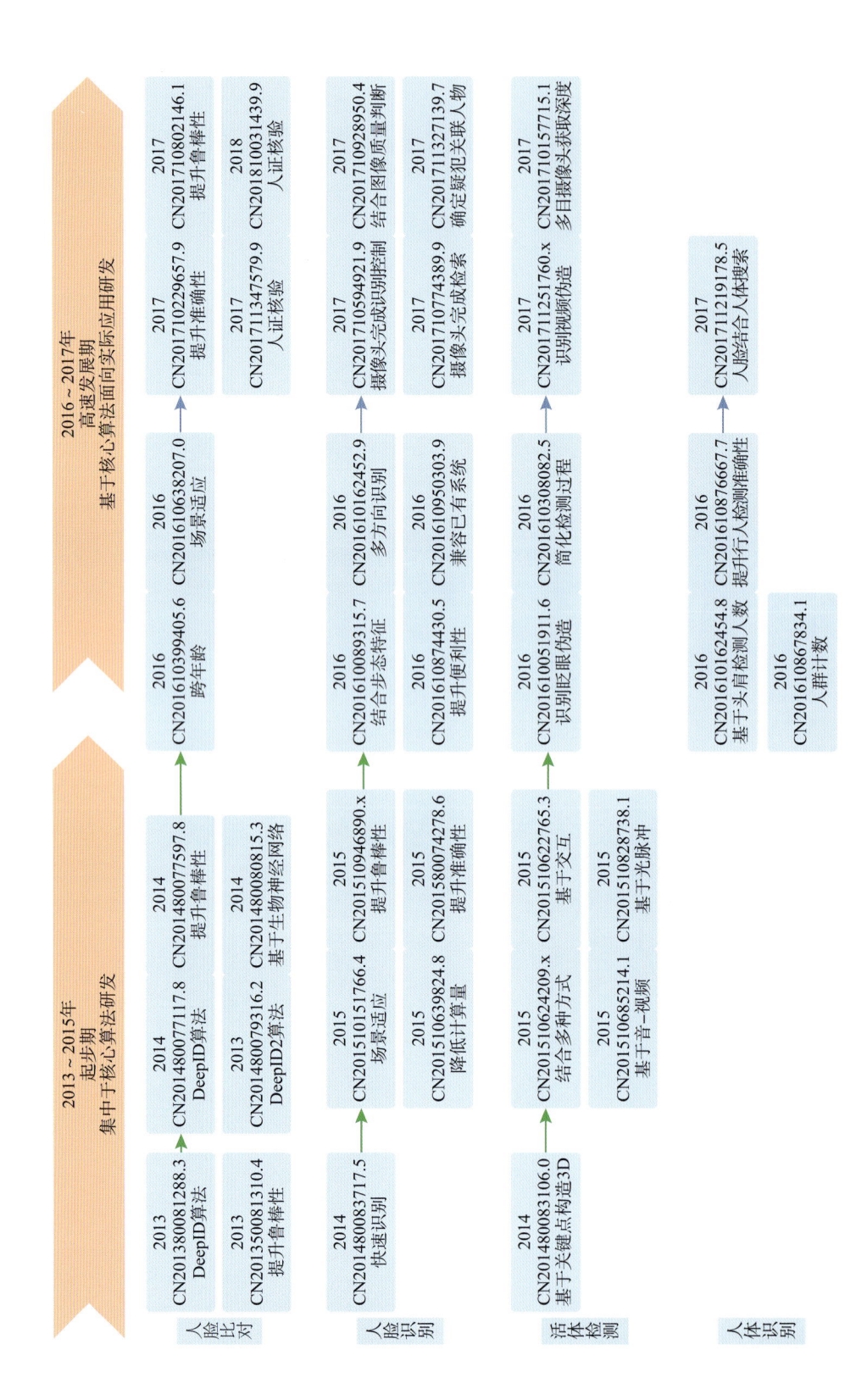

（关键技术一）图4-2-4 商汤科技核心技术路线

2013~2015年 起步期 集中于核心算法研发

人脸比对：
- 2013 CN201380081288.3 DeepID算法
- 2013 CN201350081310.4 提升鲁棒性
- 2014 CN201480077117.8 DeepID算法
- 2014 CN201480077597.8 提升鲁棒性
- 2013 CN201480079316.2 DeepID2算法
- 2014 CN201480080815.3 基于生物神经网络

人脸识别：
- 2014 CN201480083717.5 快速识别
- 2015 CN201510151766.4 场景适应
- 2015 CN201510946890.x 提升鲁棒性
- 2015 CN201510639824.8 降低计算量
- 2015 CN201580074278.6 提升准确性

活体检测：
- 2014 CN201480083106.0 基于关键点构造3D
- 2015 CN201510624209.x 结合多种方式
- 2015 CN201510622765.3 基于交互
- 2015 CN201510685214.1 基于音-视频
- 2015 CN201510828738.1 基于光脉冲

2016~2017年 高速发展期 基于核心算法面向实际应用研发

- 2016 CN201610399405.6 跨年龄
- 2016 CN201610638207.0 场景适应
- 2017 CN201710229657.9 提升准确性
- 2017 CN201710802146.1 提升鲁棒性
- 2017 CN201713475779.9 人证核验
- 2018 CN201810031439.9 人证核验

- 2016 CN201610089315.7 结合姿态特征
- 2016 CN201610162452.9 多方向识别
- 2016 CN201610874430.5 提升便利性
- 2016 CN201610950303.9 兼容已有系统
- 2017 CN201710594921.9 摄像头完成识别控制
- 2017 CN201710928950.4 结合图像质量判断
- 2017 CN201710774389.9 摄像头完成检索
- 2017 CN201711327139.7 确定疑犯关联人物

- 2016 CN201610051911.6 识别眨眼伪造
- 2016 CN201610308082.5 简化检测过程
- 2017 CN201711251760.x 识别视频伪造
- 2017 CN201710157715.1 多目摄像头求取深度

人体识别：
- 2016 CN201610162454.8 基于头肩检测人数
- 2016 CN201610876667.7 提升行人检测准确性
- 2016 CN201610867834.1 人群计数
- 2017 CN201711219178.5 人脸结合人体搜索

（正文说明见第112~113页）

(关键技术二)图5-2-2 词语级语义重要申请人专利技术分析

(正文说明见第216、218页)

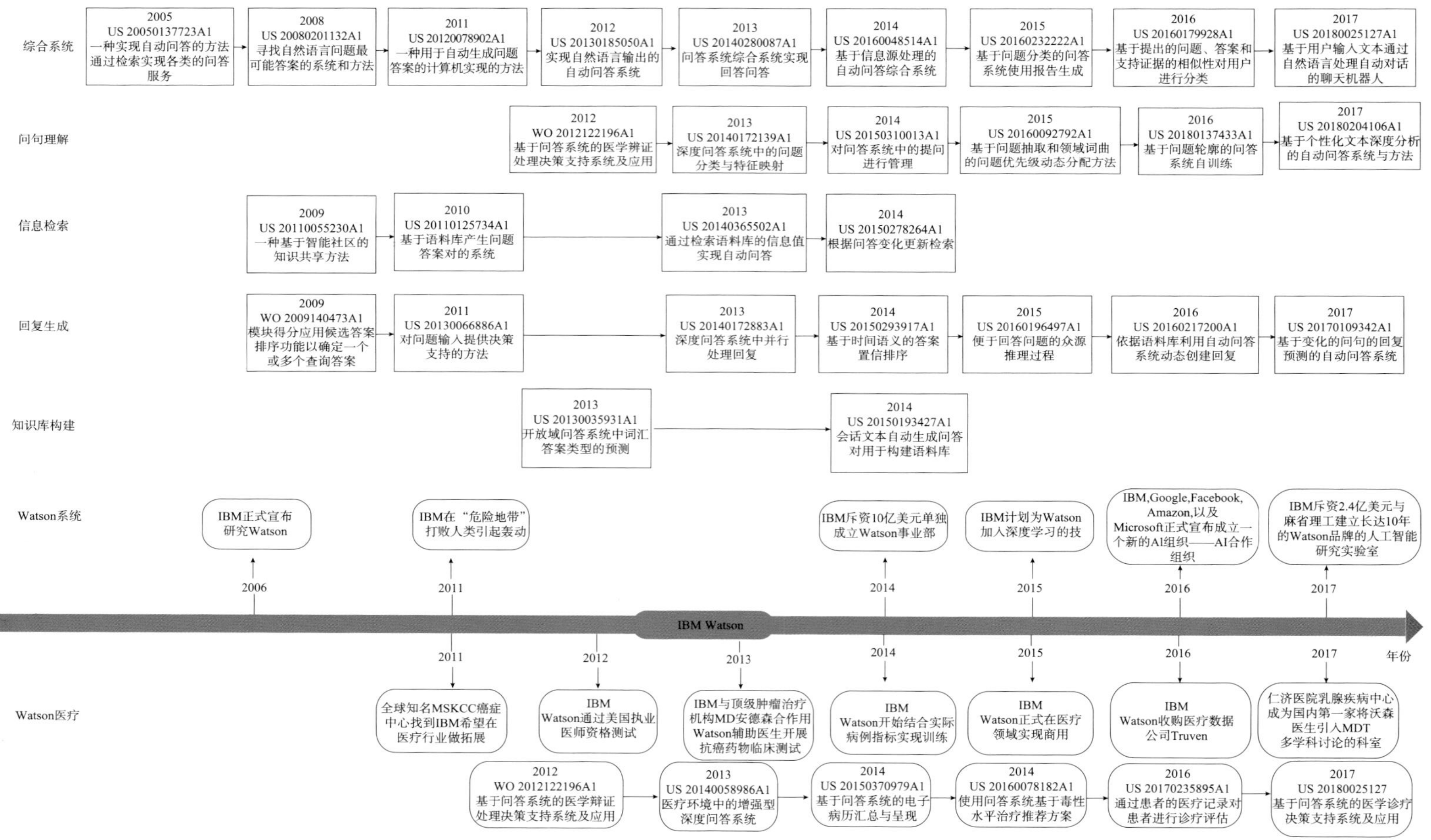

(关键技术二)图8-3-7 Watson系统和Watson医疗辅助系统的重要专利路线

(正文说明见第266～268页)

（关键技术二）图8-3-23 百度自动问答系统围绕度秘的专利技术路线图

（正文说明见第283～284页）

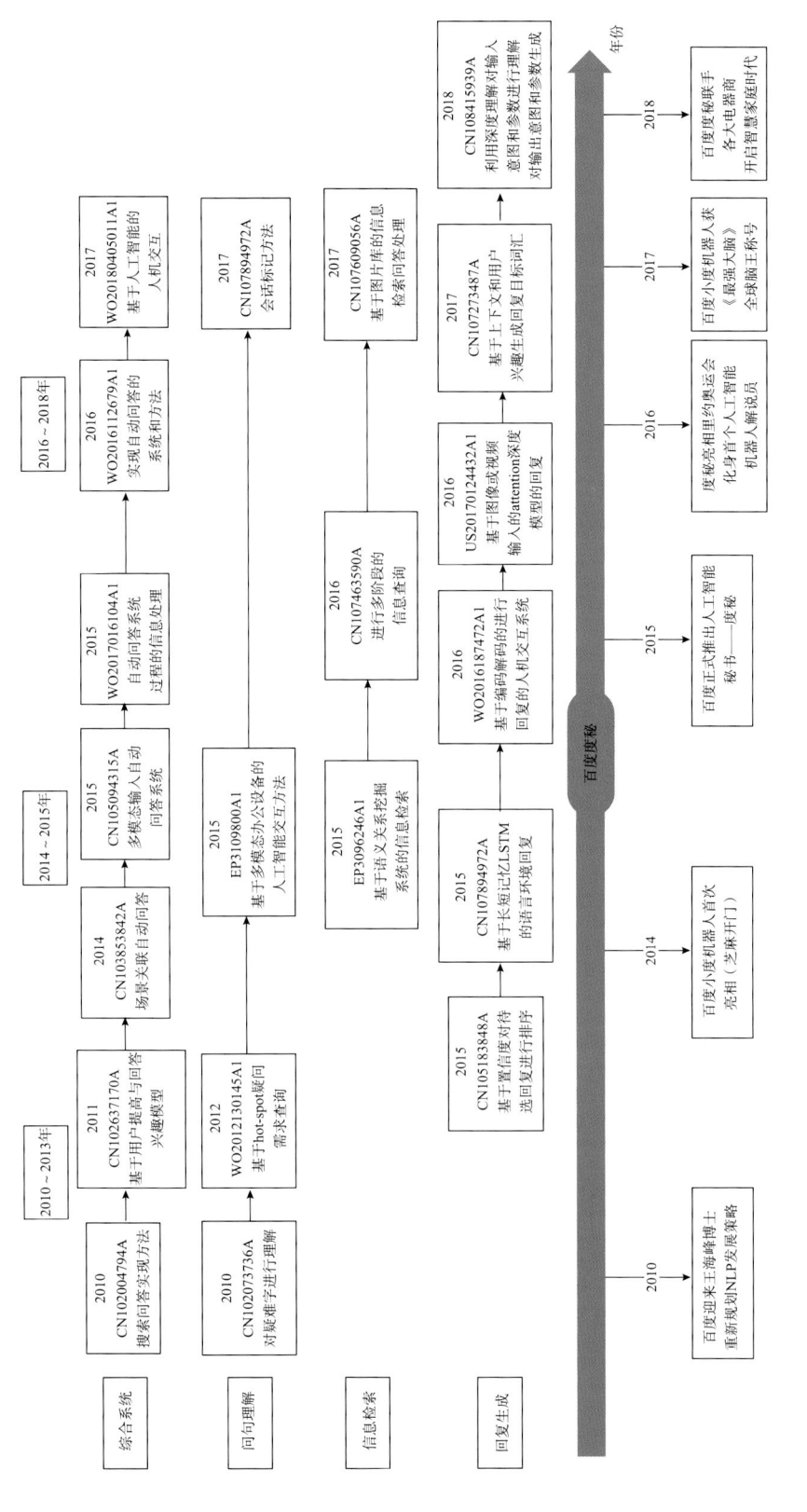

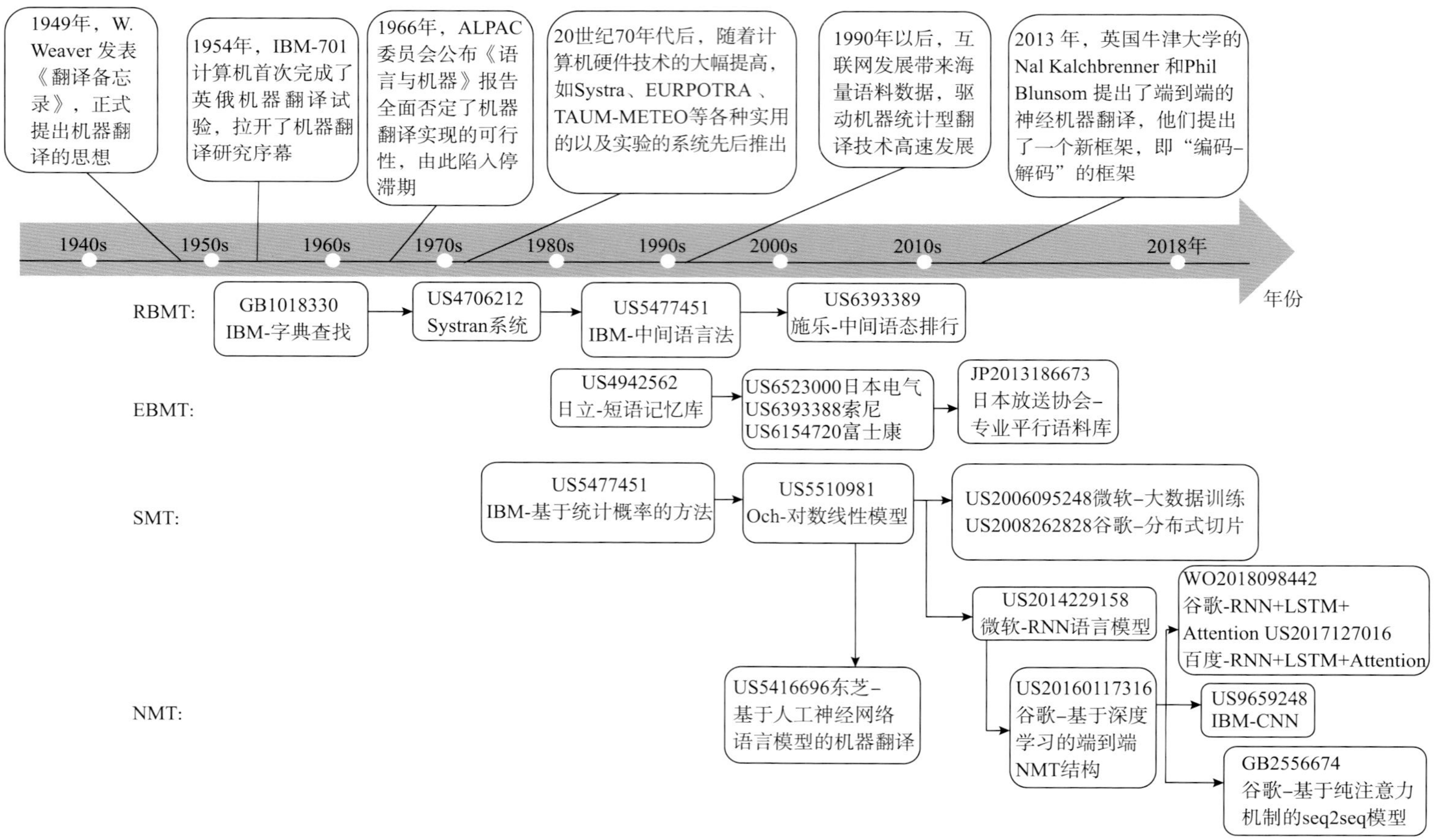

（关键技术二）图9-1-2 机器翻译系统产业及专利发展脉络

（正文说明见第292页）

编委会

主　任：贺　化

副主任：郑慧芬　雷春海

编　委：夏国红　白剑锋　刘　稚　于坤山

　　　　　郁惠民　杨春颖　张小凤　孙　琨

前　言

2018年是我国改革开放40周年，也是《国家知识产权战略纲要》实施10周年。在习近平新时代中国特色社会主义思想的引领下，为全面贯彻习近平总书记关于知识产权工作的重要指示和党中央、国务院决策部署，努力提升专利创造质量、保护效果、运用效益和管理水平，国家知识产权局继续组织开展专利分析普及推广项目，围绕国家重点产业的核心需求开展研究，为推动产业高质量发展提供有力支撑。

十年历程，项目在力践"普及方法、培育市场、服务创新"宗旨的道路上铸就品牌的广泛影响力。为了秉承"源于产业、依靠产业、推动产业"的工作原则，更好地服务产业创新发展，2018年项目再求新突破，首次对外公开申报，引导和鼓励具备相应研究能力的社会力量承担研究工作，得到了社会各界力量的积极支持与响应。经过严格的立项审批程序，最终选定13个产业开展研究，来自这些产业领域的企业、科研院所、产业联盟等25家单位或单独或联合承担了具体研究工作。组织近200名研究人员，历时6个月，圆满完成了各项研究任务，形成一批高价值的研究成果。项目以示范引领为导向，最终择优选取6项课题报告继续以《产业专利分析报告》（第65~70册）系列丛书的形式出版。这6项报告所涉及的产业包括新一代人工智能、区块链、第三代半导体、人工智能关键技术之计算机视觉和自然语言处理、高技术船舶、空间机器人，均属于我国科技创新和经济转型的核心产业。

方法创新是项目的生命力所在，2018年项目在加强方法创新的基础上，进一步深化了关键技术专利布局策略、专利申请人特点、专利产品保护特点、专利地图等多个方面的研究。例如，新一代人工智能课题组首次将数学建模和大数据分析方式引入专利分析，构建了动态的地域-技术热度混合专利地图；第三代半导体课题组对英飞凌公司的专利布局及运用策略进行了深入分析；区块链课题组尝试了以应用场景为切入点对涉及的关键技术进行了全面梳理。

项目持续稳定的发展离不开社会各界的大力支持。2018年来自社会各界的近百名行业技术专家多次指导课题工作，为课题顺利开展作出了贡献。各省知识产权局、各行业协会、产业联盟等在课题开展过程中给予了极大的支持。《产业专利分析报告》（第65~70册）凝聚社会各界智慧，旨在服务产业发展。希望各地方政府、各相关行业、相关企业以及科研院所能够充分发掘《产业专利分析报告》的应用价值，为专利信息利用提供工作指引，为行业政策研究提供有益参考，为行业技术创新提供有效支撑。

由于《产业专利分析报告》中专利文献的数据采集范围和专利分析工具的限制，加之研究人员水平有限，其中的数据、结论和建议仅供社会各界借鉴研究。

《产业专利分析报告》丛书编委会
2019年5月

项目联系人

孙　琨：62086193/13811628852/sunkun@cnipa.gov.cn

人工智能关键技术行业专利分析课题研究团队

一、项目指导
国家知识产权局：贺 化 郑慧芬 雷春海

二、项目管理
国家知识产权局专利局：张小凤 孙 琨 王 涛

三、课题组
承 担 单 位：国家知识产权局专利局专利审查协作湖北中心
课题负责人：白剑锋
课题组组长：罗 强
统 稿 人：罗 强 张 宇
主要执笔人：卜冬泉 于志辉 张 宇 许 艺 殷其亮 刘 钿
崔 金
课题组成员：卜冬泉 于志辉 张 宇 许 艺 殷其亮 刘 钿
崔 金 叶 盛 李海龙 李 根 胡 楷

四、研究分工
数据检索：张 宇 殷其亮 刘 钿 叶 盛 李海龙 李 根
崔 金 胡 楷
数据清理：罗 强 殷其亮 刘 钿 叶 盛 李海龙 李 根
崔 金 胡 楷
数据标引：于志辉 卜冬泉 张 宇 殷其亮 刘 钿 叶 盛
李海龙 李 根 崔 金 胡 楷
图表制作：许 艺 殷其亮 刘 钿 叶 盛 李海龙 李 根
崔 金 胡 楷
报告执笔：白剑锋 罗 强 于志辉 卜冬泉 张 宇 许 艺
殷其亮 刘 钿 叶 盛 李海龙 李 根 崔 金
胡 楷

报告统稿： 罗　强　张　宇

报告编辑： 许　艺

报告审校： 白剑锋　于志辉　卜冬泉

五、报告撰稿

白剑锋　主要执笔计算机视觉第 3 章第 3.2 节～第 3.3 节，参与执笔计算机视觉第 1 章～第 2 章、第 5 章

罗　强　主要执笔自然语言处理第 8 章第 8.3.1 节，参与执笔自然语言处理第 1 章～第 2 章、第 11 章、第 13 章

卜冬泉　主要执笔自然语言处理第 8 章第 8.3.4 节～第 8.4 节，参与执笔自然语言处理第 2 章、第 8 章第 8.3.1 节～第 8.3.3 节

于志辉　主要执笔自然语言处理第 11 章、第 13 章，参与执笔自然语言处理第 8 章第 8.3.4 节

张　宇　主要执笔自然语言处理第 6 章、第 8 章第 8.1 节～第 8.2 节，参与执笔自然语言处理第 3 章

许　艺　主要执笔计算机视觉第 3 章第 3.4 节，参与执笔计算机视觉第 3 章第 3.1 节、第 3 章 3.3 节、第 4 章第 4.1 节

殷其亮　主要执笔自然语言处理第 1 章～第 2 章、第 5 章，参与执笔自然语言处理第 4 章

刘　钿　主要执笔引言、计算机视觉第 1 章～第 2 章、第 3 章第 3.1 节、第 4 章第 4.1 节、第 4 章第 4.3 节、第 5 章

崔　金　主要执笔自然语言处理第 7 章、第 9 章～第 10 章、第 12 章，参与执笔自然语言处理第 5 章

李　根　主要执笔计算机视觉第 4 章第 4.2 节，参与执笔计算机视觉第 3 章第 3.2 节、第 3 章第 3.4 节、第 4 章第 4.4 节

胡　楷　主要执笔计算机视觉第 4 章第 4.4 节，参与执笔第 3 章第 3.4 节

李海龙　主要执笔自然语言处理第 3 章～第 4 章，参与执笔自然语言处理第 1 章～第 2 章

叶　盛　主要执笔自然语言处理第 8 章第 8.3.2 节～第 8.3.3 节，参与执笔自然语言处理第 8 章第 8.3.1 节、第 9 章

六、指导专家

行业专家（按姓氏字母排序）

李成华　武汉泰迪智慧科技有限公司

王　彰　科大讯飞股份有限公司

王少雨　武汉东湖新技术开发区产业发展和科技创新局

技术专家（按姓氏字母排序）

高常鑫　华中科技大学自动化学院

龚小谨　浙江大学信息与电子工程学院

李英明　浙江大学信息与电子工程学院

王梁昊　浙江大学信息与电子工程学院

专利分析专家

陈仁松　武汉市东湖高新技术开发区知识产权办公室

总目录

引　　言 / 1

关键技术一　计算机视觉 / 7

第 1 章　计算机视觉研究概况 / 13

第 2 章　计算机视觉申请趋势分析 / 17

第 3 章　计算机视觉重点应用领域专利技术分析 / 31

第 4 章　重点申请人分析 / 93

第 5 章　结论与建议 / 132

关键技术二　自然语言处理 / 137

第 1 章　自然语言处理研究概述 / 145

第 2 章　自然语言处理专利整体分析 / 155

第 3 章　词法分析专利技术分析 / 173

第 4 章　句法分析专利技术分析 / 195

第 5 章　语义分析专利技术分析 / 206

第 6 章　自然语言模型专利技术分析 / 233

第 7 章　知识图谱专利技术分析 / 242

第 8 章　自动问答系统专利技术分析 / 250

第 9 章　机器翻译专利技术分析 / 287

第 10 章　情感分析专利技术分析 / 320

第11章　信息抽取专利技术分析／326

第12章　自动摘要专利技术分析／333

第13章　主要结论／340

附录　主要申请人名称约定表／343

图索引／352

表索引／359

引 言

1.1 课题研究背景

人工智能（Artificial Intelligence，AI）是研究、开发用于模拟、延伸和扩展人类智能的理论、方法、技术及应用系统的科学。人工智能作为新一轮产业变革的核心驱动力，将进一步释放历次科技革命和产业变革积蓄的巨大能量，并创造新的强大引擎，重构生产、分配、交换、消费等经济活动各环节，形成从宏观到微观各领域的智能化新需求，催生新技术、新产品、新产业、新业态、新模式，引发经济结构重大变革，深刻改变人类生产生活方式和思维模式，实现社会生产力的整体跃升。

1.1.1 产业发展概况

从诞生至今，人工智能已有60多年发展历史，大致经历了3次浪潮。第一次浪潮为20世纪50年代末至20世纪80年代初；第二次浪潮为20世纪80年代初至20世纪末；第三次浪潮为21世纪初至今。在人工智能的前两次浪潮当中，由于技术未能实现突破性进展，相关应用始终难以达到预期效果，无法支撑起大规模商业化应用。随着信息技术快速发展和互联网快速普及，以2006年深度学习模型的提出为标志，人工智能迎来第三次高速成长。❶

（1）第一次浪潮：人工智能诞生并快速发展，但技术瓶颈难以突破

符号主义盛行，人工智能快速发展。1956~1974年是人工智能发展的第一个黄金时期。科学家将符号方法引入统计方法中进行语义处理，出现了基于知识的方法，人机交互开始成为可能。科学家发明了多种具有重大影响的算法，如深度学习模型的雏形贝尔曼公式。除在算法和方法论方面取得了新进展，科学家们还制作出具有初步智能的机器，如能证明应用题的机器STUDENT（1964年）、可以实现简单人机对话的机器ELIZA（1966年）。人工智能发展速度迅猛，以至于研究者普遍认为人工智能代替人类只是时间问题。

模型存在局限，人工智能步入低谷。1974~1980年，人工智能的瓶颈逐渐显现，逻辑证明器、感知器、增强学习只能完成指定的工作，对于超出范围的任务则无法应对。智能水平较为低级，局限性较为突出。造成这种局限的原因主要体现在两个方面：

---

❶ 2016年中国人工智能产业专题研究报告［EB/OL］.（2017-04-05）［2018-03-02］. http：//www.199it.com/archives/579400.html.

一是人工智能所基于的数学模型和数学手段被发现具有一定的缺陷;二是很多计算的复杂度呈指数级增长,依据现有算法无法完成计算任务。先天的缺陷是人工智能在早期发展过程中遇到的瓶颈,研发机构对人工智能的热情逐渐冷却,对人工智能的资助也相应被缩减或取消,人工智能第一次步入低谷。

(2) 第二次浪潮:模型突破带动初步产业化,但推广应用存在成本障碍

数学模型实现重大突破,专家系统得以应用。进入20世纪80年代,人工智能回到了公众的视野当中。人工智能相关的数学模型取得了一系列重大发明成果,其中包括著名的多层神经网络(1986年)和BP反向传播算法(1986年)等。这进一步催生了能与人类下象棋的高度智能机器(1989年)。其他成果包括通过人工智能网络来实现自动识别信封上邮政编码的机器,精度可达99%以上,已经超过普通人的水平。与此同时,卡耐基·梅隆大学为DEC公司制造出了专家系统(1980年)。这个专家系统可帮助DEC公司每年节约4000万美元左右的费用,特别是在决策方面能提供有价值的内容。受此鼓励,很多国家包括日本、美国都再次投入巨资开发所谓第5代计算机(1982年),当时叫作人工智能计算机。

成本高且难维护,使得人工智能再次步入低谷。为推动人工智能的发展,研究者设计了LISP语言,并针对该语言研制了LISP计算机。该机型指令执行效率比通用型计算机更高,但价格昂贵且难以维护,始终难以大范围推广普及。与此同时,1987~1993年,苹果和IBM开始推广第一代台式机。随着性能的不断提升和销售价格的不断降低,这些个人电脑逐渐在消费市场上占据了优势,越来越多的计算机走入个人家庭,价格昂贵的LISP计算机由于古老陈旧且难以维护逐渐被市场淘汰,专家系统也逐渐淡出人们的视野,人工智能硬件市场出现明显萎缩。同时,政府经费开始下降,人工智能又一次步入低谷。

(3) 第三次浪潮:信息时代催生新一代人工智能,但未来发展存在诸多隐忧

新兴技术快速涌现,人工智能发展进入新阶段。随着互联网的普及、传感器的广泛应用、大数据的涌现、电子商务的发展、信息社区的兴起,数据和知识在人类社会、物理空间和信息空间之间交叉融合、相互作用,人工智能发展所处信息环境和数据基础发生了巨大而深刻的变化。这些变化构成了驱动人工智能走向新阶段的外在动力。与此同时,人工智能的目标和理念出现重要调整,科学基础和实现载体取得新的突破,类脑计算、深度学习、强化学习等一系列的技术萌芽也预示着内在动力的成长,人工智能的发展已经进入一个新的阶段。[1]

人工智能水平快速提升,人类面临潜在风险。得益于数据量的快速增长、计算能力的大幅提升以及机器学习算法的持续优化,新一代人工智能在某些给定任务中已经展现出达到或超越人类的工作能力,并逐渐从专用型智能向通用型智能过渡,有望发展为抽象型智能。随着应用范围的不断拓展,人工智能与人类生产生活联系得越发紧

---

[1] 中国人工智能的未来之路 [EB/OL]. (2017-03-01) [2018-03-05]. http://www.cbdio.com/BigData/2017-05/08/content_ 5512576. htm.

密，一方面给人们带来诸多便利，另一方面也产生了一些潜在问题：一是加速机器换人，结构性失业可能更为严重；二是隐私保护成为难点，数据拥有权、隐私权、许可权等界定存在困难。

当前，随着移动互联网、大数据、云计算等新一代信息技术的加速迭代演进，人类社会与物理世界的二元结构正在进阶到人类社会、信息空间和物理世界的三元结构，人与人、机器与机器、人与机器的交流互动越发频繁。人工智能发展所处的信息环境和数据基础发生了深刻变化，越发海量化的数据、持续提升的运算力、不断优化的算法模型、结合多种场景的新应用已构成相对完整的闭环，成为推动新一代人工智能发展的四大要素。❶❷

1.1.2 相关政策支撑

人工智能的迅速发展已成为国际竞争的新焦点。世界主要发达国家把发展人工智能作为提升国家竞争力、维护国家安全的重大战略，加紧出台规划和政策，围绕核心技术、顶尖人才、标准规范等强化部署，力图在新一轮国际科技竞争中掌握主导权（参见表1）。

表1 主要国/组织人工智能战略规划节选

国家/组织	年份	机构	政策名称
美国	2016	美国国家科技委员会	国家人工智能研究和发展战略计划
	2016	美国国家科技委员会	为未来人工智能做好准备
	2017	美国国会	自动驾驶法案
	2017	美国信息产业理事会	人工智能政策原则
	2018	美国战略与国际研究中心	美国国家机器智能战略
英国	2016	科学技术委员会	机器人技术与人工智能
	2016	科学办公室	人工智能对未来决策的计划和影响
	2017	商业、能源与产业战略部	在英国发展人工智能
	2018	商业、能源与产业战略部	产业战略：人工智能领域行动
日本	2016	总务省	日本下一代人工智能促进战略
	2017	学术振兴会	人工智能产业化路线图
欧盟	2018	欧盟委员会	欧盟人工智能

---

❶ 中信证券，人工智能：扬帆未知的蓝海［EB/OL］．（2016-04-22）［2018-03-05］．http：//stock.10jqka.com.cn/20160422/c589435408.shtml.

❷ Understand the extensive artificial in-telligence landscape［EB/OL］.（2016-03-01）［2016-03-28］.http：//www.venturescan-ner.com/artificia-intelligence.

续表

国家/组织	年份	机构	政策名称
中国	2015	国务院	《国务院关于积极推进"互联网+"行动的指导意见》
	2016	国务院	《"互联网+"人工智能三年行动实施方案》
	2017	国务院	《新一代人工智能发展规划》
	2017	工业和信息化部	《促进新一代人工智能产业发展三年行动计划（2018—2020年）》

1.1.3 产业技术分解

人工智能从产业链来看包括底层的基础资源层、中间的技术支撑层和顶层的行业应用。基础设施包括大数据资源、芯片等硬件和云计算支持，中间层包括计算机视觉技术、自然语言处理技术和语音识别技术，顶层包括针对各种场景下的具体智能硬件和智能应用，本报告针对中间层中的计算机视觉技术和自然语言处理技术进行研究，具体技术分解见表2。

表2 人工智能关键技术分解表

研究主题	一级分支	二级分支	三级分支	四级分支
人工智能关键技术	自然语言处理	基础技术	词法分析	分词
				词性标注
				命名实体识别
			句法分析	句法结构分析
				依存关系分析
			语义分析	词语级语义分析
				句子级语义分析
				篇章级语义分析
			自然语言模型	—
			知识图谱	—
	自然语言处理	应用技术	自动问答	分类方式
				技术构成与效果
			机器翻译	基于规则（RBMT）
				基于实例（EBMT）
				基于统计（SMT）
				基于神经网络（NMT）
			情感分析	—
			信息提取	—
			自动摘要	—

续表

研究主题	一级分支	二级分支	三级分支	四级分支
人工智能关键技术	计算机视觉	基础技术	图像技术	图像处理
				图像分割
				图像识别
				物体定位
			视频技术	目标跟踪
				三维建模
				视频结构化
		应用技术	智能安防	—
			医疗影像	—
			智能汽车	—
			金融安全	—
			智慧交通	—
			互联网娱乐	—
			工业机器人	—

1.1.4 关键技术选取

本报告选择计算机视觉和自然语言处理两个技术作为关键技术进行分析研究，分别从基础技术及其应用技术两个方向进行专利分析。

1.2 课题研究方法及相关约定

1.2.1 数据检索

1.2.1.1 数据来源

本报告数据所使用的检索系统包括国家知识产权局专利检索与服务系统（以下简称"S系统"）、Patentics、Incopat 和 Patsnap 数据库，其中中文的专利数据主要采用 S 系统的 CNABS 数据库进行检索，外文专利数据主要采用 S 系统的 DWPI 数据库进行检索，并将 Patentics、Incopat 和 Patsnap 数据库作为补充。非专利检索工具包括中国知识资源总库（CNKI）、Web of Science、Bing 检索、百度搜索和谷歌搜索。

1.2.1.2 数据检索方法

数据采集阶段包括制订检索策略、进行专利检索、同专家讨论。其中专利检索经过多次不同角度反复校验，在专利数据尽可能查全查准的基础上力求减少噪声专利，再进行数据清洗和数据标引，来确保检索数据的完整性和准确性。

本报告中计算机视觉相关专利的检索范围为 2004 年 1 月 1 日至 2018 年 8 月 31 日，

自然语言处理相关专利检索时间范围为 1971 年 1 月 1 日至 2018 年 8 月 31 日。

1.2.1.3 数据去噪方法

本课题采用人工逐篇去噪和统计分析去噪两种方法。针对重点技术和重点申请人的专利进行逐篇阅读去除噪声，对于非重点技术和非重点申请人通过统计 IPC 分类号和关键词，进行筛选去除噪声。

1.2.1.4 查全、查准评估

查全率的评估方法通过从应用和技术两个方面分别进行检索—评估—检索的循环检索过程，对关键词、分类号、重点申请人、发明人、引证/引用文件的扩展，从多角度全方位构建查全样本集合。

查准率是在检索集合中选取一定数量的专利文献作为母样本，对母样本中的专利进行人工筛选，得到另一个子样本，评估该子样本在查全样本集合中存在的概率。

1.2.2 相关事项和约定

为便于读者阅读本报告，准确理解其中相关数据与术语的含义，在此，特对本报告中各章可能涉及的共性问题作如下统一说明与约定，并对本报告中出现的一些专利术语或者现象给出解释。

项：同一项发明可能在多个国家或者地区提出专利申请，DWPI 数据库将这些相关的多件申请作为一条记录收录。在进行专利申请数量统计时，对于数据库中以一族（这里的族指的是同族专利中的族）数据出现的一系列专利文献，计算为 1 项。一般情况下，专利申请的项数对应于技术的数目。

件：在进行专利申请数量统计时，例如，为了分析申请人在不同国家、地区或者组织所提出的专利申请的分布情况，将同族专利申请分开进行统计，所得到的结果对应于申请的件数。1 项专利申请可能对应于 1 件或者多件专利申请。

全球申请：申请人在全球范围内向各专利局提出的专利申请。

中国申请：申请人向中国国家知识产权局提出的专利申请。

国内申请：中国申请人向中国国家知识产权局提出的专利申请。

国外来华申请：外国申请人向中国国家知识产权局提出的专利申请。

图标数据约定：数据检索日期截至 2018 年 8 月。由于专利数据公开有时间要求，因此 2017 年或 2018 年数据不完整而不能完全代表真正的专利申请趋势，因此，在与年份有关的趋势图中未全部给出，该图表在相应年份不具备确切的代表性。

关键技术一

计算机视觉

中國書畫

目　录

第 1 章　计算机视觉研究概况 / 13
　　1.1　研究背景 / 13
　　1.2　产业发展概况 / 13
　　　　1.2.1　产业历程 / 13
　　　　1.2.2　产业现状 / 15
　　1.3　研究方法 / 16
　　　　1.3.1　技术分解 / 16
　　　　1.3.2　数据检索和处理 / 16

第 2 章　计算机视觉申请趋势分析 / 17
　　2.1　全球申请态势分析 / 17
　　　　2.1.1　全球专利申请趋势分析 / 17
　　　　2.1.2　全球专利申请区域分析 / 17
　　　　2.1.3　全球主要申请人分析 / 19
　　2.2　中国专利申请态势分析 / 20
　　　　2.2.1　中国专利申请趋势分析 / 20
　　　　2.2.2　中国主要申请人分析 / 20
　　　　2.2.3　中国专利申请区域分析 / 21
　　2.3　计算机视觉技术主题分析 / 22
　　　　2.3.1　技术类主题分布分析 / 22
　　　　2.3.2　应用类主题分布分析 / 25
　　2.4　小　结 / 29

第 3 章　计算机视觉重点应用领域专利技术分析 / 31
　　3.1　智能网联汽车领域 / 31
　　　　3.1.1　全球专利申请分析 / 31
　　　　3.1.2　中国专利申请分析 / 37
　　　　3.1.3　重点技术路线分析 / 40
　　　　3.1.4　重要专利技术分析 / 40
　　　　3.1.5　小　结 / 48
　　3.2　智能安防领域 / 48
　　　　3.2.1　全球专利申请分析 / 49
　　　　3.2.2　中国专利申请分析 / 57

3.2.3 重点技术路线分析 / 60
3.2.4 重要专利技术分析 / 63
3.2.5 小　结 / 64
3.3 医疗影像领域 / 65
3.3.1 全球专利申请分析 / 65
3.3.2 中国专利申请分析 / 70
3.3.3 重点技术路线分析 / 73
3.3.4 重要专利技术分析 / 73
3.3.5 小　结 / 80
3.4 金融安全领域 / 80
3.4.1 全球专利申请分析 / 81
3.4.2 中国专利申请分析 / 88
3.4.3 小　结 / 91

第4章　重点申请人分析 / 93
4.1 Mobileye / 93
4.1.1 公司简介 / 93
4.1.2 专利概况分析 / 93
4.1.3 技术主题分析 / 95
4.1.4 技术路线分析 / 97
4.1.5 产品专利分析 / 101
4.1.6 发明团队分析 / 102
4.2 商汤科技 / 104
4.2.1 公司简介 / 104
4.2.2 专利概况分析 / 104
4.2.3 技术路线分析 / 112
4.2.4 重要专利分析 / 113
4.2.5 发明团队分析 / 115
4.2.6 申请策略分析 / 117
4.3 旷视科技 / 117
4.3.1 公司简介 / 117
4.3.2 专利概况分析 / 118
4.3.3 技术主题分析 / 120
4.3.4 技术路线分析 / 123
4.4 西门子 / 125
4.4.1 公司简介 / 125
4.4.2 与腾讯对标比较分析 / 127
4.4.3 与联影医疗对标比较分析 / 130

第 5 章　结论与建议 / 132
　　5.1　结　论 / 132
　　　5.1.1　专利态势分析结论 / 132
　　　5.1.2　重点技术分析结论 / 133
　　　5.1.3　重要申请人分析结论 / 133
　　5.2　建　议 / 134

第1章　计算机视觉研究概况

1.1　研究背景

计算机视觉作为人工智能的关键性、基础性应用技术，已成为社会各界的关注重点。计算机视觉是使用计算机及相关设备对生物视觉的一种模拟，通过电子化的方式来感知和认知影像。目前计算机视觉以感知为主，包括检测、跟踪、识别、重建等，同时也在认知方向探索研究，包括描述、关系等。计算机视觉赋予机器感知和认知世界的功能，是人工智能的一类基础性应用技术，与语音识别、自然语言处理共同构成了人工智能的三个关键应用技术。

国务院于2017年7月印发《新一代人工智能发展规划》，其中明确了研究超越人类视觉能力的感知获取、面向真实世界的主动视觉感知及计算，重点突破高能效、可重构类脑计算芯片和具有计算成像功能的类脑视觉传感器技术，研发具有自主学习能力的高效能类脑神经网络架构和硬件系统，实现具有多媒体感知信息理解和智能增长、常识推理能力的类脑智能系统。

本部分旨在研究全球及我国在计算机视觉领域的专利态势和专利技术发展脉络，为我国企业进行专利布局提供指导意见。

1.2　产业发展概况

1.2.1　产业历程

如图1-2-1所示，计算机视觉技术发展大致经历了两大阶段：第一阶段（1966~2006年），人们通过对经验归纳提取，寻找合适的特征来认定计算机视觉识别逻辑，但由于无法穷举各种复杂情境，这种人为设定的计算机视觉有很大局限性。1966年，人工智能学家马文·明斯基（Marvin Minsnkey）给学生布置了一道作业——写出程序让计算机了解其连接的摄像头看到了什么，由此开启了计算机视觉的研究。20世纪70年代，研究者尝试从二维图像中构建三维结构，并在此基础上进行图像理解和判断。20世纪80年代，逻辑学和知识库推理逐渐成为主流，研究者通过将物品转化成先验表征，然后和计算机看到的物品图像进行匹配。20世纪90年代，统计方法出现促使图像识别聚焦于物体最本质的一些局部特征，建立特征索引进行物品识别，大大提高匹配的精度。第二阶段（2006年至今），深度学习的出现让识别逻辑变为自主学习设定，图像识别准确率得到极大提升。同时大数据和计算

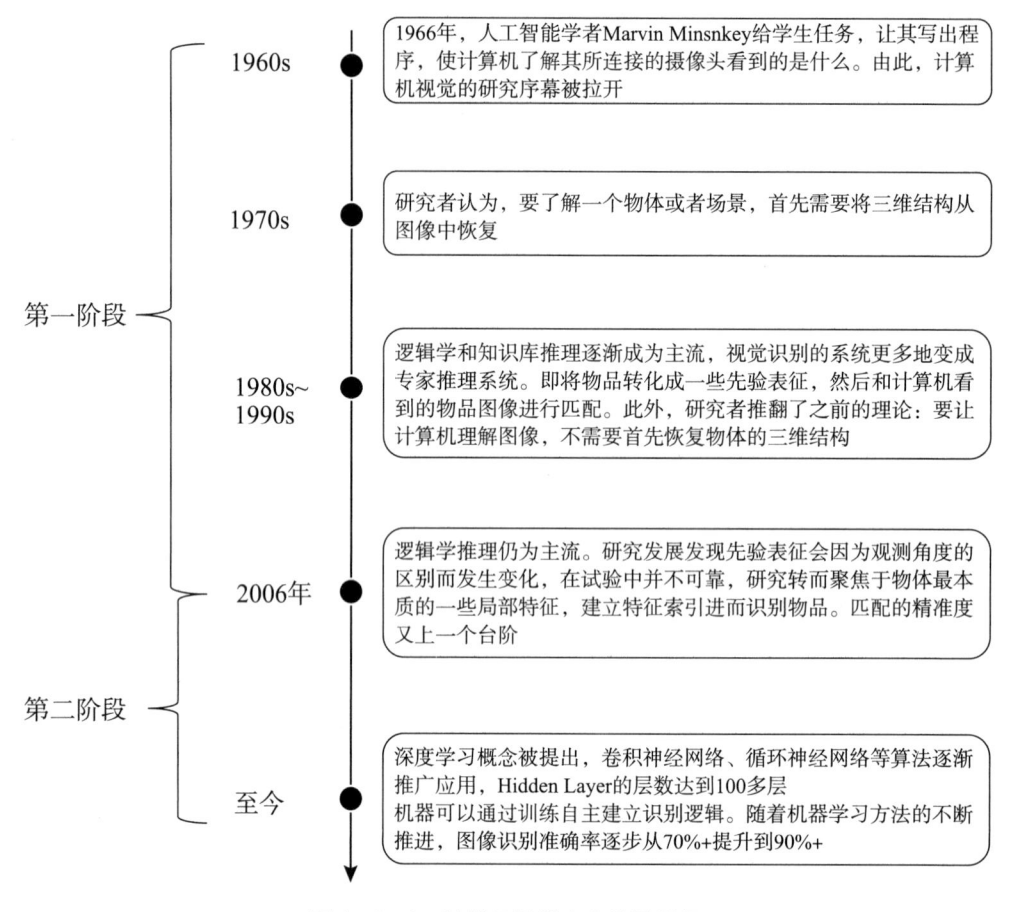

```
                          ┌─ 1966年，人工智能学者Marvin Minsnkey给学生任务，让其写出程
              1960s   ●───┤  序，使计算机了解其所连接的摄像头看到的是什么。由此，计算
                          └─ 机视觉的研究序幕被拉开

              1970s   ●───┬─ 研究者认为，要了解一个物体或者场景，首先需要将三维结构从
    第一阶段              └─ 图像中恢复

                          ┌─ 逻辑学和知识库推理逐渐成为主流，视觉识别的系统更多地变成
              1980s~      │  专家推理系统。即将物品转化成一些先验表征，然后和计算机看
              1990s   ●───┤  到的物品图像进行匹配。此外，研究者推翻了之前的理论：要让
                          └─ 计算机理解图像，不需要首先恢复物体的三维结构

                          ┌─ 逻辑学推理仍为主流。研究发展发现先验表征会因为观测角度的
                          │  区别而发生变化，在试验中并不可靠，研究转而聚焦于物体最本
              2006年  ●───┤  质的一些局部特征，建立特征索引进而识别物品。匹配的精准度
                          └─ 又上一个台阶
    第二阶段

                          ┌─ 深度学习概念被提出，卷积神经网络、循环神经网络等算法逐渐
                          │  推广应用，Hidden Layer的层数达到100多层
              至今    ●───┤  机器可以通过训练自主建立识别逻辑。随着机器学习方法的不断
                          └─ 推进，图像识别准确率逐步从70%+提升到90%+
```

图 1-2-1 计算机视觉产业发展历程

机硬件技术的飞跃式发展，也促使计算机视觉进入崭新阶段。[1]

数据量、算法和运算力是影响计算机视觉产业发展的三大要素。海量优质的应用场景数据是实现精准识别的第一步。2000 年以来，得益于互联网、社交媒体、移动设备和传感器，全球数据达到 ZB 级别（1ZB 约为 10 亿 GB），为通过深度学习来训练计算机视觉技术提供有利基础。深度学习算法为计算机视觉的发展开启了一个崭新的时代。2006 年，Hinton 等人提出深度学习算法实现了识别逻辑由人为设定变为自学习建立，极大提高了图像识别精准度。目前，图像识别比赛 ImageNet 中利用深度学习的算法将识别错误率已降低至 3%，已经超过了人眼（参见图 1-2-2）。云计算的普及和 GPU 的广泛使用，极大提升了运算效率。IDC 报告显示，数据基础设施成本正在迅速下降，从 2010 年的每单位 9 美元下降到了 2015 年的 0.2 美元。

---

[1] 机器之眼，看懂世界：计算机视觉行业研究报告 [EB/OL]. (2016-09-08) [2018-03-02]. https://36kr.com/p/5052556.html.

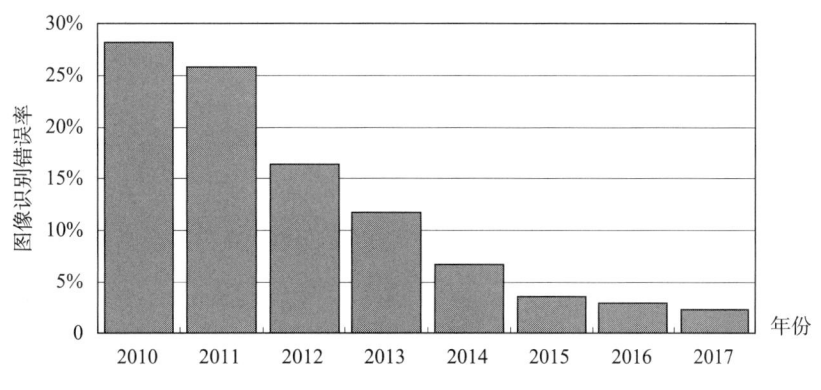

图 1-2-2　2010~2017 年 ImageNet 图像识别错误率

1.2.2　产业现状

艾媒咨询（iMedia Research）数据显示，2017 年中国计算机视觉市场规模为 68 亿元，预计 2020 年市场规模达到 780 亿元，年均复合增长率达 125.5%。2017 年来计算机视觉行业在政策、资本、技术等各方面都受到良好待遇，消费者在安全和效率需求也不断提升，计算机视觉技术在各行业应用能有效满足人们需求，市场发展空间巨大。[1]

在良好政策环境下计算机视觉技术日渐成熟，企业商业化落地能力不断提高，未来计算机视觉市场规模将迎来突破性发展。国内计算机视觉创业热度递增，根据 IT 桔子数据显示，国内计算机视觉领域共有 442 家企业，共 561 起投资，总投资额为 692 亿元。与此同时，巨头和创业公司也相继投入资源和成本进行商业化探索，计算机视觉产业成为人工智能最热细分行业。但技术本身尚有足够大的成长空间，当前仍处于早期阶段。

目前，国内人工智能领域的产业发展还较为青涩，核心基础设施层面较为依赖国外市场，但也因市场变革期而存在大量弯道超车的机会，出现了大量创业型公司；技术服务层面多以创业公司为主，且有能力与大厂商一同探索推进 AI 技术的研究升级，倒逼基础设施升级与拓展行业应用场景的关键环节；行业应用层则多点开花，既有致力于无人驾驶、无人机等创新产品研发的企业，也有将人工智能技术与传统行业结合，影响行业变革（诸如安全、医疗、金融等）的企业。

综上可以看出，创业公司以多点垂直化企业服务为切入点，国内外巨头一方面利用资源优势积极进行底层架构建设，并将技术广泛应用到已有的产品升级中；另一方面利用资金优势大量收购优秀的技术和数据创业公司，迅速弥补技术短板、数据短板和人才短板。与此同时，巨头们还热衷于创新前沿产品的研发，以及搭建开源平台帮助创业公司迅速起步，持续不断地提升业内影响力。

目前计算机视觉产业细分程度不足，市场还处于早期探索阶段。计算机视觉创业

---

[1] 2017 年中国计算机视觉行业研究报告［EB/OL］.（2017-12-08）［2018-03-08］. http://www.199it.com/archives/661318.html.

投资成本巨大，行业壁垒高，对行业痛点的洞察以及对产品性价比的控制是影响行业商业变现的关键因素。计算机的识别广度和深度还有巨大的提升空间，因此数据量需求将激增，预计未来5~10年会是行业应用的密集渗透期。

1.3 研究方法

1.3.1 技术分解

通过前期调研、技术研究和专利数据检索等多方面的反复论证与修改，综合考虑到计算机视觉商业应用情况和学科上技术分类方法以及专利检索的可行性，最终将计算机视觉技术从产业应用和技术环节两个角度进行分解。虽然计算机视觉技术已有50年的技术研究积累，但自2006年提出深度学习概念以来进入一个崭新的时代，呈现出新的特点，因此本部分是针对2006年以后的计算机视觉相关的专利进行分析研究。在产业应用领域方面，根据目前计算机视觉的行业发展热点和趋势，选择智能安防、医疗影像、智能网联汽车、金融安全、智慧交通、互联网娱乐和工业机器人7个领域；在具体技术方面，技术分支不求全面覆盖，着重分析行业当前关注点和未来重点方向，将计算机视觉分为图像技术和视频技术两大分支，图像技术涉及图像处理、图像分割、图像识别和物体定位4个细分分支，视频技术涉及目标跟踪、三维建模和视频结构化3个细分分支（参见图1-3-1）。

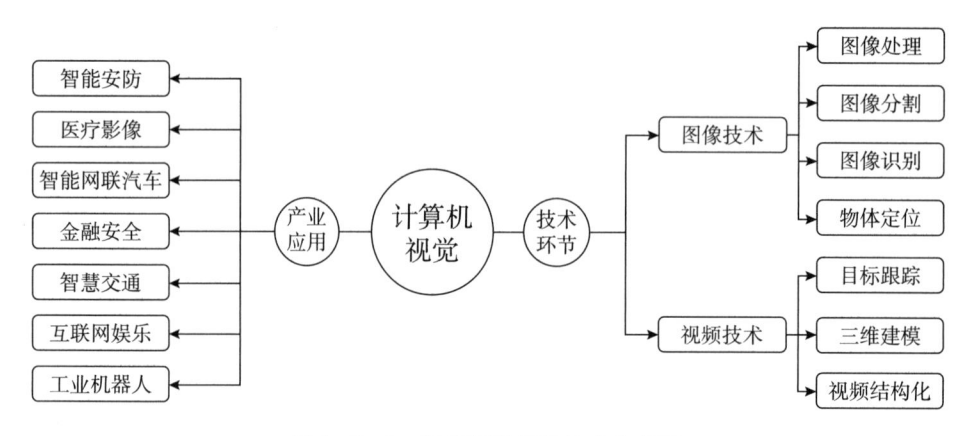

图1-3-1 计算机视觉的技术分支图

1.3.2 数据检索和处理

本部分的专利检索策略分别从产业应用领域和具体技术方向针对计算机视觉技术进行检索，同时通过产业数据和专利数据确定全球重要申请人，分别针对重要申请人进行单独检索。将产业应用领域、具体技术方向和重要申请人的计算机视觉专利进行去重合并，形成计算机视觉完整数据集。对重要申请人、重要技术分支和重要应用领域分支的专利进行人工阅读标引，对其余技术分支的专利采用批量标引。

第 2 章　计算机视觉申请趋势分析

2.1　全球申请态势分析

2.1.1　全球专利申请趋势分析

（1）技术萌芽期（2006~2011年）

2006 年 Hinton 在《科学》（Science）期刊上发表了关于深度神经网络的论文——以神经网络降低数据维数（Reducing the Dimensionality of Data with Neural Networks），指出多隐层神经网络具有更为优异的特征学习能力，并且其在训练上的复杂度可以通过逐层初始化来有效缓解，从而提出了深度学习概念。但该论文并未引起产业界的足够重视，2006~2011 年，全球的计算机视觉专利申请量维持在 200~300 项/年。

（2）技术发展期（2012~2016年）

2012 年，Hinton 课题组为了证明深度学习的潜力，参加 ImageNet 图像识别比赛。其通过构建的深度学习网络 AlexNet 将图像识别错误率降低了 10%，成为影响人工智能进程的里程碑事件。此后，媒体大量宣传报道人工智能，学术界和产业界也纷纷探索将深度学习融入计算机视觉技术中，计算机视觉技术在智能安防等领域开始探索商业化，全球专利申请量开始呈指数增长。

（3）技术应用期（2017年至今）

2017 年是计算机视觉技术专利申请爆发年，全球专利年申请量突破 6000 项。计算机视觉技术已成功运用于智能安防、消费娱乐等领域，技术应用带动专利申请量高涨。随着各国的政策激励，计算机视觉技术在未来几年将会保持持续的快速增长趋势（参见图 2-1-1）。

2.1.2　全球专利申请区域分析

2.1.2.1　全球专利布局来源国家或地区分析

图 2-1-2 是全球计算机视觉技术的专利申请技术来源（按最早优先权国家或地区）的分布图。中国和美国是计算机视觉的技术创新的两大中心，两国专利申请量占专利申请总量的 88%，其中，有 63% 的专利申请来自中国，这一数量约为第二位美国的 2.5 倍，是第三位韩国的 10 倍。据统计，自 2000 年以来，全球新增人工智能企业数量 8107 家，近 5 年新增企业 5154 家，美国企业数占总人工智能企业数量的 26.19%，中国占 23.7%。人工智能技术被誉为可能掀起下一波工业革命的技术，多国已经把发展人工智能作为提升国家竞争力、维护国家安全的重大战略。中美两国尤其重视，围

绕核心技术、顶尖人才、标准规范等强化部署,力图在新一轮国际科技竞争中掌握主导权。

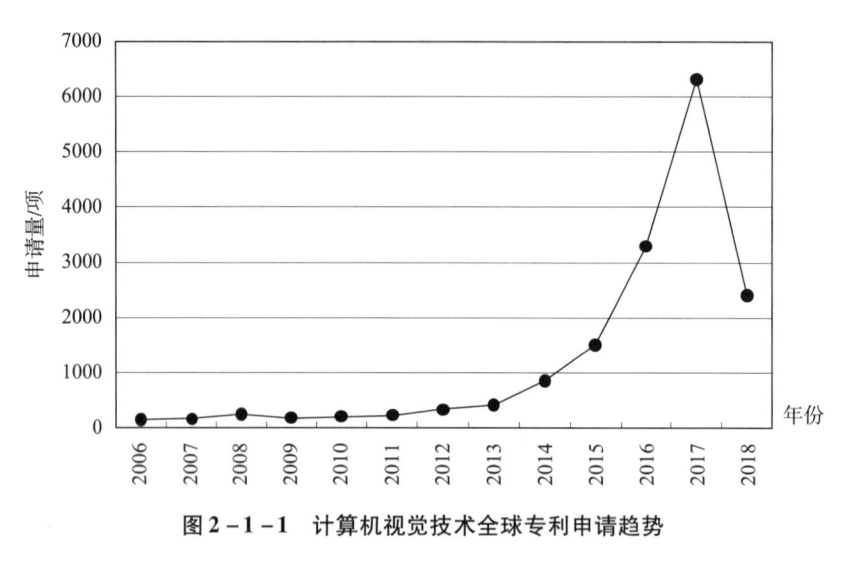

图 2-1-1 计算机视觉技术全球专利申请趋势

2.1.2.2 全球专利布局目标国家或地区分析

如图 2-1-3 所示,与全球专利申请来源国家或地区相比,中国不仅是计算机视觉技术领域的最大专利申请目标国,而且专利申请量占比为 68%。美国、韩国和日本的专利申请量占比分别是 22%、4% 和 3%。中国较为开放的市场环境、巨大的市场需求和海量的数据资源吸引了各国创新主体。

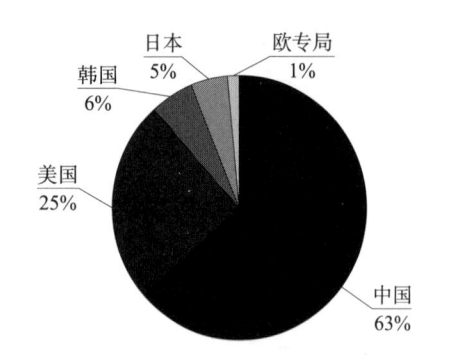

图 2-1-2 计算机视觉技术全球专利申请来源国家或地区

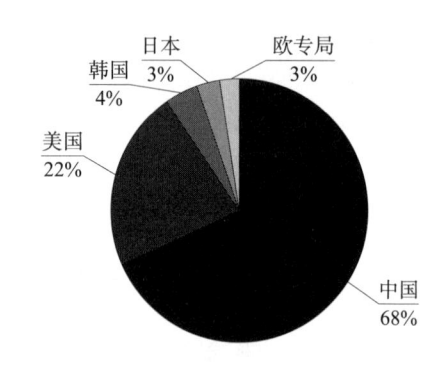

图 2-1-3 计算机视觉技术全球专利申请目标国家或地区

从表 2-1-1 所示的计算机视觉专利申请流向分布来看,在中国布局的专利绝大部分来自本土,然而美国有 400 余件专利进入了中国,但中国仅有 100 余件专利进入了美国。同样,韩国、日本和欧洲专利进入中国申请数量也要远大于中国进入这些国家或地区的专利数量。可见中国的专利申请虽然数量较多,但绝大多数集中在本国,并未及时有效地向海外布局。与此相反,美国、日本、欧洲和韩国这些国家或地区在专利布局方面则更重视全球布局,特别是重视在中国和美国寻求专利保护。

表 2-1-1 计算机视觉技术全球主要国家或地区申请量流向分布　　　单位：件

技术来源国家或地区	技术目标国家或地区				
	中国	美国	韩国	日本	欧专局
中国	11291	109	24	8	21
美国	479	3090	109	73	185
韩国	99	224	580	4	47
日本	115	206	11	419	33
欧专局	64	73	9	6	81

2.1.3 全球主要申请人分析

图 2-1-4 是计算机视觉技术领域的全球前十位专利申请人分布。得益于在医疗、手机娱乐、智能网联汽车、安防等多个领域的综合布局，三星以 437 项专利申请排名全球第一位。全球前十申请人中有 7 席是中国高校或企业，其中高校占 4 席，企业 3 席。中国科学院专利申请量排名全球第二位，累计申请计算机视觉技术专利 379 项。商汤科技和旷视科技两家中国计算机视觉"独角兽"企业分别排在第三位和第四位，商汤科技成为继阿里云公司、百度、腾讯、科大讯飞之后的第五大国家人工智能开放创新平台——智能视觉国家新一代人工智能开放创新平台。作为科学技术部首批国家开放创新平台的百度则在智能网联汽车、安防、医疗影像等领域均进行计算机视觉专利布局，同样在专利申请总量上取得了领先优势。

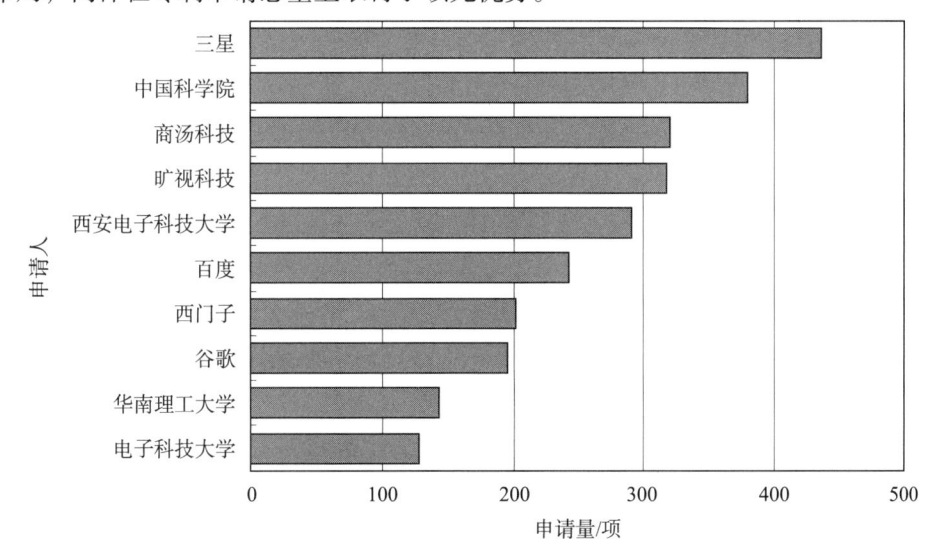

图 2-1-4 计算机视觉技术全球主要专利申请人排名

2.2 中国专利申请态势分析

2.2.1 中国专利申请趋势分析

我国近几年高度重视人工智能,部署了智能制造等国家重点研发计划重点专项,印发实施了《"互联网+"人工智能三年行动实施方案》,从科技研发、应用推广和产业发展等方面提出了一系列措施。经过多年的持续技术积累和国家政策引导,我国在人工智能领域取得重要进展,专利申请量已居世界第一,申请量呈现快速增长的趋势,在2017年专利量达到了5500余件(参见图2-2-1)。得益于我国加速积累的技术能力、海量的数据资源、巨大的市场需求与开放的市场环境,中国的计算机视觉市场规模不断扩大,计算机视觉创新创业日益活跃,一批龙头骨干企业加速成长,在国际上获得广泛关注和认可。

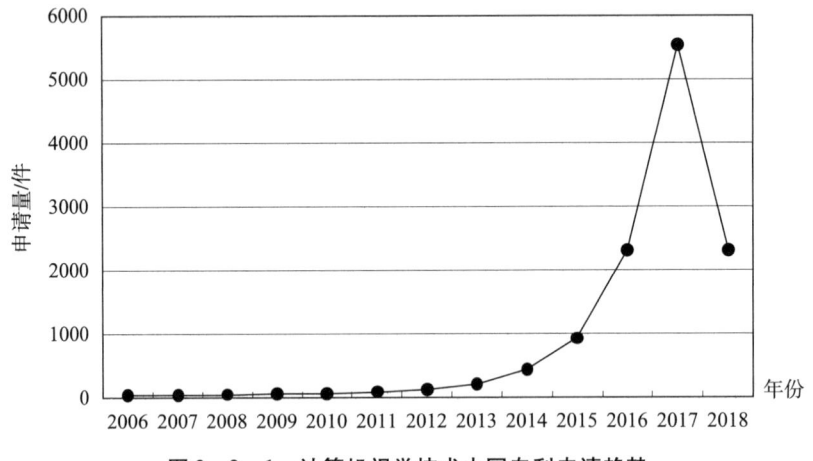

图2-2-1 计算机视觉技术中国专利申请趋势

2.2.2 中国主要申请人分析

由图2-2-2所示的计算机视觉技术中国主要专利申请人排名可以发现,国内科研院所具有长久的技术积累。中国科学院作为国内计算机视觉专利申请总量排名第一位的创新主体,积极响应国家知识产权强国战略,积极发挥科技创新在全面创新中的引领作用,凭借其在计算机视觉人工智能基础技术方面的研究在各领域广泛布局。以317件专利申请排名第三位的西安电子科技大学在人工智能领域有近30年的积淀,1990年成立了国内第一个神经网络研究中心,2017年11月成立了人工智能学院。另外,华南理工大学、电子科技大学、清华大学和天津大学的计算机视觉专利申请量均超过了150件。在企业方面,除了商汤科技、旷视科技和百度外,小米也进入中国计算机视觉技术专利申请前十位申请人。2015,小米发布了小米云相册,利用图像分析技术可以自动地对云相册照片内容按照面孔进行分类整理。

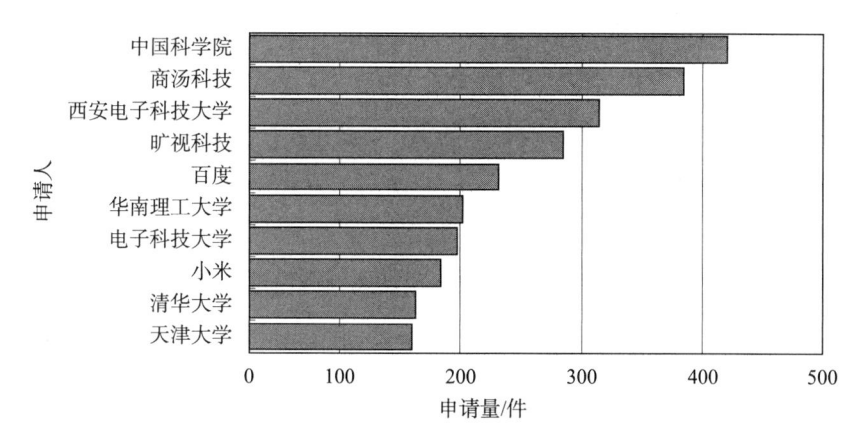

图 2-2-2　计算机视觉技术中国主要专利申请人排名

2.2.3　中国专利申请区域分析

国内主要省份计算机视觉专利申请量排名如图 2-2-3 所示，北京、广东是中国计算机视觉专利申请数量分布的两大中心，与中国经济的分布区域特点相吻合。北京高度重视人工智能产业发展，自 2016 年以来，北京发布多项相关政策文件以及服务措施，大力支持人工智能产业发展；2017 年底，北京市委市政府发布了包括《北京市加快科技创新培育人工智能产业的指导意见》在内的十大高精尖产业发展指导意见；中关村管委会发布了《中关村国家自主创新示范区人工智能产业培育行动计划（2017—2020 年）》。在产业环境营造、资金支持、人才服务等方面对人工智能产业给予全方位保障。北京大学、清华大学、北京航空航天大学、中科院自动化所、中科院计算所等全国过半数人工智能骨干研究单位都聚集在北京，拥有模式识别国家重点实验室、智能技术与系统国家重点实验室、深度学习技术及应用国家工程实验室等 10 余个国家重点实验室[1]。除高校和国家重点实验室之外，商汤科技、旷视科技、百度、小米等多家

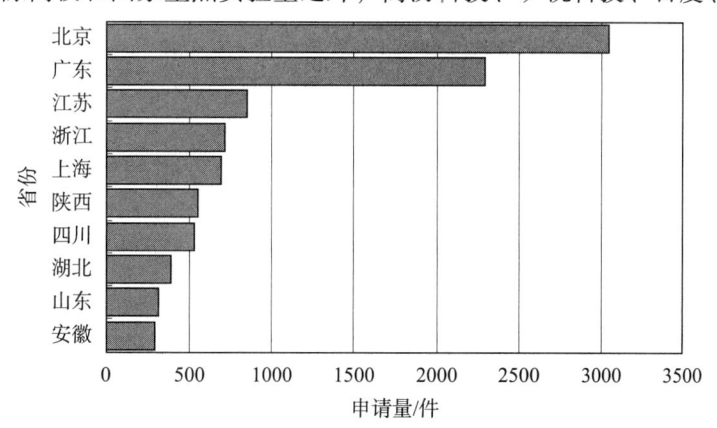

图 2-2-3　计算机视觉技术国内主要省份专利申请量排名

---

[1] 北京市经济和信息化委员会. 北京人工智能产业发展白皮书 [EB/OL]. (2018-07-03) [2018-12-15]. https：//www. sohu. com/a/238904896_ 465984.

企业聚集于北京。排名第二的广东在科研院所方面则拥有华南理工大学、中山大学，企业方面拥有威特视科技、欧珀、腾讯等。中部湖北省和安徽省入围，湖北省排在第八位，其申请量主要来自武汉的众多高校，企业方面主要包括烽火和斗鱼，但总体申请量不大。

2.3 计算机视觉技术主题分析

为了对计算机视觉技术进行深入研究，按照技术和应用2个方向对其进行分支划分。其中技术类分支分为视频技术和图像技术2个一级分支，其中视频技术包括目标跟踪、三维建模、视频结构化共3个二级分支，另一个一级分支图像技术则包括图像处理、图像分割、图像识别、图像定位4个二级分支。在应用类分支方面，包括计算机视觉技术目前主要的7个应用领域——智能安防、医疗影像、智能网联汽车、金融安全、智慧交通、互联网娱乐、工业机器人。

2.3.1 技术类主题分布分析

2.3.1.1 各分支占比分析

在如图2-3-1所示的计算机视觉技术一级技术分支中，图像技术的专利申请量占83%，而视频技术的专利申请量仅占17%。相对于静态图像，视频包含了时序信息，信息更复杂，将其模型化的难度更大；其次视频内容的数据量更大，视频信息处理对存储计算资源以及实时性的要求也会更高。因此，图像技术是近10年计算机视觉技术的主要研究方向。随着图像处理技术日渐成熟，学者们开始将注意力转移到对视频的计算机视觉技术，其专利申请也开始增长。

在如图2-3-2所示的图像技术分支下的各细分技术分支中，图像处理技术、图像识别技术和图像分割技术分别占比43%、36%和12%。图像处理技术包括了图像的降噪、预处理、生成、复原、压缩、编码等技术，是图像进行后续处理的基础。图像分割是指将一幅图像分成若干互不重叠的子区域，使得每个子区域具有一定的相似性，而不同子区域有较为明显的差异。图像分割与图像定位是图像识别、场景理解、物体

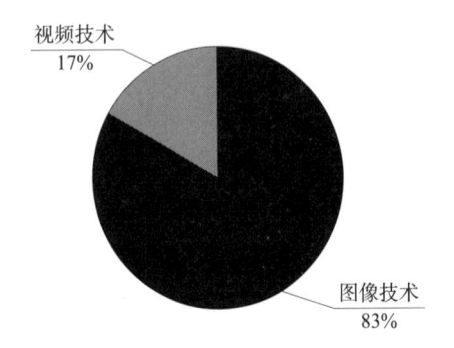

图2-3-1 计算机视觉技术类一级分支专利申请量占比

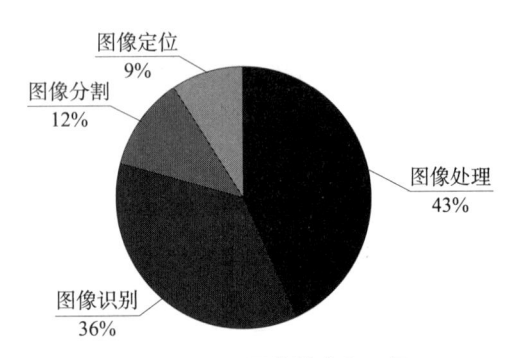

图2-3-2 图像技术各二级分支专利申请量占比

检测等任务的基础预处理工作。图像识别技术则是图像技术的核心所在，是对图像进行对象识别，以识别各种不同模式的目标和对象。图像识别技术是立体视觉、运动分析、数据融合等实用技术的基础，在安防、医疗、智能网联汽车等许多领域有重要的应用价值。

图 2-3-3 是视频技术的细分技术分支的专利申请分布。视频结构化是视频技术的主要研究方向，占 50%。视频结构化技术是一种将视频内容（人、车、物、活动目标）特征属性自动提取技术，对视频内容按照语义关系，采用目标分割、时序分析、对象识别、深度学习等处理手段，分析和识别目标信息，组织成可供计算机和人理解的文本信息的技术，主要包括了视频序列模型建立、视频搜索、文本描述等技术。目标跟踪技术是计算机视觉中的一个重要研究方向，有广泛的应用，如视频监控、人机交互、无人驾驶等。其是在给定某视频序列初始帧的目标大小与位置的情况下，预测后续帧中该目标的大小与位置。近 3 年来，目标跟踪技术利用深度学习的目标跟踪方法取得了令人满意的效果，使目标跟踪技术获得了突破性的进展。三维重建是利用计算机视觉技术推导出现实环境中物体的三维信息，是在识别的基础上的下一个技术层次，将会被广泛应用于虚拟现实、医疗诊断等领域。

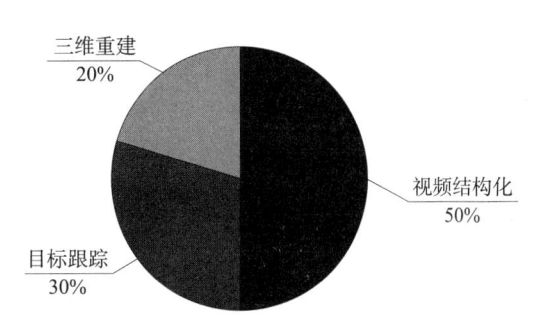

图 2-3-3 视频技术各二级分支专利申请量占比

2.3.1.2 各分支专利申请趋势

计算机视觉技术各分支专利申请趋势如图 2-3-4 所示，各分支申请量均处于增长的趋势，表明计算机视觉各细分技术目前均处于快速发展期。其中，得益于 ImageNet 图像识别大赛的推动作用，图像处理和图像识别技术分支的年专利申请量增长最为迅猛。ImageNet 是由著名人工智能科学家李飞飞创建的一个用于视觉对象识别软件研究的大型可视化数据库，从 2010 年以来，ImageNet 每年都会举办一次 ImageNet 大规模视觉识别挑战赛（ImageNet Large Scale Visual Recognition Challenge，ILSVRC），来自世界各国的学术界和产业界的研究团队在给定的数据集上评估其算法，并在几项视觉识别任务中争夺更高的准确性。通过 ILSVRC 大赛，图像分类错误率从 0.28 降到了 0.03，物体识别的平均准确率从 0.23 上升到了 0.66。

2.3.1.3 主要国家或地区专利布局情况分析

表 2-3-1 是主要国家或地区计算机视觉各细分技术分支的专利申请情况。除了三维重建以外，中国在各细分技术分支的专利申请都具有数量优势，其中图像处理和图像识别申请量均超过了 4000 项。美国在视频的目标跟踪、三维重建方面的研究起步比中国早，其中三维重建的专利申请量略微超过中国，并且目标跟踪方面的专利申请量也与中国接近。其余各国家或地区将主要研究精力还是聚焦在图像处理、图像识别和图像分割等技术上。

（a）目标跟踪

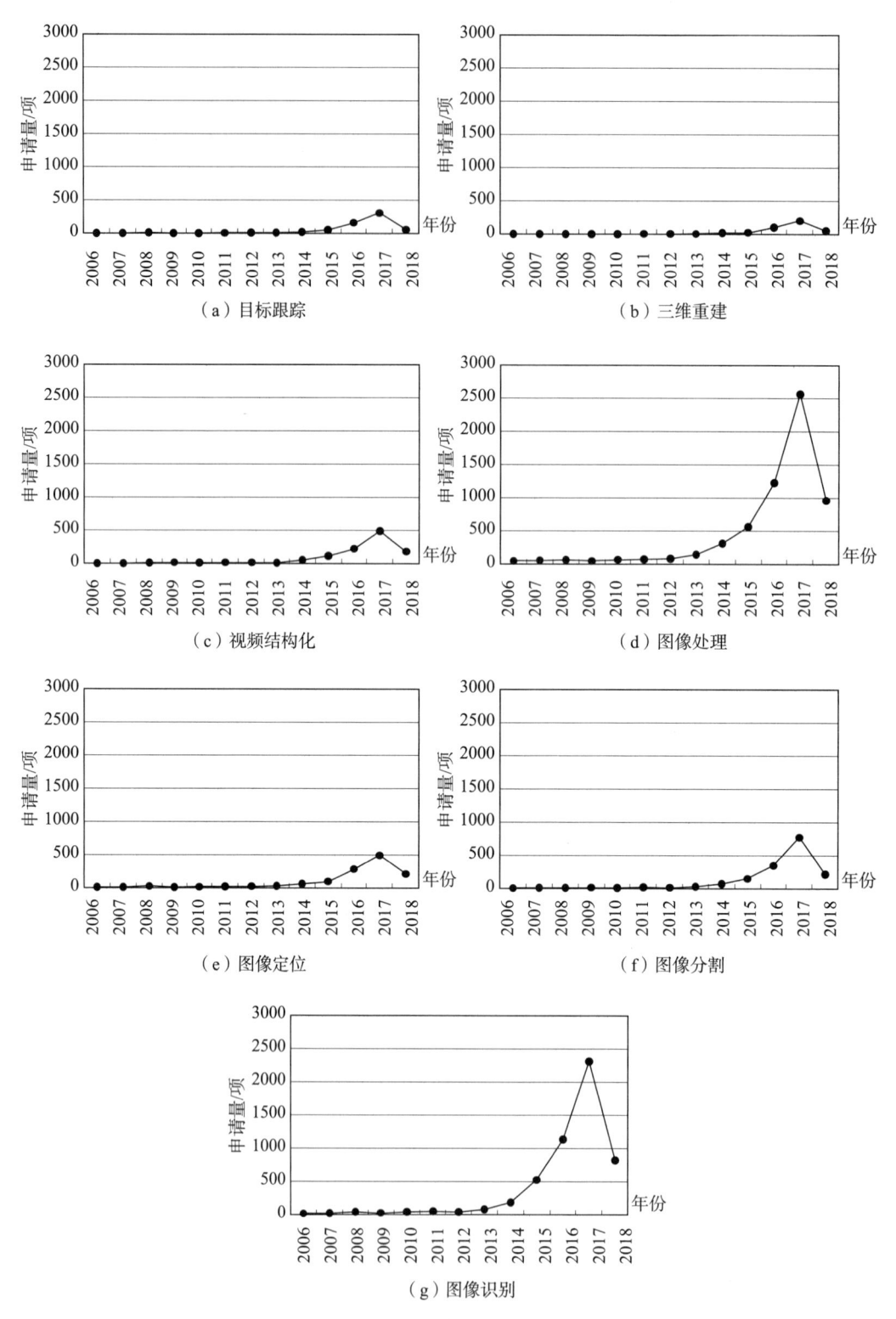

（b）三维重建

（c）视频结构化

（d）图像处理

（e）图像定位

（f）图像分割

（g）图像识别

图 2-3-4　计算机视觉技术类各分支专利申请趋势

表 2-3-1 主要国家或地区计算机视觉技术类分支专利布局　　　　单位：项

技术来源国家或地区	二级技术分支						
	视频结构化	目标跟踪	三维重建	图像处理	图像识别	图像分割	图像定位
中国	892	424	289	5097	4316	1377	823
美国	204	383	309	1619	1665	616	555
日本	60	28	29	395	125	32	191
韩国	49	15	8	178	198	25	108
欧专局	14	7	22	91	53	33	16

2.3.1.4　国内主要省市专利布局情况分析

国内主要各省市在计算机视觉技术类分支方面的专利布局情况如表 2-3-2 所示。北京、广东等省市不仅在人工智能技术研发领域占有优势，而且从已出台的相关产业扶持政策和规模化应用来看，对人工智能发展的全产业链布局方面都比较全面，基本形成全产业链协同共进的发展优势。

表 2-3-2 国内主要省市计算机视觉技术类分支专利布局　　　　单位：件

地域	二级技术分支						
	视频结构化	目标跟踪	三维重建	图像处理	图像识别	图像分割	图像定位
北京	209	111	66	1075	1039	296	194
广东	181	69	59	1009	840	224	128
江苏	74	39	21	436	353	125	72
浙江	55	26	29	347	271	97	51
上海	61	34	17	284	262	83	59
陕西	34	20	10	303	206	82	57
四川	41	24	7	249	214	68	44
湖北	37	9	6	190	148	68	24
山东	30	10	4	126	123	47	20
天津	26	8	14	143	104	28	15

2.3.2　应用类主题分布分析

2.3.2.1　各分支占比分析

在图 2-3-5 所示的计算机视觉技术各应用领域分支中，智能安防专利申请量将近 3000 项，远超其他应用领域。智能安防是将具有深度学习的计算机视觉算法融入传统安防系统，结合互联网、移动互联网和物联网技术形成的智能化系统，通过机器实现智能判断，从而实现对于异常或突发事件的对策处理，最大化地保护受保护场所的人员生命和财产安全。得益于中国公共安全视频监控建设的庞大市场，智能安防成为国内计算机视觉技术创业热潮中率先商业落地的应用场景，商汤科技、旷视科技、依图科技等计算机视觉独角兽们大多推出了智能安防的计算机视觉解决方案和软硬件产品。

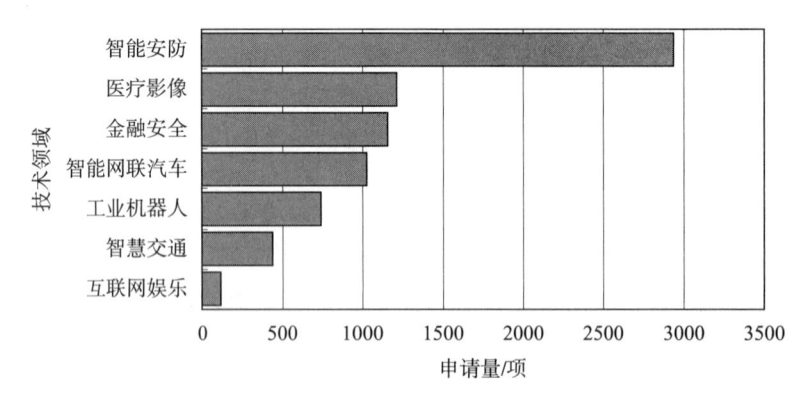

图 2-3-5 计算机视觉应用类各分支专利申请趋势

医学影像已成为疾病诊断和治疗中不可或缺的组成部分，且日益重要。融合深度学习，特别是融合深度卷积神经网络的计算机视觉技术可从医学图像大数据中自动学习提取隐含的疾病诊断特征，自动识别医学图像来辅助诊断人体内是否有病灶，并对病灶的轻重程度进行量化分级，从而解决很多以前不能解决的问题，把医疗 AI 推向新的高潮。近几年来计算机视觉在医疗影像领域的专利申请量也已超过 1000 项，成为计算机视觉的第二大应用领域。金融安全和智能网联汽车领域的专利申请量与医疗影像领域相接近，分列第三位至第四位。

2.3.2.2 各分支专利申请趋势

如图 2-3-6 所示，计算机视觉技术在各应用领域的专利申请量均呈现快速增长趋势。智能安防作为最早商业化的领域，近年来专利申请量增长迅猛，2017 年申请量超过 1000 项。随着中国智慧城市建设的推动，该领域的专利申请量仍将保持高速增长趋势。除了智能安防外，医疗影像和金融安全领域也是计算机视觉技术研究较早的领域，早在 2001 年就已有相关专利申请，特别是医疗影像领域，2006 年全球专利申请量已达 20 项。

2.3.2.3 主要国家或地区专利布局情况分析

主要国家或地区在应用类技术分支专利分布情况如表 2-3-3 所示。在专利布局量方面，中国在各领域均具备一定优势，尤其在智能安防和智慧交通领域，中国具备绝对的优势。在医疗影像识别技术方面，美国的专利布局数量超过了中国。因此，从专利布局的总数据量上来看，中国在人工智能计算机视觉技术的产业化方面，具备一定的优势。

(a) 智能安防

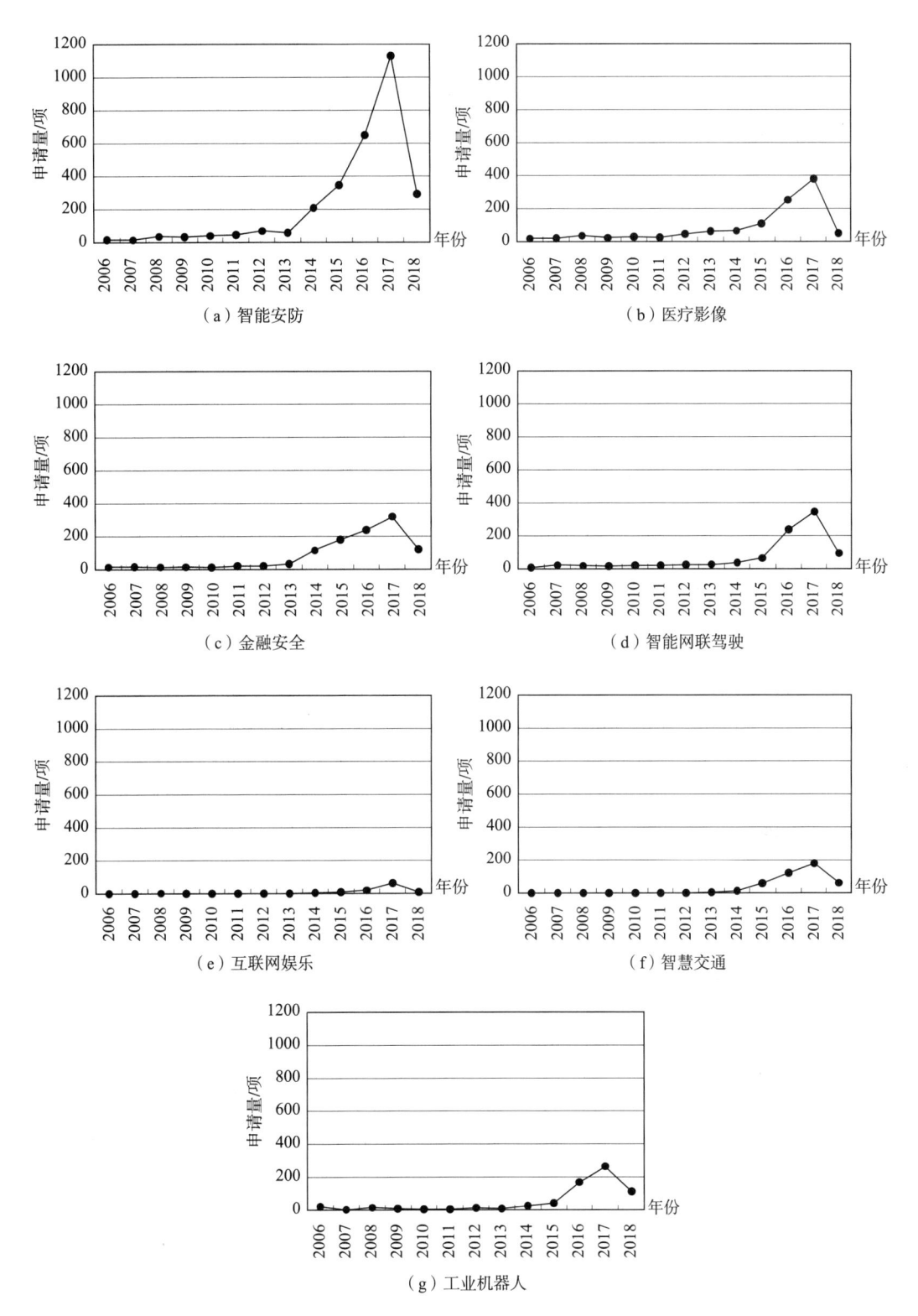

(b) 医疗影像

(c) 金融安全

(d) 智能网联驾驶

(e) 互联网娱乐

(f) 智慧交通

(g) 工业机器人

图 2-3-6 计算机视觉应用类各分支专利申请趋势

表 2-3-3 主要国家或地区计算机视觉应用类分支专利布局　　　　　单位：项

技术来源国家或地区	智能安防	医疗影像	金融安全	智能网联汽车	工业机器人	智慧交通	互联网娱乐
中国	2030	388	667	490	437	413	88
美国	668	932	304	535	240	8	27
韩国	425	75	313	94	40	5	2
日本	134	111	47	153	119	3	3
欧专局	29	61	38	43	14	0	1

2.3.2.4 国内主要省市专利布局情况分析

表 2-3-4 是国内主要省市在不同计算机视觉技术应用分支的专利申请量分布。北京主要在智能安防、金融安全和智慧交通领域专利申请量较大。其中智能安防、金融安全和智慧交通领域的专利申请主要以商汤科技和旷视科技两家公司为主，智能网联汽车领域的专利申请主要以百度为主。广东在工业机器人领域专利申请排名第一位，这得益于广东发达的制造业，产业的升级需要大量的智能机器人。

表 2-3-4 国内主要省市应用类技术分支专利量分布　　　　　单位：件

地域	智能安防	医疗影像	金融安全	智能网联汽车	工业机器人	智慧交通	互联网娱乐
北京	730	84	382	89	85	323	22
广东	411	77	108	78	134	54	36
江苏	133	27	17	59	28	17	4
浙江	149	28	24	52	39	3	1
上海	90	36	28	38	35	11	5
陕西	59	19	8	17	15	1	4
四川	87	15	14	26	11	2	1
湖北	50	9	18	25	7	3	4
山东	48	9	13	14	17	4	1
安徽	37	11	13	14	7	4	0

2.3.2.5 计算机视觉技术在各应用领域分布情况

表 2-3-5 是计算机视觉各细分技术在不同应用领域的分布情况。对于智能安防领域，视频结构化和图像识别是两项关键技术。对于医疗影像领域，图像处理是目前的研究重点，其专利申请量较多；由于医疗影像主要针对图像，因此其视频技术相关的专利申请量较少。由于智能网联汽车需要对各种视觉技术进行利用，不仅仅是对物

体进行识别，更要利用车载摄像头判断物体的距离、位置、速度等，甚至是通过连续图像预判物体的运行轨迹，因此涉及计算机视觉的细分技术更加全面。除了图像识别和图像处理技术外，其他细分技术的专利申请量相对其他领域更多。对于金融安全领域，其主要是以人脸识别为主，图像识别是该领域的专利申请重点。

表 2-3-5 计算机视觉技术在各应用领域分布　　　　　　　　　　　单位：项

基础技术二级分支	应用技术分支						
	智能安防	医疗影像	金融安全	智能网联汽车	工业机器人	智慧交通	互联网娱乐
图像处理	750	254	115	285	174	131	41
图像识别	1130	140	198	413	148	179	38
图像分割	290	84	66	153	34	44	3
图像定位	265	23	23	146	48	57	4
视频结构化	1211	8	38	60	23	38	2
目标跟踪	696	42	26	87	42	33	3
三维重建	65	27	7	79	24	5	1

2.4 小　结

通过上述分析，我们可以初步得出以下结论。

（1）深度学习的提出，特别是2012年ImageNet图像识别比赛中，融合深度学习计算机图像识别取得突破性进展，激发了全球各国开展新一代计算机视觉技术研发。随着新的深度学习算法不断推出，人工智能成为引领未来的战略性技术。世界主要发达国家把发展人工智能作为提升国家竞争力、维护国家安全的重大战略，加紧出台规划和政策，计算机视觉技术获得空前的发展，全球专利年申请量突破了6000项，占全球累计申请量38.6%。可以预测，随着各国的政策激励以及应用场景的丰富，计算机视觉技术在未来几年将会保持持续的快速增长趋势。

（2）从申请国家来看，中国和美国是世界上最大的专利申请来源国和目标国，两国专利申请总量占全球专利申请总量的88%。中国专利申请量占全球的63%，是美国的2.5倍。这得益于我国人工智能发展的独特优势：加速积累的技术能力与海量的数据资源、巨大的应用需求、开放的市场环境有机结合。随着我国经济发展进入新常态，各级政府充分认识到深化供给侧结构性改革任务非常艰巨，必须加快人工智能深度应用，培育壮大人工智能产业，为我国经济发展注入新动能，因此中国将会围绕核心技术、顶尖人才、标准规范等强化部署，力图在新一轮国际科技竞争中掌握主导权。但同时须清醒认识到，中国虽具有专利申请的数量优势，但缺乏良好的全球专利布局，绝大多数专利仅在国内申请，须高度重视专利和标准化工作，争夺国际话语权。

（3）全球前十位申请人中有7席是中国高校或企业，其中高校占4席，企业3席。中国科学院专利申请量排名全球第二位，商汤科技和旷视科技两家中国计算机视觉"独角兽"企业分别排在第三位和第四位。随着中国的计算机视觉市场规模不断扩大，计算机视觉创新创业日益活跃，一批龙头骨干企业加速成长，在国际上获得广泛关注和认可。

（4）在国内省市专利布局方面，北京、广东、江苏三省市贡献了绝大部分申请量，其他省市的人工智能计算机技术发展明显欠缺。特别是北京具有雄厚的人才基础和信息技术基础，政府高度重视人工智能产业发展，多种政策支持，借助中关村科技园区强大的产业集群优势和国内顶尖的智力资源支持，为聚焦计算机视觉企业提供了有利条件。

（5）计算机视觉图像技术的专利申请量占83%，而视频技术的专利申请量仅占17%。图像技术是近10年计算机视觉技术的主要研究方向，随着图像处理技术日渐成熟，学者们开始将注意力转移到对视频的计算机视觉技术，其专利申请也开始增长。图像技术和视频技术的各细分技术分支申请量均处于增长的趋势，表明计算机视觉各细分技术目前均处于快速发展期。

（6）得益于中国公共安全视频监控建设的庞大市场，智能安防成为国内计算机视觉技术创业热潮中率先商业落地的应用场景，专利申请量将近3000件，远超其他应用领域。融合深度卷积神经网络的计算机视觉技术把医疗AI推向新的高潮，成为计算机视觉的第二大应用领域。金融安全和智能网联汽车领域的专利申请量与医疗影像领域相接近，分列第三至四位。

第3章 计算机视觉重点应用领域专利技术分析

考虑到当前计算机视觉技术尚不具备很好的泛化能力，在不同应用领域的场景环境、技术要求不同。面对不同的场景内容、数据规模和运算条件采用的技术路线决然不同。因此本章将重点分析计算机视觉技术在智能网联汽车、智能安防、医疗影像和金融安全4个重要应用领域的专利技术。

3.1 智能网联汽车领域

智能网联汽车（Intelligent and Connected Vehicle，ICV）是指搭载先进的车载传感器、控制器、执行器等装置，并融合现代通信与网络技术，实现车与路、人、云等智能信息交换、共享，具备复杂环境感知、智能决策、协同控制等功能，可实现安全、高效、舒适节能行驶，并最终实现替代人来操作的新一代汽车。❶

车载传感器是实现智能网联汽车感知车身周围的环境的关键系统，通常包括毫米波雷达、激光雷达和光学摄像头等多种传感器。❷ 其中，利用光学摄像头的视觉感知是智能网联汽车技术中最基础也最关键的一部分，承担着交通标志的识别、交通行为的检测、车道线的识别与偏航的计算，也在车辆定位和障碍物检测中发挥重要作用。由于视觉感知无论是在目标识别、距离判断、交通标示辨认方面，还是在成本控制和产业生产方面均具备较大优势，目前智能网联汽车感知类传感器均是其他传感器与视觉传感器的配合。计算机视觉技术作为智能网联汽车感知系统的核心，受到众多科技型企业、传感器企业、车企的重视，成为智能网联汽车的研发热点。

3.1.1 全球专利申请分析

3.1.1.1 全球专利申请趋势分析

从图3-1-1所示的智能网联汽车申请趋势图上可以看到，近10年，计算机视觉技术在智能网联汽车领域的专利申请量由最初20余项/年增长至500余项/年，目前全球涉及智能网联汽车领域的计算机视觉专利共982项。在2006年提出深度学习以前，采用比较传统的方法进行图像处理，技术瓶颈一直未突破，因此业界一直反应平淡。但自2014年以来，随着深度学习相关技术的发展，不断有新的算法模型出

---

❶ 中国汽车工程学会. 节能与新能源汽车技术路线图［M］. 北京：机械工业出版社，2016.
❷ 吴忠泽. 智能汽车发展的现状与挑战［J］. 时代汽车，2015，（7）：42-45.

现,可以实现端到端的训练检测网络,检测效果大幅提升,专利申请量开始快速上涨。

图 3-1-1 智能网联汽车视觉技术历年申请量

3.1.1.2 全球专利申请区域分析

中美两国都将人工智能列为国家战略。美国有例如福特、通用等传统汽车巨头,随着科技的发展,传统车企也面临着转型,在自动驾驶相关领域进行大量布局。中国也依托百度建设自动驾驶国家新一代人工智能开放创新平台,并且高校和创新企业众多。此外,中美也是全球最大的两大市场,也成为例如 Mobileye 等业内佼佼者布局的目标国(见图 3-1-2)。基于上述原因,中美为最大的两个专利布局目标国,中国占比高达 47.93%,美国为 32.41%。日本、韩国、欧洲占比较小,排在第三位至第五位。

从各国家或地区历年申请看,中国申请量增长十分迅猛,尤其是近年来,呈指数型增长。日本、韩国、欧洲近年来虽然申请量较小,但近年来申请趋势也快速上涨。

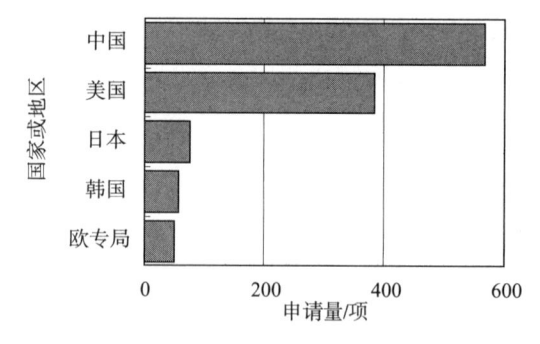

图 3-1-2 智能网联汽车视觉技术申请目标国家或地区

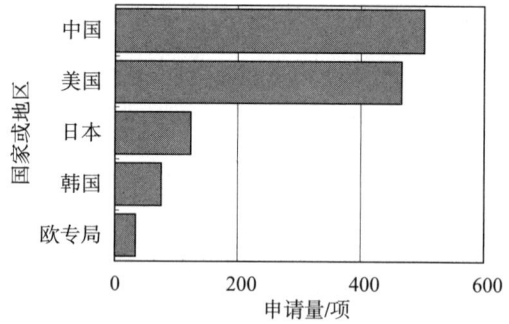

图 3-1-3 智能网联汽车视觉技术申请来源国家或地区

从申请来源国家或地区来看,中国的占比有所下降,由目标国家或地区占比 48%(558 项)下降到近 40%(501 项),但仍旧占据了来源国家或地区第一的位置。相反,美国和日本的占比有所上升。美国由目标国家或地区的近 32% 上升到近 37%,日本由目标国家或地区的近 6% 上升到近 10%。由此可见,美国、日本两国比较注重自主研发,而中国则有部分专利是由外国输入。

从表 3-1-1 可以看出,中国的外来专利中美国排名第一位,而中国仅有少量专利进入美国。日本申请量虽然不大,但近 1/3 的专利流向了美国,体现了日本具有较强的专利控制市场的意识。相比而言,中国的绝大多数申请均聚集在国内,仅有极少量的专利进行海外申请,这为企业今后的外向型发展埋下了隐患。

表 3-1-1　智能网联汽车视觉技术主要国家或地区申请量流向表　　单位:项

技术来源国家或地区	技术目标国家或地区					
	欧专局	韩国	日本	美国	中国
中国	1	2	0	5	493
韩国	3	46	1	17	6
日本	10	1	63	33	6
美国	10	7	10	313	50
欧专局	25	0	0	5	3

3.1.1.3　全球主要申请人分析

在图 3-1-4 所示的全球主要申请人排名中,Mobileye 和福特在申请量方面优势较大,属于第一阵营,其他申请人申请量相对积累较少,为第二阵营。Mobileye 当仁不让,以较大的优势排名第一位。Mobileye 目前市场占有率 75% 以上,得到了市场,尤其是各大传统汽车巨头的认可。排名第二位的为美国传统汽车巨头福特,证明福特在传统汽车企业转型的过程中作出了相当大的努力。福特表示,为进一步实现自动驾驶汽车商务化战略,从 2019 年开始将在华盛顿特区测试其自动驾驶技术。这也表明福特为实现自动驾驶技术业务商业化而作出新一步举措,而自动驾驶商业化将从 2021 年开始。

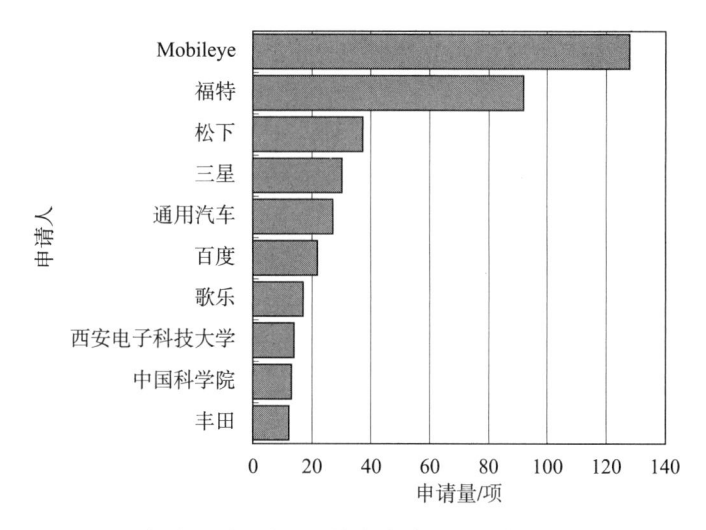

图 3-1-4　智能网联汽车视觉技术全球主要申请人专利申请量排名

中国方面,百度、西安电子科技大学和中国科学院进入前十位,但与排名第一位与第二位的 Mobileye 和福特相比相差较大。百度为国家依托建设的自动驾驶国家新一代人工智能开放创新平台,并且推出了阿波罗计划,在自动驾驶计算机视觉领域,尤其是视觉导航、视觉地图方面有相当的技术积累。

3.1.1.4 全球专利技术主题分析

为了深入研究智能网联汽车专利布局分布,从技术手段角度和应用角度对智能网联汽车视觉技术进行分类。如表3-1-2所示,技术手段类分为6个一级分支和25个二级分支,如表3-1-3所示,应用类分为6个一级分支和19个二级分支。

表3-1-2 智能网联汽车视觉技术手段类分类

技术主题	第一技术分支	第二技术分支
智能网联汽车—手段	车辆控制	前车模仿
		众包地图
	采集设备	单目
		雷达融合
		红外相机融合
		快门控制
		多目
		双目
	图像处理	特征提取
		图像分割
		多图像比对
		光流法
		特征对比
		边缘平滑
	算法	卷积网络
		分类器训练
		神经网络
	硬件设备	地址管理
		累加器控制
		多线程控制
		多核
	其他	焦距控制
		角度可调节
		机械结构
		滤光器设置

表 3-1-3　智能网联汽车视觉技术应用类分类

技术主题	第一技术分支	第二技术分支
智能网联汽车—应用	硬件设备	处理器架构设计
		存储器管理
	图像技术	图片预处理
		设备安装调试
		三维成像
		相机校准
		图像获取
	障碍物检测	障碍物检测
		障碍物识别
		碰撞计算
		行人检测
	车辆控制	车队控制
		车辆行为判断
		车辆导航
	识别技术	光源识别
		交通标志识别
		物体种类识别
	道路检测	道路轮廓预测
		道路特征检测

技术类主要包括车辆控制、采集设备、图像处理、算法、硬件设备。采集设备为摄像头，可以分为单目、双目、多目以及快门控制、雷达融合、红外相机融合技术。图像处理包括特征提取、图像分割、多图像对比、光流法、特征对比和边缘平滑。算法分为卷积网络、分类器训练、神经网络。硬件设备包括地址管理、累加器控制、多线程控制和多核。

识别技术主要包括了交通标志识别、光源识别和物体种类识别。智能网联汽车的主要三类外界感知传感器为视觉感知传感器、毫米波雷达和激光雷达。视觉感知传感器和人眼最接近，具备识别交通标志、光源和物体种类的先天优势。因此，识别技术在智能网联汽车视觉技术中也最受重视，以 26.21% 的占比占据第一位。

图像技术主要包括图片预处理、设备安装调试、三维成像、图像获取和相机校准等。获取良好的图像、对图像的内容进行预先处理是分析外界情况的前提，因此该技术分支也占据了较大的比例，占据第二位。

随后分布的是障碍物检测技术、车辆控制技术、硬件设备以及道路检测。其中，硬件设备主要包括处理器架构的设计和存储器的管理，在这部分出现的大量专利表明计算机视觉技术不仅仅是算法和摄像头的改进，更需要计算能力上的提升。

由于智能网联汽车的视觉技术目前正处于风口浪尖，因此各分支的申请趋势均呈增长的趋势。为了实现车辆的自主化控制，基于人工智能视觉的车辆控制技术近年来上升尤其明显。

主要国家或地区在智能网联汽车各技术分支的专利布局情况如表3-1-4所示，在识别技术和障碍物检测技术方面中国在数量上占据优势。但在一些关键技术上，中国明显处于美国下风。比如，车辆控制技术是计算机视觉技术的落地技术，即基于计算机视觉技术对车辆进行控制，美国在这方面明显积累较多，中国的专利积累量不到美国的一半。这也从侧面说明美国在技术落地方面可能会优于中国，会早于中国实现更高级别的自动驾驶。

表3-1-4 智能网联汽车视觉技术主要国家或地区布局情况　　　　单位：项

国家或地区	技术分支					
	车辆控制	道路检测	识别技术	图像技术	硬件设备	障碍物检测
中国	50	65	282	142	38	113
美国	112	64	137	200	83	87
韩国	24	8	14	25	8	27
日本	10	8	18	51	40	27
欧洲	4	6	3	16	13	3

其次是硬件设备方面。由于对车辆的操控必须立即完成，对外界环境的反应速度不仅仅决定了车辆的最高行驶速度，更决定了车辆的安全程度。因此，车辆的相关计算处理器必须高速、稳定地进行大规模的数据运算，这也对车辆处理器提出了较高的要求。美国在这方面的专利积累量是中国的2倍有余，日本的专利积累总量紧随美国之后。这体现了美国、日本两国在这项关键技术上的领先，而中国需要在硬件领域加大投入。

最后是图像技术。对图像的预处理同样也决定了后续进行检测、识别、分析的质量，在这方面美国的专利积累量也较多。

主要申请人在智能网联汽车技术各技术分支的布局如表3-1-5所示。Mobileye作为行业的绝对领先者在各分支均具备一定优势，特别是在前文提到的落地型技术——车辆控制技术方面优势明显。这也解释了为什么众多车企选择了Mobileye的产品。在硬件设备方面，Mobileye也是一枝独秀，正是强大的计算能力和稳定的架构，保障了其产品性能的优越性和稳定性。

表 3-1-5 主要申请人在智能网联汽车视觉技术分支布局情况　　　　单位：项

申请人	车辆控制	道路检测	识别技术	图像技术	硬件设备	障碍物检测
Mobileye	59	21	30	42	35	14
福特	14	19	38	49	1	33
松下	1	0	8	17	5	10
三星	6	5	8	15	4	3
通用汽车	6	13	5	15	0	7
百度	7	14	12	9	1	2
歌乐	0	0	7	6	1	9
西安电子科技大学	1	2	7	6	1	2
中国科学院	1	2	11	2	0	2
丰田	0	1	6	5	1	1

福特作为一个老牌汽车巨头在各领域专利布局方面也表现不俗，作为一个车企，对车辆的控制是其优势。因此在车辆控制领域虽然不及Mobileye，但也有一定的专利积累。受限于行业，福特在硬件设备上并没有什么作为。同样的问题也体现在通用汽车上，毕竟我们也无法苛求一家车企去设计芯片。

中国企业百度在各领域布局较为均衡，但专利数量明显不足。高校方面的专利积累主要集中在识别技术、障碍物检测、图像技术和道路技术，在关键的车辆控制技术和硬件设备上少有涉足。

3.1.2 中国专利申请分析

3.1.2.1 中国专利申请趋势分析

如图 3-1-5 所示，在华智能网联汽车视觉技术历年申请量与全球类似，在2012年以前申请量较少，从2012年人工智能技术在计算机视觉领域取得成功应用之后申请量逐渐攀升，近年来达到高峰。

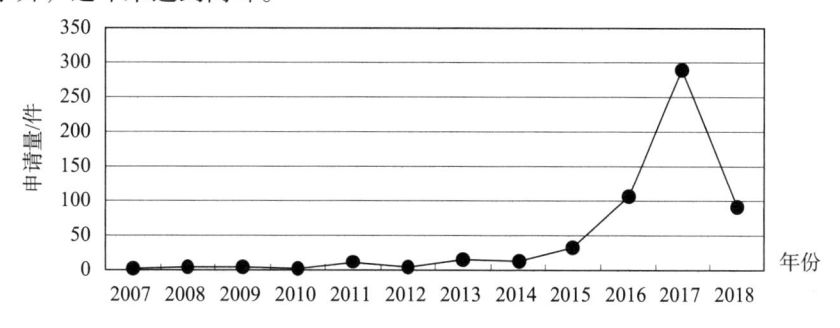

图 3-1-5 智能网联汽车视觉技术在华历年申请量

3.1.2.2 中国专利申请区域分析

国内主要省市在智能网联汽车视觉技术领域的专利布局情况如表3-1-6所示。北京和广东分列第一、第二，这两省市在关键技术车辆控制技术和硬件设备上较其他省份也具备一定优势。但总体而言，国内在专利布局数量上依旧偏少，加强研发，从而带动专利布局成为目前的主要工作之一。

表3-1-6 智能网联汽车视觉技术国内主要省市专利布局情况　　　　单位：件

地域	车辆控制	道路检测	识别技术	图像技术	硬件设备	障碍物检测
北京	13	19	48	34	3	19
广东	12	4	38	18	8	18
浙江	0	4	42	19	2	13
江苏	7	6	27	12	6	11
上海	2	5	15	11	4	11
陕西	3	4	15	7	2	5
湖北	2	7	17	7	2	6
四川	0	1	15	4	0	0
安徽	1	1	8	3	0	6
山东	0	0	9	2	4	1

3.1.2.3 中国主要申请人分析

在华主要申请人专利申请量排名如图3-1-6所示，计量对象为专利申请国在中国的专利。在华各申请人的专利数量并不多，排名前三位的百度、中国科学院和电子科技集团申请量相近，专利申请量仅10多件。可见虽然中国已多年位居专利申请量第一，但在智能网联汽车人工智能计算机视觉技术这样关键性的高新技术领域仍显得专利布局数量不足。

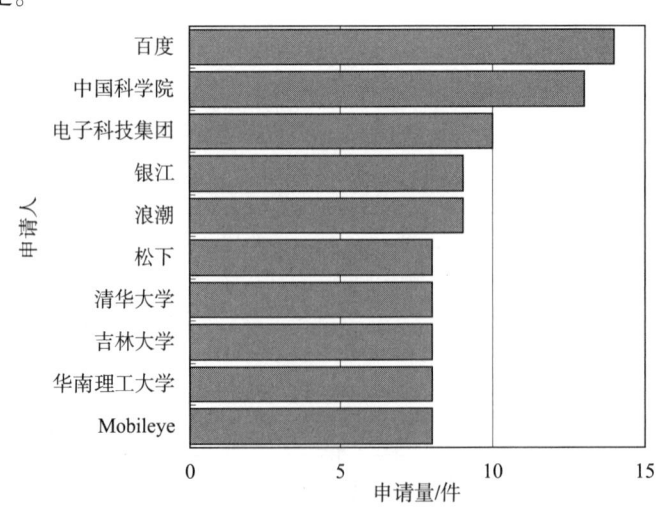

图3-1-6 智能网联汽车视觉技术在华主要申请人申请量排名

在智能网联汽车计算机视觉技术方面，中国的专利总量虽然比其他国家都多，但专利分布过于分散，前十创新主体所拥有的专利量并不多，因此国内也缺少真正的行业巨头，探索该领域的新边界，带领大家前行。

3.1.2.4 中国专利技术主题分析

智能网联汽车视觉技术中国专利布局技术领域分布如图 3-1-7 所示。识别技术是国内创新主体布局的重点，占据了 41%，图像技术、障碍物检测技术分居第二位和第三位；而能够实现技术落地的车辆控制技术和硬件设备技术则布局量最少。由此可见，国内的技术研发依旧集中于识别技术领域，在真正的核心技术方面仍有缺失。

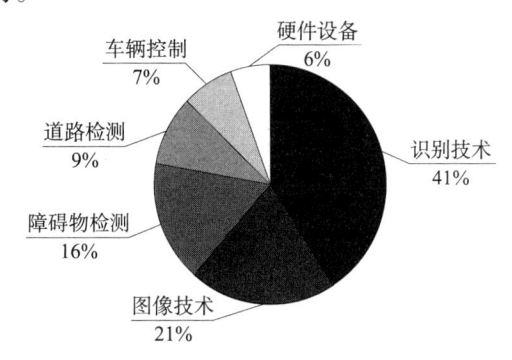

图 3-1-7 智能网联汽车视觉技术在华技术领域分布

智能网联汽车视觉技术在华创新主体的专利布局情况如表 3-1-7 所示。百度在车辆控制技术和道路检测这两项关键技术上布局优势明显，但硬件设备成为其短板，需要与其他企业联合进行补足或加强自主研发。国内其他创新主体的研发主要集中在识别技术和图像技术，而在某些技术分支，尤其是车辆控制技术、硬件设备等分支存在缺失。从专利分布来看，国内缺失真正的龙头，来带领大家前进。

表 3-1-7 智能网联汽车视觉技术在华创新主体专利布局情况　　　　单位：件

申请人	车辆控制	道路检测	识别技术	图像技术	硬件设备	障碍物检测
百度	7	14	12	8	1	1
西安电子科技大学	1	2	7	6	1	2
中国科学院	1	2	11	2	0	2
电子科技集团	0	1	5	4	1	0
浪潮	0	0	4	1	4	1
银江	0	0	9	6	0	2
华南理工大学	1	0	5	2	0	3
吉林大学	0	1	6	3	0	4
清华大学	0	1	3	4	0	2
北京航空航天大学	0	1	3	4	0	1
电子科技大学	0	1	6	2	0	0
零跑科技	0	1	2	5	0	3

3.1.3 重点技术路线分析

智能网联汽车计算机视觉技术路线图如图 3-1-8 所示。2006 年，Mobileye 已经开始通过算法加强汽车的识别能力，其在专利 US7566851 利用智能算法对车灯进行了识别，利用车灯技术对车辆进行识别导航一直都是 Mobileye 的重要技术之一。这一段时间企业主要在图像处理技术上进行一些探索，比如福特在专利 CN101277433 中提到了利用人工智能技术修复低分辨率的图像，使得汽车在夜间也能获得更加清晰的图像。而在技术研究方面，高校一般都会比较超前，早稻田大学在专利 US20100034426 中便尝试了将视觉系统和激光点云相融合，并融入人工智能技术予以处理。而就当今的技术来看，毫米波雷达、激光雷达和视觉传感器的三者融合被认为是最可靠的感知系统。

在硬件设备方面，松下在专利 US7974444 中提出了专门处理环视视觉的处理器架构，布局可谓十分超前。因为就在不久前，Mobileye 推出的新的视觉辅助驾驶系统便采用了多摄像头的环视技术。Mobileye 也在硬件系统上进行了尝试，在专利 US8656221 便对片上系统的中断技术进行了研究。

在这一阶段，由于技术的不成熟，车辆控制技术所出现的关键技术较少。企业在这方面进行了少量的尝试。

2013 年以后，人工智能在计算机视觉方面的技术发展得越来越成熟，大量的关键性技术涌现出来。特点之一就是在算法领域涌现出了相当多的代表性技术，比如 Mobileye 在专利 US9902401 和专利 CN107750364 中均采用了人工智能识别算法，识别道路轮廓。百度在专利 EP3171292 中利用人工智能算法识别车道线。这些都对车辆行驶路径的规划提供了技术保障。福特、苹果等也在算法领域进行了各种探索。

在硬件设备领域，同样出现了一批代表性技术。随着传感技术和算法的发展，智能网联汽车获得的数据越来越多，而车辆的操控具备及时性，这就要求处理器能在短时间内处理大量的数据。Mobileye 在硬件系统方面作出了大量的尝试，在 CN107980118、US20170103022 和 WO2016199154 等多件专利中记载了多核多线程处理设备。从产品上来看，Mobileye 一直具有自主设计的芯片，其拥有多代 EyeQ 芯片，芯片和算法的融合设计使得计算能力得到了进一步的提升。其他的创新主体，比如法雷奥、东芝也在硬件设备的改造上进行了尝试。

在这一阶段 Mobileye 将技术重心转移到了车辆控制技术，尤其是利用其市场优势提出众包地图，并辅助路径规划。这一重点技术将着重在后续的重点申请人章节进行详细分析。

3.1.4 重要专利技术分析

智能网联汽车视觉技术经历了两次大的突破：第一次是在识别技术上的突破，得益于人工智能技术的成功应用。识别技术对于智能网联汽车视觉技术之所以重要，是因为视觉技术的后续多项技术必须基于识别技术，比如道路边缘的检测、车标的识别

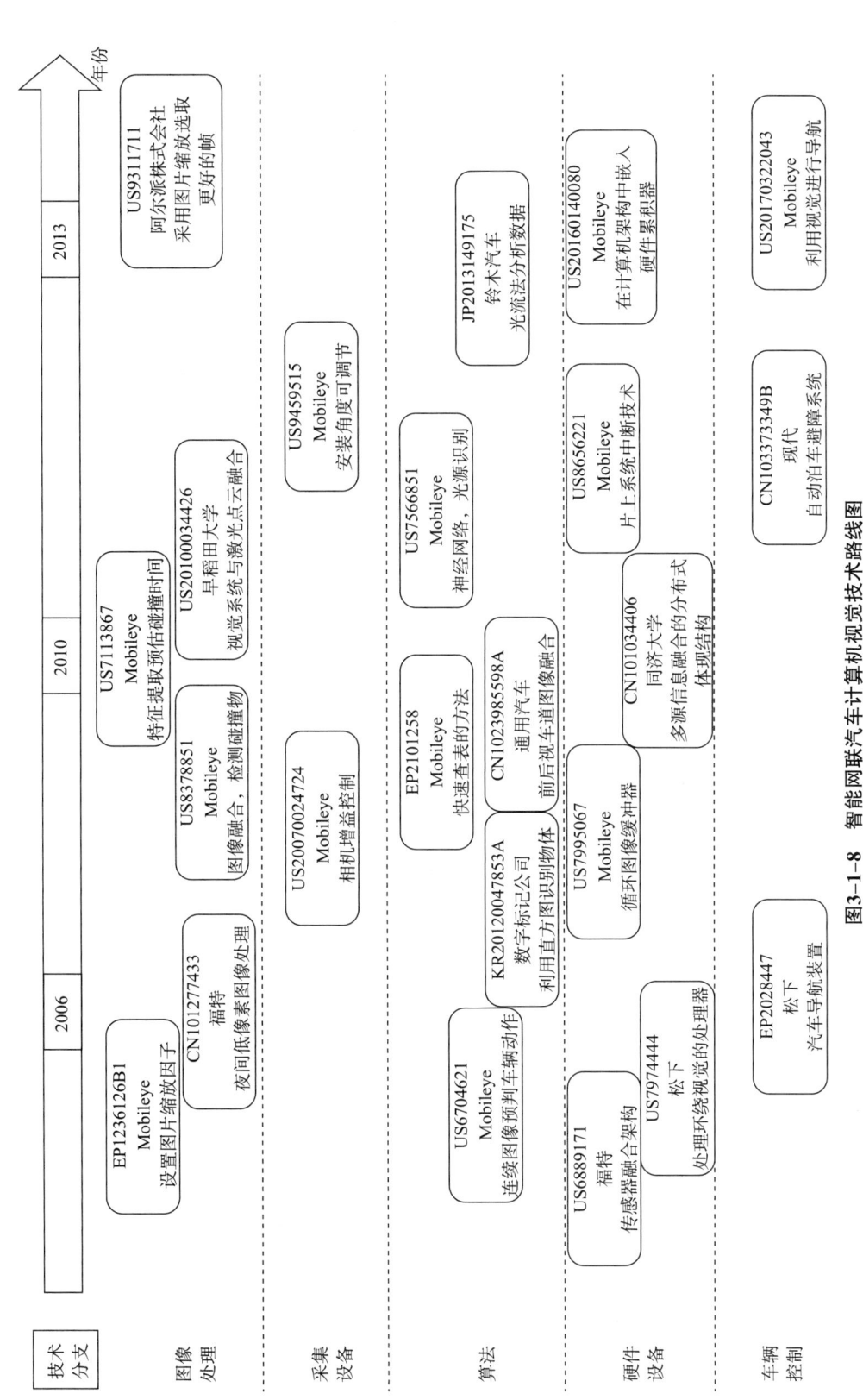

图3-1-8 智能网联汽车计算机视觉技术路线图

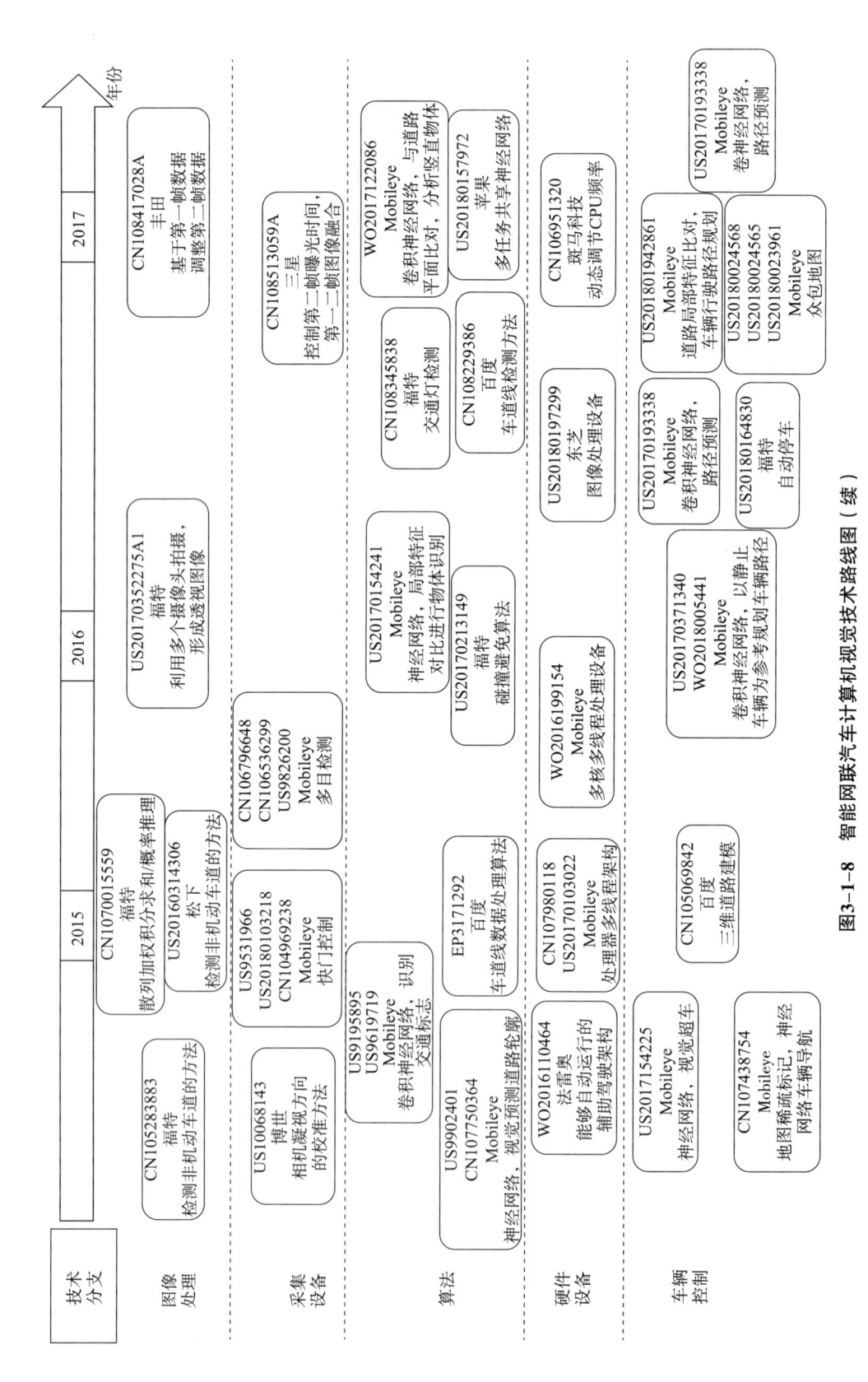

图3-1-8 智能网联汽车计算机视觉技术路线图（续）

以及单目视觉的距离、位置判断等技术。第二次是将视觉技术应用到车辆控制上，包括众包地图概念的提出、视觉辅助车辆定位等技术，使得车辆视觉技术能够对车辆的行驶起到决策作用，向无人驾驶技术的落地迈出了一大步。此外，硬件技术也十分重要，为超大数据量的快速运算提供了基础。因此，本小节将针对这3项技术，分析智能网联汽车计算机视觉领域的关键专利技术。

3.1.4.1 识别算法

车辆由于对安全性和稳定性要求极高，因此对对象识别的容错率也极低，而对光源的识别相对比较容易，具有较高的准确率。因此利用光源识别从而判断障碍物和周围情况，以及对车辆定位是Mobileye所采用的一项优势技术。在该专利中第一次记载了Mobileye的光源识别技术（参见表3-1-8）。对地面、道路上的物体进行探测，从大量数据中选取有用的数据，并提出了与激光雷达的融合，为后续路况检测技术的发展，提供了参考和基础。

表3-1-8 识别算法核心专利1

公开号	US20080043099	优先权日	2006-08-10	申请人	Mobileye
		被引用频次	69	同族数	4
技术内容		说明书附图			
一种计算机化系统中的方法，包括安装在移动车辆中的图像传感器。图像传感器实时连续捕获图像帧。在其中一个图像的明亮区中，检测到可测量亮度的光斑；该点在后续图像帧中匹配。图像帧可用于在计算机化系统和另一车辆控制系统之间共享。斑点和相应的斑点是同一物体的图像。该物体通常是迎面而来的车辆的前灯、领先车辆的尾灯、路灯、街道标志和/或交通标志中的一种或多种。从现场和相应的地点获取数据。通过处理数据，对对象（或点）进行分类。产生对象分类。车辆控制系统优选地基于对象分类来控制移动车辆的前灯。使用图像帧的其他车辆控制系统是以下中的一个或多个：车道偏离警告系统、碰撞警告系统和/或自我运动估计系统					

如表3-1-9所示，该技术利用拍摄图像与激光测量数据获得道路三维模型，并提取三维模型的坐标位置。

表 3-1-9 识别算法核心专利 2

公开号	US20100034426	优先权日	2007-02-16	申请人	早稻田大学/三菱
		被引用频次	39	同族数	19
技术内容		说明书附图			

目的在于测量道路周边的地物的位置。图像存储部中存储有拍摄了道路周边的图像。三维点群模型存储部（709）中存储有点群作为路面形状模型，该点群表示通过与拍摄图像同时进行的激光测量而获得的三维坐标。模型投影部（172）将点群投影到图像，图像显示部（341）将图像和点群重叠显示于显示装置。图像点输入部（342）使用户指定测量对象的地物上的像素作为测量图像点。附近提取部（171）从点群中提取出位于测量图像点附近的、与测量对象的地物重叠的点。地物位置算出部（174）输出提取出的点所示的三维坐标作为测量对象的地物的三维坐标

如表 3-1-10 所示，该技术利用多个摄像头拍摄多个图像，生成道路轮廓图像。对道路轮廓的识别为汽车的自动行驶提供了道路依据，属于自动驾驶技术的重要落地技术之一。

表 3-1-10 识别算法核心专利 3

公开号	US20160325753	优先权日	2015-05-10	申请人	Mobileye
		被引用频次	4	同族数	4
技术内容		说明书附图			

提供了用于确定沿预测路径的道路轮廓的系统和方法。在一个实现中，一种系统包括至少一个图像捕获设备，被配置为获取用户车辆附近区域的多个图像；数据接口；至少一个处理设备，用于接收所述图像采集设备通过所述数据接口采集的多个图像；并且沿着用户车辆的一个或多个预测路径计算道路的轮廓。基于图像数据预测一个或多个预测路径中的至少一个

3.1.4.2 车辆控制技术

由于车辆技术对安全性和稳定性的要求较高,基于计算机视觉的车辆控制技术出现得较晚。此项专利技术出现时间较早,并且为纯人工智能控制技术,并提出了在汽车中应用的方法,为后续研究提供了基础(参见表3-1-11)。

表3-1-11 车辆控制技术核心专利4

公开号	US2014122551	优先权日	2012-10-31	申请人	Mobileye
		被引用频次	18	同族数	15
技术内容			说明书附图		
提供了一种处理信息的方法。该方法涉及接收消息;利用训练的基于人工神经网络的处理器处理该消息,该处理器具有至少一组输出,该输出表示基于人工神经网络的处理器和训练的体系结构的非任意动作组织中的信息;表示消息中的至少一个数据模式作为噪声向量,该数据模式在非任意的动作组织中不完整地表示;从训练好的人工神经网络中明显地分析噪声向量;搜索至少一个数据库;并根据所述分析和所述搜索产生输出					

此项专利技术(参见表3-1-12)体现了Mobileye新的技术战略和技术方向。Mobileye拥有高达75%的市场占有率,利用这一优势,推出了众包地图,即将每一辆安装了其产品的车均变成数据采集终端,从而实现高精度地图的制作和实时更新,而高精度地图对无人驾驶又是另一项非常重要的技术。因此,Mobileye基于已有优势,不断扩大自身优势,将智能网联汽车计算机视觉技术的发展推向了另一个全新的领域。

表3-1-12 车辆控制技术核心专利5

公开号	US9760090	优先权日	2015-02-10	申请人	Mobileye
		被引用频次	5	同族数	70
技术内容			说明书附图		
提供了一种处理用于自主车辆导航的车辆导航信息的方法。该方法包括由服务器从多个车辆接收导航信息。来自多个车辆的导航信息与公共路段相关联。该方法还包括由服务器存储与公共路段相关联的导航信息。该方法还包括由服务器基于来自多个车辆的导航信息生成用于公共道路段的自主车辆道路导航模型的至少一部分。该方法还包括由服务器将自主车辆道路导航模型分配给一个或多个自动车辆,以用于沿着公共路段自主地导航一个或多个自动车辆					

通过表3-1-13所示专利技术，福特则将视线转向了驾驶员，通过驾驶员的肢体动作和视线移动来判断车辆未来的动向。基于目前的技术，距离完全自动驾驶还有很长的一段路要走，福特作为一个传统的汽车巨头无法完全抛弃已有的产业优势，如何辅助驾驶员将车开得更安全，是福特所期望解决的问题。

表3-1-13 车辆控制技术核心专利6

公开号	US9864918	优先权日	2015-11-04	申请人	福特
		被引用频次	1	同族数	7
技术内容		说明书附图			
公开了用于预测驾驶员意图和人驾驶的车辆的未来运动的系统、方法和装置。一种用于预测车辆的未来运动的系统包括摄像机系统、边界部件、肢体语言部件和预测部件。该摄像机系统被配置为拍摄车辆的图像。该边界部件被配置为识别图像的对应于车辆的驾驶员所在的区域的子部分。该肢体语言部件被配置为检测驾驶员的肢体语言。该预测部件被配置为基于由肢体语言部件检测到的驾驶员的肢体语言来预测车辆的未来运动		(图示：包含 Radar System(s) 106、LIDAR System(s) 108、Camera System(s) 110、GPS 112、Ultrasound System(s) 114、Transceiver 118、Automated driving/assistance system 102、Driver Intent Component 104、Vehicle Control Actuators 120、Display(s) 122、Speaker(s) 124、Map Data/Driving History/Other Data 116，整体编号100)			

3.1.4.3 硬件技术

Mobileye作为一家视觉算法公司，将软件算法与硬件设计联合设计，使其产品具有更好的性能。智能网联汽车在行驶过程中会遇到各种各样的突发视觉，中断技术显得尤为重要，使得处理器能够随时处理突发状况（参见表3-1-14）。

驾驶员在驾驶汽车的过程中需要关注道路周边的各种事物，自动驾驶汽车的传感器也是如此，需要"眼观六路"，因此处理器的多线程处理就显得尤其重要（参见表3-1-15）。

表 3-1-14　硬件技术核心专利 7

公开号	CN102193852	优先权日	2010-03-08	申请人	Mobileye
		被引用频次	14	同族数	5
技术内容			说明书附图		

技术内容：涉及系统芯片（SoC）断点方法和具有调试方法的 SoC。SoC 包括 CPU 和连到 CPU 的多个计算元件。CPU 配置为用任务描述来为计算元件编制程序，计算元件配置为接收描述符并根据其执行计算。任务描述符包括指定计算元件断点状态的字段。系统级事件状态寄存器（ESR）附接到 CPU 和计算元件，可由其存取。每个计算元件具有配置为将其当前状态与断点状态比较的比较器。计算元件配置为若其当前状态是断点状态则驱动到 ESR 的断点事件。每个计算元件具有可操作地附接到其的停止逻辑单元，该单元配置为停止计算元件的操作。ESR 配置为驱动到停止逻辑单元的断点事件，以停止除驱动断点事件的计算元件以外的至少一个计算元件

表 3-1-15　硬件技术核心专利 8

公开号	WO2016199154	优先权日	2015-06-10	申请人	Mobileye
		被引用频次	0	同族数	9
技术内容			说明书附图		

技术内容：提供配置成在某些计算情境中提高处理性能的多核处理器。多核处理器包括：多个处理核心，其实现桶式线程处理以在确保处理器的性能被最小化时空闲指令或线程的效果的同时并行地执行多个指令线程。多个核心也可共享公共数据高速缓存，从而最小化对昂贵和复杂机构的需要以减轻高速缓存间一致性问题。桶式线程处理可最小化与共享的数据高速缓存相关联的时延影响。在一些例子中，多核处理器还可包括串行处理器，其配置成执行可以在采用桶式线程处理的处理环境中不产生令人满意的性能的单线程程序代码

3.1.5 小　结

通过上述分析，我们可以初步得出以下结论。

（1）智能网联汽车计算机视觉技术受到广泛的认可，近年来专利申请量急速增长。无论从产业规模、市场规模还是专利历年申请量方面，该行业均呈现出蓬勃向上的态势。我国应当继续加大投入，促进智能网联汽车计算机视觉技术发展，为自动驾驶的早日实现提供支撑。

（2）中美两国在专利数量上优势明显，而美国、日本则在关键技术上具有较大的优势。中国的专利布局多在于识别技术和障碍物检测技术，而美国则在此基础上向视觉技术在自动驾驶的落地方面更迈进了一步，具体体现在其对车辆控制技术和硬件技术进行了大量的专利布局。因此，中国需要在目前视觉技术的基础上更进一步，在相关落地技术方面投入更大的研发力量。

（3）中国专利大而不强。中国专利虽然在布局数量上占据第一，但是集中度明显不足，具体体现为前十创新主体申请量较少，行业缺乏真正的领军者。目前的行业带头人百度需要依托国家平台的优势，集中力量办大事，实现在真正核心技术上的技术积累。

（4）技术重点已从识别技术转向车辆技术和硬件技术。人工智能的发展速度令人惊讶，从2012年成功应用于计算机视觉领域短短7年多的时间，识别的准确率已大大超过人类，并在越来越多的细分领域超过人类。在智能网联汽车视觉技术方面同样是如此，行业领先者已不仅仅满足于识别，他们更进一步走向了车辆控制，并在不断地改进硬件以推动这项技术的落地。因此，国内行业领头者需要加速推进技术发展，同样实现人工智能技术在该领域的更进一步。

3.2　智能安防领域

20世纪50年代初，伴随着闭路电视（Closed Circuit Television，CCTV）摄像头的出现，凭借高实时性、可记录性等众多优点，视频监控开始成为安防的主要应用场景之一。安防产品从最初用于博物馆及保密要害单位等高价值场所的监控逐步扩展至银行、住宅小区、交通运输等场景中。随着安防产品应用领域的不断扩张，传统安防技术的计算能力不足以应对日益增长的视频和图像数据，对于识别效率和准确率的要求也越来越高，成为阻碍安防产业发展的瓶颈之一。

2012年人工智能技术取得了重大突破，使得基于计算机视觉技术的识别准确率大幅提升，超过了人眼的平均识别准确率。以计算机视觉技术为代表的多项人工智能技术开始在安防行业中得到大规模的落地与应用，安防成为人工智能最先大规模产生商业价值的应用领域，也成为许多人工智能和计算机视觉初创公司的切入点。在国家对于公共安全和人工智能制定的多项政策的推动下，越来越多的人工智能和计算机视觉公司开始将安防领域作为其主要发展点之一，传统的安防企业也开始研发智能安防产品，或者寻求与相关人工智能公司以及计算机视觉公司的合作。2017年安防影像分析领域占据了中国计算机视觉产业市场的近七成。

以计算机视觉为代表的人工智能技术的引入大幅推动了传统安防行业进化和革新。前端图像视频的采集和探测设备中开始加入 AI 芯片，通过智能处理识别图像视频后再进行传输，减少传输数据量和时间；后端处理平台也开始运用人工智能算法，数据处理能力大幅提升，能够同时处理多路大量监控数据，识别准确率、效率和自动化程度显著提高。在计算机视觉技术的帮助下，安防产业逐步突破了瓶颈。在安防产业中崭露头角的智能安防开始日益壮大，国内智能安防影像分析产业市场规模从 2016 年的 5 亿元增长至 2017 年的 27 亿元，预计在 2020 年达到 552 亿元。

计算机视觉技术中生物特征识别技术（人脸识别、指纹识别和虹膜识别）满足了智能安防中对于实时识别准确率的要求。[1] 尤其是人脸识别技术具备的非接触识别的特性与实时识别场景契合度较高，成为智能安防影像分析中的关键技术之一。视频结构化技术可针对已经生成的海量视频内容进行自动化处理，提供行人、机动车、非机动车等关键目标的监测、跟踪、属性分析，为每一帧视频图像打上标签，使得从海量视频数据中快速准确定位目标成为可能，大幅提升安防影像分析的效率。

3.2.1 全球专利申请分析

为了对智能安防影像分析技术进行专利分析，我们结合产业和专利相关资料，从技术手段对智能安防影像分析技术加以分解。按照技术分类为生物特征识别、视频结构化和目标跟踪三个一级分支，并且进一步将生物特征识别技术划分为人脸识别、指纹识别和虹膜识别三个二级分支，以此展开检索（参见表 3-2-1）。

表 3-2-1 智能安防影像分析技术分解

技术主题	一级技术分支	二级技术分支
智能安防影像分析	生物特征识别	人脸识别
		指纹识别
		虹膜识别
	视频结构化	—
	目标跟踪	—

3.2.1.1 全球专利申请趋势分析

如图 3-2-1 所示，2006 年人工智能被提出应用于计算机视觉领域后，由于技术瓶颈一直未突破，因此业界反应平淡。直至 2012 年人工智能技术在计算机视觉领域得到成功应用，智能安防影像分析申请量开始缓慢上升。2012 年 Alex Krizhevsky 提出了用于图像分类的卷积神经网络模型 AlexNet，并赢得了 2012 届图像识别大赛的冠军，引

---

[1] 甘早斌，鲁宏伟，李开. 物联网识别技术及应用 [M]. 北京：清华大学出版社，2014：9-15.

发了深度学习的热潮。可以看到，智能安防影像分析方面的申请量，由一开始的每年几十项的探索期，快速增长到 2017 年（数据不完整）的 1200 余项，可见创新主体对这一技术的重视。

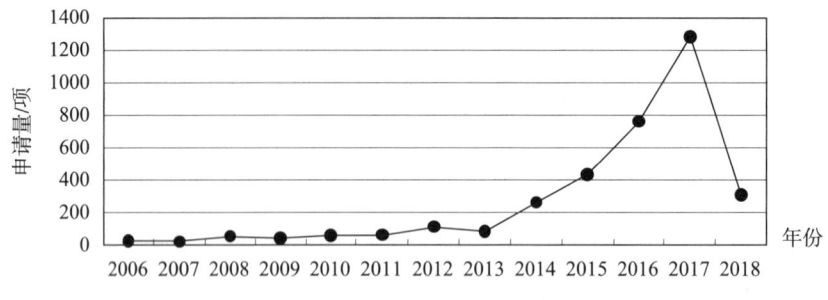

图 3-2-1　智能安防影像分析技术全球专利申请趋势

3.2.1.2　全球专利申请区域分析

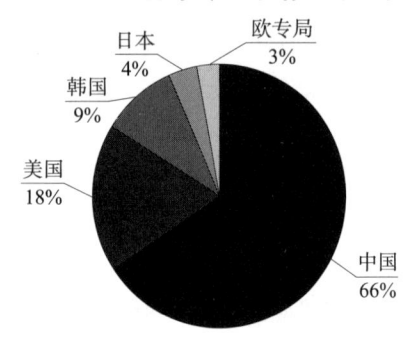

图 3-2-2　智能安防影像分析技术全球专利布局目标国家或地区

中美两国都将人工智能列为国家战略，美国有谷歌、Facebook 等实力强劲的人工智能公司。中国也依托商汤科技建设智能视觉国家新一代人工智能开放创新平台，并且高校和创新企业众多，此外，随着对于智慧城市和公共安全的重视，中美两国成为商汤科技等业内佼佼者布局的目标国。如图 3-2-2 所示，基于上述原因，中美为最大的两个专利布局目标国，中国占比高达 66%，美国为 18%。韩国、日本、欧洲占比较小，排在第三位至第五位。

如图 3-2-3 所示，从智能安防影像分析技术申请目标国家或地区申请趋势来看，中国申请量逐年高速增长，尤其是近年来，呈指数型增长；美国的增长速度也较快。韩国、日本、欧洲近年来虽然申请量较小，但申请趋势也呈现快速上涨的趋势。

如图 3-2-4 所示，从智能安防影像分析技术申请来源国家或地区来看，中国占据了来源国家或地区第一的位置，占据了 62% 的比例，表明中国注重智能安防影像分析的研发和专利布局，在技术上拥有一定的领先优势。但是相对于申请目标国家或地区占比有所下降，由目标国家或地区占比的 66% 下降到近 62%，欧洲的占比也有所下降，欧洲由目标国家或地区的 3% 下降至 1%。相反，美国和韩国的占比有所上升。美国由目标国家或地区的 18% 上升到 20%，韩国由目标国家或地区的 9% 上升到近 13%。由此可见，美韩两国比较注重自主研发，而中国、欧洲则有部分专利是由外国输入。

如图 3-2-5 所示，从智能安防影像分析主要技术来源国家或地区专利申请趋势来看，中国、美国、韩国三国专利增长势头良好，而日本和欧洲近年来也呈现快速增长趋势。

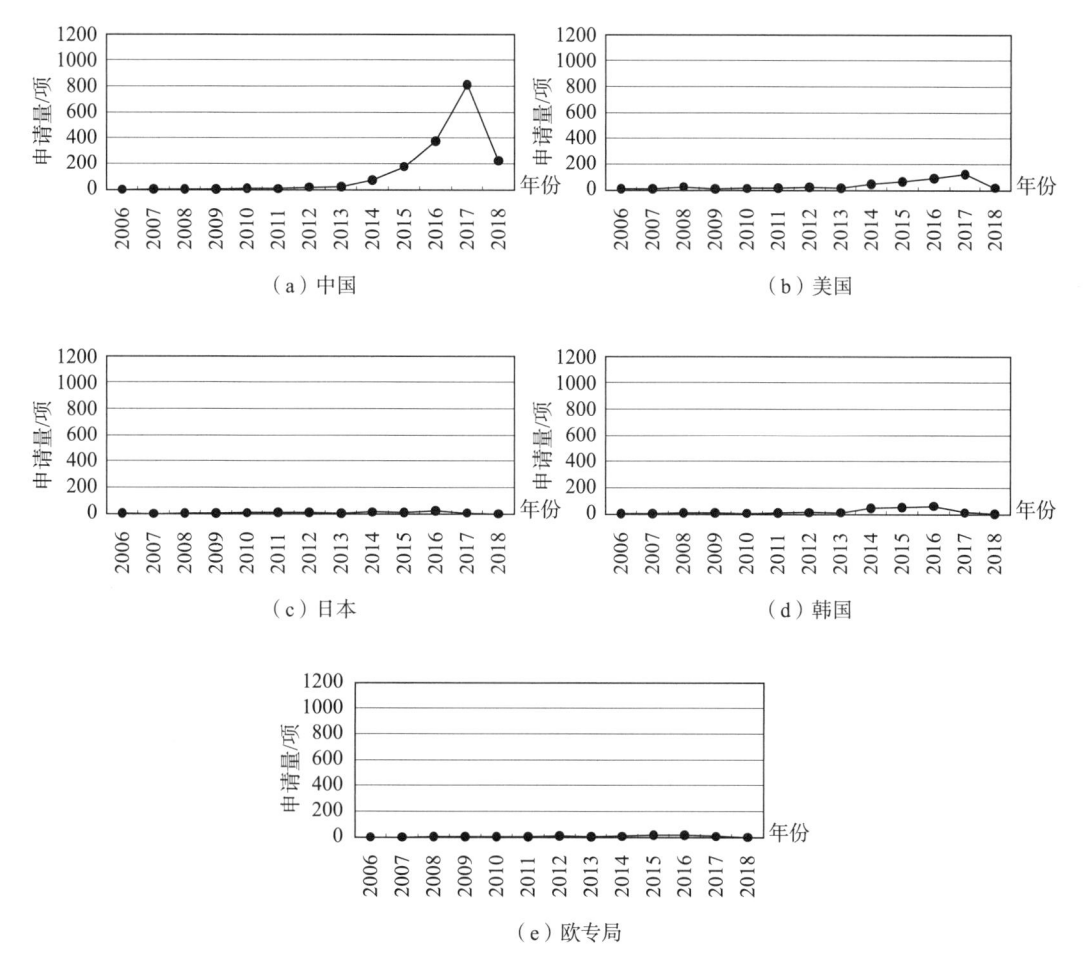

图 3-2-3　智能安防影像分析技术全球专利主要目标国家或地区申请趋势

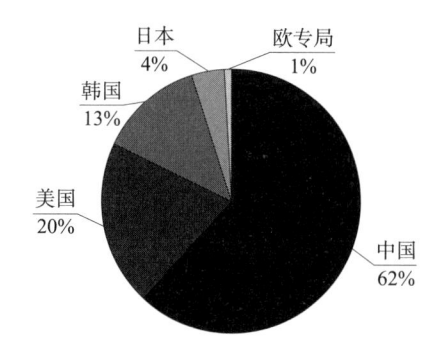

图 3-2-4　智能安防影像分析技术全球专利申请来源国家或地区

从表 3-2-2 可以看出，美国和韩国在其他国家或地区均有一定规模的布局，表明美国和韩国的企业具有较强的专利控制市场的意识。中国的绝大多数申请均聚集在国内，仅有极少量的专利进行海外申请。这为企业今后的外向型发展埋下了隐患。

(a) 中国　　　　　　　　　　　　　　(b) 美国

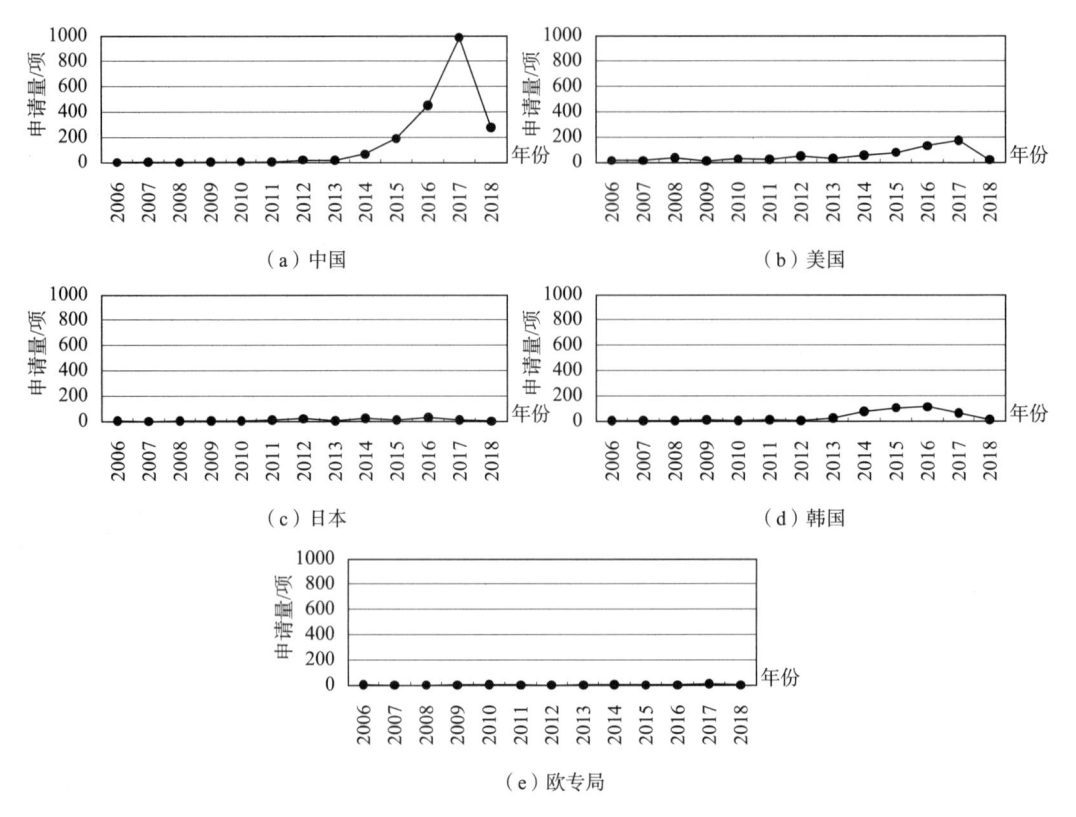

(c) 日本　　　　　　　　　　　　　　(d) 韩国

(e) 欧专局

图3-2-5　智能安防影像分析技术全球专利主要来源国家或地区申请趋势

表3-2-2　智能安防影像分析技术全球主要国家或地区申请量流向分布　　　　单位：项

技术来源国家或地区	技术目标国家或地区				
	中国	美国	韩国	日本	欧专局
中国	1978	18	6	3	4
美国	62	434	35	13	33
韩国	32	76	249	1	26
日本	4	17	4	94	7
欧专局	6	7	2	1	9

3.2.1.3　全球主要申请人分析

在全球主要申请人中，既有以海康威视、大华技术、日本电气和三星为代表的传统安防公司，也有以商汤科技和旷视科技为代表的计算机视觉公司，以及以谷歌、百度、腾讯为代表的人工智能互联网公司。这表明传统安防公司、人工智能公司和计算机视觉公司都较为注重智能安防影像分析技术，进行了一定规模的技术研发和专利布局。

如图3-2-6所示，在全球主要申请人中，商汤科技、三星和旷视科技在申请量方面优势较大，属于第一阵营，其他申请人申请量相对积累较少，为第二阵营。

商汤科技以较大的优势排名第一位。商汤科技坚持自主创新，成为智能视觉国家新一代人工智能开放创新平台，在人脸识别等计算机视觉技术方面拥有雄厚的技术、专利和人才储备。其也相当注重技术的落地，研发了多款安防产品和解决方案，与多地公安部门展开了深入合作。排名第二位的为韩国的传统巨头三星。三星一直注重人脸识别技术开发，基于此推出了多款门禁、摄像等安防系统。

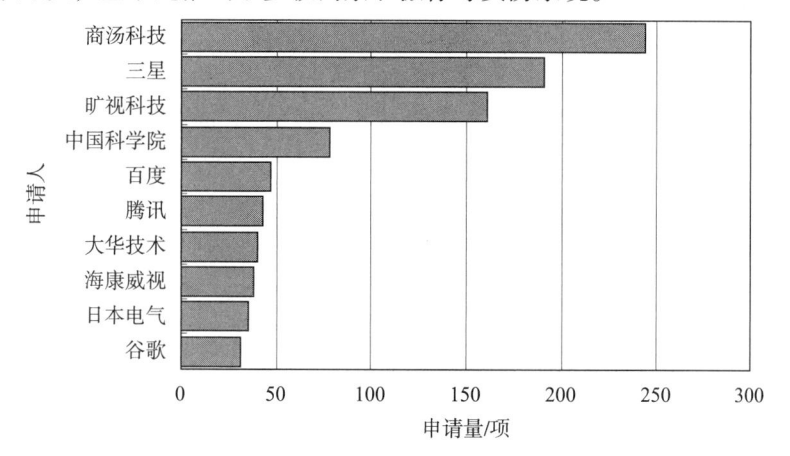

图3-2-6 智能安防影像分析技术全球主要专利申请人排名

在全球排名前十位申请人中，来自中国的创新主体占据了7席，其中6家为企业，美国、日本、韩国各占1席，表明在智能安防影像分析技术中，中国具备一定的优势。

3.2.1.4 全球专利技术主题分析

视频监控是安防主要的应用场景，识别出目标的身份是其首要任务。生物特征识别技术利用人的面部、指纹和虹膜等唯一生物特性进行识别，可靠性高。在识别出目标的基础上，还需要对目标进行持续的跟踪监视以判断目标行为是否会引发安全事故，在发生安全事故后也需要溯查监控视频以找出事故的原因和引发者。在智能安防影像分析技术各一级分支中，生物特征识别技术申请量最多，占比45%；视频结构化技术和目标跟踪技术分列第二位和第三位，占比分别为34%和21%（参见图3-2-7）。

在生物特征识别技术下的各二级技术分支中，和指纹识别以及虹膜识别相比，人脸识别不需要被监控对象的主动配合，并且可以实现远距离识别，使得其应用范围更加广泛，识别准确率也更高。在这三个二级技术分支中，人脸识别专利申请量占比最高，为65%，其次分别为指纹识别和虹膜识别，占比分别为27%和8%（参见图3-2-8）。

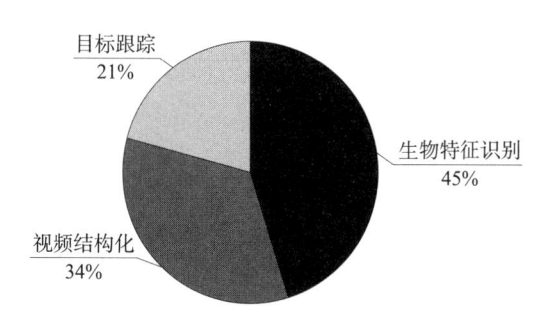

图3-2-7 智能安防影像分析技术各一级分支申请量占比分布

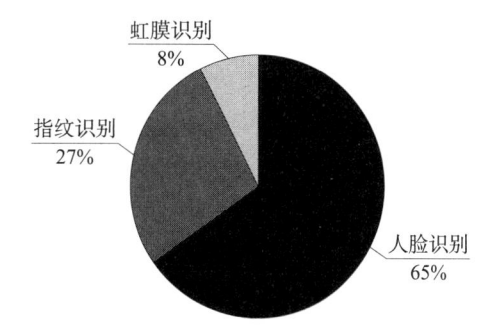

图3-2-8 生物特征识别技术下各二级分支申请量占比分布

如图3-2-9所示,由于安防目前为人工智能技术落地的热门领域,因此各一级分支的申请趋势均呈快速增长的趋势。

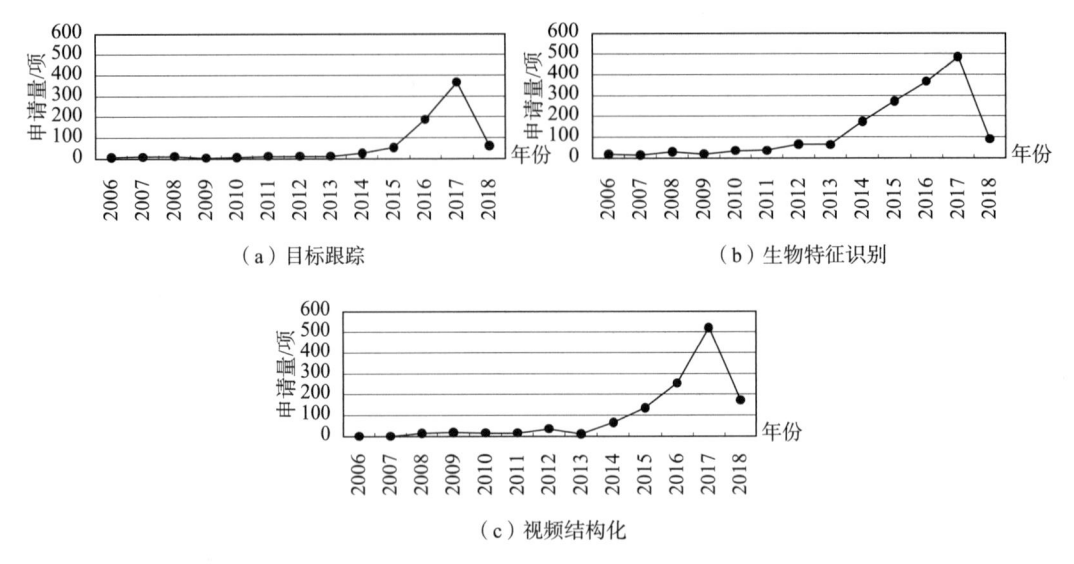

(a) 目标跟踪

(b) 生物特征识别

(c) 视频结构化

图3-2-9 智能安防影像分析技术各一级分支专利申请趋势

在生物特征识别技术中,相对于指纹识别和虹膜识别,人脸识别不需要和识别对象近距离接触和交互,尤其适用于视频监控的场景。在生物特征识别分支的子分支中,人脸识别技术一直呈上升趋势,且其增长速度最快(参见图3-2-10)。

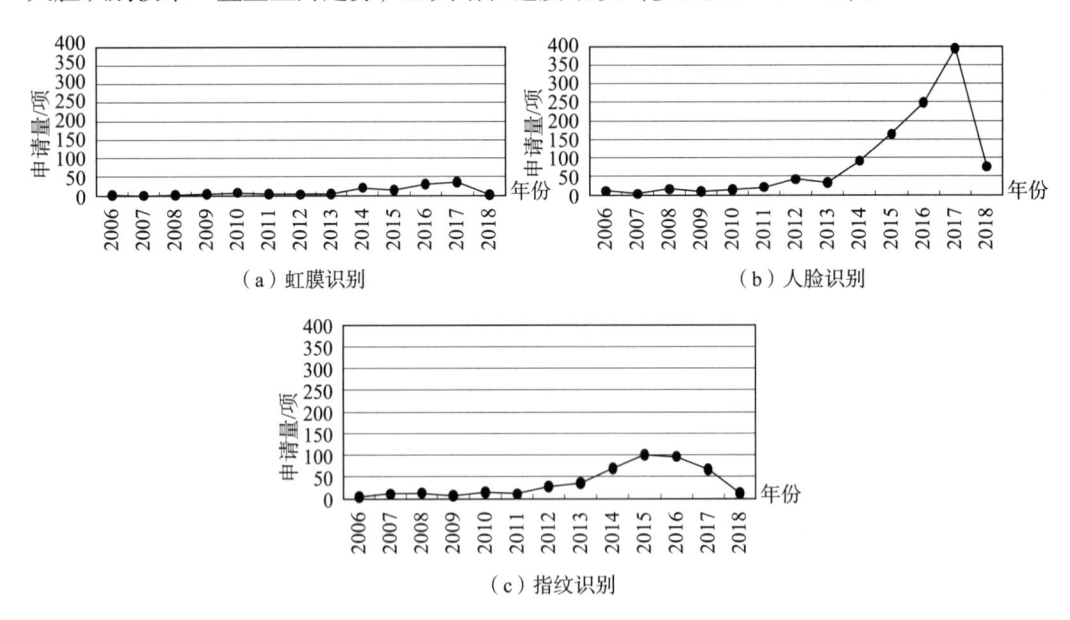

(a) 虹膜识别

(b) 人脸识别

(c) 指纹识别

图3-2-10 生物特征识别技术下各二级分支专利申请趋势

各国家或地区在生物特征识别技术一级分支的专利布局情况如表3-2-3所示。在3个一级分支中,中国均在专利数量上占据较大优势,并且对于3个分支均进行了较大数量的专利布局，表明在智能安防领域中中国创新主体专利意识浓厚，注重专利布局。美国对于3个分支均进行了一定数量的专利布局，韩国主要布局生物特征识别技术。

表3-2-3 智能安防影像分析技术一级分支主要国家或地区布局情况　　　单位：项

技术来源国家或地区	一级技术分支		
	目标跟踪	生物特征识别	视频结构化
中国	452	867	876
美国	239	240	201
韩国	12	372	37
日本	23	56	58
欧专局	8	7	14

各国家或地区在生物特征识别技术二级分支的专利布局情况如表3-2-4所示。在生物特征识别技术的3个子分支中，中国主要布局人脸识别技术并在专利数量上具备领先优势，美国主要布局人脸识别技术和指纹识别技术，韩国主要布局指纹识别技术，并且在指纹识别和虹膜识别技术专利数量上具有领先优势。

表3-2-4 生物特征识别技术下各二级分支主要国家或地区布局情况　　　单位：项

技术来源国家或地区	生物特征识别技术各二级技术分支		
	虹膜识别	人脸识别	指纹识别
中国	25	753	106
韩国	73	113	217
美国	15	125	106
日本	2	44	10
欧专局	0	5	2

全球主要申请人在智能安防影像分析技术各一级技术分支的布局如表3-2-5所示。商汤科技在各分支均具备一定优势，其主要布局生物特征识别技术，为切入安防领域打下了良好的基础。三星主要布局生物特征识别技术，以进一步增强技术实力，扩大安防市场规模。

表3-2-5 智能安防影像分析技术一级分支全球主要申请人布局情况　　　单位：项

申请人	一级技术分支		
	目标跟踪	生物特征识别	视频结构化
商汤科技	32	180	48
三星	7	175	9

续表

申请人	一级技术分支		
	目标跟踪	生物特征识别	视频结构化
旷视科技	22	131	14
中国科学院	14	34	34
百度	5	31	14
腾讯	12	18	15
大华技术	4	32	4
海康威视	8	23	9
日本电气	8	22	5
谷歌	2	14	15

全球主要申请人在生物特征识别技术下各二级分支中的布局如表3-2-6所示。商汤科技主要布局人脸识别技术，在人脸识别技术专利数量上具有较大的优势，其主要以视频监控场景为入口，通过自主研发的人脸识别技术进军安防市场。三星在虹膜识别、人脸识别和指纹识别技术中均进行了一定规模的布局。除了视频监控以外，三星还涉及出入口控制等其他安防场景，推出了基于指纹和虹膜识别的多种门禁和闸机设备，以谋求全方位多角度发展。旷视科技在安防领域与商汤科技的发展模式相似，同样主要布局人脸识别技术。

表3-2-6 生物特征识别技术下各二级分支全球主要申请人布局情况　　单位：项

申请人	生物特征识别技术各二级技术分支		
	虹膜识别	人脸识别	指纹识别
商汤科技	0	180	0
三星	40	65	78
旷视科技	0	131	0
中国科学院	2	31	1
百度	0	32	0
腾讯	0	28	3
大华技术	0	23	0
海康威视	0	19	3
日本电气	0	17	4
谷歌	1	17	0

3.2.2 中国专利申请分析

3.2.2.1 中国专利申请趋势分析

如图3-2-11所示，在华智能安防影像分析技术专利申请趋势与全球类似，在2012年以前申请量较少，从2012年人工智能技术在计算机视觉领域取得成功应用之后申请量逐渐攀升，近年来达到高峰。

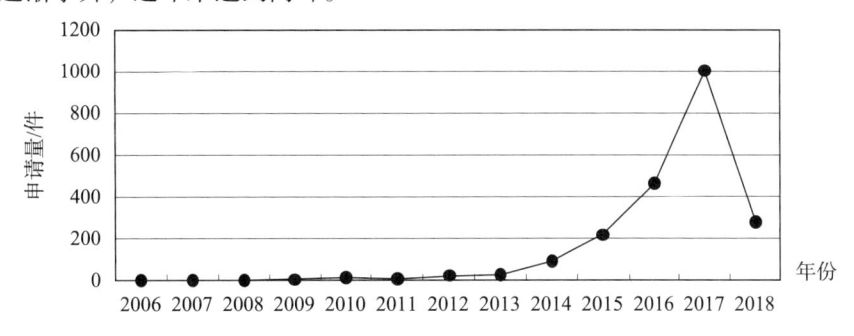

图3-2-11 智能安防影像分析技术在华专利申请趋势

3.2.2.2 中国主要申请人分析

在华主要申请人专利申请量排名如图3-2-12所示。排名前十位的申请人均来自国内，商汤科技和旷视科技分列第一和第二，位于第一梯队。前十位申请人中企业占据7席，高校及科学院所占据3席。百度、腾讯近年来全面布局人工智能，依托人脸识别算法和解决方案开始进军安防行业，与多地公安展开合作。除了人脸识别技术以外，小米还布局摄像头和智能家居系统，以谋求在安防产业中占据更大的市场份额。作为传统的安防巨头，大华技术和海康威视近年来逐渐开始重视人工智能在安防中的运用，开始布局智能安防。

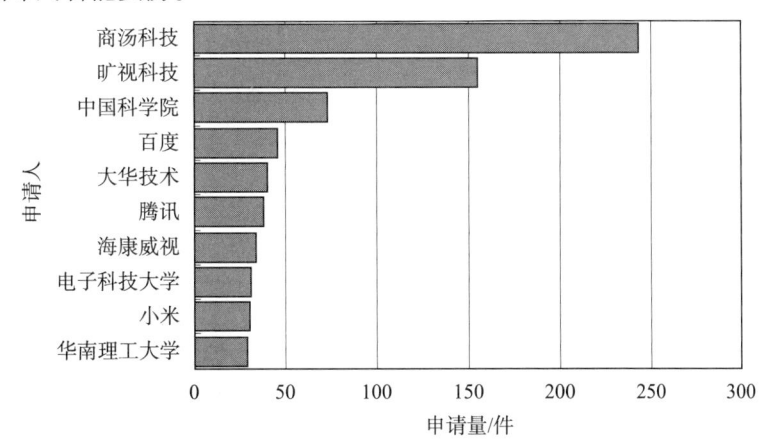

图3-2-12 智能安防影像分析技术在华主要申请人排名

3.2.2.3 中国专利申请区域分析

智能安防影像分析技术国内主要省市专利布局情况如表3-2-7所示。北京和广东分列第一位、第二位,这两省市在目标跟踪、生物特征识别和视频结构化技术上较其他省份具备较大优势。但总体而言,各省市在专利布局数量上依旧偏少,加强研发,从而带动专利布局是目前的主要工作之一。

表3-2-7 智能安防影像分析技术国内主要省市专利布局情况　　单位:件

地域	一级技术分支		
	目标跟踪	生物特征识别	视频结构化
北京	144	397	234
广东	75	202	175
浙江	32	70	53
江苏	37	34	71
上海	28	19	55
四川	24	31	38
陕西	17	16	33
湖北	8	14	34
山东	10	17	26
天津	8	12	26

3.2.2.4 中国专利技术主题分析

智能安防影像分析技术专利申请在华一级分支技术占比分布情况如图3-2-13所示。生物特征识别和视频结构化技术是主要布局技术,分别占比41%和39%。其次为目标跟踪技术,占比20%。

生物特征识别技术下各二级分支申请量占比分布如图3-2-14所示。在生物特征识别技术中,主要布局人脸识别技术,占比82%,其次为指纹识别技术和虹膜识别技术,分别占比15%和3%。

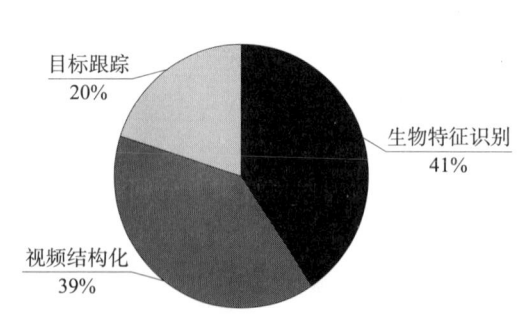

图3-2-13 智能安防影像分析技术在华各一级分支申请量占比分布

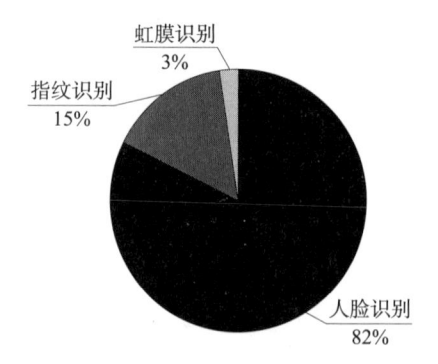

图3-2-14 生物特征识别技术下在华各二级分支申请量占比分布

在华主要创新主体在智能安防影像分析技术各一级分支布局情况如表3-2-8所示。商汤科技和旷视科技主要布局生物特征识别技术，在专利量上占据较大优势，商汤科技在目标跟踪和视频结构化技术专利量上也占据较大优势。其余创新主体均主要布局生物特征识别技术。国内创新主体在目标跟踪和视频结构化技术上专利布局均较少，需要加强布局。

表3-2-8 智能安防影像分析技术在华主要创新主体各一级分支布局情况　　单位：件

申请人	一级技术分支		
	目标跟踪	生物特征识别	视频结构化
商汤科技	31	180	47
旷视科技	21	126	14
中国科学院	13	31	33
百度	4	31	14
大华技术	4	32	4
腾讯	11	17	12
海康威视	7	20	9
电子科技大学	5	18	10
小米	7	21	5
华南理工大学	6	8	6

在华主要创新主体在生物特征识别技术下各二级分支中布局情况如表3-2-9所示，在华创新主体主要均主要布局人脸识别技术，其中商汤科技和旷视科技在专利量上具有较大优势。但是国内创新主体对于虹膜识别和指纹识别技术布局较少，需要加强在这两方面的布局。

表3-2-9 生物特征识别技术下各二级分支在华主要创新主体布局情况　　单位：件

申请人	生物特征识别技术各二级技术分支		
	虹膜识别	人脸识别	指纹识别
商汤科技	0	180	0
旷视科技	0	126	0
大华技术	0	32	0
百度	0	28	3
中国科学院	2	29	0
三星	2	5	15
小米	0	17	4
海康威视	0	20	0
电子科技大学	0	17	1
腾讯	1	16	0

3.2.3 重点技术路线分析

根据前面的分析可知，人脸识别技术的申请量占比最高，并且是各国和各重要申请人的主要研发对象。同时其与智能安防影像分析的契合度高，是基于计算机视觉的智能安防影像分析技术中的关键技术。本小节将对人脸识别技术进行深入的专利分析，以梳理得出人脸识别技术的发展脉络。

为了对人脸识别技术进行专利分析，结合产业和专利相关资料，按照实现人脸识别的技术环节对人脸识别技术进行分解，分为4个一级分支并以此展开专利分析（参见表3-2-10）。❶

表3-2-10 人脸识别技术分解

技术主题	一级技术分支
人脸识别	采集预处理
	特征提取
	特征比对
	多手段融合

图3-2-15（见文前彩色插图第1页）示出了人脸识别各技术分支的技术发展路线图。

采集预处理是人脸识别的基础技术环节，涉及人脸图像的采集并对采集的图像进行初步的处理，以便于后续的人脸特征提取。2008年，三星申请了专利KR20070128448，利用2D图像生成3D图像；同年德萨拉技术公司申请了专利US1203877，实现了均匀的面部照明条件；2013年，商汤科技申请了专利CN201380081288.3，对人脸关键点检测技术进行了改进；2014年，旷视科技申请了专利CN201410053325.6，实现了人脸3D姿态的估计；2015年，商汤科技申请了专利CN201580000322.9，将图像分割为若干区块；2017年，商汤科技申请了专利CN201710343304.1，实现了图像的变换增强。

特征提取是人脸识别的核心环节，算法和模型的好坏决定了特征提取的质量，也决定了人脸识别的准确率。人脸识别算法经历了早期算法、人工特征+分类器、深度学习3个阶段。目前，深度学习算法是主流，极大地提高了人脸识别的精度，推动这一技术真正走向实用。2006年，机器学习大师、多伦多大学教授Geoffrey Hinton及其学生Ruslan发表在世界顶级学术期刊《科学》上的一篇论文引发了深度学习在研究领域和应用领域的发展热潮。这篇文献提出了两个主要观点：①多层人工神经网络模型有很强的特征学习能力，深度学习模型学习得到的特征数据对原数据有更本质的代表性，这将大大方便解决分类和可视化问题。②对于深度神经网络很难训练达到最优的问题，可以采用逐层训练方法解决。将上层训练好的结果作为下层训练过程中的初始化参数。在这一文献中，深度模型的训练过程中逐层初始化采用无监督学习方式。

---

❶ 刘平. 自动识别技术概论 [M]. 北京：清华大学出版社，2013：60.

随后深度学习开始得到业界的关注，2012年由Hinton和他的学生Alexander Krizhevsky设计的AlexNet，获得了ILSVRC比赛分类项目的冠军，准确率达到57.1%，Top 1-5达到80.2%，这相对于传统的机器学习分类算法而言，已经相当的出色。凭借优异的表现，Hinton和Alexander加入了谷歌并以此申请了专利US14030938。该专利中采用深度卷积神经网络，共有8层结构，前5层为卷积层，后3层为全连接层。AlexNet卷积神经网络在图像分类中显示出了巨大的威力，通过学习得到的卷积核明显优于人工设计的特征+分类器的方案。很多研究者都在尝试将其应用在自己的方向，这极大地推动了深度学习的发展，使用深度学习实现人脸识别开始成为主流。

2013年，Facebook的Yaniv Taigman等人提出了DeepFace算法，以此申请了专利US14530585。该专利采用了基于检测点的人脸检测方法，对检测后的图片进行二维裁剪，将人脸部分裁剪出来，然后转换为放正的3D模型，随后输入CNN提取特征；CNN共8层，包括5个卷积层、1个池化层、2个全连接层，最后对输出的特征向量进行归一化和分类，从而完成识别。其早于DeepID和FaceNet，但其所使用的方法在后面模型中都有体现，可谓是早期的奠基之作。

同在2013年，香港中文大学的汤晓鸥教授及其团队提出了DeepID算法，以此申请专利CN201380081288.3。2014年凭借该算法首次参加ImageNet大规模物体检测任务比赛便以40.7%的优异战绩位居第二名；几个月后，DeepID-Net团队将此成绩大幅提高至50.3%，达到了全球最高的检测率。2014年汤晓鸥创立了商汤科技，并对DeepID算法进行改进，提出DeepID2算法，以此申请专利CN201480079316.2。该专利中，采用深度学习的方法来提取人脸高级特征（High-Level Features），这种特征被称为DeepID，DeepID特征是通过人脸分类任务学习得到的。这样的特征可以使用在人脸验证中，最终在LFW数据集上取得了准确率97.45%的结果。

同在2014年，谷歌的Christian Szegedy等人提出了Inception网络结构，就是构造一种"基础神经元"结构，来搭建一个稀疏性、高计算性能的网络结构，基于Inception搭建了GoogLeNet，以此申请了专利US14839452。该专利将CNN中常用的卷积（1×1、3×3、5×5）、池化操作（3×3）堆叠在一起（卷积、池化后的尺寸相同，将通道相加）。一方面增加了网络的宽度，另一方面也增加了网络对尺度的适应性，共22层结构。

2014~2016年，GoogLeNet团队对GoogLeNet进行了进一步的发掘改进，研发出Inception v2、Inception v3和Inception v4，最终基于Inception v4提出了Inception-resnet-v2，据此于2016年申请了专利US15395530。该专利中将n×n的卷积通过1×n卷积后接n×1卷积来替代。这样既可以加速计算，又可以将1个卷积拆成2个卷积，使得网络深度进一步增加，增加了网络的非线性；使用了两个并行化的模块（卷积、池化并行执行，再进行合并）来降低计算量；将ResNet与Inception结合。这些改进大幅提升了其性能。

同在2016年，谷歌的Barret ZOPH等提出了NasNet，并以此申请了专利

US62414300。该专利中的模型并非人为设计出来的,而是通过谷歌很早之前推出的 AutoML 自动训练出来的。该项目目的是实现"自动化的机器学习",即训练机器学习的软件来打造机器学习的软件,自行开发新系统的代码层。它也是一种神经架构搜索技术(Neural Architecture Search Technology),其模型就是基于 AutoML,首先在 CIFAR-10 这种数据集上进行神经网络架构搜索,以便 AutoML 找到最佳层并灵活进行多次堆叠来创建最终网络,并将学到的最好架构转移到 ImageNet 图像分类和 COCO 对象检测中,也就得到了 NasNet,其在图像分类任务中表现极为优秀。

2017 年,谷歌的 Howard Andrew Gerald 等推出了 MobileNet,以此申请了专利 US15707064。该件专利中使用了一种称为 deep-wise 的卷积方式来替代原有的传统 3D 卷积,减少了卷积核的冗余表达。在计算量和参数数量明显下降之后,卷积网络可以应用在更多的移动端平台。同年,商汤科技也针对移动端应用,分别申请了专利 CN201710671900.2 和专利 CN201711214145.1。前者注重于神经网络模型的压缩,后者通过大型神经网络对小型神经网络进行训练,将大型网络的特性迁移至小型网络中。

在特征提取环节中,谷歌、商汤科技和旷视科技都是该项技术的引领者,拥有多项核心专利,其中谷歌在深度学习网络模型方面持续进行研发和改进,技术和专利储备雄厚,商汤科技和旷视科技作为后起之秀,也自主研发了多项深度学习网络模型。2017 年之后,这三家公司均开始研发小型神经网络模型,意图布局移动端。

在提取人脸特征后,需要进行特征比对,将提取的特征与数据库中预存的特征进行比对,从而匹配出对应的身份信息。2008 年,三星申请了专利 KR20080005097,利用二元学习分类器实现特征比对;2012 年,中国台湾地区"中华大学"申请了专利 TW101111785,将特征和模型进行联合比对;2013 年,商汤科技申请了专利 CN201380081288.3,使用联合贝叶斯分类实现特征比对;2016 年,中国科学院申请了专利 CN201610206093.2,在特征比对中引入了动态反向传播;2016 年,旷视科技申请了专利 CN201610827359.5,避免了特征比对中出现重复搜索的情况;2017 年,商汤科技申请了专利 CN201710718044.1,实现了分类器的集合。

为了提升人脸识别的准确性,技术人员提出了将其他身份识别技术与人脸识别技术相结合的方式,即多手段融合技术。2006 年,富士胶片申请了专利 US11393661,结合了服饰属性识别;2010 年,弘益大学申请了专利 KR20100112882,结合了姿态估计;2014 年,索库里公司申请了专利 US14301866,结合了社交数据识别;2015 年,中国科学院申请了专利 CN201510727701.X,结合了面部表情识别;2016 年,旷视科技申请了专利 CN201610698565.0,结合了音频数据识别;同年,商汤科技申请了专利 CN201610089315.7,结合了步态特征识别。

综合前面对于人脸识别技术发展路线的分析可知,深度学习已经成为人脸识别的主流技术,移动端人脸识别技术成为当前的研究热点,谷歌、商汤科技和旷视科技是人脸识别技术的引领者,掌握多项关键技术和专利。

3.2.4 重要专利技术分析

通过对人脸识别技术专利分析和技术路线的梳理,筛选出如下重点专利(参见表3-2-11至表3-2-13)。

表3-2-11 人脸识别核心专利1

公开号	US9563840B2	优先权日	2012-12-24	申请人	谷歌
		被引用频次	45	同族数	6
技术内容			说明书附图		
一种系统,包括:多个并行神经网络,其中多个并行神经网络各自接收相同的输入并基于输入共同产生预测输出,其中每个神经网络包括相应的多个层,其中每个层包括互连层和非互连层,并且其中通过多个并行神经网络中的每一个的层处理数据包括:提供来自互连层的输出到多个并行神经网络的至少一个不同并行神经网络的至少一个层;和将非互连层的输出仅提供给同一并行神经网络的层			Establish parallel CNNs 300 → Select layers 302 → Select nodes 304 → Interconnect nodes 306		

表3-2-12 人脸识别核心专利2

公开号	CN105849747B	优先权日	2013-11-30	申请人	商汤科技
		被引用频次	28	同族数	6
技术内容			说明书附图		
一种用于人脸图像识别的方法,所述方法包括:生成要比较、要识别的人脸图像的一或多个人脸区域对;通过交换每个人脸区域对的两个人脸区域并使每个人脸区域对的每个人脸区域水平翻转从而形成多个特征模式;通过一或多个卷积神经网络接收所述多个特征模式,所述多个特征模式中的每个模式均形成多个输入映射图;通过所述一或多个卷积神经网络从所述输入映射图中提取一或多个身份关系特征,以形成用于反映所比较的人脸图像的身份关系的多个输出映射图;以及基于所述人脸图像的所述身份关系特征识别所述人脸图像是否属于同一身份			生成单元 110 / 形成单元 120 / 卷积神经网络 130 / 池化单元 140 / 识别单元 150		

表 3-2-13 人脸识别核心专利 3

公开号	US9715642B2	优先权日	2014-08-29	申请人	谷歌
		被引用频次	25	同族数	5
技术内容			说明书附图		
一种方法，包括：接收表征输入图像的数据；使用深度神经网络来处理表征所述输入图像的所述数据，以生成所述输入图像的替选表示，其中，所述深度神经网络包括多个子网，其中，所述子网被布置在从最低到最高的序列中，并行其中，使用所述深度神经网络处理表征所述输入图像的所述数据包括：通过所述序列中的所述子网中的每一个来处理所述数据；以及通过输出层来处理所述输入图像的所述替选表示，以根据所述输入图像生成输出					

3.2.5 小 结

通过上述分析，我们可以初步得出以下结论。

（1）基于计算机视觉的智能安防影像分析技术受到广泛的认可，近年来专利申请量急速增长。无论从产业规模、市场规模还是专利历年申请量方面，该行业均呈现出蓬勃向上的态势，我国应当继续加大投入，促进智能安防影像分析，为智慧城市和平安城市的早日实现提供支撑。

（2）中美两国在专利数量上优势明显，并且在关键技术上具有较大的优势。中国在生物特征识别、目标跟踪和视频结构化技术均有大量布局，主要集中于生物特征识别、视频结构化，美国则在3个方向的布局较为均匀。在生物特征识别技术方向，中国和美国主要布局人脸识别技术，韩国主要布局指纹识别技术。

（3）中国具有一定领先优势。中国作为主要的技术来源国和目标国，同时还拥有多个优势申请人，表明中国在基于计算机视觉的智能安防影像分析技术方面具有一定优势。但是国内创新主体的海外布局意识较为淡薄，缺乏海外布局，在这方面有待加强。

（4）人脸识别技术是关键技术，面向移动端开发是技术发展的趋势。人脸识别技术的申请量占比最高，并且是各国和各重要申请人的主要研发对象；同时其与智能安防影像分析的契合度高，是基于计算机视觉的智能安防影像分析技术中的关键技术。谷歌、商汤科技和旷视科技掌握了大量核心技术和专利，引领了技术的不断发展，近年来均开始着手移动端布局。

3.3 医疗影像领域

传统的医疗影像，借助于某种介质（如 X 射线、电磁场、超声波等）与人体相互作用，把人体内部组织器官结构、密度以影像方式表现出来，供诊断医师根据影像提供的信息进行判断，从而对人体健康状况作出评价。现代的医疗影像是指为了医疗或医学研究，对人体或人体某部分，以非侵入方式取得内部组织影像的技术与处理过程。它包含以下两个相对独立的研究方向：医学成像系统（Medical Imaging System）和医学图像处理（Medical Image Processing）。❶ 医学成像系统，指图像形成的过程，包括对成像机理、成像设备、成像系统分析等问题的研究。医学图像处理，指对已经获得的图像作进一步的处理，其目的是使原来不够清晰的图像复原，或者是突出图像中的某些特征信息，或者是对图像作模式分类等。

当影像数据积累到一定规模，影像产业链可延伸至人工智能领域，出现影像智能诊断应用，其反向作用于影像诊断设施及服务。

国内已有 83 家企业将人工智能应用于医疗领域，主要布局在医疗影像、病历/文献分析和虚拟助手 3 个应用场景，而其中涉足医疗影像类的企业数量达到 40 家，远高于其他应用场景的企业数量。❷ 仅 2016 年下半年，汇医慧影、雅森科技、连心医疗和推想科技等公司接连获得了千万级以上的投资，无论是从投资数量还是时间间隔上，都可以看出"AI + 医疗影像"领域的火热程度。

3.3.1 全球专利申请分析

3.3.1.1 全球专利申请趋势分析

人工智能技术在医疗影像上的应用从 2006 年起被提出。对全球专利进行检索，从 2006 年起至今共有专利 2385 件（1983 项）。

如图 3 - 3 - 1 所示，从申请量看，在 2012 年以后，随着各种算法的进一步完善，相应的硬件设备例如 GPU 不断更新换代，医疗影像可应用的区域更加广泛，因此专利申请量持续增长。医疗影像技术在早期申请较少，但从 2012 年开始，开始大规模增长，可见国内各大企业已开始重视医疗影像技术的应用。随着一段时间的发展，人工智能在医疗影像领域的应用愈加成熟，越来越多的企业开始加入市场，投入大量资金进行研发，这又进一步推动了技术的发展，因此专利数量实现了新一轮的激增。

3.3.1.2 全球专利申请区域分析

美国作为医疗影像发展较为成熟的国家，在专利申请积累上具有明显优势；中

---

❶ 产业研究智库. 2016 年中国医疗影像中心行业发展及投资效益 [R/OL]. (2016 - 07 - 01) [2018 - 09 - 30]. http://www.irinbank.com.

❷ 中国产业信息网. 2017 年中国 AI + 医学影像行业未来发展趋势分析 [R/OL]. (2017 - 12 - 27) [2018 - 09 - 30]. http://www.chyxx.com.

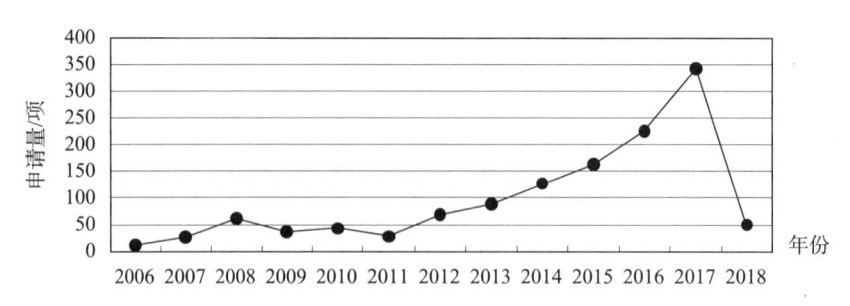

图 3-3-1 医疗影像技术全球专利申请历年申请量

国近几年对该技术逐渐重视，后来居上，位居第二。医疗影像技术的专利申请目前主要集中在美国和中国，体现了中美两国对医疗影像技术的重视。另外，中美两国作为全球最大的市场，同时都将人工智能列为国家战略，因此在政策上对于人工智能技术的快速发展也有相应的鼓励。这刺激了各国企业尽早进行专利布局，提前占领市场。基于上述原因，中美为最大的两个专利布局目标国，中国占比35%，美国为49%。欧洲、日本、韩国占比较小，分别排在第三位至第五位（参见图3-3-2）。

从图3-3-3所示的申请来源国家或地区来看，由于许多大型医疗企业选择将研发中心设置在美国，加上美国比较重视知识产权自主研发，因此美国以较大的优势占据了来源国第一位的位置。中国的占比有所下降，由目标国占比的近35%下降到14%，可见中国目前研发投入明显有所不足，大部分专利是由外国输入，各大企业在中国更多地是进行专利布局。

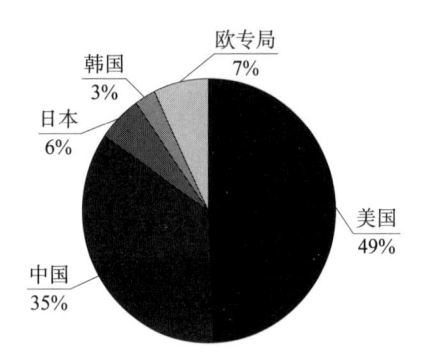

图 3-3-2 医疗影像技术全球专利申请目标国家或地区

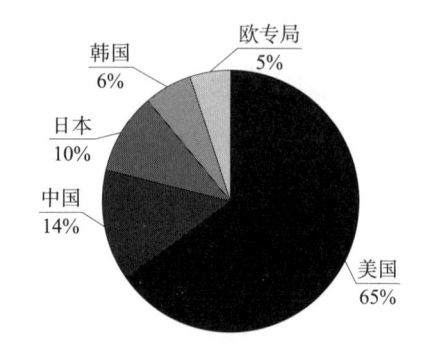

图 3-3-3 医疗影像技术全球专利申请来源国家或地区

从表3-3-1可以看出，中国的外来专利中，美国排名第一位，而中国仅有少量专利进入美国，并未有专利流入其他国家或地区。欧洲申请量虽然不大，但大部分的专利流向了中国，体现了欧洲具有较强的专利控制市场的意识。相比而言，中国的绝大多数申请均聚集在国内，仅有极少量的专利进行海外申请，这为企业今后的外向型发展埋下了隐患。

表 3-3-1 医疗影像技术全球专利主要国家或地区申请量流向表　　　单位：项

技术来源国家或地区	目标国家或地区					
	美国	中国	日本	韩国	欧专局	总计
美国	432	114	13	4	38	601
中国	3	113	0	0	0	116
日本	19	31	33	1	6	90
韩国	27	10	1	17	4	59
欧专局	4	32	1	0	8	45

3.3.1.3 全球主要申请人分析

全球医疗影像产业的集聚度不断提高，全球十大医疗影像公司占据了92%的全球市场份额，其中前三位为：西门子、飞利浦、通用电气。根据相关预测，2018年西门子继续稳坐全球影像诊断公司的"头号交椅"，销售额上升至129亿美元，占领全球28.7%的市场份额。通用电气将缩小与西门子之间的差距，预计年增长率5%。从该领域的专利权人分布情况来看，西门子、飞利浦和通用电气的专利数量排名前三位，这与三家公司占全球市场份额比例的大小基本保持一致（参见图3-3-4）。

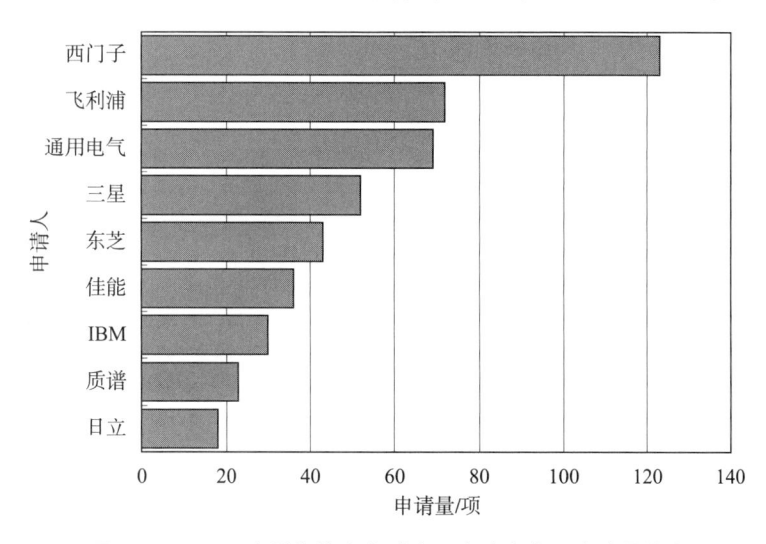

图 3-3-4 医疗影像技术全球主要申请人专利申请量排名

三家公司在不同的技术分支中各有千秋，基本瓜分了全球主要市场，占据了国内市场七成份额。较早的投入研发，也使得三巨头能够较早地进行专利布局，形成牢固的专利壁垒。这也对其他企业的后来居上造成一定的难度。

尽管中国开始逐步重视人工智能在医疗影像领域技术的发展，许多传统的医疗企业开始尝试转型升级，新创性企业也开始不断涌入市场，但是由于起步较晚，前期落后的差距较大，因此前十位申请人中并没有国内企业上榜。由于国家政策的扶持、良好市场前景的吸引,该领域会越来越受到优质公司的青睐,中国的各大企业例如腾讯、联影医疗等飞速发展,最终会慢慢缩小和国外企业的差距,并在该领域有所作为。

3.3.1.4 全球专利技术主题分析

如表3-3-2所示,为了深入研究医疗影像技术专利布局分布,可以将医疗影像技术分为3个部分,包括前期的图像获取、中期的图像处理,以及后期的图像分析。其中,图像获取部分可细分为图像检测、图像生成、目标跟踪,图像处理部分可分为图像增强、图像修复、图像分割,图像分析部分可分为图像匹配、图像构建、图像分类,共9个技术分支。

表3-3-2 医疗影像技术分类

技术主题	一级技术分支	二级技术分支
医疗影像	图像获取	图像检测
		图像生成
		目标跟踪
	图像处理	图像增强
		图像修复
		图像分割
	图像分析	图像匹配
		图像构建
		图像分类

如图3-3-5所示,传统的医疗影像更多地在于图像本身的处理,其目的在于使得获取的图像更加清晰准确。而随着人工智能技术的发展,人工智能相关的各种算法的不断完善,相应的硬件设备例如GPU的不断升级换代,使得深度学习能够依赖强大

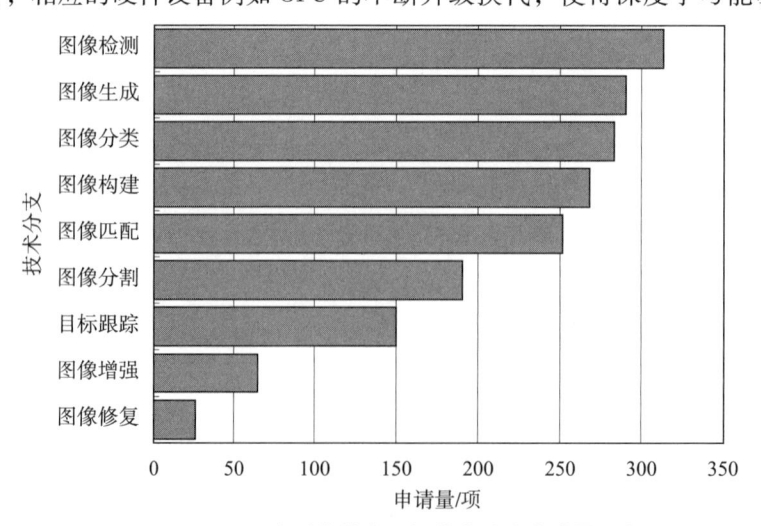

图3-3-5 医疗影像技术二级技术分支申请量分布

的特征学习能力，进行端到端的处理，最终实现分类器的简化，降低算法的复杂程度。一方面，在计算机视觉方面，对于图像检测而言，能够检测和处理的图像更加复杂，效率和精度更高。另一方面，人们开始更多地通过训练分类器实现对图像的分析、判断。现阶段随着各种算法的不断发展，训练后的分类器能够具备"自我意识"，可以开始执行一定的图像分析任务。让计算机像人一样思考，这也是人们所一直追求的目标。

基于以上原因，传统的图像处理部分例如图像增强、图像修复占比明显下降。而在获取图像后，通过运用人工智能技术帮助医生进行诊断，基于深层神经网络技术，计算机已经能够自动执行分析任务，并生成结果，计算机已经越来越能够像人一样思考。因此相应的图像分析部分最受重视，该技术分支也占据了较大的比例。

主要国家或地区在医疗影像各技术分支的专利布局情况如表3-3-3所示，在图像检测技术方面，中国在数量上较为突出，但与美国各技术分支相比较，中国明显处于美国下风。由于美国在计算机视觉方面一直都保有领先优势，积累较多，因此将计算机视觉应用于医疗影像领域，各个分支也都处于世界领先水准。其中，关于医疗诊断中的关键技术目标跟踪、图像分类、图像匹配技术，美国的专利申请量都占据全球申请量的绝大部分。中国企业在各领域布局较为均衡，但专利申请量明显不足。在涉及关键技术的相关技术专利中，与美国相比还存在一定的差距。

表3-3-3 医疗影像技术主要国家或地区布局情况　　单位：项

技术来源国家或地区	技术分支								
	目标跟踪	图像分割	图像分类	图像构建	图像检测	图像匹配	图像生成	图像修复	图像增强
美国	104	91	171	107	79	92	68	3	7
中国	2	14	9	25	43	9	29	1	2
日本	11	11	16	12	32	4	22	0	3
韩国	5	20	2	14	8	7	5	1	1
欧洲	8	6	3	14	12	8	12	3	1

主要申请人在各技术分支的布局如表3-3-4所示。西门子作为行业的领先者在大部分分支均具备一定优势，而通用电气以及飞利浦作为与西门子并称的行业三巨头，在具体的某些技术领域也有各自的优势。医疗影像领域基本已被这三大公司的专利布局所包围。韩国的三星以及日本的东芝、佳能现在在不断加强研发的投入，希望能够打破壁垒，从而能够占据一部分的市场份额。

表 3-3-4 医疗影像技术主要申请人在各技术分支的布局情况　　　　单位：项

申请人	目标跟踪	图像分割	图像分类	图像构建	图像检测	图像匹配	图像生成	图像修复	图像增强
西门子	11	27	16	20	26	22	19	4	3
飞利浦	12	7	9	14	19	3	11	1	1
通用电气	14	14	20	5	11	7	7	1	2
三星	6	23	4	12	10	8	5	1	1
东芝	0	0	0	1	29	0	27	1	2
佳能	6	11	1	10	6	8	1	0	0
IBM	2	2	6	4	2	9	3	0	1
质谱	0	1	15	1	4	0	1	0	1
日立	6	0	13	1	0	0	0	0	0

3.3.2　中国专利申请分析

3.3.2.1　中国专利申请趋势分析

如图 3-3-6 所示，中国医疗影像技术历年申请量与全球历年申请量类似，在 2012 年以前申请量较少，可以看出早期国内各企业在这方面积累较少，关注度明显较低。从 2012 年人工智能技术在计算机视觉领域取得成功应用之后申请量逐渐攀升，近年来达到高峰。

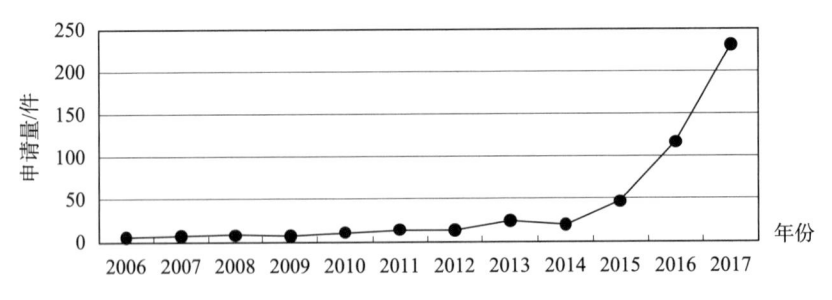

图 3-3-6　医疗影像技术国内专利历年申请量

3.3.2.2　主要申请人分析

医疗影像技术主要申请人专利申请量排名如图 3-3-7 所示，计量对象为专利申请国在中国的专利。各申请人的专利数量并不多，排名第一的申请人被三星占据，并且具有较大的优势。质谱、西门子申请量紧随其后，分列第二位与第三位。可见中国虽然已多年位居专利申请量第一位，但在医疗影像方面的关键性高新技术领域仍显得专利布局数量不足。

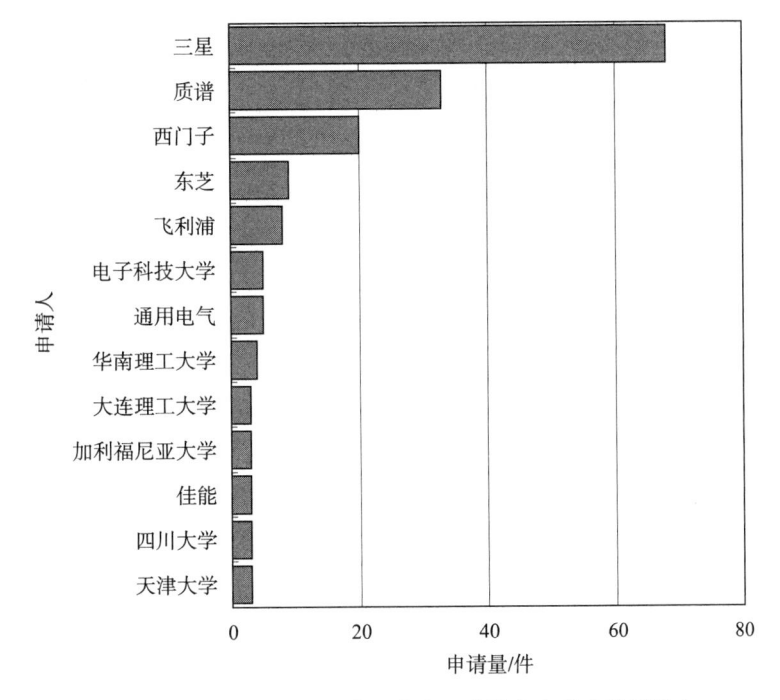

图3-3-7　医疗影像技术国内主要申请人专利申请量排名

医疗影像技术国内主要创新主体专利申请量排名如图3-3-8所示，计量对象为专利优先权国是中国的专利。这部分企业均为中国创新主体，专利布局数量极少，排名靠前的席位全被高校占据。由此可以看出，中国医疗影像技术仍有很长的一段路要走。国内缺少真正的行业巨头，探索该领域的新边界，带领大家前行。后期各大企业应当更多关注各大高校的研究成果，利用高校的科研力量，通过产学研相结合实现技术落地。

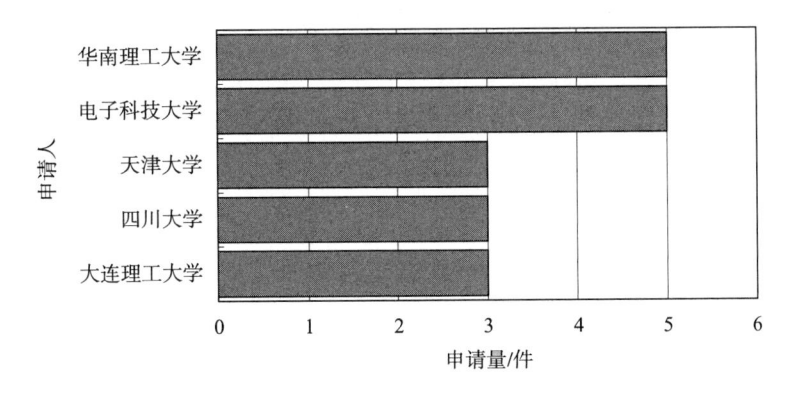

图3-3-8　医疗影像技术国内主要创新主体专利申请量排名

3.3.2.3　中国专利申请区域分析

医疗影像技术国内主要省份专利布局情况如表3-3-5所示，北京作为一直以来专利布局的重点地区位列第一，浙江和广东分列第二和第三。这三省市在医疗影像关键技术上较其他省份具备一定优势，但总体而言，各省市在专利布局数量上依旧偏少。提供相应政策扶持，加强技术创新研发，从而带动专利布局将成为未来的主要工作之一。

表3-3-5 医疗影像技术国内主要省份专利布局情况　　　　　单位：件

地域	技术分支							
	目标跟踪	图像分割	图像分类	图像构建	图像检测	图像匹配	图像生成	图像增强
北京	1	1	2	7	9	2	7	0
浙江	0	2	0	3	5	2	4	1
广东	1	2	0	3	5	1	3	0
四川	0	1	1	1	5	1	2	0
天津	0	1	1	3	3	0	1	0
江苏	0	1	1	0	4	0	2	0
辽宁	0	0	3	2	3	0	2	0
上海	0	1	0	1	0	0	3	0
陕西	0	1	0	1	1	0	2	0

3.3.2.4 中国专利技术主题分布

医疗影像技术在华专利布局技术领域分布如图3-3-9所示。图像检测技术是国内创新主体布局的重点，占据了40.87%，图像生成、图像构建技术分居第二位和第三位。

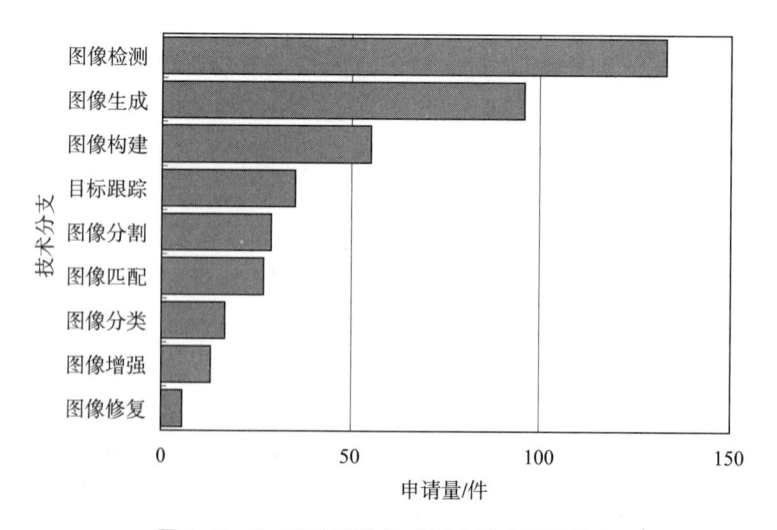

图3-3-9 医疗影像技术国内技术领域分布

医疗影像技术国内创新主体的专利布局情况如表3-3-6所示。各大高校在各个分支专利申请数量较少。从专利申请分布来看，各大高校、科研院所的相关课题均涉及医疗影像技术，但并未将研究分析进行有效的产业落地，国内缺失真正的龙头，因此，国内创新主体需要投入足够科研力量，形成我国自主的知识产权成果。

表3-3-6 医疗影像技术国内创新主体专利布局情况　　　单位：件

申请人	图像分割	图像分类	图像构建	图像检测	图像匹配	图像生成
大连理工大学	0	3	1	0	0	1
电子科技大学	1	1	0	4	1	0
华南理工大学	1	0	2	2	0	0
四川大学	0	0	1	1	0	1
天津大学	0	0	1	1	0	1

3.3.3　重点技术路线分析

如图3-3-10所示，西门子、飞利浦和通用电气三大公司在医疗影像的9个分支均进行了大量的专利布局，而且时间跨度从2006年到2018年。从医疗影像整体专利数量来看，这三家公司的专利数量总和基本可以代表该行业大致的技术发展趋势。

具体比较各分支的技术可以看出，三大公司主要专利布局更多地在于疾病检测装置的更新升级、多模态融合技术的应用、各种人工智能算法在训练分类器中的使用。各大公司所追求的一方面是提升图像检测设备的性能，使其能获取更加准确、更加丰富的信息；另一方面是更好地处理获取之后的数据，使其能够更好地服务于医疗诊断，通过人工智能的应用更高效地分析处理各项数据。

3.3.4　重要专利技术分析

通过对医疗影像技术路线的梳理，筛选出如下核心专利。

参见表3-3-7，在专利US20110295621中，提供用于乳房成像的CAD（计算机辅助诊断）系统和应用。它实现从对象病人的病人信息集合（包括图像数据和/或非图像数据）自动地提取和分析特征的方法，以便为内科医生工作流程的不同方面提供决策支持，例如，乳房癌的自动诊断以及使关于例如乳房癌筛选和肿瘤分类的决策支持成为可能的其他自动决策支持功能。

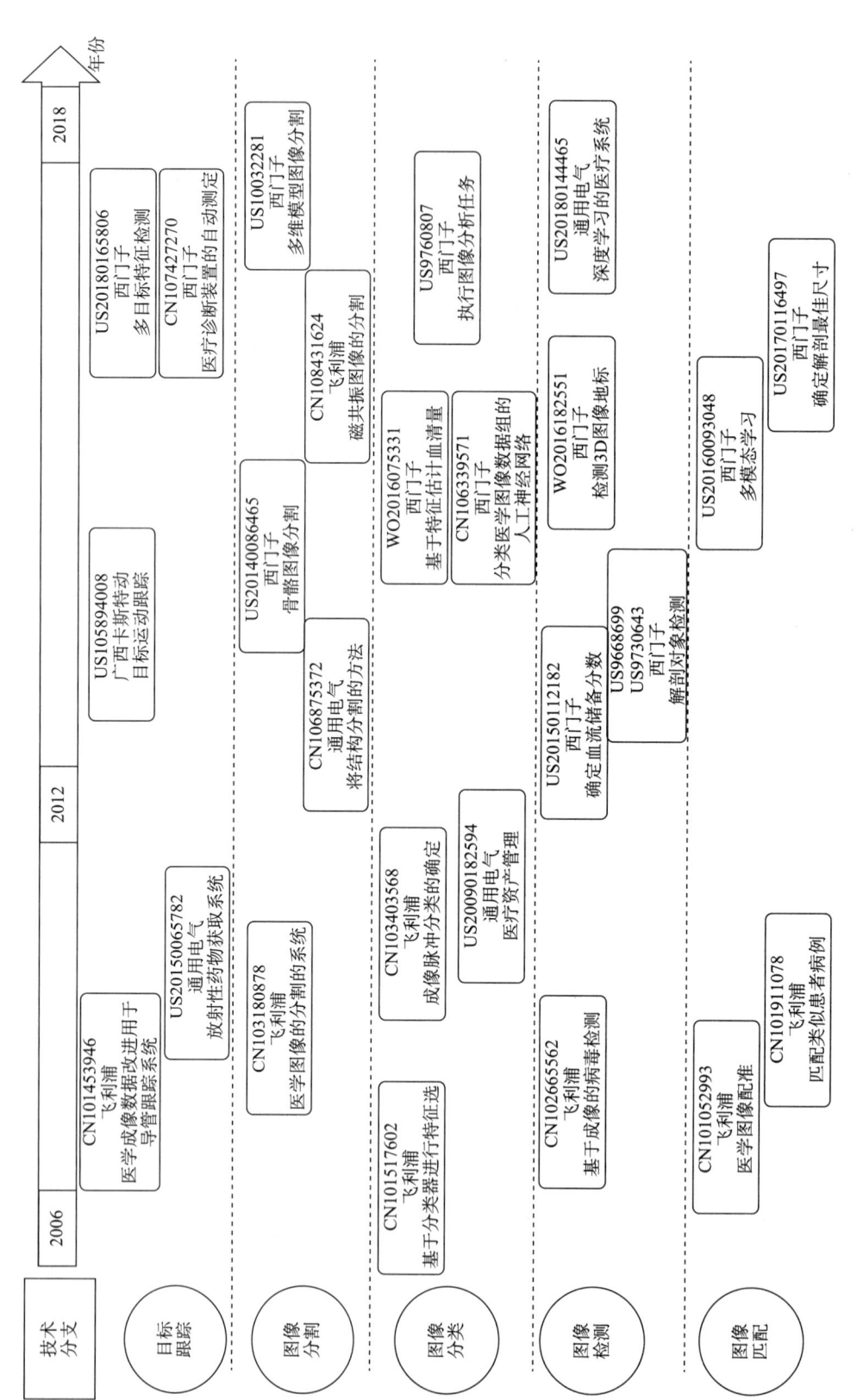

图3-3-10 医疗影像技术路线图

关键技术一

图 3-3-10 医疗影像技术技术路线图（续）

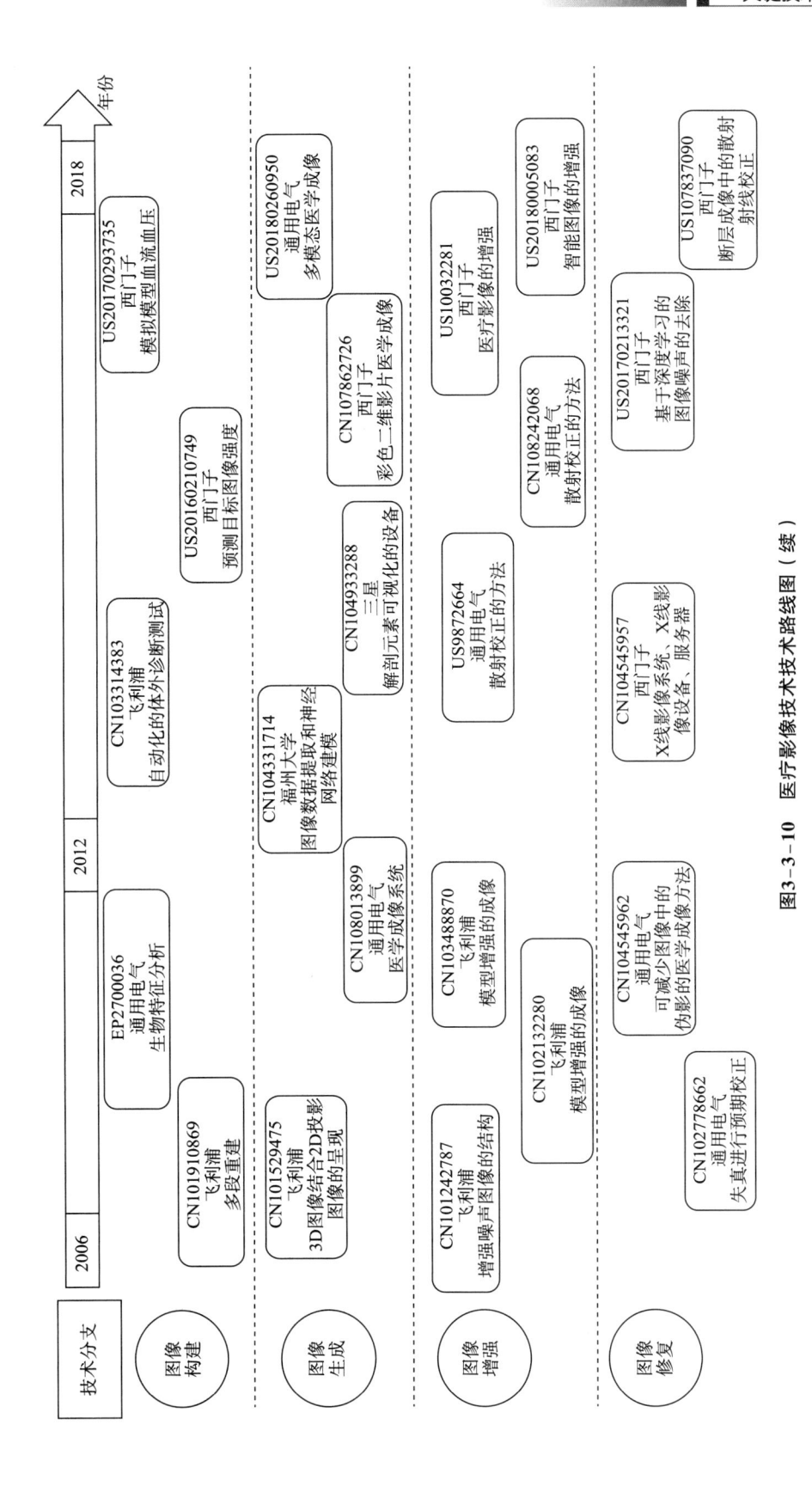

表3-3-7 医疗影像技术核心专利1

公开号	US20110295621	优先权日	2003-06-25	申请人	西门子
		被引用频次	7	同族数	32

技术内容	说明书附图
提供用于乳房成像的CAD（计算机辅助诊断）系统和应用，它实现从对象病人的病人信息集合（包括图像数据和/或非图像数据）自动的提取和分析特征的方法，以便为内科医生工作流程的不同的方面提供决策支持，例如，乳房癌的自动诊断以及使关于例如乳房癌筛选和肿瘤分类的决策支持成为可能的其他自动决策支持功能。CAD系统实现机器学习技术，后者使用一组从一个或多个相关临床领域和/或对这样的数据的专家解释的标记过的病人病例数据库获得（学习）的训练数据，以便允许CAD系统"学习"分析病人数据和作出适当的诊断评定和决策、用于协助内科医生的工作流程	

参见表3-3-8，在专利US2009141995A1中，通过对于傅里叶变换矩阵的改进，提升了图像生成的效率。

表3-3-8 医疗影像技术核心专利2

公开号	US2009141995A1	优先权日	2007-11-02	申请人	西门子
		被引用频次	29	同族数	2

技术内容	说明书附图
获取对应于I维点网格的强度的稀疏数字图像，以及用于从特定表达式计算辅助变量的初始化点，其中初始化点是由傅立叶变换矩阵定义的扩展图像的元素，即不可逆矩阵，和Haar小波变换矩阵。通过傅立叶空间中底角附近的傅立叶空间中的采样点来选择傅里叶变换矩阵中的行	

参见表3-3-9，在专利US20150238148中，通过将一系列训练的深度神经网络顺

序地应用于医学图像，实现在医学图像中对于解剖对象的检测。

表 3-3-9 医疗影像技术核心专利 3

公开号	US20150238148	优先权日	2013-10-17	申请人	西门子
		被引用频次	16	同族数	17
技术内容				说明书附图	
公开了一种使用边缘空间深度神经网络进行解剖对象检测的方法和系统。解剖对象的姿势参数空间被划分为具有增加的维度的一系列边缘搜索空间。针对每个边缘搜索空间训练相应的深度神经网络，从而产生一系列训练的深度神经网络。每个训练的深度神经网络可以使用判别分类或回归函数来评估当前参数空间中的假设。通过将一系列训练的深度神经网络顺序地应用于医学图像，在医学图像中检测解剖对象					（附图）

参见表 3-3-10，在专利 CN101529475 中，以重叠方式将原始 2D 旋转投影与相应的 3D 重建观察相结合。通过显示结合 3D 重建的 2D 旋转投影，可以在不同旋转角度上将 3D 血管信息与原始 2D 旋转图像信息相比较。

表 3-3-10 医疗影像技术核心专利 4

公开号	CN101529475	优先权日	2006-10-17	申请人	飞利浦
		被引用频次	11	同族数	7
技术内容				说明书附图	
说明了一种对受检查对象（107）的改进的呈现。由此，优选地以重叠方式将原始 2D 旋转投影与相应的 3D 重建观察相结合。通过显示结合 3D 重建的 2D 旋转投影，可以在不同旋转角度上将 3D 血管信息与原始 2D 旋转图像信息相比较。在临床装置中，该组合呈现会允许较为容易地检查以下内容：是否由于例如在旋转扫描期间的造影剂不完全填充和/或频谱束硬化而对在 3D RA 体积中的发现物，例如狭窄或动脉瘤，估计过度或估计不足					（附图）

在专利 CN101231678 中，提供了一种能够提高图像读取的诊断精度的医学图像读

取支持系统（参见表 3-3-11）。

表 3-3-11　医疗影像技术核心专利 5

公开号	CN101231678	优先权日	2007-01-16	申请人	东芝
		被引用频次	4	同族数	6
技术内容				说明书附图	

要解决的问题：提供一种能够提高图像读取的诊断精度的医学图像读取支持系统。解决方案：医学图像读取支持系统包括用于在对象上存储体数据的存储部分 11；图像处理部分 15，用于从体数据中提取异常候选区域；特征量计算部分 16，用于计算提取的异常候选区域上的多种特征的数量；总确定值计算部分 17，用于根据计算出的多种特征的数量计算确定的总结果；图像显示部分 13，用于显示多种特征的数量和确定的总结果

在专利 US20120189178 中，通过 3D 方式，通过将 3D 体图像数据应用于虚拟平面来生成表示患者身体一部分的横截面的至少一个 2D 图像，以及适于诊断具有与 a 最相似特征的患者的 2D 图像。输出至少一个 2D 图像中的目标特征（参见表 3-3-12）。

表 3-3-12　医疗影像技术核心专利 6

公开号	US20120189178	优先权日	2011-01-25	申请人	三星
		被引用频次	9	同族数	4
技术内容				说明书附图	

在用于从 3D 医学图像自动生成最佳二维（2D）医学图像的方法和设备中，从 3D 体积图像数据生成穿过 3D 体积的至少一个虚拟平面，用于显示患者身体的一部分。通过 3D 方式，通过将 3D 体图像数据应用于虚拟平面来生成表示患者身体的一部分的横截面的至少一个 2D 图像，以及适于诊断具有与 a 最相似的特征的患者的 2D 图像。输出至少一个 2D 图像中的目标特征

参见表3-3-13，在专利US20130193330中，实现了具有一个或多个像素化检测器阵列的检测器的校准。

表3-3-13 医疗影像技术核心专利7

公开号	US20130193330	优先权日	2012-01-27	申请人	通用电气
		被引用频次	6	同族数	1
技术内容				说明书附图	
该发明的实施例涉及具有一个或多个像素化检测器阵列的检测器的校准。根据一个实施例，一种方法包括利用像素化检测器阵列检测由检测器的多个闪烁晶体产生的光输出，利用像素化检测器阵列产生指示光输出的相应信号，从各自产生信号，与多个闪烁晶体中的每一个相关的独特能谱，将多个闪烁晶体的子集分组成大晶体，基于大晶体中闪烁晶体的相应能谱确定每个大晶体的代表性能谱峰值，将每个大晶体的代表性能谱峰值与目标峰值进行比较，并且作为比较的结果，调整像素化检测器阵列中的至少一个像素化检测器的操作参数					

参见表3-3-14，在专利JP2009157527中，实现了当多个医生诊断多个医学图像数据时，提高诊断读数的准确性同时提高整体工作效率。

表3-3-14 医疗影像技术核心专利8

公开号	JP2009157527	优先权日	2007-12-25	申请人	佳能
		被引用频次	5	同族数	6
技术内容				说明书附图	
要解决的问题：当多个医生诊断多个医学图像数据时，提高诊断读数的准确性的同时提高整体工作效率。解决方案：用于确定负责诊断多个医学图像数据的多个医生之一的医学图像处理器。医学图像包括：用于分析多个医学图像中的目标医学图像的装置（301）；用于获取在目标图像成像中使用的一种医学成像设备的装置（304）；用于登记指示每个医生在诊断每个医生的特定病变和方式方面的能力的信息的装置（303）；以及用于分析结果包含关于病变的信息时基于指示医生诊断特定病变的能力的信息来确定负责医生的装置（304）以及用于结果时基于模态确定负责医生的装置不包含有关病变的信息					

3.3.5 小　结

通过上述分析，我们可以初步得出以下结论。

（1）在医疗影像领域，西门子、飞利浦和通用电气实力雄厚，作为行业的三大巨头在专利申请数量上遥遥领先，属于医疗影像的第一梯队。日本的东芝、日立和佳能以及美国的 IBM 等公司属于医疗影像的第二梯队，专利申请量紧随其后，同样值得关注。

具体在专利方面，以上三巨头公司早已具有较多的专利积累，完成专利布局，形成各个分支的专利壁垒。

（2）中国和美国作为医疗影像的两大市场，专利申请量较多，但是对比中国的专利数量可以发现，中国作为目标国专利数量较多，作为优先权国家数量很少。这也说明了各个国家或地区只是将中国作为医疗影像的市场，但并未将其当作研发地。目前全球主要的研发区域还是集中在美国。我们自身还是需要加大投入研发力量，针对已有的成果积极申请专利，强化知识产权意识，有效保护科研成果。

（3）通过国内申请人排名可以看出，大部分医疗影像的科技成果主要集中在科研院所以及各大高校。国内企业应更多地与科研院所合作，注意科技产业技术落地，注重产学研结合，将高校的研发成果转化为产业，将国家科研项目应用到产业中，形成优势互补，有效利用资源。国内企业，也应该加强横向联系，构建企业知识产权联盟，交叉许可专利，共享专利权等，将各家积累的技术优势和生产能力结合起来，共同提高行业的整体竞争力，进而提升国内企业在高端医疗影像市场中的话语权。

（4）注重国内外重点技术的发展，准确把握技术发展趋势，提供相应政策激励，营造良好的中国落地医疗 AI 的场景、投放渠道和学术氛围，积极引进海外人才，逐步缩小与国外重点企业的差距。

3.4　金融安全领域

随着 2012 年深度学习在计算机视觉技术中的成功运用，以人脸识别技术为代表的计算机视觉识别技术的准确率得到了大幅提升，甚至超过了人眼识别的准确率，使其商业化落地成为可能，众多计算机视觉企业开始向安防、金融、广告互娱等行业渗透。在金融行业中，身份认证是保障安全交易的主要环节，传统的身份认证方式存在效率低、成本高的缺点；基于计算机视觉的身份认证技术恰好能够实现快速且准确的身份认证，因此金融领域也成为计算机视觉技术落地的主要应用场景之一。刷脸支付、刷脸取款、刷脸开户等新一代金融身份认证技术开始逐渐得到广泛的使用，受到了消费者和银行的青睐。[1]

---

[1] 梁力军. 互联网金融审计：新科技—新金融—新审计［M］. 北京：北京理工大学出版社，2017：24.

3.4.1 全球专利申请分析

为了深入研究金融安全技术专利布局分布,需要从技术手段对金融安全技术进行分类。如图表3-4-1所示,按照技术类分为生物特征识别和行为特征识别两个一级分支,并进一步将生物特征识别划分为人脸识别、指纹识别和虹膜识别3个二级分支,将行为特征识别划分为步态识别和手写签名识别2个二级分支[1]。

表3-4-1 金融安全技术分解

技术主题	一级技术分支	二级技术分支
金融身份认证	生物特征识别	人脸识别
		指纹识别
		虹膜识别
	行为特征识别	步态识别
		手写签名识别

3.4.1.1 全球专利申请趋势分析

如图3-4-1所示,2006年人工智能被提出应用于计算机视觉领域后,由于技术瓶颈一直未能突破,因此业界一直反应平淡。直至2012年人工智能技术在计算机视觉领域得到成功应用,申请量才开始缓慢上升。Alex Krizhevsky 提出了用于图像分类的卷积神经网络模型 AlexNet,并赢得了2012届图像识别大赛的冠军,引发了深度学习的热潮。可以看到,新一代人工智能技术在金融安全方面应用的申请量,由一开始的每年几十项的探索期,快速增长至2017年(数据不完整)的376余项。可见创新主体对这一技术的重视。

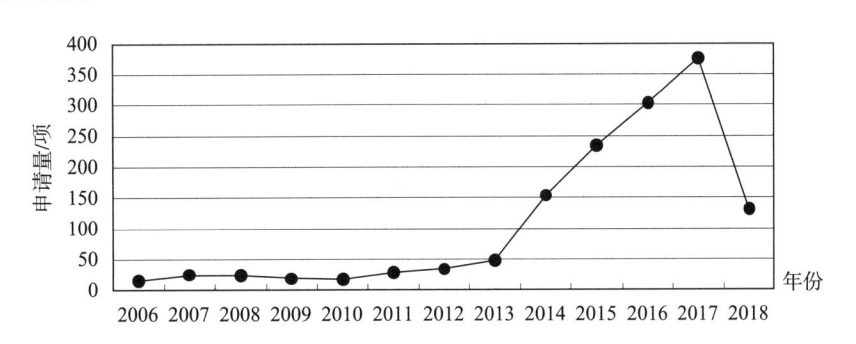

图3-4-1 金融安全技术全球专利申请趋势

---

[1] 唐四薪,李浪,谢海波. 高等院校信息技术规划教材密码学及安全应用[M]. 北京:清华大学出版社,2016:128.

3.4.1.2 全球专利申请区域分析

中美两国都将人工智能列为国家战略,美国具有谷歌、Facebook等实力强劲的人工智能公司。中国拥有以商汤科技和旷视科技为代表的计算机视觉"独角兽"企业,并且高校和创新企业众多。同时中美拥有庞大的金融消费市场。如图3-4-2所示,基于上述原因,中美为最大的两个专利布局目标国,中国占比高达55%,美国为21%,韩国为17%,欧洲、日本占比较小,分别为4%和3%,排在第四位至第五位。

如图3-4-3所示,从金融安全技术申请目标国家或地区申请趋势来看,中国申请量逐年高速增长,尤其是近年来,呈指数型增长,美国的增长速度也较快。韩国在经过几年高速增长后增长速度放缓,日本、欧洲近年来虽然申请量较小,但申请趋势也呈现逐年上涨的趋势。

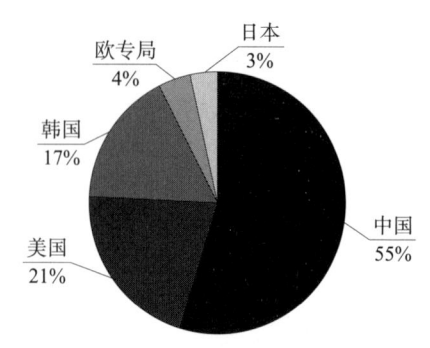

图3-4-2 金融安全技术全球专利布局目标国家或地区

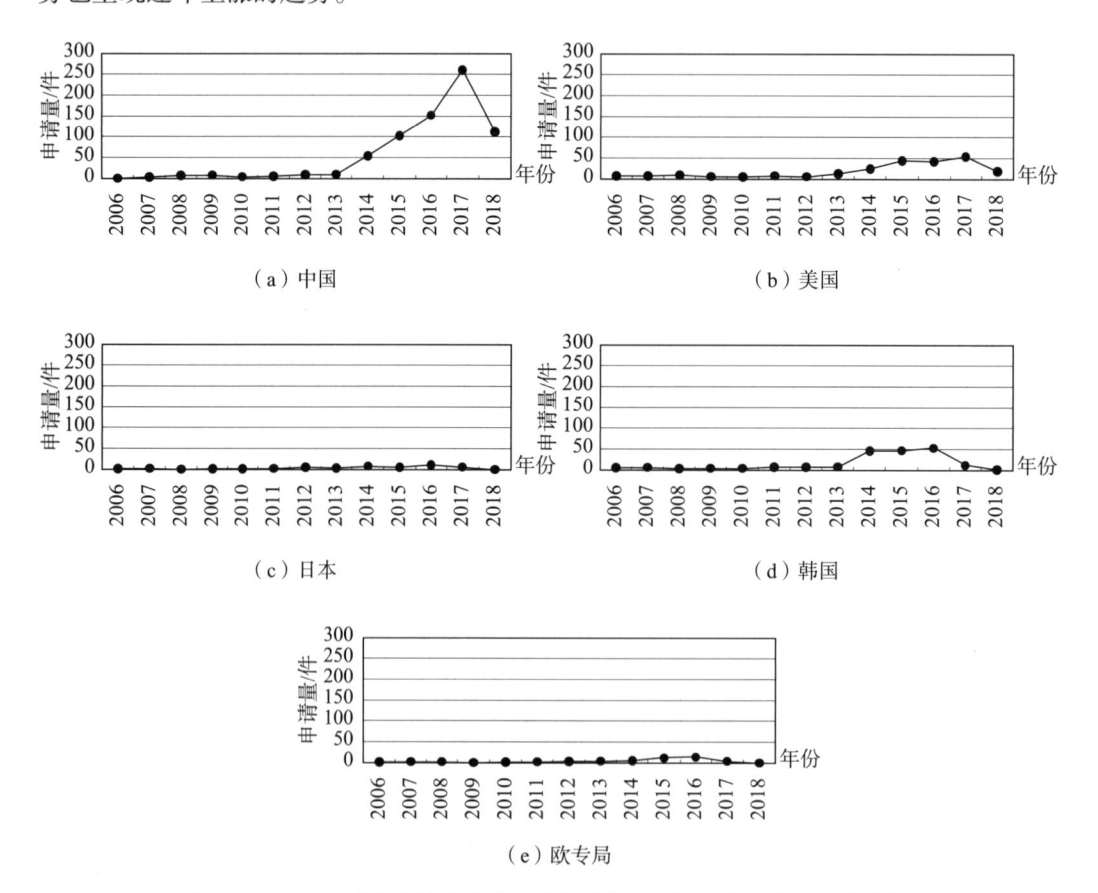

(a)中国

(b)美国

(c)日本

(d)韩国

(e)欧专局

图3-4-3 金融安全技术全球专利布局主要目标国家或地区申请趋势

从申请来源国或地区来看，中国占据了来源国第一的位置，占据了 49% 的比例，表明中国注重金融安全技术的研发和专利布局，在技术上拥有一定的领先优势。但是，中国相对于申请目标国占比有所下降，由目标地区占比的 55% 下降到 49%，欧洲的占比也有所下降，由目标地区的 4% 下降至 3%。相反，美国和韩国的占比有所上升，美国由目标国的 21% 上升到 22%，韩国由目标国的 17% 上升到 23%。由此可见，美国、韩国两国比较注重自主研发，而中国、日本和欧洲则有部分专利是由外国输入（参见图 3-4-4）。

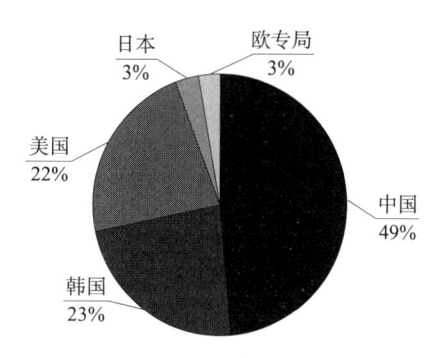

图 3-4-4 金融安全技术全球专利申请来源国家或地区

从主要技术来源国或地区专利申请趋势来看，中国、欧洲、韩国的专利增长势头良好，而日本和美国经历了波动之后也呈现快速上涨趋势（参见图 3-4-5）。

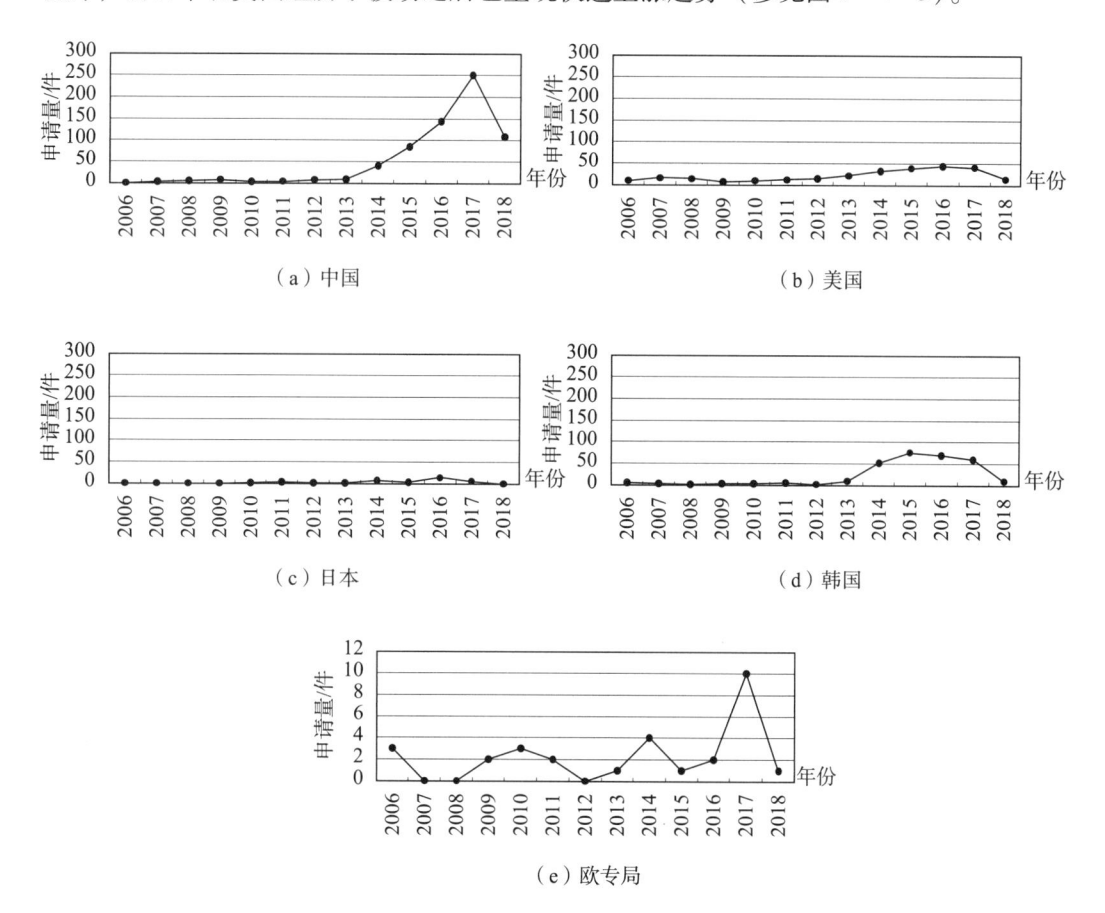

图 3-4-5 金融安全技术全球专利主要来源国家或地区申请趋势

如表 3-4-2 所示，从金融安全技术全球主要国家或地区申请量流向分布可以看出,美国和韩国在其他国家或地区均有一定规模的布局,表明美国和韩国的企业具有较强专利控制市场的意识。中国的绝大多数申请均聚集在国内,仅有极少量的专利进行海外申请,这为企业今后的外向型发展埋下了隐患。

表 3-4-2 金融安全技术全球主要国家或地区申请量流向分布　　单位:件

技术来源国家或地区	技术目标国家或地区				
	中国	韩国	美国	日本	欧专局
中国	650	0	4	0	3
韩国	19	187	54	0	20
美国	23	23	189	16	17
日本	1	2	6	26	3
欧专局	6	5	12	0	6

3.4.1.3 全球主要申请人分析

在全球主要申请人排名中,旷视科技、商汤科技、三星和 LG 在申请量方面优势较大,分列前四位,属于第一阵营;其他申请人申请量相对积累较少,为第二阵营(参见图 3-4-6)。

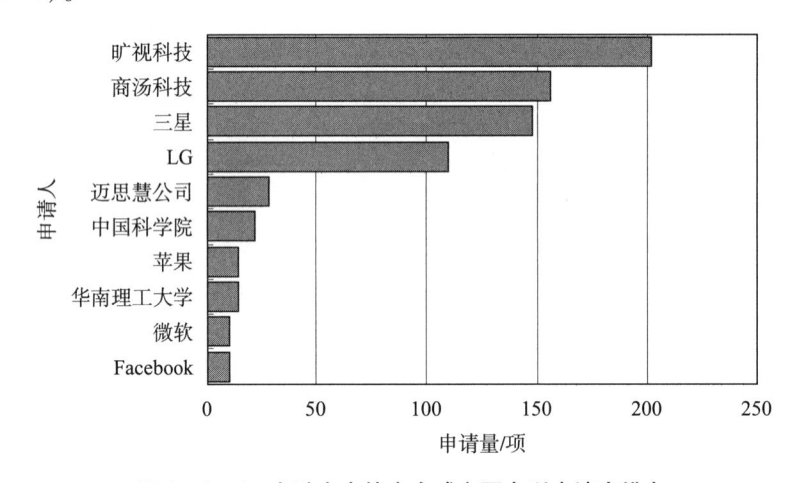

图 3-4-6 金融安全技术全球主要专利申请人排名

旷视科技以较大的优势排名第一。旷视科技作为国内计算机视觉"独角兽"企业,注重技术研发和知识产权保护布局,拥有多项人脸识别技术,与支付宝开展合作,为其提供刷脸支付技术,还与中信银行和 Uber 合作,为其提供身份认证技术。排名第二位的商汤科技同样为国内计算机视觉"独角兽"企业,与京东、银联等多家金融机构和银行均有合作。三星和 LG 依托自家手机作为入口,提供刷脸支付功能。排名第四位的迈思慧公司则专注手写签名识别。

在全球排名前十申请人中，来自中国的创新主体占据4席，其中3家为企业，美国占据4席，韩国占据2席。这表明在金融安全技术中，中国拥有较多实力强劲的企业，具有一定的优势。

3.4.1.4 全球专利技术主题分析

如图3-4-7所示，在金融安全技术一级分支中，相对于行为特征识别技术，生物特征识别技术由于高可靠性和便利性，申请量占比更高，为66%；行为特征识别占比较少，为34%。

在各二级技术分支中，和指纹识别以及虹膜识别相比，人脸识别不需要认证对象的主动配合，并且可以实现中距离认证，使得其应用范围更加广泛，识别准确率也更高。人脸识别专利申请量占比最高，为42%，其次分别为指纹识别、手写签名识别、步态识别和虹膜识别，占比分别为18%、17%、17%和6%（参见图3-4-8）。

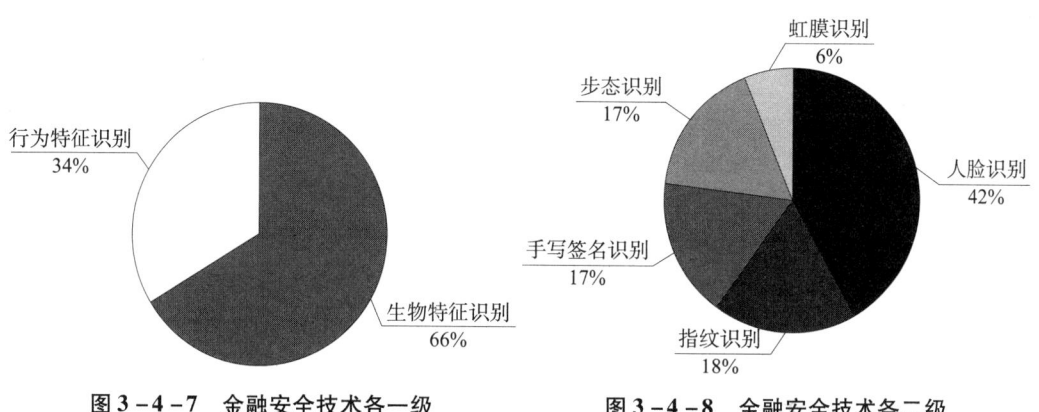

图3-4-7 金融安全技术各一级分支申请量占比分布

图3-4-8 金融安全技术各二级分支申请量占比分布

如图3-4-9所示，由于金融目前为人工智能技术落地的热门领域之一，因此各一级分支和二级分支均呈快速增长的趋势。由于生物特征识别技术的便利性和准确率更高，因此其专利申请量增长更加快速。

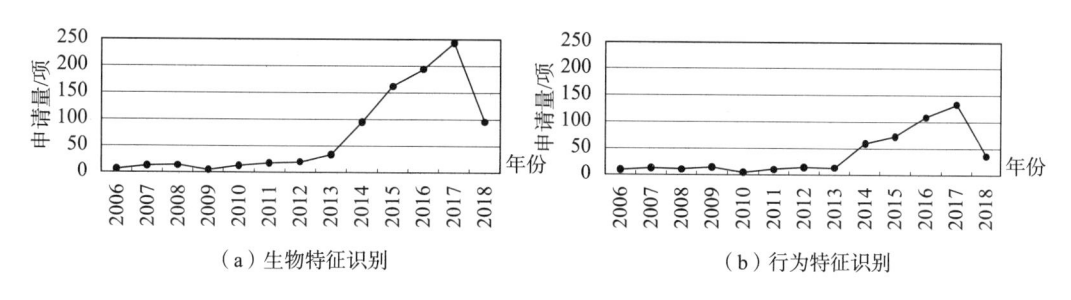

（a）生物特征识别

（b）行为特征识别

图3-4-9 金融安全技术各一级分支专利申请趋势

在各二级技术分支中，相对于指纹识别和虹膜识别，人脸识别不需要和识别对象近距离接触和交互，提升了用户的便利性；人脸识别技术专利申请量一直呈上升趋势，且其增长速度最快（参见图3-4-10）。

(a) 虹膜识别

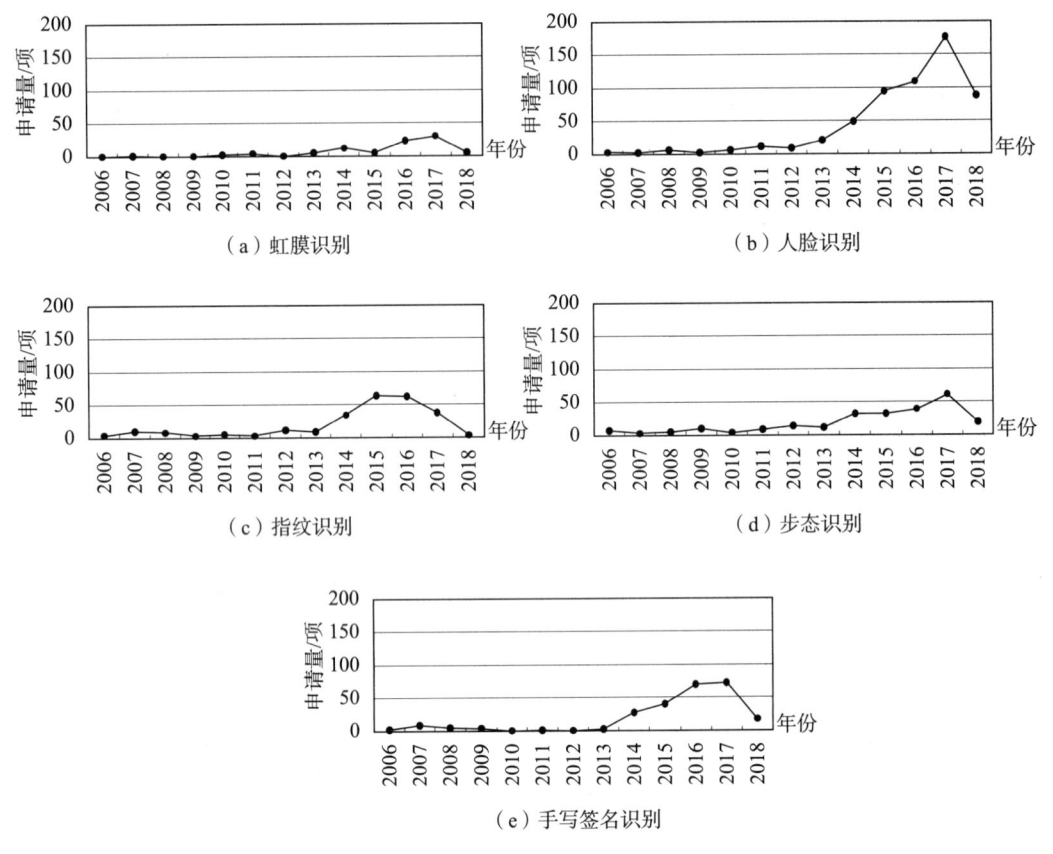

(b) 人脸识别

(c) 指纹识别

(d) 步态识别

(e) 手写签名识别

图 3-4-10 金融安全技术各二级分支专利申请趋势

主要国家或地区在金融安全技术一级分支的专利布局情况如表 3-4-3 所示,在 2 个一级分支中,中国均在专利数量上占据较大优势,并且对于 2 个分支均进行了较大数量的专利布局,尤其是生物特征识别技术。这表明在金融安全领域中国创新主体专利意识浓厚,注重专利布局。美国、韩国均主要布局生物特征识别技术分支。

表 3-4-3 金融安全技术一级分支主要国家或地区布局情况　　　单位:件

技术来源国家或地区	一级技术分支	
	生物特征识别	行为特征识别
中国	448	279
美国	179	99
韩国	190	32
欧专局	33	21
日本	32	14

主要国家或地区在金融安全技术二级分支的专利布局情况如表3-4-4所示。在5个二级技术分支中，中国主要布局人脸识别技术、步态识别技术和手写签名识别技术并在专利数量上具备领先优势，美国主要布局人脸识别技术、手写签名技术和指纹识别技术，韩国主要布局指纹识别技术和虹膜识别技术并在专利数量上具备领先优势。

表3-4-4 金融安全技术各二级分支主要国家或地区布局情况　　　单位：件

技术来源国家或地区	二级技术分支				
	虹膜识别	人脸识别	指纹识别	步态识别	手写签名识别
中国	9	407	32	176	103
美国	25	80	74	25	74
韩国	35	56	99	19	13
日本	6	8	19	3	18
欧专局	2	22	8	7	7

全球主要申请人在各一级技术分支的布局如表3-4-5所示。旷视科技、商汤科技、三星和LG均主要布局生物特征识别技术，其中旷视科技具有较大的领先优势；迈思慧公司、中国科学院和苹果均主要布局行为特征识别技术。

表3-4-5 金融安全技术一级分支全球主要申请人布局情况　　　单位：项

申请人	一级技术分支	
	生物特征识别	行为特征识别
旷视科技	202	0
商汤科技	155	1
三星	143	5
LG	108	2
迈思慧公司	0	28
中国科学院	2	20
华南理工大学	0	14
苹果	1	13
Facebook	10	0
微软	6	4

全球主要申请人在生物特征识别技术下各二级分支中的布局如表3-4-6所示。旷视科技主要布局人脸识别技术，在人脸识别技术专利数量中具有较大的优势，通

过自主研发的人脸识别技术实现刷脸支付进军金融市场。商汤科技同样主要布局人脸识别技术，专利申请量仅次于旷视科技。三星和LG在虹膜识别、人脸识别、手写签名识别和指纹识别技术均有布局：三星在虹膜识别方面具有领先优势，LG在指纹识别方面具有优势，二者通过自家手机上的虹膜和指纹识别技术进行支付验证，从而切入金融市场。

表3-4-6 生物特征识别技术下各二级分支全球主要申请人布局情况　　单位：项

申请人	二级技术分支				
	虹膜识别	人脸识别	指纹识别	步态识别	手写签名识别
旷视科技	0	202	0	0	0
商汤科技	0	155	0	1	0
三星	49	27	67	0	5
LG	8	15	85	0	2
迈思慧公司	1	0	0	0	28
中国科学院	0	1	0	15	5
华南理工大学	0	0	0	3	11
苹果	0	0	1	0	13
Facebook	0	5	5	0	0
微软	1	5	0	0	4

3.4.2 中国专利申请分析

3.4.2.1 中国专利申请趋势分析

中国金融安全技术专利申请趋势与全球类似，在2012年以前申请量较少，从2012年人工智能技术在计算机视觉领域取得成功应用之后申请量逐渐攀升，近年来达到高峰（参见图3-4-11）。

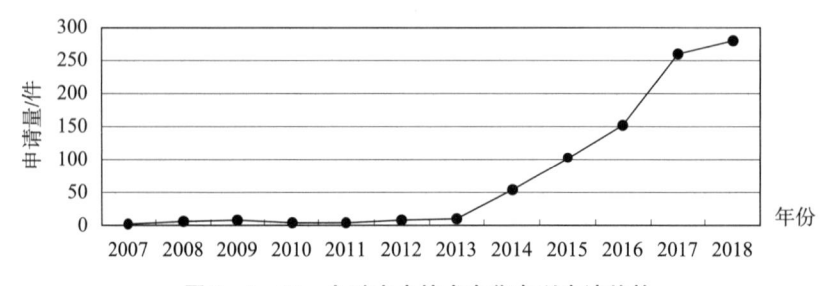

图3-4-11 金融安全技术在华专利申请趋势

3.4.2.2 中国主要申请人分析

如图 3-4-12 所示，金融安全技术在华主要申请人专利申请量排名如图 3-4-12 所示。在专利申请量排名前十位的申请人中，来自国内的创新主体占据 8 席，旷视科技和商汤科技分列第一位和第二位，位于第一梯队，专利申请量远多于其他申请人，在专利储备上拥有较大优势。

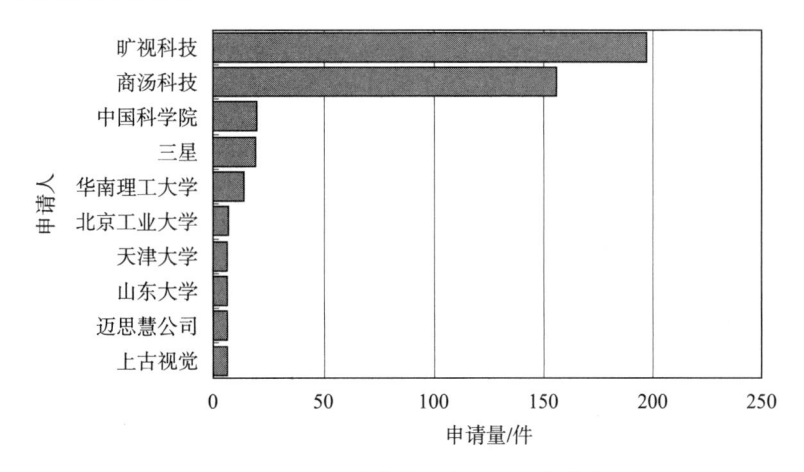

图 3-4-12 金融安全技术在华主要申请人排名

3.4.2.3 中国专利申请区域分析

金融安全技术国内主要省市专利布局情况如表 3-4-7 所示。从专利申请量的角度来看，北京和广东分别位列第一和第二，北京在生物特征识别技术分支上的专利申请量远超其他省市；行为特征识别技术分支中，各省市专利申请量均较少。总体而言，各省市在专利布局数量上依旧偏少，加强研发，从而带动专利布局是目前的主要工作之一。

表 3-4-7 金融安全技术国内主要省市专利布局情况　　　　单位：件

地域	一级技术分支	
	生物特征识别	行为特征识别
北京	326	56
广东	58	50
上海	5	23
江苏	5	19
浙江	4	13
陕西	14	0
安徽	13	0
山东	2	11
天津	1	11
湖北	1	7

3.4.2.4 中国专利技术主题分析

金融安全技术专利申请国内一级分支技术占比分布情况如图3-4-13所示。与全球一级分支占比情况类似，生物特征识别是国内主要布局技术，占比62%，其次为行为特征识别技术，占比38%。

金融安全技术各二级分支申请量占比分布如图3-4-14所示。国内主要布局人脸识别技术，占比56%，其次为步态识别技术和手写签名识别技术，分别占比24%和14%，指纹识别和虹膜识别国内布局较少，分别占比5%和1%。

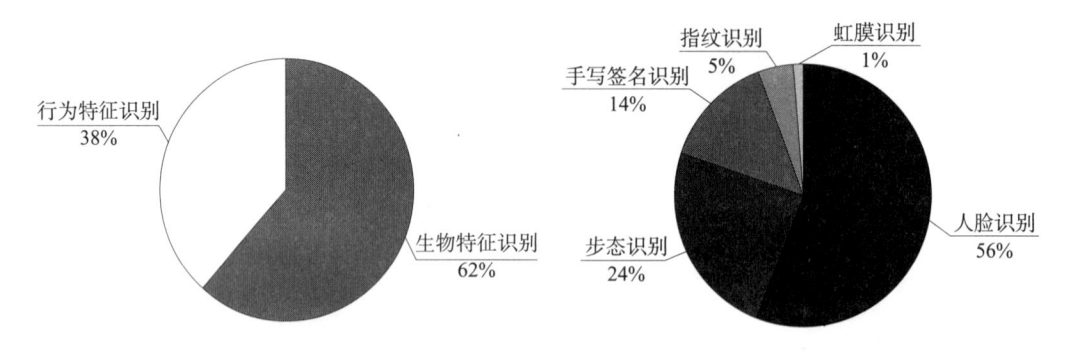

图3-4-13 金融安全技术中国各一级分支申请量占比分布

图3-4-14 金融安全技术中国各二级分支申请量占比分布

在华主要创新主体在金融安全技术各一级分支布局情况如表3-4-8所示。旷视科技和商汤科技主要布局生物特征识别技术，旷视科技在生物特征识别技术方向专利申请量最多，具备较大优势。其余创新主体均主要布局行为特征识别技术。国内创新主体在行为特征识别技术上专利布局均较少，需要加强布局。

表3-4-8 金融安全技术中国主要创新主体各一级分支布局情况　　　　单位：件

申请人	一级技术分支	
	生物特征识别	行为特征识别
旷视科技	197	0
商汤科技	155	1
中国科学院	1	19
三星	1	18
华南理工大学	0	14
北京工业大学	0	7
天津大学	0	6
山东大学	0	6

续表

申请人	一级技术分支	
	生物特征识别	行为特征识别
迈思慧公司	0	6
上古视觉	0	6

国内主要创新主体在金融安全技术各二级分支中布局情况如表3-4-9所示，国内创新主体主要均主要布局人脸识别技术，其中商汤科技和旷视科技在专利量上具有较大优势。但是国内创新主体对于其余技术的专利布局较少，需要加强在这些技术上的专利布局。

表3-4-9 金融安全技术中国主要创新主体各二级分支布局情况　　单位：件

申请人	二级技术分支				
	虹膜识别	人脸识别	指纹识别	步态识别	手写签名识别
旷视科技	0	197	0	0	0
商汤科技	0	155	0	1	0
中国科学院	1	0	0	14	5
三星	5	1	12	0	1
华南理工大学	0	0	0	3	11
北京工业大学	0	0	0	4	3
天津大学	0	0	0	6	0
山东大学	0	0	0	6	0
迈思慧公司	0	0	0	0	6
上古视觉	0	0	0	6	0

3.4.3 小　结

通过上述分析，我们可以初步得出以下结论。

（1）基于计算机视觉的金融安全技术受到广泛的认可，近年来专利申请量急速增长。无论在产业规模、市场规模还是专利历年申请量方面，该行业均呈现出蓬勃向上的态势，我国应当继续加大投入，促进基于计算机视觉的金融安全技术，为金融行业的蓬勃发展提供技术支撑。

（2）中国、韩国、美国三国在专利数量上优势明显。中国在生物特征识别和行为特征识别技术上均进行了大量的布局，主要集中于人脸识别技术、步态识别技术和手写签名识别，在这三方面的专利数量优势明显；韩国主要布局指纹识别、人脸识别和虹膜识别技术，在指纹识别技术和虹膜识别技术方面专利数量优势明显；美国主要布局人脸识别技术、步态识别技术和手写签名识别技术，但是专利数量相对于中韩较少。

（3）中韩两国在技术上具有一定优势。中韩两国注重技术研发和专利保护，占据技术来源的前两名，并且拥有旷视科技、商汤科技、三星和LG等优势申请人。

（3）国内具备一批优势明显的创新主体，但整体上企业专利意识不足。旷视科技和商汤科技在国内外专利申请量上具有较大优势，主要布局人脸识别技术，但是其余优势申请人主要为科研院所和高校。整体上企业的专利意识不足，需要加强企业的技术研发和专利布局意识。

（4）国内专利主要集中于北京和广州，其他省市专利申请数量较少。国内申请主要集中于北京和广州，其他省市专利申请均不足 30 件，需要加强优势企业培植和关键技术研发，以适应人工智能发展的新浪潮。

第4章 重点申请人分析

4.1 Mobileye

4.1.1 公司简介

Mobileye是以色列一家智能网联汽车的计算机视觉公司,致力于开发和推广汽车视觉感知系统,以协助驾驶员在驾驶过程中保障乘客安全和减少交通事故。Mobileye在单目视觉高级驾驶辅助系统(ADAS)的开发方面走在世界前列,提供的芯片搭载系统和计算机视觉算法运行ADAS客户端产品,能实现车道偏离警告(LDW)、基于雷达视觉融合的车辆探测、前部碰撞警告(FCW)、车距监测(HMW)、行人探测、智能前灯控制(IHC)、交通标志识别(TSR)、仅视觉自适应巡航控制(ACC)等功能。公司产品在2007年进入市场,到2013年10月,Mobileye卖出了第100万台产品。从2013年10月到2016年1月,Mobileye合计卖出900万台产品,其中前装产品(将软件与EyeQ芯片提供给Tier1厂商)占80%,后装产品占20%。Mobileye在智能驾驶视觉识别前装领域有70%的市占率,处于行业领先地位。Mobileye于2014年在纽交所上市,上市首日市值达到80亿美元,创下以色列公司在美IPO最高纪录。[1] 2017年3月13日,英特尔正式宣布,以每股63.54美元现金收购Mobileye,股权价值约153亿美元。

4.1.2 专利概况分析

4.1.2.1 申请趋势分析

通过检索专利申请发现,Mobileye申请的计算机视觉技术相关专利309件,其中采用传统算法的专利共208件,融合神经网络等深度学习算法的专利101件。由此发现,创立于1999年的Mobileye的计算机视觉技术呈现出从传统算法逐步向深度学习演变过程。其作为当前智能网联汽车领域最受人关注的计算机视觉公司更是见证深度学习如何深度变革智能网联汽车视觉感知系统。

为了完整地分析Mobileye的技术演变过程以及如何适应技术变革、如何保护实施企业的创新成果,本小节根据是否采用了神经网络等深度学习算法,将Mobileye的专利技术分为计算机视觉"传统技术"和"新兴技术"。上述传统技术和新兴技

---

[1] 全球独角兽研究系列报告(一) 无人驾驶:Mobileye成长启示录[EB/OL].(2017-05-23)[2018-05-22] http://stock.stockstar.com/JC2017052700000.sthm.

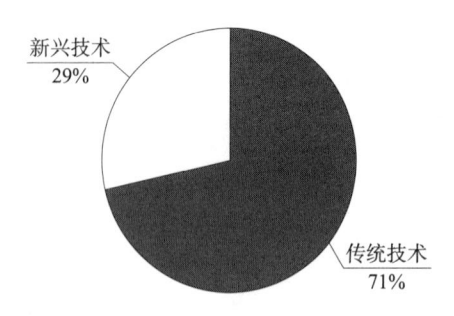

图 4-1-1 Mobileye 传统/新兴计算机视觉技术占比

术仅便于 Mobileye 的专利技术分析，并非针对整个计算机视觉技术进行划分。传统技术指的是采用传统的机器学习、机器视觉、视觉算法类的技术，而新兴技术则是融合了神经网络、卷积神经网络为代表的深度学习算法。两者的占比情况参见图 4-1-1。

如图 4-1-2 所示，Mobileye 新兴计算机视觉技术的专利申请趋势与全球的计算机视觉在智能网联汽车的专利申请趋势大致相同。Mobileye 的新兴计算机视觉技术始于 2004 年左右，并在 2013 年以后才开始大量布局人工智能相关技术，2016 年专利申请量首次超过传统技术。2017~2018 年由于数据公开的问题导致申请量趋势有所下降。可以预判，随着深度学习新算法不断提出，Mobileye 将会越来越重视新兴的计算机视觉技术。

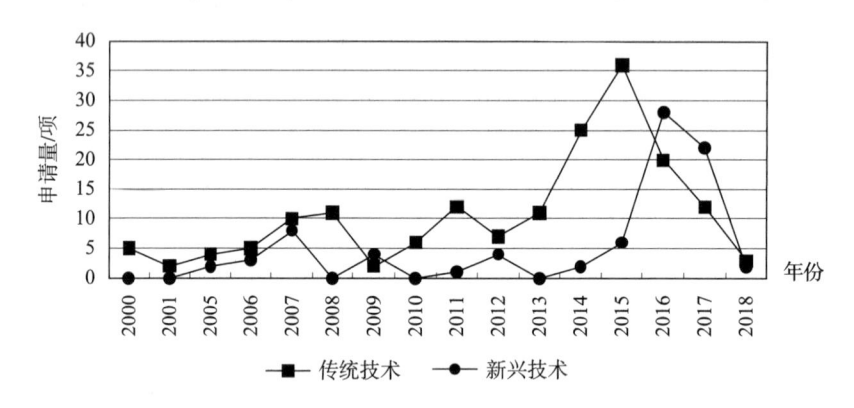

图 4-1-2 Mobileye 传统和新兴计算机视觉技术申请趋势

4.1.2.2 区域布局分析

Mobileye 在以色列建有研发中心，并在美国、塞浦路斯、中国、德国和日本设有分支机构。如图 4-1-3 所示，分析发现，Mobileye 的 88% 专利技术选择在美国提出首次申请。11% 的专利技术在欧洲提出首次申请，这是因为美国和欧洲既是 Mobielye 的研发中心，也是 Mobileye 最大的目标市场，选择美国和欧洲作为专利优先权国家或地区和初次申请国有利于 Mobileye 及时根据政策和市场变化调整专利申请策略。

从专利申请流向情况看，Mobileye 在中国的专利申请量占总申请量的 7%，是仅次于美国和欧洲的第三大专利申请目标国。2010 年，Mobileye 首次在中国申请专利，并逐步加大专利申请力度（参见图 4-1-4）。这种专利布局现象源于 Mobileye 不断重视中国的智能网联汽车市场。Mobileye 中国区总监 Boaz Sack 表示，虽然目前 Mobileye 车队主要在欧洲进行测试，但最终一定会进入中国。有理由预测，Mobileye 今后在中国的专利布局将继续增长。

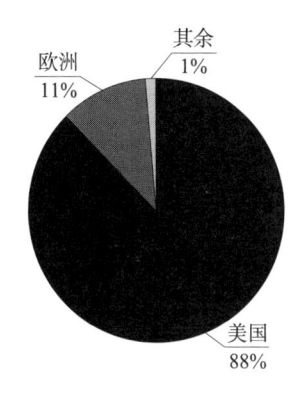

图 4 - 1 - 3　Mobileye 专利技术申请来源国家或地区

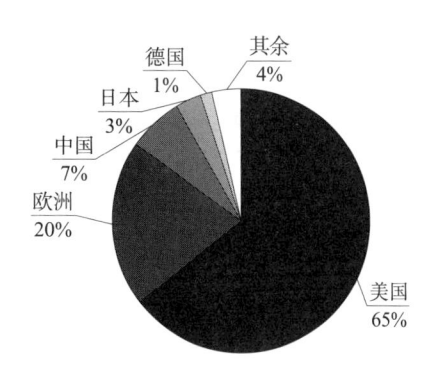

图 4 - 1 - 4　Mobileye 专利技术申请目标国家或地区

4.1.3　技术主题分析

为了保证安全的冗余度，目前大多数的辅助驾驶企业采用多传感器融合的方案。最常见的是采用车载摄像头与其他设备融合，例如毫米波雷达或是昂贵的激光雷达。但 Mobileye 在传感器的选择上独树一帜，多年来一直仅采用车载摄像头作为感知传感器，从一开始的单目，到三目，再到目前提出的 12 个摄像头解决方案。这种单一摄像头解决方案可将物体探测任务在单一硬件平台上执行，大为简化了设备安装程序，大大降低了成本，受到各大车企的青睐。

如图 4 - 1 - 5 和图 4 - 1 - 6 所示，对比计算机视觉传统技术和新兴技术的研究主题，Mobileye 的新兴技术更多地聚焦在障碍物检测识别、车辆技术和图像技术；而传统技术更加关注车队控制、车辆行为判断、车辆导航等相关技术，在图像技术方面的专利较少。由于 Mobileye 的辅助驾驶系统是搭载在其自主设计的 EyeQ 芯片上，为了让辅助驾驶系统能够应对更加复杂的交通情况，Mobileye 申请了深度学习芯片等硬件设备。

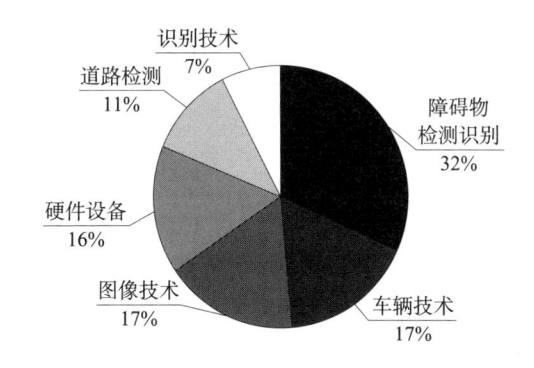

图 4 - 1 - 5　Mobileye 新兴技术专利分布

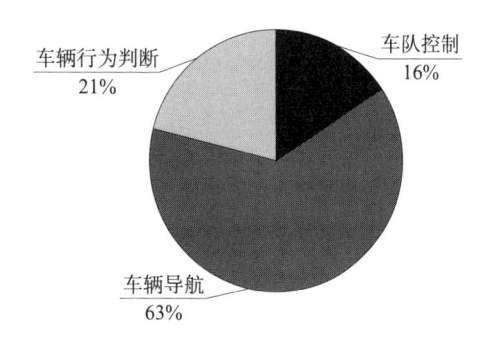

图 4 - 1 - 6　Mobileye 传统技术专利分布

障碍物检测识别一直智能网联汽车视觉感知的重点，具体包括障碍物检测、障碍物识别、行人检测和碰撞计算 4 个技术分支。从 2005 年开始，Mobileye 非常重视该技术的创新,其中障碍物检测和碰撞计算专利申请量较大。具体申请量分布情况参见表4-1-1。

表4-1-1 障碍物技术弱人工智能相关技术历年专利量分布　　　　　单位:项

应用技术分支	2005	2006	2007	2008	2009	2010	2011	2012	2013	2014	2015	2016	2017	2018
障碍物检测	0	0	1	0	0	1	1	1	2	1	6	1	1	1
碰撞计算	1	1	1	0	0	0	2	1	2	2	5	0	2	1
行人检测	1	0	1	0	0	0	0	1	0	0	1	1	0	1
障碍物识别	0	0	0	1	0	0	0	0	0	0	1	0	0	1
总计	2	1	3	1	0	1	3	3	4	3	13	2	3	4

在障碍物相关专利中,新兴技术主要用于障碍物识别和行人检测,利用大量的数据训练能够精准地对图片进行识别,为车辆提供更加精准的信息。虽然上述专利申请时间较晚,但在部分技术分支具有数量优势(如障碍物识别)。

道路检测技术分为道路特征检测和道路轮廓预测两个分支。由于人工智能技术的发展,虽然道路特征检测技术占比略多,但近年来道路轮廓预测技术明显受到了更大的重视(参见表4-1-2)。

表4-1-2 道路检测技术申请量分布　　　　　单位:项

道路检测技术	2001	2012	2014	2015	2016	2017	2018	总计
道路特征检测	0	0	2	6	2	0	1	11
道路轮廓预测	1	1	2	0	2	4	0	8
总计	1	1	4	6	4	4	1	19

Mobileye利用传统技术进行图像处理技术主要包括多图像比对、图像分割、图像特征比对、边缘平滑、光流法、特征提取,其中多图像比对占50%。上述主题的专利申请时间早,并逐渐减少(参见图4-1-7)。

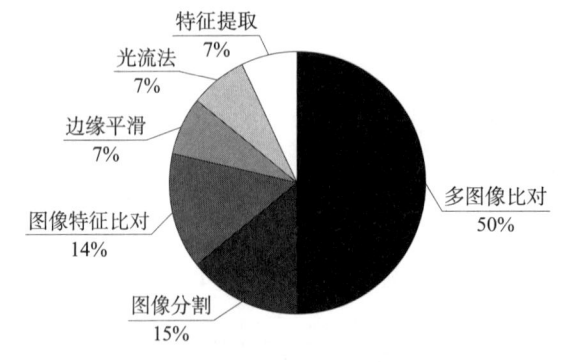

图4-1-7 图像处理传统技术专利申请分布

如图 4-1-8 所示，Mobileye 利用新兴技术进行图像处理研发时间较晚，并且仅集中在图像特征比对、多图像比对和光流法三个方向。对比可知，传统技术更多是通过多图像比对方法对图像进行处理，而新兴技术则通过对图像特征的对比。

Mobileye 针对算法的专利申请量较少，均是采用深度学习算法，包括利用深度学习对分类器的训练以及对卷积神经网络和深度神经网络进行改进。各相关技术分布如图 4-1-9 所示。

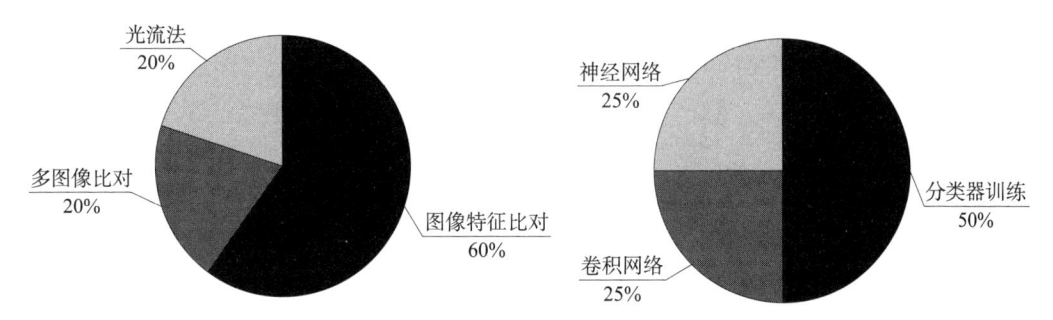

图 4-1-8　图像处理新兴技术专利申请分布　　图 4-1-9　图像处理技术相关技术专利量分布

4.1.4　技术路线分析

Mobileye 成立于 1999 年，2017 年被英特尔以 150 亿美元的价格收购，创下以色列历史上最高价。Mobileye 的成功依靠的是技术创新，而专利是技术创新的护航者，在 Mobileye 近 20 年的发展史中，专利起到了十分重要的角色。Mobileye 的技术发展路线如图 4-1-10、图 4-1-11 所示。

成立之初，Mobileye 是通过前置摄像头对前方物体进行实时监测，同时配以算法计算出物体与车辆的距离，从而实现车道偏离警告、前车防撞、行人探测与防撞等 ADAS 功能，因此图像处理技术是其核心技术。1999 年申请的第一件专利申请（EP1236126B1）记载了通过灵活设置图像的缩放比例，从而对车辆间的距离进行判断，以确定碰撞时间。另一件专利申请（US6704621）则通过车辆在行驶过程中连续拍摄的图像预判自身车辆的动作。

2004 年，Mobileye 发布了第一代 EyeQ 芯片系列。EyeQ1 芯片具备主前方碰撞预警（Front Collision Warning，FCW）、车道偏离警示（Lane Departure Warning，LDW）、智能照明检测（Intelligent High-beam Control，IHC）功能。其中，专利申请（EP2068269A2）记载了从多个图像中进行特征提取，从而预计碰撞时间。Mobileye 首席科学家 Stein Gideon 申请的专利 US7151996 中记载了通过在图片中提取特征，生成道路轮廓，辅助车辆保持车道；专利 US7113867 中通过对多个图片进行特征提取，预估碰撞时间。虽然 EyeQ1 芯片还不具备行人的识别和预警功能，但 Mobileye 已经开始了相关的技术研发和专利申请。Mobileye 的创始人 Amnon Shashua 在申请的专利 US20070230792 中记载了利用多级分类器，对多行人进行识别。通过分析发现，2004 年以前，Mobileye 的研发重点在于图像处理和算法研究中，反映出 Mobileye 对基础技术的重视。

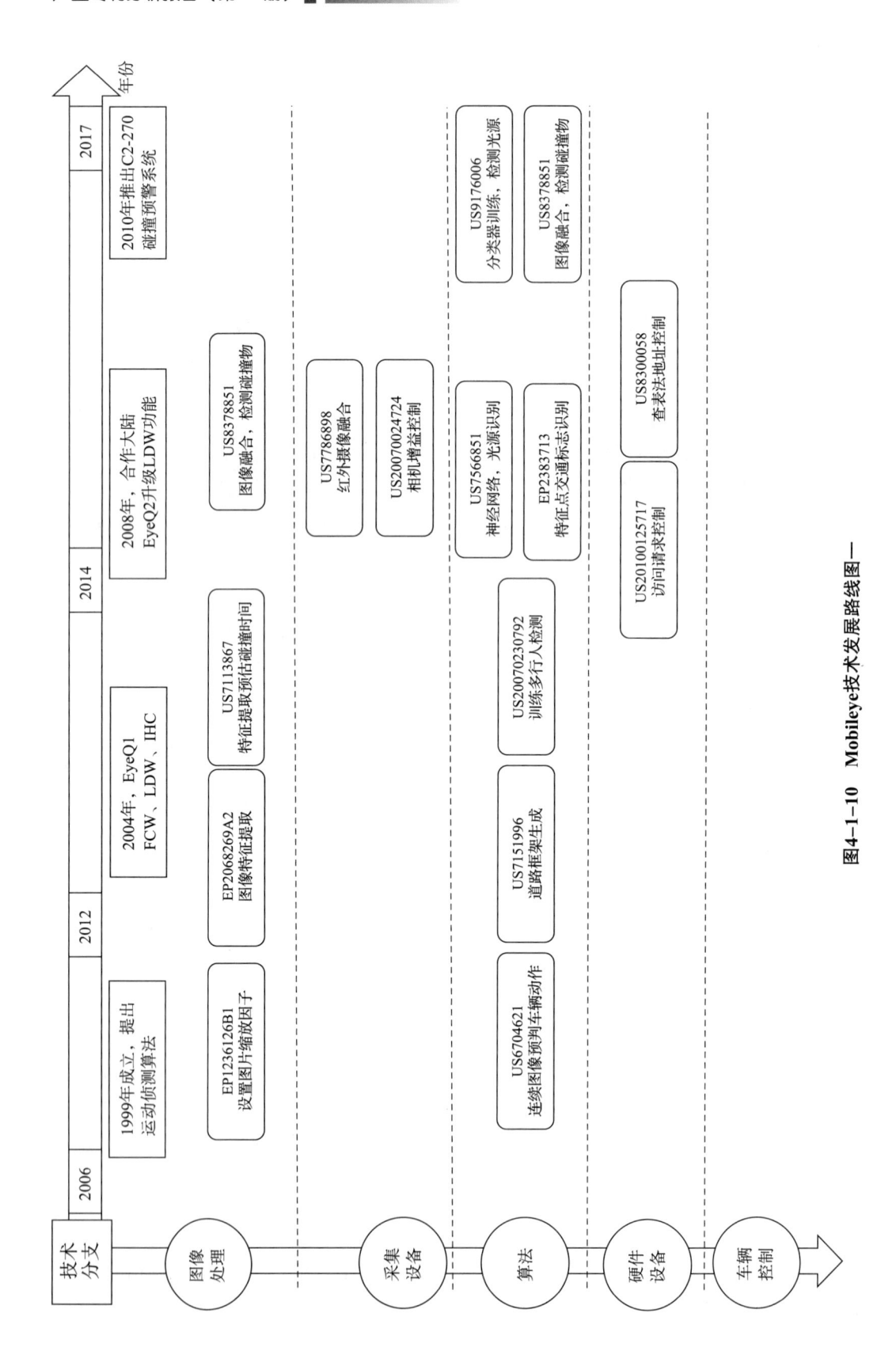

图4-1-10 Mobileye技术发展路线图一

2006年，Hinton等人首次提出深度学习。当年Mobileye首席科学家Stein Gideon提出利用神经网络技术提高对灯光的识别准确率（US7566851），开始尝试将神经网络用于车载摄像头的图像识别和测距。该项专利技术于6年后被成功应用于产业。

考虑到车载硬件须综合功耗、尺寸和成本，并把新功能集成在同一平台上，提供最佳性价比的方案。为此，Mobileye采用单目摄像方案，在满足性能的前提下节省了空间和成本控制。单目摄像头的算法思路是先识别后测距：首先通过图像匹配进行识别，然后根据图像大小和高度进一步估算障碍与本车时间。在识别和估算阶段，都需要和建立的样本数据库进行比较。为了保障单目摄像头能够适应一系列功能，专利申请US20070024724提出对相机的增益进行控制，以适应不同的应用。同时，Stein Gideon开始对多目摄像头的图像融合技术进行研究，提出利用多图像融合技术对障碍物进行检测。

2008年，Mobileye推出了第二代EyeQ芯片，并升级了LDW功能。Mobileye对图像采集设备进行了多项改进，专利申请US7786898首次记载了融合了红外摄像头技术，以对目标进行更加清晰的探测。

2010年，Mobileye推出C2-270碰撞预警系统，成为世界第一FCW供应商。Mobileye始终将对光源的识别作为辅助驾驶的一个重要手段。US9176006中记载了通过对分类器进行训练，提升对光源识别的精度。

2012年，Mobileye的EyeQ系列芯片产量突破百万。其间，Mobileye进一步研发将摄像机的增益调为自适应，通过对交通标志的识别，参与到辅助驾驶系统的决策中（US8995723，参见图4-1-11）。

2015年，Mobileye的EyeQ系列芯片产量突破千万。商业上的巨大成功，并未让Mobileye技术研发止步不前，反而激发起重视新技术的研发，比如在算法和图像处理方式上全面地融入深度学习算法，并探索在车辆决策控制技术融合人工智能，也为Mobileye下一阶段的发展打下了坚实的基础。其间，Mobileye采用深度学习算法应用于车辆决策控制和车辆定位（US20170322043）；采用深度学习算法的计算机视觉技术对车辆进行路径规划（US9902401）和超车路径预判（US20170154225）；利用视觉算法对路径轮廓进行预测（US9902401）；利用特定目标对地图进行标记，辅助车辆行为决策，并且利用神经网络技术进行导航（CN107438754）。同时，Mobileye也针对采集设备进行改进，例如探索多目摄像技术，以使车辆获得更高的安全冗余。

由于前期的技术积累，Mobileye在2016推出了道路体验管理数据生成技术（Road Experience Management，REM），主打EyeQ3芯片+深度学习算法，从辅助驾驶系统领域迈向自动驾驶。这一年Mobileye继续针对车辆决策控制技术进行创新，比如专利US20170371340、WO2018005441中批量利用了卷积神经网络，以静止车辆作为参考点对车辆的路径进行规划。

随着REM系统的推出，Mobileye将重心全面转向了计算机视觉的算法和车辆决策控制研发，申请了多件融合深度学习算法的计算机视觉技术的专利。Mobileye充分利用数据积累优势，提出了众包地图技术，将每一辆安装其产品的车视为一个采集终端，利用众包地图技术实现数据分布式采集，利用卷积神经网络对车辆行驶路径进行预测和规划。

产业专利分析报告（第68册）

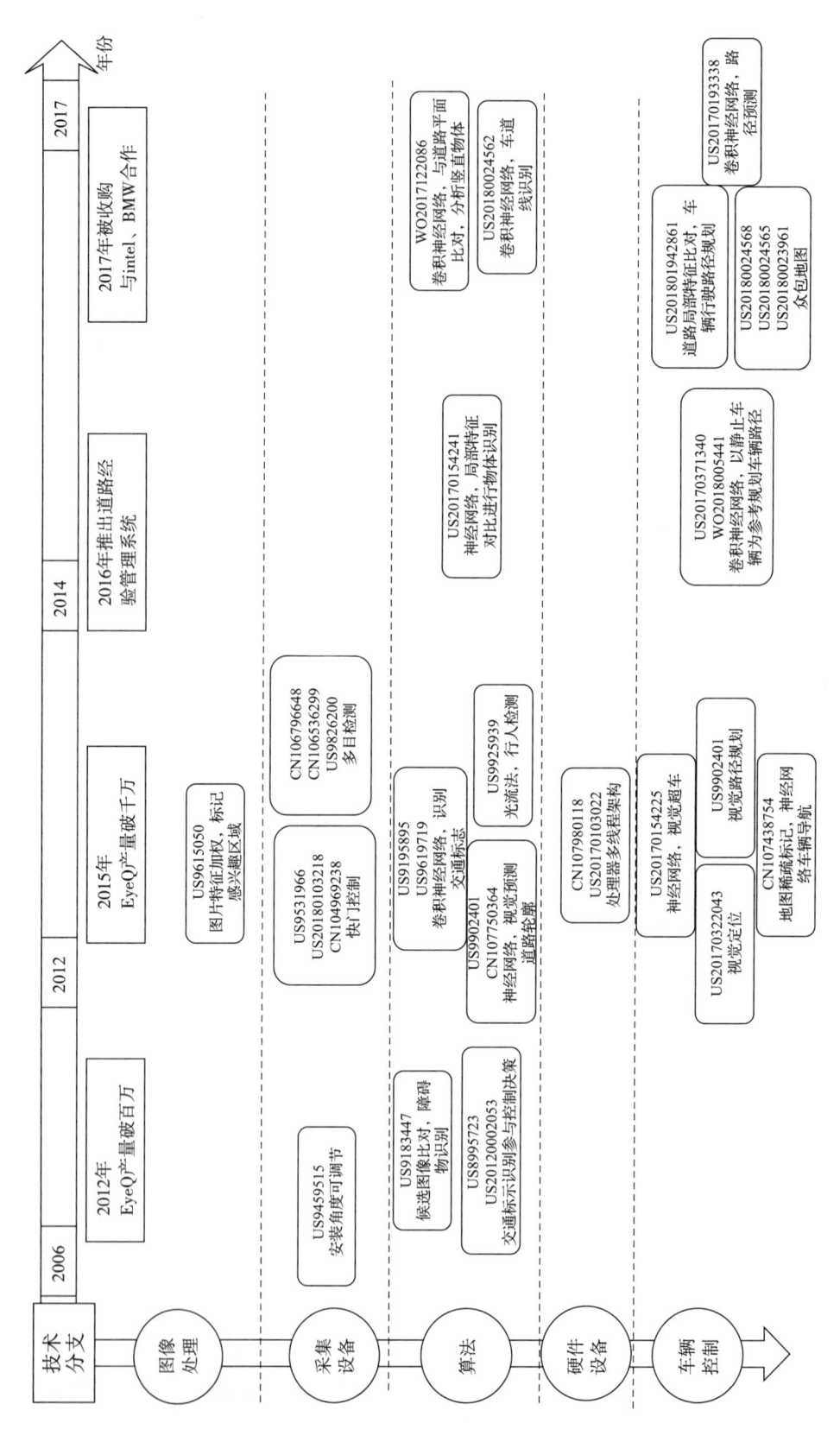

图4-1-11 Mobileye技术发展路线图二

由以上对 Mobileye 发展路径的梳理，我们可以清晰地看到 Mobileye 以算法和图像处理技术起家，在 2013~2015 年迎来了重大技术转移点，将研发重心转移到新兴技术与算法的融合，大量布局车辆决策控制技术，推出道路管理系统，提出众包地图，牢牢占据了自动驾驶计算机视觉技术方面的头把交椅。

4.1.5 产品专利分析

EyeQ 系列芯片是 Mobileye 核心产品，其浓缩了 Mobileye 的技术结晶。虽然 Mobileye 成立于 1999 年，但在 2004 年才推出首款 EyeQ 系列芯片，从技术研发到正式产品花了 5 年时间。EyeQ1 是 EyeQ 的第一代芯片，是由 Mobileye 和 ST（意法半导体，全球最大的半导体公司之一）共同研发的。EyeQ1 支持车道偏离预警和自动紧急制动（AEB）两种功能。2008 年，Mobileye 在 Eye Q1 的基础上加入了前向碰撞预警功能，推出了第二代 EyeQ 芯片（参见图 4-1-12）。

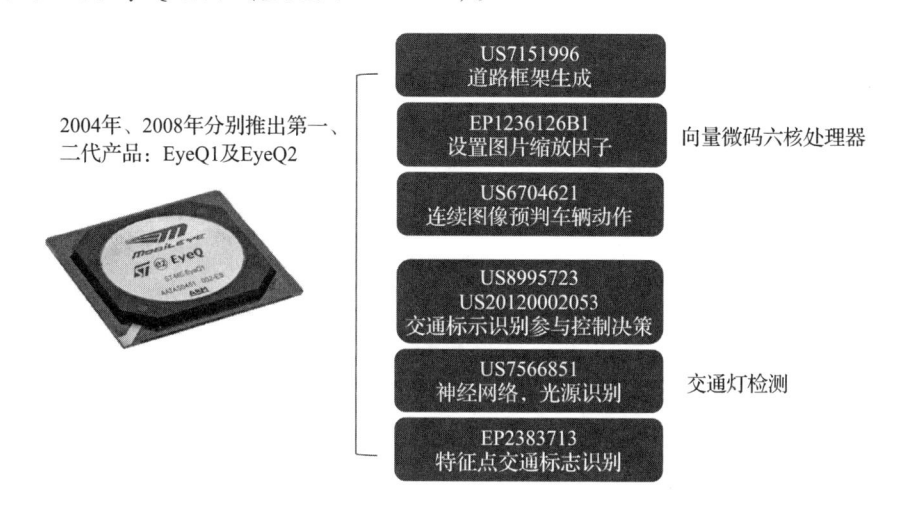

图 4-1-12　EyeQ1~2 产品专利保护情况

在 2010 年前，Mobileye 专利申请量虽较少，但紧紧围绕产品进行针对性专利保护，如通过道路框架生成技术（US7151996）实现车道偏离预警，通过连续图像预判车辆动作（US6704621）实现自动紧急制动，通过图像融合检测碰撞物（US8378851）进行前向碰撞预警。

如图 4-1-13 所示，Mobileye 于 2014 年推出了第三代产品 EyeQ3，其创新点主要围绕处理器的数据传输和芯片硬件结构。与此同时，Mobileye 更加重视 EyeQ3 芯片的专利技术保护，在美国、欧洲和中国都进行了专利申请。除了对芯片结构进行技术创新外，Mobileye 还进一步提升了交通灯识别技术，一方面利用光源的识别辅助障碍物的判断，另一方面通过识别交通灯辅助驾驶策略的制定。

从 2007 年开始，驾驶辅助系统芯片 Eye Q 芯片上市，到 2012 年 Eye Q 芯片全球部署规模突破 100 万，Mobileye 独享智能网联汽车发展红利。通过过去 10 多年和全世界各大汽车厂商的合作，Mobileye 积累了千百万公里不同环境、不同气候、不同道路状况横跨 43 个国

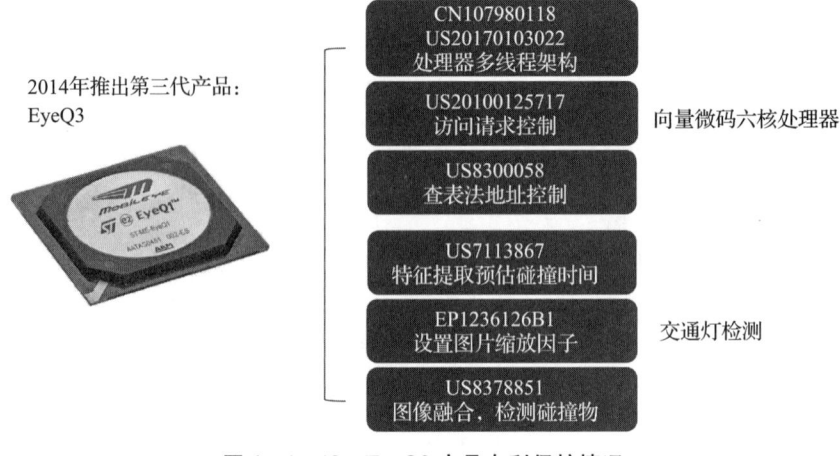

```
2014年推出第三代产品:     CN107980118
EyeQ3                    US20170103022
                         处理器多线程架构

                         US20100125717       向量微码六核处理器
                         访问请求控制

                         US8300058
                         查表法地址控制

                         US7113867
                         特征提取预估碰撞时间

                         EP1236126B1         交通灯检测
                         设置图片缩放因子

                         US8378851
                         图像融合，检测碰撞物
```

图 4-1-13　EyeQ3 产品专利保护情况

家的驾驶场景。正是这些海量数据积累帮助 Mobileye 开发基于深度学习的计算机视觉技术，并于 2016 年推出 REM。REM 是一款融合数据分布式采集技术和汽车智能控制技术的综合系统，其将每一辆安装其产品的车视为一个采集终端，利用众包地图技术实现数据分布式采集，利用卷积神经网络对车辆行驶路径进行预测和规划，使智能网联汽车视觉技术更好地落地化，参与到汽车行驶的决策中来。REM 专利布局情况如图 4-1-14 所示。

```
            2016年推出道路管理系统
                  车辆操控
US20170371340       US201801942861      US20170193338
WO2018005441        道路局部特征比对，    卷积神经网络，路径预测
卷积神经网络，以静止车  车辆行驶路径规划
辆为参考规划车辆路径

                    众包地图
CN107438754         US7151996          US20180024568
地图稀疏标记，        道路框架生成        US20180024565
神经网络车辆导航                         US20180023961
                                       众包地图
```

图 4-1-14　道路管理系统专利布局情况

4.1.6　发明团队分析

Mobileye 的重要专利发明人如表 4-1-3 所示，排名前两位的分别是 Stein Gideon 和 Amnon Shashua。Stein Gideon 是 Mobileye 的首席科学家，从 Mobileye 创立以来累计申请了 79 项专利，对 Mobileye 技术研发发挥重要作用，特别是在 2013~2015 年 Mobileye 专利申请爆发期间提交了大量专利申请。Amnon Shashua 是 Mobileye 的创始人，也是希伯来大学教授，是人工智能领域的国际权威，专注于开发计算机视觉技术。值得注意的是，Eyal Bagon 和 Anna Clarke 在 Mobileye 的技术爆发期（2014~2015 年）同样提交了大量专利申请，但后续再无专利申请。

表 4-1-3　Mobileye 重要发明人　　　　　　　　　　　　　　　　　　　　单位：项

发明人	2004	2005	2006	2007	2008	2009	2010	2011	2012	2013	2014	2015	2016	2017	2018	总计
Stein Gideon	1	5	10	7	3	1	4	4	5	8	7	13	6	3	2	79
Amnon Shashua	2	1	2	2	5	0	0	2	1	1	10	3	2	4	1	36
Eyal Bagon	0	0	0	0	0	0	0	0	0	0	14	2	0	0	0	16
Yoav Taieb	0	0	1	3	0	0	0	1	1	0	7	2	2	2	0	19
Yossi Kreinin	0	0	0	0	2	0	2	0	6	0	0	2	0	0	0	12
Anna Clarke	0	0	0	0	0	0	0	0	0	0	9	2	0	0	0	11
Dagan Erez	1	1	1	0	0	0	0	1	1	1	7	1	1	2	1	18
Yoram Gdalyahu	1	0	6	0	0	0	0	0	1	0	0	2	2	2	0	14
Belman Efim	0	0	0	0	0	1	1	0	0	5	2	0	0	0	0	9
Livyatan Harel	0	0	2	0	0	0	1	0	1	3	0	2	0	0	0	9
总计	5	7	22	12	10	2	8	8	16	18	56	29	13	13	4	223

由图 4-1-15 所示的 Mobileye 重要发明人网络图可知，Mobileye 研发团队以

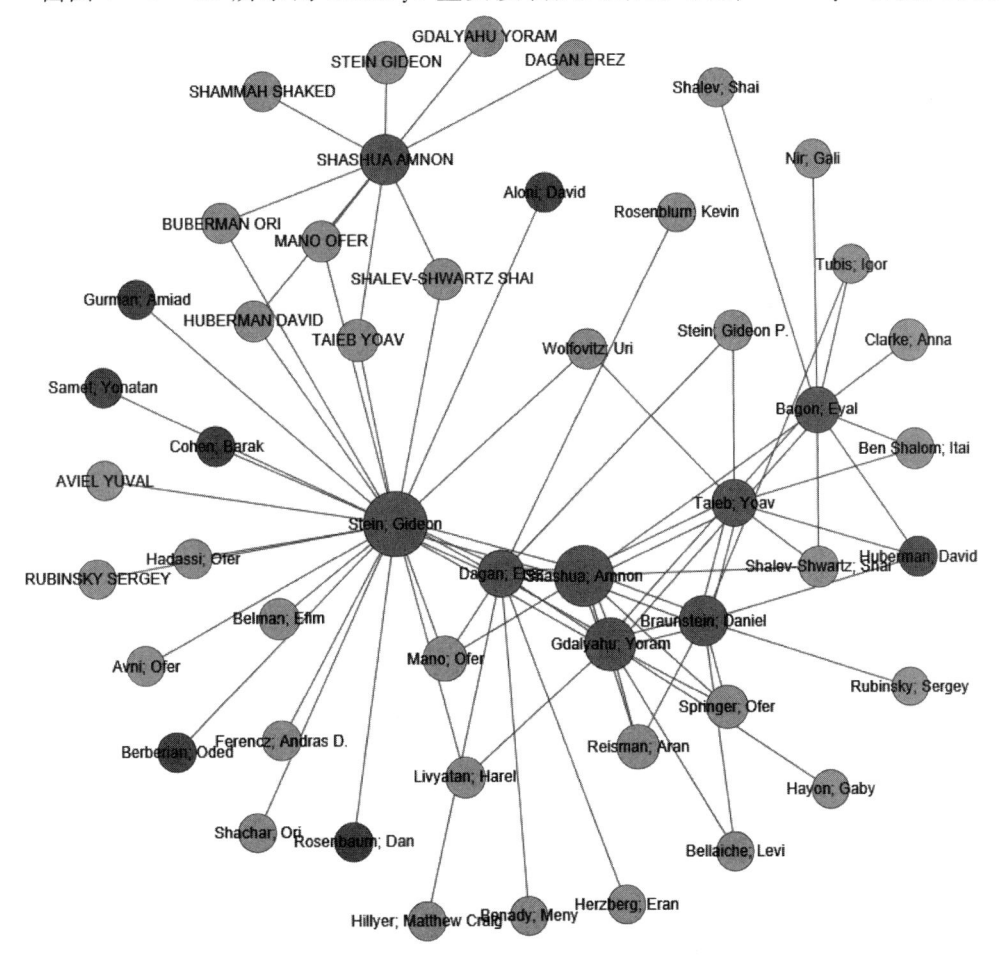

图 4-1-15　Mobileye 重要发明人网络图

Amnon Shashua、Stein Gideon、Gdalyahu Yoram、Taieb Yoav 等人为核心，其中 Amnon Shashua、Stein Gideon 是最重要的团队核心。

分析发现，Amnon Shashua 重点围绕图像处理技术申请专利，Stein Gideon 在图像处理、采集设备和软件算法均有大量专利申请（参见表4-1-4）。

表 4-1-4　Mobileye 重要发明人技术分布　　　　单位：项

发明人	采集设备	车辆控制	算法	图像处理	硬件设备	其他	总计
Amnon Shashua	6	0	3	21	0	1	31
Anna Clarke	0	2	0	10	0	0	12
Eyal Bagon	1	2	0	14	0	0	17
Stein Gideon	22	1	18	45	2	3	91
总计	29	5	21	90	2	4	151

4.2　商汤科技

4.2.1　公司简介

商汤科技（SenseTime）成立于2014年，是一家专注于计算机视觉和深度学习的人工智能平台公司。商汤科技提供人脸识别、语音技术、文字识别、人脸识别、深度学习等一系列人工智能产品及解决方案，帮助各行各业的客户打造智能化业务系统。以"坚持原创，让 AI 引领人类进步"为使命，商汤科技建立了国内顶级的自主研发的深度学习超算中心，并成为中国一流的人工智能算法供应商。

目前，商汤科技已与国内外 400 多家知名高校、企业及机构建立合作，包括美国麻省理工学院、香港中文大学、高通、英伟达、本田、中国移动、银联、万达、苏宁、海航、华为、小米等，涵盖智能安防、智能手机、互娱广告、汽车、金融、零售、机器人等诸多行业，为其提供基于人脸识别、图像识别、文本识别、医疗影像识别、视频分析、无人驾驶等技术的解决方案。

2018 年 4 月，商汤科技宣布完成 6 亿美元 C 轮融资，再次创下全球人工智能领域融资记录，并成为全球最具价值的人工智能平台公司，估值超过 45 亿美元。商汤科技现已在中国的香港、北京、深圳、上海、成都、杭州，日本的京都、东京以及新加坡成立分部，汇集世界各地顶尖人才，合力打造一家世界一流的原创人工智能技术公司。

4.2.2　专利概况分析

4.2.2.1　申请趋势分析

如图 4-2-1 所示，自成立之初，商汤科技就重视知识产权保护，2015 年以前，公司申请的专利数量较少；2016～2017年专利申请量多，申请量大幅上升，处于高速发展期。除了专利申请以外，还将创始人在公司成立之前申请的专利通过申请权转让或者专利权转让的方式进行转入，表明商汤科技的技术研发实力强劲，同时专利意识较强。

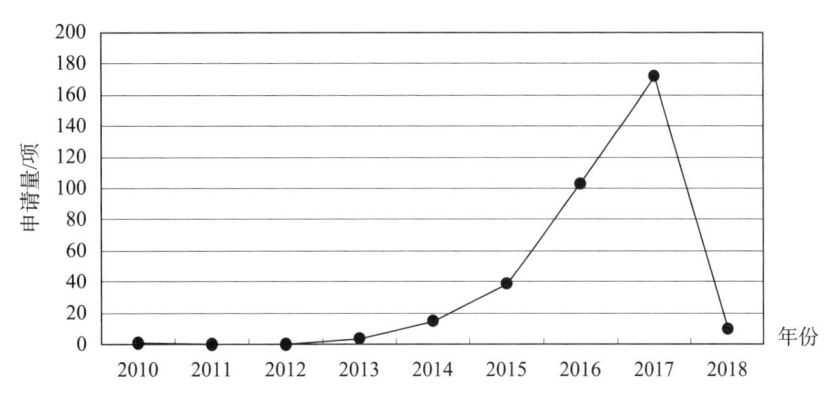

图4-2-1 商汤科技专利申请趋势

4.2.2.2 区域布局分析

如图4-2-2所示，商汤科技专利布局主要为国内，占比为87%，在美国、日本、印度、韩国、欧洲等国家或地区也有一定的布局，表明其专利布局主要集中于国内，同时也具有一定的国外专利布局意识，但是国外专利布局较少。这是由于商汤科技为国内新创型科技公司，成立时间较短，专利申请量基数较小，目前发展阶段更加重视国内市场，对于海外市场尚未进行全面布局。

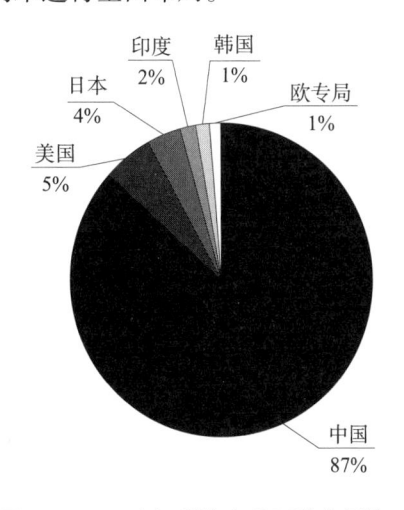

图4-2-2 商汤科技专利区域布局情况

4.2.2.3 技术主题分析

课题组在对商汤科技所有专利申请文件检索和分析的基础上，对商汤科技专利技术进行了技术分解，如表4-2-1所示。

表 4-2-1 商汤科技专利技术分解

技术主题	一级技术分支	二级技术分支	三级技术分支	四级技术分支
计算机视觉	基础技术	关键点检测	—	—
		图像分割	—	—
		特征提取	—	—
		物体检测	—	—
		物体分类	—	—
		硬件	—	—
		算法	—	—
	应用技术	目标解析	属性检测	动作
				姿态
				场景
				人体
				车辆
				文本
			目标分类	图像分类
				视频分类
				图像聚类
			标签添加	—
			图像问答	—
			文本描述	—
			关系检测	—
			视频结构化	—
计算机视觉	应用技术	目标识别	身份验证	人脸识别
				活体检测
				人脸比对
				人体识别
			图像搜索	—
		目标增强	图像增强	—
			视频增强	—
		目标跟踪	—	—

(1) 全部专利分析

由于计算机视觉技术在不同领域不同场景下运用的技术不同，我们首先从应用领域方面进行分析。

如图 4-2-3 所示，作为技术驱动型公司，商汤科技拥有自主研发的适用于各种场景领域的通用底层技术。除此之外，安防和金融是其重点布局领域，基于静态人脸比对系统 SenseFace 和动态人脸比对系统 SenseTotem（图腾），为广州、云南、深圳、重庆等地公安部门提供服务；基于"智护"安防管理系统——SenseGuard 以及人脸识别闸机——SenseKeeper 为社区、楼宇、机场、高铁等提供服务；基于身份验证服务系统——SenseID，为京东、银联、招商银行、拉卡拉、融 360 等多家金融机构和银行以及中国移动、海航等企业提供服务；基于智慧商业解决方案——SenseGo，为苏宁提供服务。对于互娱广告、自动驾驶和美图等热点领域，商汤科技还进行了一定规模的布局，基于增强现实感绘制平台——SenseAR 以及 SensePhoto 为小米、OPPO、VIVO 以及奇酷等智能手机企业以及 FaceU、SNOW、YY、花椒、六间房、美图、秒拍、小咖秀、熊猫 TV 等直播平台提供服务；基于驾驶员监控系统——SenseDrive，对于遥感、体育、医疗和机器人领域，其也从近 2 年开始进行布局；基于遥感影像智能解译解决方案——SenseRemote 为国家卫星气象中心和国家测绘地理信息局卫星测绘应用中心提供服务。这表明商汤科技在拥有核心技术的基础上，开展了技术产业化，注重技术的转化落地，并且在多个领域展开了布局。

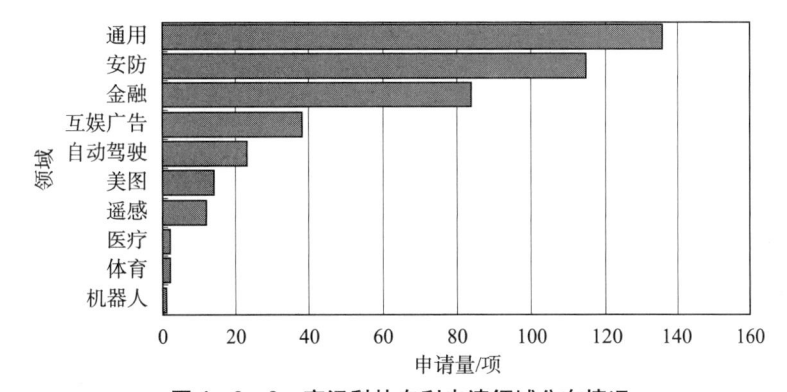

图 4-2-3 商汤科技专利申请领域分布情况

如表 4-2-2 所示，商汤科技计算机视觉基础技术和应用技术专利申请量呈现逐年上升的趋势，应用技术专利占总申请量的 70% 以上，表明其具备一定的基础技术，并以此为基础开发各种应用技术，以适用于不同的场景需求。

表 4-2-2 商汤科技一级技术分支年申请量 单位：项

一级技术分支	年份							总计
	2010	2013	2014	2015	2016	2017	2018	
应用技术	1	3	11	37	76	116	5	249
基础技术	0	1	4	2	27	56	5	95

如表4-2-3所示，在基础技术方面，商汤科技对于计算机视觉五大基础任务（关键点检测、物体检测、物体分类、图像分割和特征提取）均进行了专利申请，同时对于人工智能通用算法和硬件也进行了专利申请。商汤科技创始人大部分均为计算机视觉领域顶尖人才，公司创立后从所在实验室吸收高端技术人才。公司注重技术驱动，对于计算机视觉底层技术坚持自主研发，同时对于通用人工智能技术也较为重视。2015年建立自主研发的深度学习超算平台 Parrots；2016年成为 NVIDIA 平台级合作伙伴；2017年获赛领资本6000万美元投资，用4000万人民币自建深度学习超算中心，用于大规模 AI 算法训练，同年获得高通的战略投资，加速"算法+芯片"在智能化设备的落地；2018年与招商蛇口签署战略合作协议，双方拟就人工智能超算等方面进行联合创新与合作。

表4-2-3 商汤科技基础技术分支下各二级技术分支年申请量　　　　单位：项

基础技术各二级技术分支	2013	2014	2015	2016	2017	2018	总计
关键点检测	0	2	2	4	11	1	20
算法	0	0	0	5	13	2	20
物体检测	0	0	0	5	13	1	19
硬件	0	0	0	3	9	0	12
图像分割	0	0	0	5	5	1	11
物体分类	0	2	0	5	1	0	8
特征提取	1	0	0	0	4	0	5

如表4-2-4所示，在应用技术方面，为了适应不同应用领域，商汤科技在目标解析、目标识别、目标增强和目标跟踪方面均进行了专利申请，其中目标解析和目标识别为重点申请方向。这两个分支包含的技术适用于安防、金融、无人驾驶等多个领域。

表4-2-4 商汤科技应用技术分支下各二级技术分支年申请量　　　　单位：项

应用技术各二级技术分支	2010	2013	2014	2015	2016	2017	2018	总计
目标解析	0	0	4	14	24	43	2	87
目标识别	0	3	6	20	23	31	1	84
目标增强	1	0	1	1	26	34	2	65
目标跟踪	0	0	0	2	3	8	0	13

如表4-2-5所示，在三级分支中，身份验证技术专利申请量最多，为重点技术。

其适用于安防、金融等多个领域，下面对该分支作进一步分析。

表4-2-5　商汤科技应用技术分支下各三级技术分支年申请量　　　　单位：项

三级技术分支	2010	2013	2014	2015	2016	2017	2018	总计
身份验证	0	2	6	20	21	24	1	74
属性检测	0	0	3	12	19	28	0	62
视频增强	0	0	0	0	20	14	1	35
图像增强	1	0	1	1	6	20	1	30
目标分类	0	0	1	0	5	8	0	14
图像搜索	0	1	0	0	2	7	0	10
文本描述	0	0	0	0	0	3	2	5
关系检测	0	0	0	1	0	2	0	3
标签添加	0	0	0	1	0	0	0	1
视频问答	0	0	0	0	0	0	1	1
视频结构化	0	0	0	0	0	0	1	1

如表4-2-6所示，在身份验证的子分支中，作为直接面向实际应用的人脸识别和人脸比对技术申请量分列第一位和第二位，前者适用于一对多识别，后者适用于一对一识别；作为人脸识别技术辅助技术的活体检测技术，申请量位列第三。

表4-2-6　商汤科技身份验证技术分支下各四级技术分支年申请量　　　　单位：项

身份验证技术各四级技术分支	2013	2014	2015	2016	2017	2018	总计
人脸识别	0	1	10	12	11	0	34
人脸比对	2	4	1	4	6	1	18
活体检测	0	1	8	2	4	0	15
人体识别	0	0	1	3	3	0	7

（2）安防领域专利分析

由于安防为商汤科技目前主营业务之一，并且在安防领域的专利申请量最多，下面对其安防领域专利进行进一步分析。

由表4-2-7可知，在安防领域，一级分支中基础技术专利申请量较少，应用技术专利申请占据了绝大多数，申请量呈现逐年上升的趋势。

表4-2-7　商汤科技安防领域专利各一级技术分支年申请量　　　　单位：项

一级技术分支	年份							总计
	2010	2013	2014	2015	2016	2017	2018	
基础技术	0	1	2	1	1	5	7	17
应用技术	1	2	9	29	23	40	1	105

由表4-2-8可知，在基础技术分支中，商汤科技主要针对关键点检测和特征提取技术进行专利申请，以提升安防目标识别的准确率。

表4-2-8　商汤科技安防领域专利基础技术分支下各二级技术分支年申请量　　单位：项

基础技术各二级技术分支	年份						总计
	2013	2014	2015	2016	2017	2018	
关键点检测	0	2	1	1	2	0	6
特征提取	1	0	0	0	2	0	3
硬件	0	0	0	0	1	0	1

识别目标的身份是安防影像分析中的核心目标，目标解析是实现目标识别的基础。由表4-2-9可知，在应用技术分支中，目标识别技术的申请量最大，并呈逐年上升的趋势，其次为目标解析技术。下面进一步对目标识别技术和目标解析技术进行分析。

表4-2-9　商汤科技安防领域专利应用技术分支下各二级技术分支年申请量　　单位：项

应用技术各二级技术分支	年份							总计
	2010	2013	2014	2015	2016	2017	2018	
目标解析	0	2	6	17	17	27	1	70
目标识别	0	0	3	10	3	6	0	22
目标跟踪	0	0	0	2	3	7	0	12
目标增强	1	0	0	0	0	0	0	1

首先，由表4-2-10可知，在目标识别技术分支中，身份验证技术分支的申请量最大，并呈逐年上升的趋势。这也与安防实际应用场景相契合，下面进一步对身份验证技术进行分析。

表4-2-10　商汤科技安防领域专利目标识别技术分支下各三级技术分支年申请量　　　单位：项

目标识别各三级技术分支	年份						总计
	2013	2014	2015	2016	2017	2018	
身份验证	2	6	17	17	23	1	66
图像搜索	0	0	0	0	4	0	4

由表4-2-11可知，在身份验证技术分支中，作为安防核心技术的人脸识别技术申请量最多且呈逐年上升趋势，其次是人脸比对以及活体检测技术，人体识别技术也有一定量的申请。

表4-2-11　商汤科技安防领域专利身份验证技术分支下各四级技术分支年申请量　　　单位：项

身份验证技术各四级技术分支	年份						总计
	2013	2014	2015	2016	2017	2018	
人脸识别	0	1	9	10	11	0	31
人脸比对	0	1	8	2	4	0	15
活体检测	2	4	0	2	5	1	14
人体识别	0	0	0	3	3	0	6

其次，由表4-2-12可知，在目标解析技术分支，属性检测技术分支的申请量最多。属性检测技术用于检测目标的各项基本属性，如身高、性别、衣着等，以便于目标识别时综合各种基础属性识别出目标的身份。

表4-2-12　商汤科技安防领域专利目标解析技术分支下各三级技术分支年申请量　　　单位：项

目标解析技术各三级技术分支	年份				总计
	2014	2015	2016	2017	
属性检测	3	8	2	4	17
目标分类	0	0	1	2	3
标签添加	0	1	0	0	1
关系检测	0	1	0	0	1

由表4-2-13进一步可知，在属性检测技术分支中，对于作为安防中主要监控的对象的人体的检测技术专利申请量最多。

表 4-2-13　商汤科技安防领域专利属性检测技术分支下各四级技术分支年申请量　　单位：件

属性检测技术各四级技术分支	年份				总计
	2014	2015	2016	2017	
人体	2	5	1	0	8
文本	1	1	1	1	4
姿态	0	1	0	2	3
车辆	0	1	0	1	2
动作	0	0	0	1	1

4.2.3　技术路线分析

根据上一小节中对于商汤科技在安防领域的专利分析可知，身份验证技术申请量最多，并且身份验证也是安防中的核心技术，因此对商汤科技在安防领域的身份验证技术进行进一步深入分析，得出如图 4-2-4（见文前彩色插图第 2 页）所示的核心技术路线。

由图 4-2-4 所示的核心技术路线可知，商汤科技在安防领域的核心技术发展路线大致可以分为两个阶段：2013~2015 年处于起步期，这段时期主要集中于核心算法的研发；2016~2017 年处于高速发展期，在拥有自主研发的核心算法的基础上，着力于推进技术的落地，针对不同应用场景研发各种产品。

人脸识别和人脸比对是安防中用于身份验证的重点技术。在起步期，对于人脸比对分支，2013 年，商汤科技创始人汤晓鸥及其研发团队提出了用于人脸比对的 DeepID 算法，在 LFW 上获得了 97.45% 的准确率，相关论文"Deep Learning Face Representation from Predicting 10,000 Classes"于 2014 年发表在计算机视觉三大会议之一的 CVPR 上，基于此提出了专利申请 CN201380081288.3，2014 年又提出了 CN201480077117.8。这 2 项专利中使用深度学习的方法来提取人脸高级特征，这种特征被称为 DeepID，利用该特征完成人脸比对，使得人脸识别的准确率大幅提升。2014 年在 DeepID 算法的基础上进行改进，提出了 DeepID2 算法，准确率提升至 99.15%，错误率降低了 67%，相关论文"Deep Learning Face Representation by Joint Identification - Verification"于 2015 年发表在 CVPR 上，以此提交了专利申请 CN2014800793162。在该项专利中机器在学习特征的时候，该网络不仅考虑分类准确率，还考虑类间差距，使得人脸识别的准确率得到了进一步提升。

对于人脸识别分支，基于一代和二代 DeepID 算法，2014 年提交了专利 CN201480083717.5，将深度神经网络的顶部隐藏层中的实值特征二值化，并且使用二进制代码进行识别，节省了计算时间；2015 年提交了专利 CN201510639824.8，简化了识别过程，同年提交了专利 CN201510639824.8，降低了计算量。这几项专利从算法实用化的角度进行了各种改进，为算法的落地打下了基础。对于活体检测分支，2014 年提交了专利 CN201480083106.0，对传统的基于结构光 3D 扫描系统构建 3D 模型实现活体检测方法进行了改进，通过检测人体关键点构造 3D 模型，使得在移动终端上实现活体检测成为可能；2015 年提交了专利 CN201510828738.1、专利 CN201510622765.3 和专利 CN201510685214.1，分别以动作、交互和音视频方式实现活体检测。从以上专利可以看出，在这一阶段，商汤科技研发了多项人脸识别及其辅助技术的核心算法专利，并从准确率、计算量和实现方式上进行了多方面改进，使得其可以转化到实际应用中，为安防技术的落地做好了准备。

在高速发展期，对于人脸比对分支，2016 年提交了专利 CN201610399405.6，提高了针对跨年龄的人脸识别的准确率，降低了人脸识别的复杂度；同年提交了专利 CN201610638207.0，提升了对于各种场景的适应性；2017 年提交了专利 CN201710802146.1，针对例如对象局部区域被遮挡的非正常拍摄图像，能够降低被遮挡区域的评估价值或忽略被遮挡区域，从而能够更为准确地执行对象验证。对于人脸识别分支，2016 年提交了专利 CN201610089315.7，将步态识别结合到人脸识别中实现身份验证，2017 年提交了专利 CN201711327139.7，能够确定疑犯的关联人物。对于人体检测分支，2016 年提交了专利 CN201610162454.8、专利 CN201610876667.7 和专利 CN201610867834.1，实现了准确了行人计数和检测；2017 年提交了专利 CN201711219178.5，结合了人脸搜索以及人体搜索，提升了人体检测的准确性和效率。基于上述技术，商汤科技于 2018 年发布了多项产品，基于静态人脸比对系统——SenseFace 和动态人脸比对系统——SenseTotem（图腾），为广州、云南、深圳、重庆、等地公安部门提供服务；基于"智护"安防管理系统——SenseGuard 以及人脸识别闸机——SenseKeeper 为社区、楼宇、机场、高铁等提供服务，图腾系统对于模糊图像的识别率远高于其他厂商的同类产品。除此之外，对于人脸比对分支，2017 年和 2018 年还提交了专利 CN201711347579.9 和专利 CN201810031439.9，实现了人员和对应证件的比对核验；对于人脸识别分支，2017 年还提交了专利 CN201710774389.9 和专利 CN201710594921.9，为传统的摄像头赋予了检索、识别和控制的能力；对于活体检测分支，2016 年和 2017 年分别提交了专利 CN201610051911.6 和专利 CN201711251760.X，针对眨眼伪装和视频伪装给出了解决方式。从以上专利可以看出，在这一阶段，商汤科技针对实际应用中面对的各种复杂情况提出了对应的解决方案，以这些技术为基础推出了适用于多种场景需求的产品，实现了技术的落地。

4.2.4 重要专利分析

由于商汤科技为新创型公司，成立时间较短，专利申请量不多，专利间引用关系简单，本小节从同族国家数、专利度（权利要求数）的角度，并结合相关非专利信息筛选出了如下核心专利（见表 4-2-14 至表 4-2-16）。

表4-2-14 核心专利1

公开号	CN103080979A	优先权日	2010-09-03	专利度	2	同族数	5
技术内容				说明书附图			同族信息
从照片合成肖像素描的系统和方法。所述方法包括：将测试照片分割成多个等间距重叠的测试照片块；确定出各个测试照片块与多个训练集照片中预分割的照片块之间的匹配信息；确定出各个测试照片块与多个训练集素描图像中预分割的素描图像块之间的匹配信息；确定出将要合成的素描图像的形状先验信息；确定出两个相邻训练集素描图像块之间的灰度一致性信息以及两个相邻训练集素描图像块的梯度一致性信息；基于上述匹配信息、形状先验信息、灰度一致性信息，以及梯度一致性信息，为各个所述测试照片块确定出最佳匹配的训练素描图像块；以及将所确定的训练素描图像块合成为肖像素描图像							US9569699B EP2613294 WO2012027904 CN103080979B JP2013536960

表4-2-15 核心专利2

公开号	CN105981050A	优先权日	2013-11-30	专利度	15	同族数	7
技术内容				说明书附图			同族信息
一种用于从人脸图像的数据提取人脸特征的方法和系统。该系统可包括：第一特征提取单元，其被配置成对人脸图像的数据进行滤波形成第一层次（dimension）的、第一多个通道的特征图，并将该特征图下采样为第二层次的特征图；第二特征提取单元，其被配置成对第二层次的特征图进行滤波，以形成第二层次的、第二多个通道的特征图，并将第二多个通道特征图下采样为第三层次的特征图；以及第三特征提取单元，其被配置成对第三层次的特征图进行滤波以进一步减少位于人脸区域以外的高响应，从而在减少人脸图像的身份内差异的同时维持在人脸图像的身份之间的辨别力							US9710697 EP3074926 WO2015078017 KR101721062B1 JP6127219B2 HK1223716A1 HK1223717A1

表 4-2-16　核心专利 3

公开号	CN105849747A	优先权日	2013-11-30	专利度	3	同族数	8
技术内容		说明书附图			同族信息		

技术内容	同族信息
一种用于人脸图像识别的方法。所述方法包括：生成要比较、要识别的人脸图像的一或多个人脸区域对；通过交换每个人脸区域对的两个人脸区域并使每个人脸区域对的每个人脸区域水平翻转，形成多个特征模式；通过一或多个卷积神经网络接收所述多个特征模式，每个特征模式在所述卷积神经网络中形成多个输入映射图；通过所述一或多个卷积神经网络从所述输入映射图中提取关系特征，所述关系特征反映所述人脸图像的身份相似性；以及基于所述人脸图像的所提取的关系特征来识别所比较的人脸图像是否属于同一身份	US9530047 EP3074918 KR20160083127A US20160379044A JP6127214B2 HK1223439A1 HK1223718A1 WO2015078018A1

4.2.5　发明团队分析

专利申请的发明人是对专利作出技术贡献的人，也是技术创新的主要来源。发明人专利申请数量的多少，决定了其对公司技术贡献程度额大小。商汤科技的专利申请共涉及 315 名发明人，我们通过专利申请件数来界定发明人对技术贡献程度的大小。

图 4-2-5 示出了商汤科技专利申请量排名前十位的发明人。由图中可知，专利申请量排名前四的发明人分别为汤晓鸥、王晓刚、张伟和闫俊杰，说明他们是商汤科技专利技术的开创者和引领者。从四人的经历也可以看出，他们是商汤科技发展过程中不可或缺的关键性人物。汤晓鸥是商汤科技的联合创始人，现任香港中文大学信息

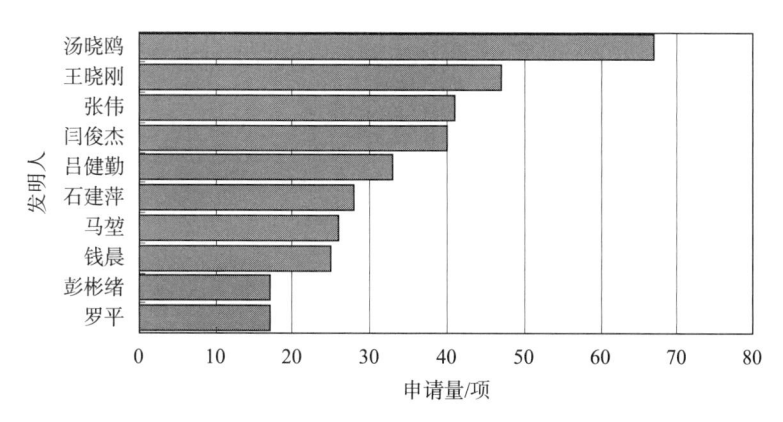

图 4-2-5　商汤科技主要发明人排名

工程系系主任，兼任中国科学院深圳先进技术研究院副院长；王晓刚也是商汤科技的联合创始人，兼任商汤科技研究院院长；张伟是商汤科技研发总监；闫俊杰现任商汤科技研究员副院长和研发执行总监，曾任商汤科技研发总监，四人均拥有博士学位。

在商汤科技共315名研发人员中，除了前述核心专家以外，还有十几名重要研发人员，其中120名研发人员拥有博士学位，其技术人员结构合理稳固。多达315名的技术研发人员保证了技术的延续性和创新性，同时其还不断从企业、高校和研究所吸收优质人才，扩大研发队伍。

由于安防为商汤科技目前的主营业务之一，针对安防领域的重要发明人，我们以安防领域核心技术分支身份验证为切入点，从发明人的角度进行分析。

由图4-2-6可知，在身份验证技术分支中，申请量排名前三的发明人分别为汤晓鸥、马堃和张伟，他们是该项技术的重要发明人。

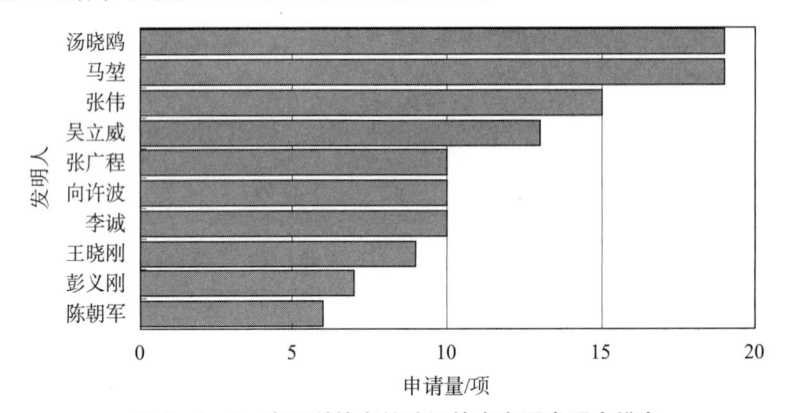

图4-2-6 商汤科技身份验证技术主要发明人排名

对身份验证技术的发明人进行进一步的分析，由表4-2-17可知，在身份验证技术的4项子技术分支中，对于人脸比对技术和人体识别技术，汤晓鸥和王晓刚为重要发明人，二人均为商汤科技联合创始人，对于深度学习在计算机视觉方向的应用有着深厚的技术积累，在公司发展初期申请了多项基础专利；在人脸识别技术中，马堃和张广程为重要发明人，马堃为商汤科技联合创始人，任技术执行总监，张广程为商汤科技产品总监；在活体检测技术中，吴立威和彭义刚为重要发明人，吴立威为商汤科技计算机视觉研究员，彭义刚为商汤科技高级研究员。

表4-2-17 身份验证技术各子技术分支主要发明人申请量排名　　　　单位：项

| 人脸识别 || 活体检测 || 人脸比对 || 人体识别 ||
发明人	申请量	发明人	申请量	发明人	申请量	发明人	申请量
马堃	16	吴立威	11	汤晓鸥	7	汤晓鸥	2
张广程	8	彭义刚	7	王晓刚	5	王晓刚	2
向许波	7	李诚	6	闫俊杰	4	张伟	2
汤晓鸥	6	张伟	6	孙祎	3	曹莉	1
张伟	6	汤晓鸥	4	向许波	3	黄湘	1

通过对于商汤科技专利申请的分析，在315名发明人组成的发明团队中，作为重要发明人的汤晓鸥和王晓刚之间具有合作关系，二人和孙祎合作申请了专利 CN105849747、专利 CN106358444 和专利 CN106415594 这三项人脸比对技术基础专利，汤晓鸥与马堃在身份验证技术方面合作申请了专利 CN105844206、专利 CN204791050、专利 CN106156702、专利 CN204481940 和专利 CN204965526，汤晓鸥、罗平和吕健勤合作申请的专利主要涉及属性检测技术，分别为专利 CN106687993、专利 CN107430693、专利 CN107851192、专利 CN107735795 和专利 CN107851174，汤晓鸥、王晓刚和罗平合作申请的专利主要涉及身份验证技术，分别为专利 CN106462724、专利 CN106663186 和专利 CN106570453。除此之外，作为重要申请人的张伟、石建萍、钱晨与其余发明人之间也存在一定的合作关系。

4.2.6 申请策略分析

综合以上分析结果可知，商汤科技公司在专利申请方面的策略具有如下特点。

（1）合理利用专利制度。对于大部分专利申请，在申请时采取了延时公开的策略，既保护了其专利布局的意图，又为自身产品的研发、生产赢得了时间；对于自主研发的技术，先进行专利申请，随后再发表在相关学术会议上，避免了专利相对于自身论文不具备新创性或者被无效情况的发生。

（2）围绕核心技术合理布局。基础技术和应用技术均通过专利申请的方式寻求保护。由于计算机视觉技术的重点在于核心算法，而对于不同的应用场景需要不同的算法。其对各种应用的基础核心算法进行了专利申请，同时以此为基础，面向不同场景需要进行了多个方向的改进，并形成了应用技术进行专利申请。

（3）注重质量和数量。在公司创立初期，研发核心基础技术申请了若干项专利度高、特征度低、授权率高的高质量核心专利；随后针对核心技术进行改进并据此研发产品，对于各种不同应用领域，申请了多项专利对产品从多个角度实现全方位的保护。

4.3 旷视科技

4.3.1 公司简介

旷视科技成立于2011年，是一家以计算机视觉技术为核心的人工智能企业。其研发的人脸识别技术、图像识别技术已经广泛应用于金融、手机、安防、物流、零售等领域。目前，旷视科技旗下拥有人脸识别开放平台 Face++、第三方人脸身份验证平台 FaceID 和针对不同应用场景的 AI 产品及解决方案。

2012年，旷视科技上线人脸识别的开发者服务平台"Face++"。该平台是将人脸识别的核心算法存储于云端，以应用程序编程接口（API）或软体开发工具包（SDK）形式为企业开发者和人脸识别技术爱好者提供定制化的云计算服务。2013年，旷视科技尝试消费级应用商业化路径，以"Face++"平台技术为依托，通过人脸检测和关键点检测技术在照片中精准定位人脸和五官的位置,为美图秀秀娱乐软件提供美白、五官美化等技术服务。

2015 年,旷视科技与蚂蚁金服联合研发的支付宝"Smile to Pay"(微笑支付),找到了一条以"AI + 行业"的模式在金融安全方面的创新之旅,旷视科技率先推出了全球首个人脸识别远程在线身份验证服务"FaceID"系统,用户足不出户,通过"FaceID"就能在 30 秒内完成银行的身份验证。同年,旷视科技还推出深度学习引擎 MegBrain 及深度学习平台"Brain + +",实现内部深度学习的计算和数据资源管理自动化,以及算法训练流程化。

2017 年,在科学技术部独角兽榜单中人工智能排名第一,夺得 COCO、Places 图像识别大赛三项冠军。2018 年全资收购艾瑞思机器人,提出了 AI 赋能传统行业的商业策略,着手用 AI 深耕金融安全、智慧城市、手机智能、商业物联、工业机器人五大核心行业。

4.3.2 专利概况分析

目前,旷视科技已公开的专利申请已累计达到 317 件,是目前国内计算机视觉领域的专利申请量最多企业之一。

旷视科技的专利申请呈现出明显的阶段性特点(图 4 - 3 - 1):第一阶段(2011~2014 年)属于商业探索期,其间商业路线不清晰,核心技术单一,创业团队规模小,内部无知识产权管理人员,技术积累与专利申请量少,累计专利申请量仅 17 项;第二阶段(2015 年至今)属于商业落地期,旷视科技寻找到 AI + 行业的商业模式,技术研发方向也随着应用场景需求不断拓展,创业团队规模急速膨胀,内部逐步建立起知识产权管理体系,成立了知识产权管理部门,专利申请量迅猛发展。

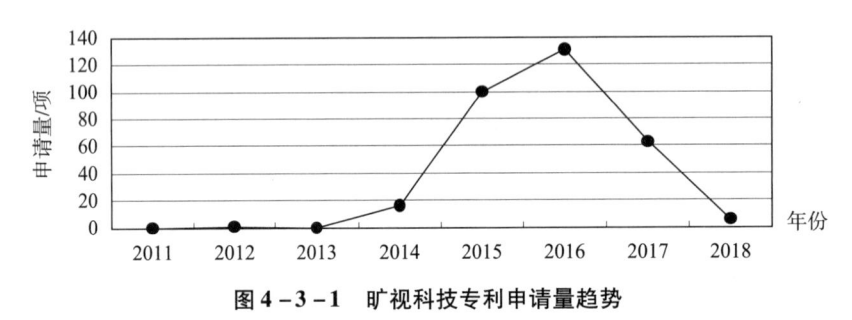

图 4 - 3 - 1 旷视科技专利申请量趋势

成立之初,旷视科技三位创始人印奇、唐文斌和杨沐尝试将计算机视觉技术融入手机游戏,但并未获得成功。2012 年,facebook 收购了以面部识别为核心的技术公司 Face.com,激发旷视科技作出商业调整正式向人脸识别技术平台转型,随后迅速上线 Face + + 平台。Face + 平台是将人脸识别的核心算法存储于云端,以 API(应用程序编程接口)或 SDK(软体开发工具包)形式为企业开发者和人脸识别技术爱好者提供云计算服务。2012 年 11 月,旷视科技申请了第一件专利(CN201210495625.0,基于大规模图像数据的人脸特征提取方法及人脸识别方法)。

2013 年,旷视科技先后探索计算机视觉技术在消费领域的商业化落地,如为美图秀秀软件提供人脸美容技术支持，为世纪佳缘提供人脸搜索（根据明星的脸部特征搜索相应会员）、人脸聚类（用户上传喜欢的人物照片寻找相似度最高的会员进行匹配）技术支持，甚至还推出了刷脸解锁屏幕、面相大师、自动服饰推荐APP。这些商业化探索和技术研发并未及时进行专利申请与保护，错过一个专利布局优势期。

2014年是里程碑的一年，旷视科技获得人脸检测FDD评测、人脸关键点定位300-W评测和人脸识别LFW评测三项冠军，同时与蚂蚁金服合作研发支付宝"微笑支付"，探索人脸识别技术在网络金融领域应用。当年，旷视科技申请了多项人脸检测、人脸关键点定位和人脸识别的专利，提出基于级联深度神经网络的人脸识别方法（CN201410053852.7、CN201410053866.9、CN201410053321.8、CN201410053323.7、CN201410053325.6）。

2015年3月，马云在德国汉诺威IT博览会上通过支付宝"扫脸"支付，购买了一款1948年汉诺威纪念邮票。这成为国内人脸识别技术应用到商业领域的首个产品雏形，也帮助旷视确定了"AI+行业"的商业模式，从此在"toB"的道路开始一路狂奔。与此同时，旷视科技设立了知识产权部门，公司的专利申请开始从粗放、无布局向有规划、服务于商业经营转变。2015年旷视科技共申请了100件专利。同年10月，旷视科技决定大力进军安防领域，在杭州成立旷视智安子品牌，并在无锡市大规模试点。由于团队磨合等原因导致商业化进展缓慢，最终杭州团队解散。此后，旷视科技在北京重新组建团队，采用软硬件结合的策略重新进军安防领域，开始围绕监控摄像设备、人证一体机等软硬件进行专利布局。

随着互联网金融出现爆发性增长、共享经济兴起，旷视科技经过5年的技术积累之后，在2016年从互联网金融切入开始场景落地，并逐渐扩大到安防、新零售等行业。在线上，旷视科技为泛金融行业提供身份核验；在线下的地产、零售、安防以及交通等应用场景中，通过"云+端"的形式建立AI+IoT的基础物联感知体系，通过智能前端将脱敏数据转化为可用数据并为行业决策提供支持。应用场景推动技术发展，技术不断转化专利。2016年专利申请量为131件，其中76%的专利申请涉及金融、安防和消费特定领域。另外，旷视科技也申请了少量无人驾驶相关的专利，探索计算机视觉在无人驾驶或无人物流的应用。

2017年，旷视科技投入大量人力研发智能手机上人脸解锁应用，并成为vivo、小米等品牌手机人脸识别解锁的提供商。这为旷视科技找到新的商业化落地领域。其间，人脸解锁相关的专利申请量急速增加。

2018年，旷视科技全资收购艾瑞思机器人，正式进军智能机器人业务。旷视科技已从提供Face++开放平台的纯技术公司转变为以人工智能技术为核心的解决方案提供商，深耕金融安全、城市安防、手机AR、商业物联、工业机器人五大核心行业，致力于为企业级用户提供全球领先的人工智能产品和行业解决方案。可以预期，旷视科技将会加大计算机视视觉在无人物流领域的专利申请。

虽然旷视科技已经在美国西雅图成立了旷视美国研究院（Megvii Research US），但目前公开的专利均来自中国。从专利申请目标国家或地区来看（表4-3-1），旷视科技分别在美国、欧洲和印度申请了43件、4件和3件专利，另外还提交了24件国际PCT申请。由此可见，旷视科技具有良好的全球专利布局意识和实践。

表4-3-1 旷视科技专利目标国家或地区分布　　　　　　　　　　单位：件

年份	国际申请	美国	欧洲	印度	中国	总计
2012	0	0	0	0	1	1
2013	0	0	0	0	0	0
2014	6	6	4	0	16	32
2015	18	18	0	0	100	136
2016	0	8	0	0	131	139
2017	0	10	0	3	65	78
2018	0	1	0	0	6	7
总计	24	43	4	3	319	393

4.3.3 技术主题分析

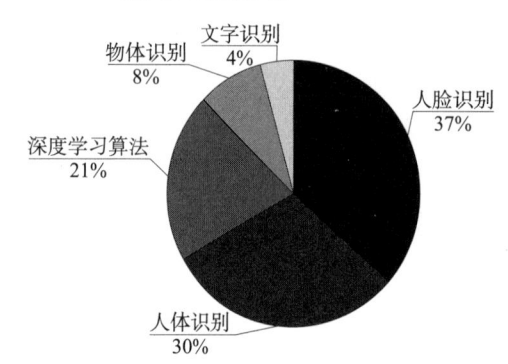

图4-3-2 旷视科技专利技术主题分布

在计算机视觉领域里面，大部分的创业项目的核心项目都是针对4个垂直门类：人脸识别（或人体识别）、行人识别、车辆识别（物体识别）以及文字识别。这四个大的识别对象是四个目前最重要、最有商业价值的识别内容。如图4-3-2所示，旷视科技同样聚焦这4个识别对象，其中人脸识别、人体识别、文字识别和物体识别分别占总申请量的37%、30%、4%和8%。除了上述4种识别外，旷视特别关注于相对通用的深度学习算法，从而形成"4+X"（4种识别对象+通用算法）的技术路径。

如图4-3-3所示，2015年以前，旷视科技的专利申请重点围绕人脸识别技术。随着技术成熟，专利申请占比逐年降低，到2016年已降低至34.7%，与此同时不断重视人体识别、物体识别和通用算法的专利申请。上述专利申请趋势与旷视科技的术技术研发路径基本一致：旷视科技首次利用人脸识别技术优势从人脸识别入手，切入到金融应用场景，通过技术和场景的双轮交替驱动下，逐步进入人体识别、文字识别，再到物体识别。随着计算机视觉技术在各应用场景的成熟，旷视科技更加关注相对通用的识别算法，推动公司构建通用技术性平台。

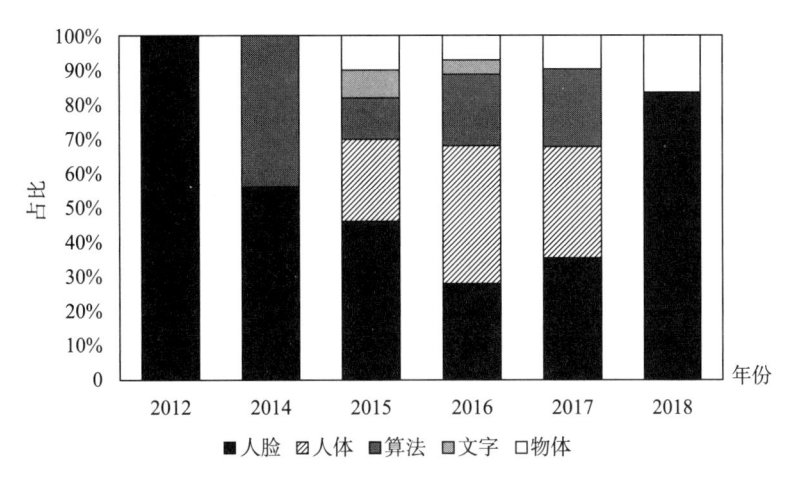

图 4-3-3 旷视科技专利技术主题占比

具体来看，旷视科技的专利布局覆盖了人脸识别与分析、人体识别与分析、识别与分析平台、算法、通用识别与分析和智能硬件等各个技术主题。智能硬件涉及监控与摄像设备、人证一体机、门禁与闸机等设备，其中监控与摄像设备和人证一体机是主要的研发方向（参见表 4-3-2）。2014 年下半年旷视科技成立安防事业部，2015 年尝试智能摄像机，推出 MegEye-C3S 智能人像抓拍机。

表 4-3-2 旷视科技各技术主题的专利分布　　　　　　　　　　单位：件

技术分支	2012	2014	2015	2016	2017	2018	总计
人脸识别与分析	1	9	37	31	10	0	88
人体识别与分析	0	0	8	17	14	0	39
识别与分析平台	0	0	7	11	4	2	24
算法	0	7	4	15	7	3	36
通用识别与分析	0	0	18	14	5	1	38
智能硬件	0	0	25	43	23	0	91
总计	1	16	99	131	63	6	316

旷视科技针对人脸识别与分析核心技术从人脸检测、人脸关键点定位、人脸对比、人脸搜索、人脸属性、活体检测、身份验证、人脸美容和三维重建 9 个细分技术分支进行大量的专利申请与布局，构建一个相对完善的专利组合。如表 4-3-3 所示，2011~2013 年，基于为美图秀秀、世纪佳缘等软件提供技术支持，旷视科技的专利申请重点在于人脸关键点定位、人脸属性、人脸对比和人脸搜索。2014~2015 年研发支付宝微笑支付时，科技面临活体检测通过率、人脸识别精准度和人证身份验证合一的全新技术挑战，因此相应的专利申请量开始增加。2016 年以后，旷视科技不断推进人脸识别与分析的 9 个细分技术分支的技术创新和专利申请。

表4-3-3　旷视科技的人脸识别与分析技术的专利分布　　　　　　单位：件

人脸识别与分析技术	2012	2014	2015	2016	2017	总计
活体检测	0	0	18	10	1	29
人脸对比	0	1	4	4	1	10
人脸关键点定位	1	4	4	1	0	10
人脸检测	0	0	0	4	2	6
人脸美容	0	0	1	2	0	3
人脸属性	0	3	1	3	3	10
人脸搜索	0	1	1	1	0	3
三维重建	0	0	1	2	3	6
身份验证	0	0	7	4	0	11
总计	1	9	37	31	10	88

人体识别与分析是智能安防的一个研究重点，涉及人体跟踪、人体检测、人体属性和人体姿态技术分支。人体跟踪是人体识别与分析中的研究热点，其给定一个监控行人图像，跨设备检索该行人的图像。由于在实际的场景中，一个摄像头往往无法覆盖所有区域，而多摄像头之间一般也没有重叠。如表4-3-4所示，旷视科技提出通过将整体行人特征作为人脸之外的重要补充，实现对行人的跨摄像头跟踪，并申请了2件专利。

表4-3-4　旷视科技的人体识别与分析技术的专利分布　　　　　　单位：件

人体识别与分析	2015	2016	2017	总计
目标跟踪	0	4	0	4
人体跟踪	4	10	8	22
人体检测	1	1	0	2
人体属性	0	1	4	5
人体姿态	3	1	2	6

从技术效果来分析，识别精准度、提高识别效率、使用安全性、用户体验便利性、计算成本、计算量以及算法鲁棒性是计算机视觉尤为关注的技术问题。旷视科技对上述技术问题都进行了大量研究和专利申请，其中涉及提高识别精准度、识别效率和使用安全性的专利申请占比分别为39%、20%和13%（参见图4-3-4）。

对比分析各技术分支与技术问题的关联性，旷视科技的人脸识别与分析技术关注于

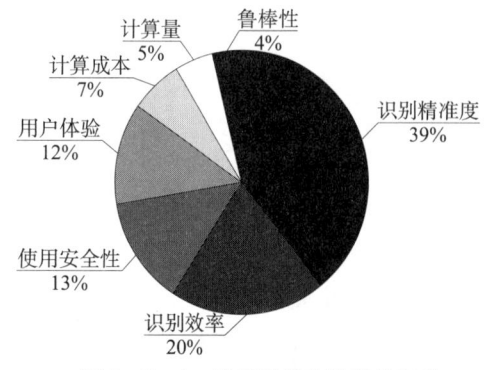

图4-3-4　旷视科技在计算机视觉技术分支对应技术效果的专利分布

（饼图数据：识别精准度 39%、识别效率 20%、使用安全性 13%、用户体验 12%、计算成本 7%、计算量 5%、鲁棒性 4%）

识别精准度、识别效率、使用安全性和用户体验便利性4个方面。这与互联网金融的人脸身份验证以及手机刷脸解锁两大应用息息相关；对于人体识别与分析技术来说，使用安全性和用户体验便利性相对来说属于弱需求，其专利申请量也较少；对于通用算法和通用识别与分析来说，识别精准度是首要解决的技术问题，其专利申请量也是最多的。

4.3.4 技术路线分析

旷视科技的Face ID最重要的一环是活体检测，其也是旷视科技的核心优势之一。旷视科技的活体检测技术包括3个技术路线：基于用户的动作检测活体、基于人体的生理特征检测活体、通过不同的拍摄条件判断是否活体。其中基于用户的动作检测活体是让用户根据软件提示进行点头、摇头这样的随机动作，每次随机动作都是服务器端去发出的，这样也保证整个动作的安全性。基于人体的生理特征检测活体是通过显示屏纹路、人脸局部细节、人体的皮肤、红外成像等人体特征进行检测。通过不同的拍摄条件判断利用反射光三维成像的原理进行活体检测，从原理上杜绝了各种用3D软件合成的视频、屏幕翻拍等的攻击，例如，双角度活体跟静默活体检测。双角度活体是用户拍一张正脸的自拍照与侧面自拍照，通过这种3D建模重建的方式来判断是不是真人。

如图4-3-5所示，2015年，旷视科技申请了2件活体检测的专利（CN201710097331、CN20158000034）。这2件专利基于用户的动作检测活体，随后通过判断面部动作是否与随机地生成的字符串的发音相匹配判断活体（CN201580000312）。同年申请的专利还分别基于人脸动作控制虚拟对象显示情况、眼部运动和随机生成动作指示来判断活体。2016年，旷视科技进一步优化了随机生成活体动作指令的专利技术，提高了采集速率。

同时，旷视科技也关注基于人体的生理特征检测活体的专利申请。2015年，申请的专利分别基于皮肤弹性信号检测活体（CN201580000331），根据人脸温度和环境温度判断（CN201520632811、CN201510514793）；2016年还从脸部声波反射（CN201611093551）、根据脸部热图和脸部期望热图（CN201611217455）进行专利布局。

通过不同的拍摄条件判断是否活体是旷视科技最看重的活体检测技术路线，其由于不依赖于检测对象的动作和生理特征，特别适合手机解锁使用。累计共申请了15件专利，依次从判断入射光是否为线性偏振光（CN201510214244、CN201520270173），判断入射光是否为冷光（CN201510214257、CN201520271619），计算待检测对象的脸部的图像的光斑面积（CN201580000335），判断每一个光源照射时的多个图像之间的差图像（CN201580000332），计算两种不同空间频率的结构光照射下频率响应强度图像（CN201511030874），根据从不同位置拍摄的至少2个图像生成所述目标的伪深度图（CN201610258600）等方向进行专利申请与布局。

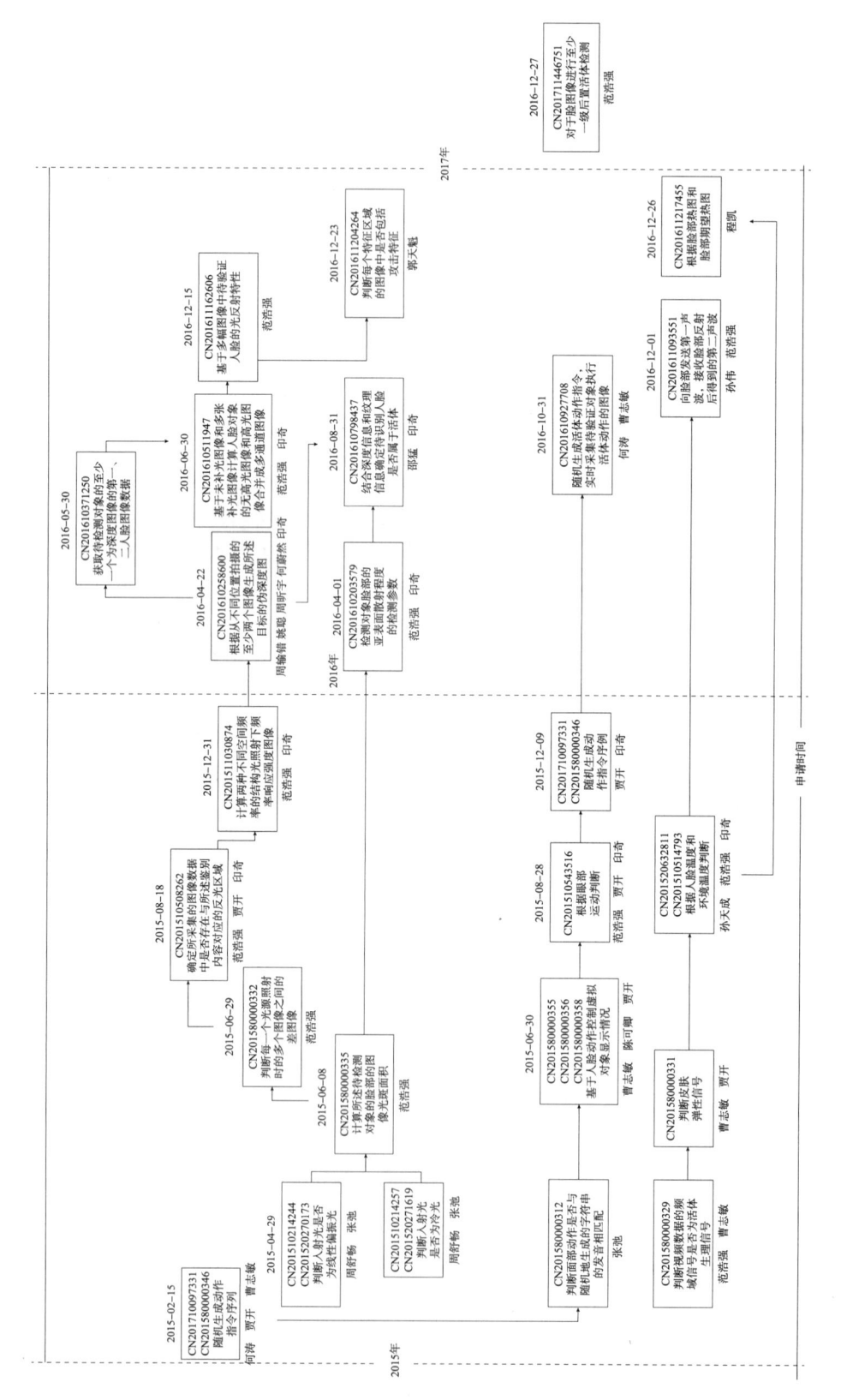

图4-3-5 旷视科技在活体检测的技术路线

4.4 西门子

4.4.1 公司简介

西门子医疗公司是领先的医疗技术公司，拥有超过170年历史，在全球范围内持有18000件专利。作为医疗科技领域的领导者，西门子医疗始终致力于产品组合的创新，并着力完善核心业务——影像诊断、临床诊疗与实验室诊断、分子医学的配套服务业务系统。西门子医疗的技术影响着70%以上的医疗决策，其解决方案每小时使得24万患者受益，全球前100家医疗服务提供者，有90%以上是西门子医疗的合作伙伴。

自从2015年，西门子医疗从集团内独立出来后，继续保持其在影像诊断和体外诊断领域的优势，不断推陈出新，同时还大力拓展诸如床旁治疗和分子诊断等业务。目前，西门子医疗在中国大约有5000名员工，共有六大事业部。

对比近几年公司内业务营收占比，2013年影像诊断占比68%，2014年影像诊断占比70%，2015年西门子医疗内部影像诊断约占67%，可以看出影像诊断一直是公司的业务营收中的重要部分。

4.4.1.1 专利申请趋势分析

从图4-4-1所示的专利申请年分布量来看，西门子医疗近年来发展态势良好，专利申请数量稳步增长。2012年随着计算机视觉技术开始在产业上进行应用，专利申请量开始大幅增长。2014年随着深度学习等各种算法的飞速发展，专利申请增长量又有了进一步的激增。

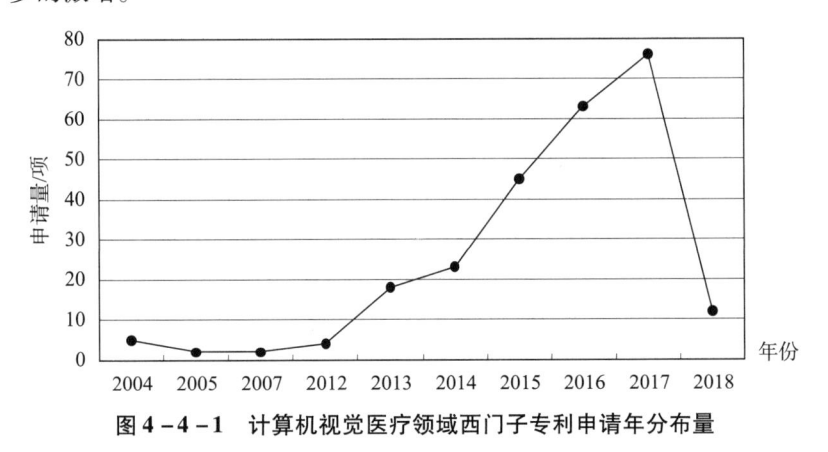

图4-4-1 计算机视觉医疗领域西门子专利申请年分布量

同时医疗业务的营收也有了较为明显的增长。2016年公司业绩稳步增长5%，全球营收135亿欧元，实现GPS❶最快的复苏。

4.4.1.2 区域布局分析

通过2004~2018年西门子医疗在各个国家或地区的专利申请量占比，可以看出西

---

❶ "GPS"为高端医疗设备领域：通用电气（GE）、飞利浦（Philips）、西门子（Siemens）三巨头的简称。

门子医疗的专利布局情况。从图4-4-2可以看出，西门子在美国、中国专利申请量领先于其他国家或地区，是技术研发的主要国家，可见西门子十分重视美国和中国的专利布局，将其视为两大主要的市场，其中美国专利申请量居于首位。

从图4-4-3可以看出，西门子医疗在美国的专利申请量明显多于其他国家或地区，是医疗领域计算机视觉主要的研发国家。西门子公司十分注重技术信息的封锁，虽然在全世界各国都设有独立的研发中心，但从专利申请类型来看，其绝大部分都是在美国进行专利申请，然后以要求优先权的方式通过国家专利申请和国际专利申请（PCT）向各国家或地区提出专利申请。

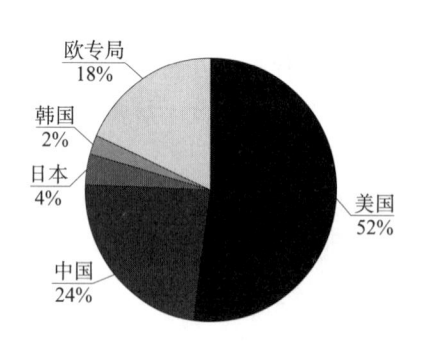

图4-4-2　2004~2018年计算机视觉医疗领域专利申请目标国家或地区

图4-4-3　2004~2018年计算机视觉医疗领域来源国家或地区

通过对比各个技术分支专利申请占比（图4-4-4）可以看出，图像分类、图像构建、图像检测以及图像匹配占比明显多于其他技术分支。从内容上看，西门子医疗的专利申请更多是关于通过例如深度学习等各种算法训练分类器，实现各种功能。因此，图像分类占比最高。

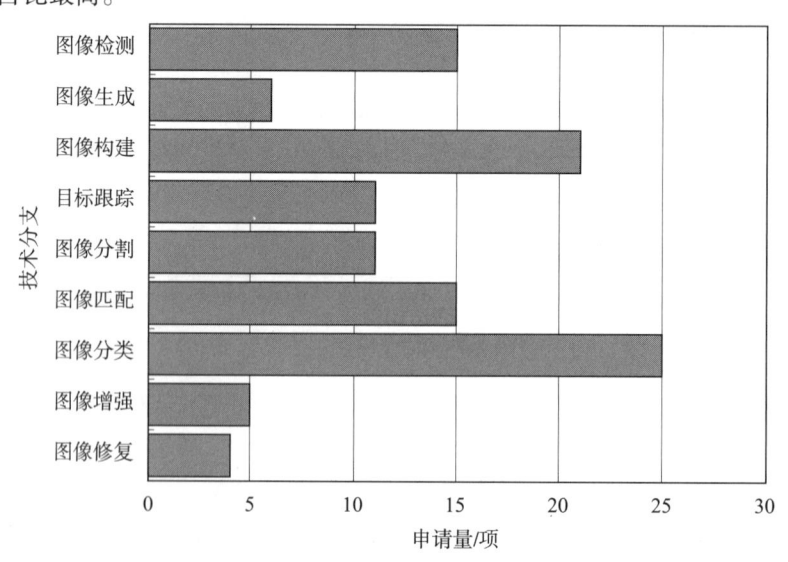

图4-4-4　计算机视觉领域西门子各技术分支占比

4.4.1.3 技术路线分析

深度学习应用于医疗领域的计算机视觉，其技术路线图最早的专利申请也是从 2012 年开始的，专利申请的时间与技术的发展历程相吻合。从图 4-4-5 中可以看出，公开号为 US20150112182 的专利申请被西门子医疗自身引用最多。该专利属于基础专利，许多其他专利都是由此衍生。该专利申请公开了将深度神经网络训练成检测医学图像中的解剖对象。由此也可以看出，早期的深度神经网络的各种算法在计算机视觉中更多地应用于检测以及图像本身的处理方面，受到硬件性能以及算法复杂性的限制，分类器的应用受到了一定的局限，难以将其广泛地应用于其他技术分支，从而更好地发挥作用。

随着人工智能相关的各种算法的不断完善，计算机视觉中可应用的领域更加广泛。一方面，在计算机视觉方面，对于图像检测而言，能够检测和处理的图像更加复杂，效率和精度都有了进一步的提高；另一方面，人们开始更多地通过训练分类器实现对图像的分析、判断。从图 4-4-5 中可以看出，公开号为 US9760807 专利申请引用了众多的自身的早期专利申请。该专利申请公开了将输入的医学图像利用训练的深度学习网络模拟各项参数，自动执行分析任务，最终输出分析结果。由此可以看出，现阶段随着各种算法的不断发展，训练后的分类器能够具备"自我意识"，可以开始执行一定的图像分析任务。

4.4.2 与腾讯对标比较分析

腾讯在 2016 年建立了人工智能实验室 AI lab，专注于 AI 技术的基础研究和应用探索。2017 年 4 月，腾讯向碳云智能投资 1.5 亿美元。碳云智能由原华大基因 CEO 王俊牵头组建，致力于建立人工智能的内核模型，并对健康风险进行预警、精准诊疗和个性化医疗。在产品研发方面，腾讯在 2017 年 8 月推出了自己在医学领域的首个应用 AI 产品腾讯觅影。腾讯觅影把图像识别、深度学习等领先的技术与医学跨界融合，可以辅助医生对食管癌进行筛查，有效提高筛查准确度，促进准确治疗。2017 年 11 月，在"2017 腾讯全球合作伙伴大会"上腾讯宣布了自己的"AI 生态计划"，旨在开放 AI 技术，并结合资本机构孵化医疗 AI 创业项目。2018 年 5 月 19 日下午，"腾讯觅影"亮相 GE 医疗在北京召开的产品发布会。会上，北京医院、GE 医疗、腾讯三方共同发起"医学磁共振影像人工智能联盟"，强强联合促进人工智能在核磁共振影像诊断领域乃至整个医疗行业内的落地发展。

腾讯在医疗领域布局较晚，2015 年 9 月才开始布局，主要研发为 3 个团队。其中，早期 2 个研发团队研发方向主要以健康数据的咨询与检测为主，新成立的研发团队为医疗影像中图像分类技术的研发团队。2018 年 2 月开始针对医疗影像进行布局，但研究人员和专利数量都极少。

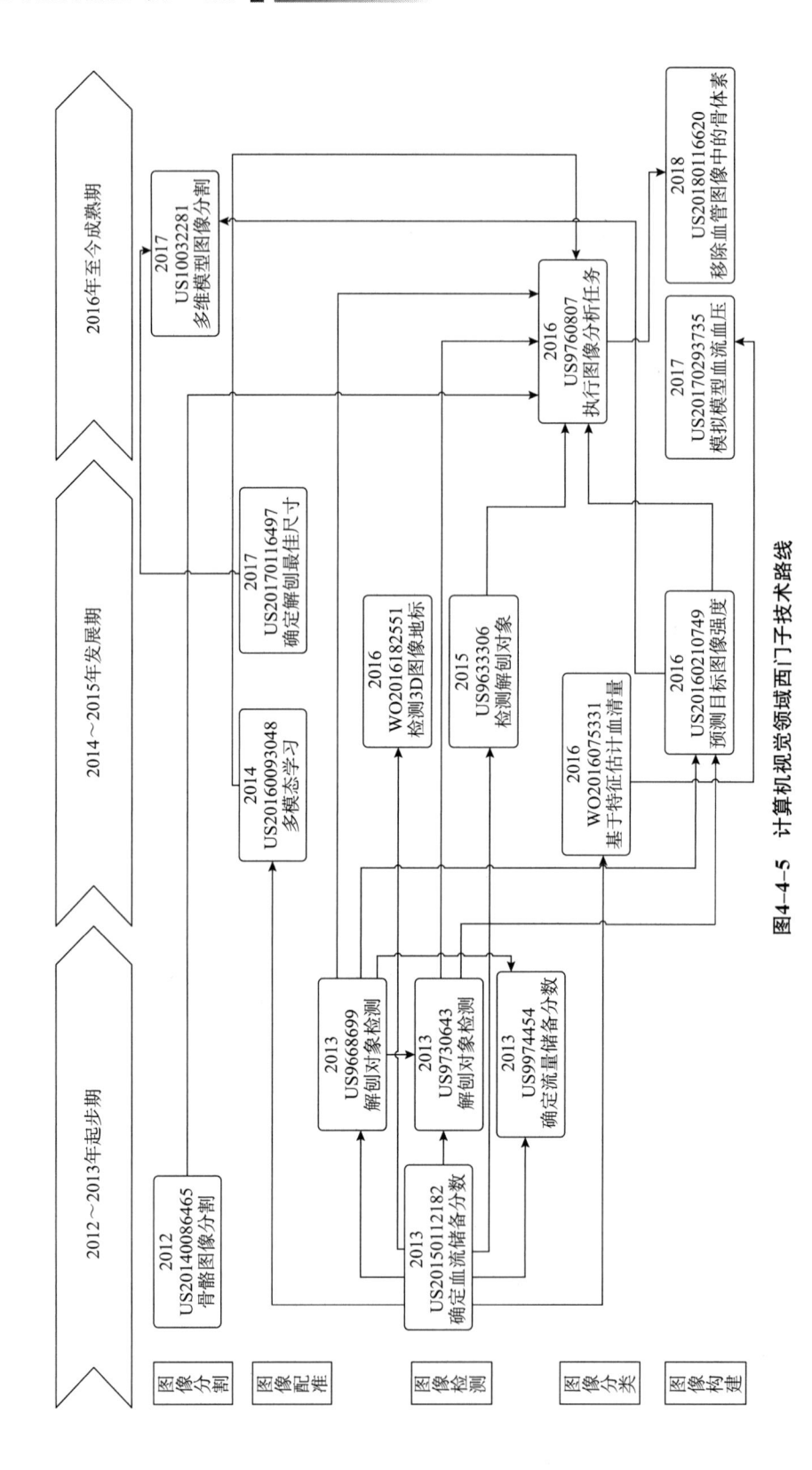

图4-4-5 计算机视觉领域西门子技术路线

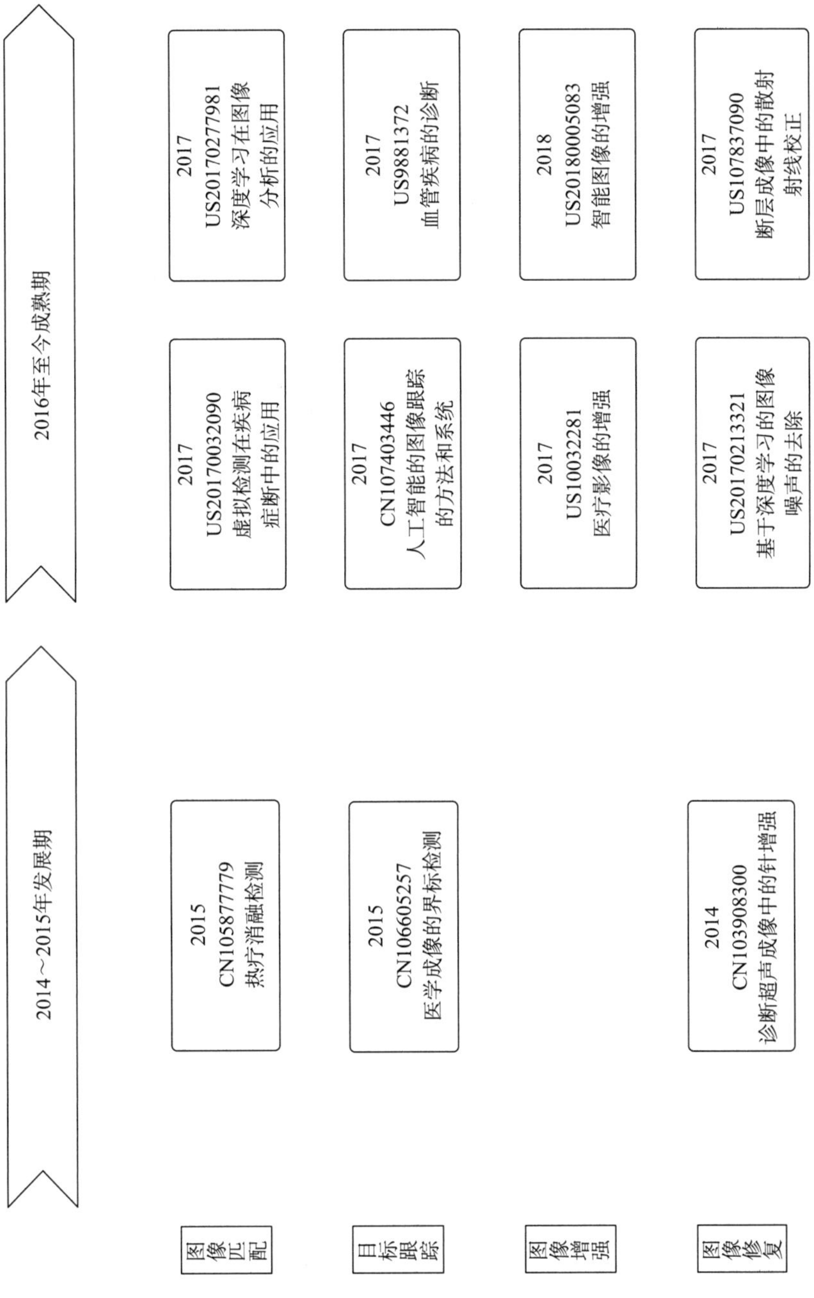

关键技术一

分类	2014~2015年发展期	2016年至今成熟期	
图像匹配	2015 CN105877779 热疗消融检测	2017 US20170032090 虚拟检测在疾病诊断中的应用	2017 US20170277981 深度学习在图像分析中的应用
目标跟踪	2015 CN106605257 医学成像的界标检测	2017 CN107403446 人工智能的图像跟踪的方法和系统	2017 US9881372 血管疾病的诊断
图像增强		2017 US10032281 医疗影像的增强	2018 US20180005083 智能图像的增强
图像修复	2014 CN103908300 诊断超声成像中的针增强	2017 US20170213321 基于深度学习的图像噪声的去除	2017 US10783709D 断层成像中的散射射线校正

图4-4-5 计算机视觉领域西门子技术路线（续）

129

4.4.3 与联影医疗对标比较分析

上海联影医疗科技有限公司筹建于 2010 年 10 月。2017 年 9 月，联影医疗完成 A 轮融资，融资金额 33.33 亿元，投后估值 333.33 亿元。这是目前为止，中国医疗设备行业最大单笔私募融资。联影医疗在《2017 年中国独角兽企业发展报告》以 50 亿美元估值排名第 18 位，大健康企业第二位。

通过追踪专利申请发明人，可以看出联影医疗有强大的发明团队。其中，联影研究院副总裁李强为发明团队的核心成员，参与了较多技术的研发，同时也是联影医疗多个项目的负责人。

从图 4-4-6 所示的专利布局上来看，联影医疗由于公司成立时间较晚，在医疗影像相应的专利布局最早为 2016 年开始，且整体布局数量较少，2017 年开始明显增大的专利布局的力度。2018 年由于部分专利还未公开，因此无法分析具体情况，但是参考目前联影医疗的发展状况，相信后续会迎来专利申请的一个高峰。

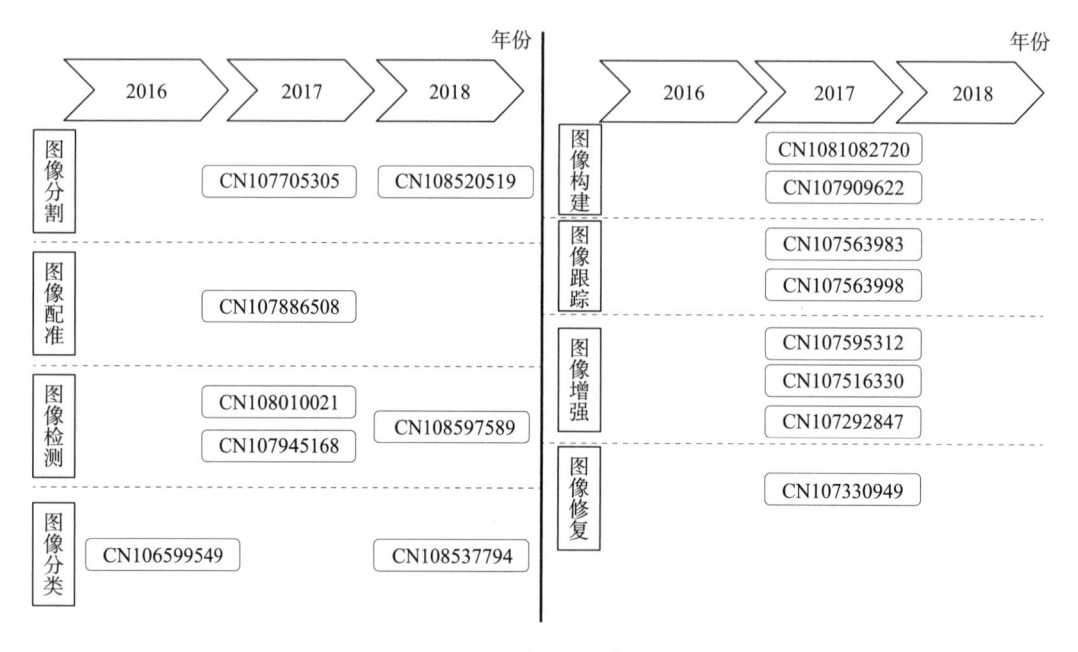

图 4-4-6 联影医疗专利布局

具体分析联影医疗公司的团队成员可以发现，该公司很多人员都是从其他大型公司里"挖掘"过来的人才。截至目前，联影医疗已从海外吸纳大批医疗 AI 领域的人才，包括原西门子计算机辅助检测和诊断事业部全球负责人、国际医疗影像 AI 商业化领域最具影响力的领军人物周翔；医疗人工智能领域国际学术权威学者、美国医学与生物工程院会士沈定刚将成为联影医疗人工智能子公司的主要负责人之一；除了沈定刚和周翔外，还加入了曾在西门子医疗主持 AI 算法研发工作 10 余年的詹翊强，曾在苹果公司担任计算机视觉研究员高耀宗，曾在谷歌、微软、西门子、英特尔等多家公司任高级科学家的吴迪嘉等多名人才，组建成一支学术界与产业界完美融合的医疗 AI

"梦之队"。

然而，引进人才策略虽然可以在较短的时间缩小与各大企业之间的差距，但是要注意避免法律上的风险。我们可以回顾一下2014年闹得沸沸扬扬的西门子与联影医疗的纠纷案件。在我国高端医疗器械市场，西门子、通用电气和飞利浦三大巨头占据了约七成的市场份额。而近年来，随着国内医疗器械企业的不断涌现，传统市场巨头与新兴企业之间的竞争也愈加激烈，联影医疗的崛起已经引起国际竞争者的注意。2014年，西门子将国内医疗器械行业新秀——联影医疗以"不正当竞争"告上法庭。

案件的起因是余兴恩为西门子的磁体线圈部的研发工程师，并签订过保密协议，对西门子医疗负有竞业限制义务。之后，余兴恩跳槽到联影医疗工作，联影医疗由于业务需要，将余兴恩派遣至上海中科高等研究院进行项目合作。随后，西门子以不正当竞争将联影医疗告上法院。最终法院一审判决：驳回原告全部诉讼请求；二审判决：驳回上诉，维持原判。

西门子认为，联影医疗申请的专利疑似与西门子的某件发明报告技术方案相似。因此，在2014年，西门子与联影医疗诉讼升级，由"不正当竞争"转变为"专利侵权"，再次将联影医疗告上法院。2014年西门子磁共振公司将上海联影医疗起诉到法院，请求确认涉案发明专利的专利申请权及涉案实用新型专利的专利权归西门子磁共振公司所有，并要求上海联影医疗停止侵犯其对涉案结构图和实施例图所享有的专利权；3起案件共索赔60万元。

受理案件后，上海第二中级人民法院委托鉴定机构对涉案专利申请进行技术鉴定。2015年1月该鉴定机构出具鉴定报告认为，涉案专利申请中体现的技术方案属于公知技术。上海第二中级人民法院审理后认为，西门子并未提供足够的证据，因此对这一技术并不享有专有的知识产权。最终，上海驳回了西门子磁共振公司的全部诉讼请求。

尽管，西门子与联影医疗的几次法庭交锋都是以西门子败诉落下帷幕，但是，这次纠纷事件也在提醒国内各大企业，采用人才引进策略需要谨慎，医疗领域许多大型企业都十分重视自身的知识产权的保护，对于侵权行为，会拿起法律武器维护自己的权益。因此，人才引进要注意防范法律风险。

第 5 章　结论与建议

前面章节分别对计算机视觉技术从专利整体态势、重点应用领域的技术发展和重要申请人进行了具体分析。通过以上分析，全面掌握了国内外计算机视觉技术领域的专利整体状况。本章在以上各章分析基础上对计算机视觉技术专利的分析内容进行总结，并进一步提出相应的措施建议。

5.1　结　论

5.1.1　专利态势分析结论

从全球专利申请态势分析，计算机视觉技术经历了技术萌芽期（2006~2011年）、技术发展期（2012~2016年）和技术应用期（2017年至今）3个阶段。自2012年，神经网络首次运用于计算机视觉技术，全球计算机视觉领域专利申请量呈指数增长，总量达17761项。其中，中国12210项申请排名首位，占60.7%；美国（3872项）、韩国（747项）和日本（518项）申请排名第二位至第四位。随着新的深度学习算法不断推出，世界主要发达国家把发展人工智能作为提升国家竞争力、维护国家安全的重大战略，加紧出台规划和政策，计算机视觉技术在未来几年将会保持持续地快速增长趋势。

中国和美国是计算机视觉技术创新的两大中心，两国原创专利申请量占专利申请总量的88%。其中，有63%的专利申请来自中国，这一数量约是第二位美国的2.5倍。与此同时，中国和美国还是计算机视觉技术领域的最大专利申请目标国。中国较为开放的市场环境、巨大的市场需求和海量的数据资源吸引了各国创新主体。随着中美两国围绕核心技术、顶尖人才、标准规范竞争的深入，两国的计算机视觉相关专利占比仍将维持高位，成为引领世界计算机视觉发展的技术强国。从国内申请区域来看，北京、广东是中国计算机视觉专利申请数量分布的两大中心，与中国经济的分布区域特点相吻合。北京具有雄厚的人才基础和信息技术基础，政府高度重视人工智能产业发展，还多种政策支持，强大的产业集群优势和国内顶尖的智力资源支持为聚焦计算机视觉企业提供了有利条件。

在计算机视觉技术领域的全球前十位专利申请人中，三星以437项专利申请排名全球第一位。全球前十位申请人中有7席是中国高校或企业，其中高校占4席，企业3席。中国科学院专利申请量排名全球第二位，累计申请计算机视觉技术专利379项。商汤科技和旷世科技两家中国计算机视觉独角兽企业分别排在第三位和第四位。

图像技术是近 10 年计算机视觉技术的主要研究方向。随着图像处理技术日渐成熟，学者们开始将注意力转移到视频的计算机视觉技术，其专利申请也开始增长。图像技术和视频技术的各细分技术分支申请量均处于增长的趋势，表明计算机视觉各细分技术目前均处于快速发展期。

智能安防领域是计算机视觉技术创业热潮中率先商业落地的应用场景，专利申请量将近 3000 项，远超其他应用领域。融合深度卷积神经网络的计算机视觉技术把医疗 AI 推向新的高潮，成为计算机视觉的第二大应用领域。金融安全和智能网联汽车领域的专利申请量与医疗影像领域相接近，分列第三位至第四位。

5.1.2 重点技术分析结论

技术创新不断推动着计算机视觉技术在智能安防、医疗影像、金融安全、智能网联汽车、工业机器人等应用场景商业落地，其中，智能安防专利申请量占 38.51%，医疗影像占 15.87%，金融安全占 15.19%，智能网联汽车占 13.44%。

随着人工智能技术的发展，智能汽车领域的计算机视觉技术发生了深刻技术变革。深度学习深度融合已成为当前研究热点，具有深度学习的计算机视觉芯片和硬件产品不断推出，近年来专利申请量急速增长。无论从产业规模、市场规模还是专利历年申请量方面，该行业均呈现出蓬勃向上的态势。美国、日本、中国和韩国是主要的创新国家，中国虽然在专利申请数量上排名第一，但是创新主体集中度明显不足，国内仅百度和中国科学院进入全球前十位申请人排名，且专利申请量较少，缺乏核心硬件技术研发与专利布局。

在智能安防和金融安全领域，中美两国在专利数量上优势明显，并且关键技术上具有较大的优势。得益于加速积累的技术能力与海量的数据资源、巨大的应用需求、开放的市场环境，我国计算机视觉技术在智能安防和金融安全领域已形成了技术优势，具备国际竞争力，专利申请量居全球首位。一批龙头骨干企业加速成长，在国际上获得广泛关注和认可，并逐步从具体应用场景领域技术服务向平台企业或软硬一体化企业发展。但需注意的是，国内创新主体的海外布局意识较为淡薄，缺乏海外布局。

医学影像技术从 2012 年开始与人工智能广泛融合，实现自动识别、标记可疑病灶，提高医生工作效率，降低误诊率和漏诊率。截止到 2018 年 10 月，全球累积专利 2385 项，主要的专利技术由三巨头西门子、飞利浦和通用电气掌控，它们控制着全球 80% 的中高端 AI 医疗影像市场。我国 AI 医疗影像企业起步较晚，大多从 2016 年开始，爆发力很强，但普遍存在产品同质化的问题。

5.1.3 重要申请人分析结论

Mobileye 是智能网联汽车领域最大的计算机视觉公司，引领行业发展。Mobileye 在技术方面不断突破其计算机视觉技术，呈现出从传统算法逐步向深度学习演变过程，率先利用人工智能技术解决了车载摄像头的识别问题，是深度学习变革智能网联汽车视觉感知系统的见证者。随着智能网联汽车的市场格局变化，Mobileye 越来越重视在中国的专利布局，目前在中国的专利申请量占总申请量的 7%，因此中国是仅次于美国和欧洲的第三大专利申请目标国家或地区。Mobileye 具有非常清晰的专利布局策略，从最早的图像处理技术，逐步将技术研发重心转移到人工智能技术，大量布局车辆决策控制技术。通过过去 10 多年和全世界各大汽车厂商的合作，Mobileye 积累了海量数据，反哺技术视觉技术创新，并于 2016 年推出 REM（道路管理系统），牢牢占据了自动驾驶计算机视觉技术方面的头把交椅。

商汤科技和旷视科技是智能安防和金融安全领域最引人注目的独角兽企业，都是技术驱动型企业，拥有大量计算机视觉技术专利。商汤科技主要布局人脸识别技术，拥有 DeepID1 和 DeepID2 核心算法，并以此为基础申请了大量人脸识别专利，依托强大的人脸识别技术进军安防领域，推出了一系列安防产品，并与该领域的相关企业，如东方网力等进行合作，占据了一定的市场份额。而旷视科技深耕活体检测技术，形成了较为完善的专利组合，为进军金融领域打下了良好基础。与此同时，其不断重视人体识别、物体识别和通用算法的专利申请。旷视科技的技术研发路线与上述商汤科技专利申请趋势基本一致：旷视科技首次利用人脸识别技术优势从人脸识别入手，切入商汤科技金融应用场景，通过技术和场景的双轮交替驱动下，逐步进入人体识别、文字识别，再到物体识别。随着计算机视觉技术在各应用场景的成熟，旷视科技更加关注相对通用的识别算法，推动公司构建通用技术性平台。

人工智能技术进一步推动了医疗影像技术的发展与革新，各大企业都看好中国市场，市场经济潜力巨大。西门子提早抢滩，加速布局"AI + 医学影像"市场。西门子医疗近年来发展态势良好，专利数量稳步增长。从 2007 年引入影像诊断技术后，专利量开始持续攀升，同时医疗业务的营收也有了较为明显的增长。中国企业布局较晚，大多采用人才引进的方式试图"弯道超车"。然而，引进人才策略虽然可以在较短的时间缩小与各大企业之间的差距，但是要注意避免法律上的风险。

5.2 建 议

目前我国计算机视觉技术在部分领域已经取得了技术优势，具备国际一流的竞争力，但我们也需清醒地认识，我国在基础理论、核心算法以及关键设备、高端芯片等领域与美国相比仍存在差距，科研机构和企业尚未形成具有国际影响力的生态圈和产业链，缺乏系统的超前研发布局。面对新形势新需求，必须主动求变应变，牢牢把握人工智能发展的重大历史机遇，紧扣发展、研判大势、主动谋划、把握方向、抢占先机。

我国应正视核心技术差距，关注全球人工智能发展动态和前沿技术，聚焦计算机视觉技术发展的迫切需求和薄弱环节，前瞻布局可能引发计算机视觉技术重大变革的基础研究，重视智能计算芯片与系统的技术研发，研发具有计算成像和自主学习能力的硬件系统，实现以算法为核心、以数据和硬件为基础的关键和共性技术。要抓住智能网联汽车等发展机遇，加快源头创新及关键技术转化应用，增强核心竞争力，促进技术集成及商业模式创新，促进计算机视觉技术在智能网联汽车领域应用的发展，打造具有国际竞争力的产业集群。要注重计算机视觉在智慧城市中应用，重视医疗影像领域的创新发展，围绕基础算法加强技术攻坚和专利布局，同时积极扩展基础算法在其他医疗健康细分领域的运用。

同时，加强人才培养和海外布局。在增加人才数量的同时力争在龙头企业和核心科研院所形成一批长期致力于基础研究的骨干人才；鼓励国内领先企业围绕技术创新成果积极申请专利，着力做好目标市场国专利布局，加强海外重点国家的专利收储。

关键技术二

自然语言处理

中國書刻

目　录

第 1 章　自然语言处理研究概述 / 145
 1.1　研究背景 / 145
 1.1.1　萌芽期 / 145
 1.1.2　发展期 / 146
 1.1.3　繁荣期 / 147
 1.2　研究对象 / 148
 1.3　产业发展概况 / 148
 1.3.1　产业历程 / 148
 1.3.2　产业现状 / 149
 1.3.3　全球代表性企业发展概况 / 149
 1.3.4　竞争态势 / 152
 1.3.5　产业趋势 / 152
 1.4　研究方法 / 153
 1.4.1　技术分解 / 153
 1.4.2　数据检索和处理 / 153

第 2 章　自然语言处理专利整体分析 / 155
 2.1　整体专利分析 / 155
 2.1.1　全球专利申请态势 / 155
 2.1.2　中国专利申请态势 / 159
 2.2　基础技术专利分析 / 163
 2.2.1　全球专利申请态势 / 163
 2.2.2　中国专利申请态势 / 165
 2.3　应用技术专利分析 / 167
 2.3.1　全球专利申请态势 / 167
 2.3.2　中国专利申请态势 / 170
 2.4　小　结 / 172

第 3 章　词法分析专利技术分析 / 173
 3.1　申请趋势分析 / 173
 3.1.1　全球申请趋势 / 173
 3.1.2　中国申请趋势 / 174
 3.2　专利区域分析 / 174

3.2.1 技术来源地分布 / 174
3.2.2 技术目标地分布 / 175
3.2.3 技术流向分析 / 176
3.3 主要申请人及发明人分析 / 177
3.3.1 全球主要申请人 / 177
3.3.2 在华主要申请人 / 178
3.3.3 国内主要发明人 / 179
3.4 国内申请区域分析 / 179
3.5 技术构成分析 / 180
3.5.1 全球词法分析 / 182
3.5.2 中国专利申请 / 184
3.5.3 国外主要申请人 / 185
3.5.4 国内主要申请人 / 186
3.6 技术发展路线分析 / 187
3.6.1 分　词 / 187
3.6.2 词性标注 / 190
3.6.3 命名实体识别 / 192
3.7 小　结 / 194

第4章　句法分析专利技术分析 / 195
4.1 申请趋势分析 / 195
4.1.1 全球申请趋势分析 / 195
4.1.2 中国申请趋势分析 / 195
4.2 专利区域分析 / 196
4.2.1 全球技术来源地分布 / 196
4.2.2 全球技术目标地分布 / 197
4.2.3 中国申请区域分析 / 198
4.3 主要申请人分析 / 199
4.3.1 全球主要申请人 / 199
4.3.2 在华主要申请人 / 201
4.4 技术构成分析 / 201
4.4.1 全球专利申请 / 202
4.4.2 中国专利申请 / 203
4.4.3 国外主要申请人 / 204
4.4.4 国内主要申请人 / 205
4.5 小　结 / 205

第5章　语义分析专利技术分析 / 206
5.1 整体趋势分析 / 206

5.1.1　全球申请趋势分析 / 206

5.1.2　中国申请趋势分析 / 213

5.2　词语级语义分析 / 216

5.2.1　词语级语义分析技术发展路线 / 216

5.2.2　词语级语义分析重要申请人分析 / 216

5.3　句子级语义分析 / 218

5.3.1　句子级语义分析技术发展路线 / 218

5.3.2　句子级语义重要申请人分析 / 224

5.4　篇章级语义分析 / 226

5.4.1　篇章级语义分析技术发展路线 / 226

5.4.2　篇章级语义分析重要申请人分析 / 230

5.5　小　结 / 232

第6章　自然语言模型专利技术分析 / 233

6.1　全球申请趋势分析 / 234

6.1.1　全球专利申请趋势分析 / 234

6.1.2　专利申请来源地与目标地分析 / 235

6.1.3　全球主要申请人分析 / 237

6.2　中国申请趋势分析 / 239

6.2.1　中国申请趋势分析 / 239

6.2.2　中国主要申请人分析 / 240

6.2.3　国内前十名省份专利申请情况 / 241

6.3　小　结 / 241

第7章　知识图谱专利技术分析 / 242

7.1　知识图谱概述 / 242

7.2　全球申请趋势分析 / 243

7.2.1　全球专利申请趋势分析 / 243

7.2.2　专利申请来源地与目标地分析 / 244

7.2.3　全球主要申请人分析 / 246

7.3　中国申请趋势分析 / 247

7.3.1　中国申请趋势分析 / 247

7.3.2　中国主要申请人分析 / 247

7.3.3　国内主要省份专利布局情况 / 248

7.4　小　结 / 249

第8章　自动问答系统专利技术分析 / 250

8.1　自动问答系统发展概况 / 250

8.1.1　技术发展概述 / 250

8.1.2　技术分类及构成 / 251

8.2　自动问答系统专利申请总体态势 / 252
 8.2.1　全球专利申请概述 / 252
 8.2.2　在华专利申请概述 / 256
8.3　自动问答系统国内外重点企业专利技术分析 / 259
 8.3.1　技术主题分类与标引 / 259
 8.3.2　IBM专利申请概述 / 261
 8.3.3　微软专利申请概述 / 271
 8.3.4　百度专利申请概述 / 278
8.4　小　结 / 285

第9章　机器翻译专利技术分析 / 287
9.1　机器翻译发展概述 / 287
 9.1.1　产业链和专利脉络 / 289
 9.1.2　全球申请趋势分析 / 293
 9.1.3　中国申请趋势分析 / 299
9.2　重要申请人分析 / 304
 9.2.1　微　软 / 306
 9.2.2　谷　歌 / 310
 9.2.3　百　度 / 314
 9.2.4　对比分析 / 317
9.3　小　结 / 319

第10章　情感分析专利技术分析 / 320
10.1　全球申请趋势分析 / 320
 10.1.1　全球专利申请趋势分析 / 320
 10.1.2　专利申请来源地与目标地分析 / 321
 10.1.3　全球主要申请人分析 / 323
10.2　中国申请趋势分析 / 323
 10.2.1　中国专利申请趋势分析 / 323
 10.2.2　中国主要申请人分析 / 324
 10.2.3　国内主要省份专利布局情况 / 324
10.3　小　结 / 325

第11章　信息抽取专利技术分析 / 326
11.1　信息抽取技术发展概述 / 326
11.2　信息抽取技术专利申请总体态势 / 326
 11.2.1　全球专利申请概述 / 326
 11.2.2　中国专利申请概述 / 329
11.3　小　结 / 332

第 12 章 自动摘要专利技术分析 / 333

12.1 全球申请趋势分析 / 334

12.1.1 全球专利申请趋势分析 / 334

12.1.2 专利申请来源地与目标地分析 / 334

12.1.3 全球主要申请人分析 / 337

12.2 中国申请趋势分析 / 337

12.2.1 中国专利申请趋势分析 / 337

12.2.2 中国主要申请人分析 / 338

12.2.3 国内主要省份专利布局情况 / 338

12.3 小　结 / 339

第 13 章 主要结论 / 340

13.1 专利态势分析结论 / 340

13.1.1 全球态势分析 / 340

13.1.2 国内态势分析 / 340

13.2 重点技术分析结论 / 341

13.2.1 基础技术 / 341

13.2.2 应用技术 / 341

第 1 章　自然语言处理研究概述

1.1　研究背景

自然语言处理（NLP）可以定义为研究人与人交际中以及人与计算机交际中的语言问题的一门学科。自然语言处理要研制表示语言能力（Linguistic Competence）和语言应用（Linguistic Performance）的模型，建立计算框架来实现这样的语言模型，提出相应的方法来不断地完善这样的语言模型，根据这样的语言模型设计各种实用系统，并探讨这些实用系统的评测技术。❶ 这个定义比较全面地说明了自然语言处理的性质和学科定位。从 20 世纪 40 年代算起，自然语言处理的研究已经有 70 多年的历史了，随着信息网络时代的到来，已经成为现代语言学中一个颇为引人瞩目的学科。

自然语言处理的发展可以大致上分为 3 个时期：萌芽期、发展期和繁荣期❷。

1.1.1　萌芽期

早在计算机出现以前，英国数学家 A. M. Turing（图灵）就预见到未来的计算机将会对自然语言研究提出新的问题。他在 1950 年发表的《机器能思维吗？》一文中指出："我们可以期待，总有一天机器会同人在一切的智能领域里来竞争。但是，以哪一点作为竞争的出发点呢？这是一个很难决定的问题。许多人以为可以把下棋之类的极为抽象的活动作为最好的出发点，不过，我更倾向于支持另一种主张。这种主张认为，最好的出发点是制造出一种具有智能的、可用钱买到的机器，然后，教这种机器理解英语并且说英语。这个过程可以仿效小孩子说话的那种办法来进行。" A. M. Turing 提出，检验计算机智能高低的最好办法是让计算机来讲英语和理解英语。从 20 世纪 40 年代到 50 年代末这个时期是自然语言处理的萌芽期。自然语言处理研究的最早源头可以追溯到第二次世界大战刚结束时，那时刚发明了计算机。在这个时期，有 3 项基础性的研究特别值得注意：第一项是 A. M. Turing 算法计算模型的研究，第二项是 N. Chomsky（乔姆斯基）关于形式语言理论的研究，第三项是 C. E. Shannon（香农）关于概率和信息论模型的研究。20 世纪 50 年代提出的自动机理论来源于 A. M. Turing 在 1936 年提出的算法计算模型，这种模型被认为是现代计算机科学的基础。A. M. Turing 的工作首先导致了 McCulloch – Pitts（麦克罗克 – 皮特）的神经元（Neuron）理论。一个简单的神经元模型就是一个计算的单元，它可以用命题逻辑来描述。接着，A. M. Turing 的工作

---

❶ 宗庆成. 统计自然语言处理［M］. 北京：清华大学出版社，2013：序二.
❷ 米科特夫. 牛津计算语言学手册［M］. 北京：外语教学与研究出版社，2009：导读.

导致了 Kleene（克林）关于有限自动机和正则表达式的研究。A. M. Turing 是一位数学家，他的算法计算模型与数学有密切的关系。

1948 年，C. E. Shannon 把离散马尔可夫过程的概率模型应用于描述语言的自动机。1956 年，美国语言学家 N. Chomsky 从 C. E. Shannon 的工作中吸取了有限状态马尔可夫过程的思想，首先把有限状态自动机作为一种工具来刻画语言的语法，并且把有限状态语言定义为由有限状态语法生成的语言。这些早期的研究工作产生了"形式语言理论"（Formal Language Theory）这样的研究领域，采用代数和集合论把形式语言定义为符号的序列。N. Chomsky 在他的研究工作中，把计算机程序设计语言与自然语言置于相同的平面上，用统一的观点进行研究和界说。N. Chomsky 在《自然语言形式分析导论》一文中，从数学的角度给语言提出了新的定义，指出："这个定义既适用于自然语言，又适用于逻辑和计算机程序设计理论中的人造语言"。在《语法的形式特性》一文中，他用了一节的篇幅来专门论述程序设计语言，讨论了有关程序设计语言的编译程序问题。这些问题是作为"组成成分结构的语法的形式研究"，从数学的角度提出来的，并从计算机科学理论的角度来探讨的。他在《上下文无关语言的代数理论》一文中提出："我们这里要考虑的是各种生成句子的装置，它们又以各种各样的方式，同自然语言的语法和各种人造语言的语法二者都有密切的联系。我们将把语言直接地看成在符号的某一有限集合 V 中的符号串的集合，而 V 就叫作该语言的词汇，我们把语法看成是对程序设计语言的详细说明，而把符号串看成是程序。"在这里 N. Chomsky 把自然语言和程序设计语言放在同一平面上，从数学和计算机科学的角度，用统一的观点来加以考查，对"语言""词汇"等语言学中的基本概念，获得了高度抽象化的认识。Chomsky 在研究自然语言的时候首先提出了上下文无关语法（Context - free Grammar）。但是，Backus（巴库斯）和 Naur（瑙尔）等在描述 ALGOL 程序语言的工作中，分别于 1959 年和 1960 年也独立地发现了这种上下文无关语法。这些研究都把数学、计算机科学与语言学巧妙地结合起来了。在 1956 年夏天，John McCarthy（麦卡锡）、Marvin Minsky（明斯基）、Claude Shannon 和 Nathaniel Rochester（罗切斯特）等著名学者汇聚到一起组成了一个为期 2 个月的研究组，讨论关于他们称为"人工智能"（Artificial Intelligence，AI）的问题。尽管有少数的 AI 研究者着重于研究随机算法和统计算法（包括概率模型和神经网络），但是大多数着重研究推理和逻辑问题。典型的例子是 Newell 和 Simon 关于"逻辑理论家"（Logic Theorist）和"通用问题解答器"（General Problem Solver）的研究工作。早期的自然语言处理系统几乎都是按照这样的观点建立起来的。这些简单的系统把模式匹配和关键词搜索与简单试探的方法结合起来进行推理和自动问答，它们都只能在某一个领域内使用。在 20 世纪 60 年代末期，学者们又研制了更多的形式逻辑系统。AI 的研究是计算机科学、哲学、生物学、心理学、语言学密切配合的结果。

1.1.2 发展期

20 世纪 60 年代中期到 80 年代末期是自然语言处理的发展期。在自然语言处理的发展期，各个相关学科彼此协作，联合攻关，取得了一些令人振奋的成绩。从20世纪60年代开始，法国格勒诺布尔理科医科大学应用数学研究所自动翻译中心开展了机器翻译系统的研制。

1983~1993年，自然语言处理研究者对于过去的研究历史进行了反思，发现过去被否定的有限状态模型和经验主义方法仍然有其合理的内核。在这时期，自然语言处理的研究又回到了20世纪50年代末期到60年代初期几乎被否定的有限状态模型和经验主义方法上来。之所以出现这样的复苏，其部分原因在于1959年N. Chomsky对于Skinner（斯金纳）的"言语行为"（Verbal Behavior）很有影响的评论在20世纪80年代和90年代之交遭到了理论上的反对，研究者对这些评论进行了反思，这种反思的第一个倾向是重新评价有限状态模型。由于Kaplan和Kay在有限状态音系学和形态学方面的工作，以及Church（丘吉）在句法的有限状态模型方面的工作，显示了有限状态模型仍然有强大的功能。因此，这种模型又重新得到自然语言处理界的注意。这种反思的第二个倾向是所谓的"重新回到经验主义"，这里特别值得注意的是语音和语言处理的概率模型的提出，受到IBM公司华生研究中心的语音识别概率模型的强烈影响。这些概率模型和其他数据驱动的方法还传播到了词类标注、句法剖析、名词短语附着歧义的判定以及从语音识别到语义学的连接主义方法的研究中。此外，在这个时期，自然语言的生成研究也取得了引人瞩目的成绩。

1.1.3 繁荣期

从20世纪90年代开始，自然语言处理进入了繁荣期。1993年7月在日本神户召开的第四届机器翻译高层会议（MT Summit Ⅳ）上，英国著名学者J. Hutchins（哈钦斯）在他的特约报告中指出，自1989年以来，机器翻译的发展进入了一个新纪元。这个新纪元的重要标志是在基于规则的技术中引入了语料库方法，其中包括统计方法、基于实例的方法、通过语料加工手段使语料库转化为语言知识库的方法等。这种建立在大规模真实文本处理基础上的机器翻译，是机器翻译研究史上的一场革命，将会把自然语言处理推向一个崭新的阶段。随着机器翻译新纪元的开始，自然语言处理进入了繁荣期。特别是20世纪90年代的最后6年（1994~1999年）以及21世纪初期，自然语言处理的研究发生了很大的变化，出现了空前繁荣的局面。这主要表现在三个方面：

首先，概率和数据驱动的方法几乎成了自然语言处理的标准方法。句法剖析、词类标注、参照消解和篇章处理的算法全都开始引入概率，并且采用从语音识别和信息检索中借过来的评测方法。其次，由于计算机的速度和存储量的增加，在语音和语言处理的一些子领域，特别是语音识别、拼写检查、语法检查，有可能进行商品化的开发。语音和语言处理的算法开始被应用于增强交替通信（Augmentative and Alternative Communication，AAC）中。最后也是最为重要的方面，是网络技术的发展对自然语言处理产生了的巨大推动力。万维网的发展使得网络上的信息检索和信息抽取的需要变得更加突出，数据挖掘的技术日渐成熟。而万维网主要是由自然语言构成的，因此随着万维网的发展，自然语言处理的研究将会变得越来越重要。自然语言处理的研究与万维网的发展息息相关。

为了促进万维网在全世界范围内的推广和使用，美国麻省理工学院（MIT）和瑞士的 CERN 在 1994 年成立了万维网协会（W3C）。W3C 是万维网的国际性组织。W3C 的成立使得万维网在国际范围内迅速地得到普及，几乎每一个现代人的生活和工作，都与万维网息息相关。自 1994 年第一次 W3C 会议召开以来，每年都召开一次 W3C 的国际会议。90% 以上的网络信息都是文本信息，它们都是以自然语言为载体的信息。面对万维网的迅速发展，如何有效地获取在万维网上的这些浩如烟海的信息，成了当前自然语言处理的一个关键问题。可以预见，万维网的进一步发展，一定会把自然语言处理的研究推向一个新阶段。21 世纪以来，由于国际互联网的普及，自然语言的计算机处理成了从互联网上获取知识的重要手段。生活在信息网络时代的现代人，几乎都要与互联网打交道，都要或多或少地使用自然语言处理的研究成果来帮助他们获取或挖掘在广阔无边互联网上的各种知识和信息。因此，世界各国都非常重视自然语言处理的研究，投入了大量的人力、物力和财力。

1.2　研究对象

本报告针对自然语言处理技术，对全球专利和中国专利进行总体趋势分析，对申请区域分布、技术分支发展、申请人、重要研发团队、重点企业专利布局进行分析。本报告在研究过程中，将充分结合专利分析结果和产业实际需求，得出对产业发展具有借鉴意义的相关结论。

1.3　产业发展概况

1.3.1　产业历程

自然语言处理技术发展大致经历了三大阶段：第一阶段是 20 世纪 50~70 年代，自然语言处理主要采用基于规则的方法，但是基于规则的方法不可能覆盖所有语句，其次这种方法对开发者的要求极高，这一阶段虽然解决了一些简单的问题，但是无法从根本上将自然语言处理实用化；第二阶段是 20 世纪 70 年代以后，随着互联网的高速发展，丰富的语料库成为现实并且硬件不断更新完善，基于统计的方法逐渐代替了基于规则的方法，在这一阶段，自然语言处理基于数学模型和统计的方法取得了实质性的突破，从实验室走向实际应用；第三阶段是从 2008 年到现在，在图像识别和语音识别领域的成果激励下，逐渐开始引入深度学习来作自然语言处理研究，由最初的词向量到 2013 年的 word2vec，将深度学习与自然语言处理的结合推向了高潮，并在机器翻译、问答系统、阅读理解等领域取得了一定成功。❶

---

❶ 选自清华–中国工程院知识智能联合实验室发布的 2018 自然语言处理研究报告。

2000年以来，互联网的发展，不仅推动了自然语言处理统计方法的进一步发展，也引发了对这一技术的更强劲需求。比如，目前互联网提供的一个基础性能力是信息检索。人们在搜索引擎中输入关键词，就可以获得相关信息。在20年前，互联网发展的初期，给搜索引擎输入"和服"，返回的结果中很可能包含不少生产、销售"鞋子和服装"的公司的信息。现在这种错误已经比较少了，而促进其质量不断提升的一个核心就是不断改进的自然语言处理技术。"互联网"自然语言处理已经成为互联网发展的一个共识，并在不断深化。

最近几年，巨头和创业公司相继投入资源和成本进行商业化探索。然而总体来说，除了语音和机器翻译领域之外，自然语言处理在很多方面的进展并不大。目前我们已经有非常好的语音识别系统，现在基本上达到了人类的水平，在理想环境里可以达到95%以上的正确率。同样我们也有比较正确的机器翻译系统，正确率换算过来也可以有70%~80%，虽然离人的水平还有一定的差距，但是已经是可用的状态。除此以外，自然语言处理的应用目前进展不大。举一个最简单的例子，在一个句子当中，词性标注动词、名词、形容词，这个任务是非常简单、非常基础的任务。但是句子级别（一句话一个词不错才算对）目前的正确率只有57%，而且从2009~2017年正确率提高了不到1%，无论使用深度学习、各种模型、各种方法，花了8年时间也是只是提高了不到1%。

自然语言处理已经成为人工智能的热门细分行业，但技术本身尚有足够大的成长空间，当前仍处于早期阶段。

1.3.2 产业现状

2017年来自然语言处理行业在政策、资本、技术等各方面都受到良好待遇，消费者在语音智能化程度和翻译准确度等方面的需求也不断提升，自然语言处理在各行业应用能有效满足人们的需求，市场发展空间巨大。在良好政策环境下计算机视觉技术日渐成熟，企业商业化落地能力不断提高，未来自然语言处理市场规模将迎来突破性发展。

1.3.3 全球代表性企业发展概况

在基于深度学习的自然语言处理已经成为主流的时代，拥有丰富互联网入口和大规模互联网文本语料库的互联网科技公司在自然语言处理领域具有先天优势。下面以全球最重要的两个自然语言处理市场——美国和中国的互联网公司的自然语言处理产品动态为例，介绍自然语言处理业界发展概况。[1]

（1）美国：微软、谷歌和Facebook

微软亚洲研究院：1998年成立自然语言计算组，研究内容包括多国语言文本分析、机器翻译、跨语言信息检索和自动问答系统等。这些研究项目研发了一系列实用成果，

---

[1] 参考《2018自然语言处理研究报告》。

如 IME、对联游戏、Bing 词典、Bing 翻译器、语音翻译、搜索引擎等，为微软产品作出了重大的贡献，并且在自然语言处理顶级会议，例如计算语言协会（Association for Computational Linguistics，ACL）、计算语言学国际会议（International Conference on Computational Linguistics，COLING）等会议上发表了许多论文。

2017 年微软在语音翻译上全面采用了神经网络机器翻译，并新扩展了 Microsoft Translator Live Feature，可以在演讲和开会时，实时同步在手机端和桌面端，同时把讲话者的话翻译成多种语言。其中最重要的技术是对于源语言的编码以及引进的语言知识，微软将句法知识引入神经网络的编码、解码中，得到了更好的翻译质量。同时，微软还表示，将来要将知识图谱纳入神经网络机器翻译规划语言理解的过程中。

在人机对话方面，微软也取得了极大的进展，如小娜（cortana）现在已经拥有超过 1.4 亿用户，在数以十亿计的设备上与人们进行交流，并且覆盖了十几种语言。还有聊天机器人小冰，正在试图把各国语言的知识融合在一起，实现一个开放语言自由聊天的过程，目前小冰实现了中文、日文和英文的覆盖，有上亿用户。

谷歌：谷歌是最早开始研究自然语言处理技术的团队之一，作为一个以搜索为核心的公司，谷歌对自然语言处理更为重视。谷歌拥有海量数据，可以搭建丰富庞大的数据库，可以为其研究提供强大的数据支撑。谷歌对自然语言处理的研究侧重于应用规模、跨语言和跨领域的算法，其成果在谷歌的许多方面都被使用，提升了用户在搜索、移动、应用、广告、翻译等方面的体验。

在机器翻译方面，2016 年谷歌发布的 GNMT 使用最先进的训练技术，能够实现机器翻译质量的最大提升，2017 年宣布其机器翻译实现了完全基于 Attention 的 Transformer 机器翻译网络架构，实现了新的最佳水平。

谷歌的知识图谱更是遥遥领先，例如自动挖掘新知识的准确程度、文本中命名实体的识别、纯文本搜索词条到知识图谱上的结构化搜索词条的转换等，效果都领先于其他公司，而且很多技术都实现了产品化。

在语音识别方面，谷歌一直致力于投资语音搜索技术和苹果公司的 Siri 竞争，2011 年收购语言信息平台 SayNow，把语音通信、点对点对话，以及群组通话和社交应用融合在一起，2014 年收购了 SR Tech Group 的多项语音识别相关专利，自 2012 年以来将神经网络应用于这一领域，使语音识别错误率极大降低。

Facebook：Facebook 涉猎自然语言处理较晚，在 2013 年收购了语音对语音翻译（Speech-to-Speech Translation）研发公司 Mobile Technologies，开始组建语言技术组。该团队很快就投入其第一个项目——翻译工具的研发，到 2015 年 12 月，Facebook 用的翻译工具已经完全转变为自主开发。Facebook 语言技术小组不断改进自然语言处理技术以改善用户体验，致力于机器翻译、语音识别和会话理解。2016 年，Facebook 首次将 29 层深度卷积神经网络用于自然语言处理；2017 年，Facebook 团队使用全新的卷积神经网络进行翻译，以循环神经网络 9 倍的速度实现了当时最高的准确率。

2015 年，Facebook 相继建立语音识别和对话理解工具，开始了语音识别的研发之路。2016 年 Facebook 开发了一个响应"Hey Oculus"的语音识别系统，并且在 2018 年初开发了 wav2letter，这是一个简单高效的端到端自动语音识别（ASR）系统。facebook 针对文本处理还开发了有效的方法和轻量级工具，这些都基于 2016 年发布的 FastText 即预训练单词向量模型。

（2）中国：搜索、电商、社交和智能语音领域的百度、阿里巴巴、腾讯、京东和科大讯飞

百度：百度自然语言处理部是百度最早成立的部门之一，研究涉及深度问答、阅读理解、智能写作、对话系统、机器翻译、语义计算、语言分析、知识挖掘、个性化、反馈学习等。其中，百度自然语言处理在深度问答方向经过多年打磨，积累了问句理解、答案抽取、观点分析与聚合等方面的一整套技术方案，目前已经在搜索、度秘等多个产品中实现应用。篇章理解通过篇章结构分析、主体分析、内容标签、情感分析等关键技术实现对文本内容的理解。目前，篇章理解的关键技术已经在搜索、资讯流、糯米等产品中实现应用。百度翻译目前支持全球 28 种语言，覆盖 756 个翻译方向，支持文本、语音、图像等翻译功能，并提供精准人工翻译服务，满足不同场景下的翻译需求，在多项翻译技术上取得重大突破，发布了世界上首个线上神经网络翻译系统，并获得 2015 年度国家科技进步奖。

阿里巴巴：阿里巴巴自然语言处理为其产品服务，在电商平台中构建知识图谱实现智能导购，同时进行全网用户兴趣挖掘，在客服场景中也运用自然语言处理技术打造机器人客服，例如蚂蚁金融智能小宝、淘宝卖家的辅助工具千牛插件等，还进行语音识别以及后续分析。阿里巴巴的机器翻译主要与其国际化电商的规划相联系，可以进行商品信息翻译、广告关键词翻译、买家采购需求以及即时通信翻译等，语种覆盖中文、荷兰语、希伯来语等语种。2017 年初阿里巴巴正式上线了自主开发的神经网络翻译系统，进一步提升了其翻译质量。

腾讯：AI Lab 是腾讯的人工智能实验室，研究领域包括计算机视觉、语音识别、自然语言处理、机器学习等。其研发的腾讯文智自然语言处理基于并行计算、分布式爬虫系统，结合独特的语义分析技术，可满足自然语言处理、转码、抽取、数据抓取等需求。同时，基于文智 API 还可以实现搜索、推荐、舆情、挖掘等功能。在机器翻译方面，2017 年腾讯宣布翻译君上线"同声传译"新功能，用户边说边翻的需求得到满足，语音识别＋NMT 等技术的应用保证了边说边翻的速度与精准性。

京东：京东在人工智能的浪潮中也不甘落后。京东 AI 开放平台基本上由模型定制化平台和在线服务模块构成，其中在线服务模块包括计算机视觉、语音交互、自然语言处理和机器学习等。京东 AI 开放平台计划通过建立算法技术、应用场景、数据链间的连接，构建京东 AI 发展全价值链，实现 AI 能力平台化。

按照京东的规划，NeuHub 平台将作为普惠性开放平台，不同角色均可找到适合自己的场景，例如用简单代码即可实现对图像质量的分析评估。从业务上说，平台可以支撑科研人员、算法工程师不断设计新的 AI 能力以满足用户需求，并深耕电商、供应链、物流、金融、广告等多个领域应用，探索试验医疗、扶贫、政务、养老、教育、

文化、体育等多领域应用，聚焦于新技术和行业趋势研究，孵化行业最新落地项目。同时，京东人工智能研究院与南京大学、斯坦福大学等院校均有合作。

科大讯飞：科大讯飞股份有限公司成立于1999年，是一家专业从事智能语音及语言技术、人工智能技术研究、软件及芯片产品开发、语音信息服务及电子政务系统集成的国家级骨干软件企业。科大讯飞作为中国智能语音与人工智能产业领导者，在语音合成、语音识别、口语评测、自然语言处理等多项技术上拥有国际领先的成果。并且其是我国以语音技术为产业化方向的"国家863计划成果产业化基地""国家规划布局内重点软件企业""国家高技术产业化示范工程"，并被原信息产业部确定为中文语音交互技术标准工作组组长单位，牵头制定中文语音技术标准。

科大讯飞成立之时就开始在语言和翻译领域布局项目。基于深度神经网络算法上的创新和突破，科大讯飞在2014年国际口语翻译大赛IWSLT上获得中英和英中两个翻译方向的全球第一名；2015年在由美国国家标准技术研究院组织的机器翻译大赛中取得全球第一的成绩。2017年科大讯飞还推出了多款硬件翻译产品，其中晓译翻译机1.0plus将神经网络翻译系统由在线系统转化为离线系统，实现在没有网络的情况下提供基本的翻译服务。

1.3.4 竞争态势

当前国内人工智能领域产业格局尚未成熟，上中下游均蕴含着不俗的创业空间，但进入门槛较高。

2016年，中国人工智能创业公司所属领域分布中，处于语音及自然语言处理领域的有18家；从图1-3-1所示的获投金额来看，国内2015～2016年获投最多的人工智能领域为自然语言处理，超过28亿元人民币。可见市场看好自然语言处理技术在未来人工智能领域的发展。

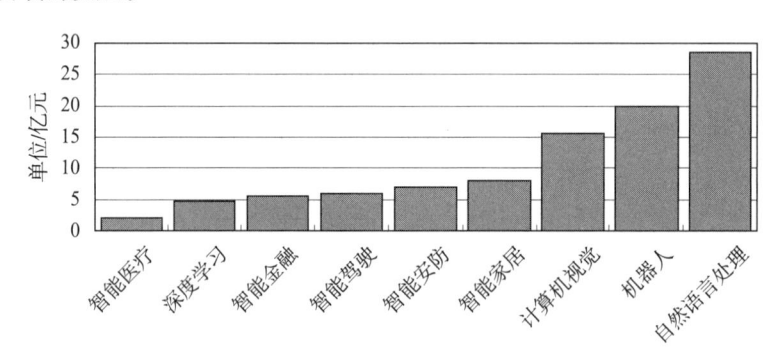

图1-3-1 各细分领域人工智能公司获投额情况

1.3.5 产业趋势

目前自然语言处理市场还处于早期探索阶段，虽然机遇和市场条件都具备了，但同时我国自然语言处理行业整体面临的困难不少。我国自然语言处理整体发展水平与发达国家相比仍存在差距，缺少重大原创成果，在基础理论、核心算法以及关键设备、高端芯片、重大产品与系统、基础材料、元器件、软件与接口等方面差距较大；科研机构和企业尚未形成具有国际影响力的生态圈和产业链，缺乏系统的超前研发布局；自然语言处理尖端人才远远不能满足需求。这些都是行业发展亟待解决的问题。

但是我们知道，一切基于人工智能、深度学习的技术发展，首先离不开互联网等基础设施建设，而中国庞大的市场为互联网发展提供了无限的土壤，巨大数据流形成的规模效应为自然语言处理在国内的发展奠定了良好的基础。自然语言处理的准确度和应用深度还有巨大的提升空间，因此数据量需求将激增，预计未来 5~10 年将会是行业应用的密集渗透期。

1.4 研究方法

1.4.1 技术分解

课题组前期收集了大量的产业资料，了解到各个国家均在布局人工智能的关键技术——自然语言处理。通过前期调研、技术研究和专利数据检索等多方面的反复论证与修改，综合考虑专利检索的可行性，考虑到自然语言处理商业应用情况和学科上技术分类方法，最终将自然语言处理技术从产业应用和技术环节两个角度进行分解，技术分解方案如图 1-4-1 所示。

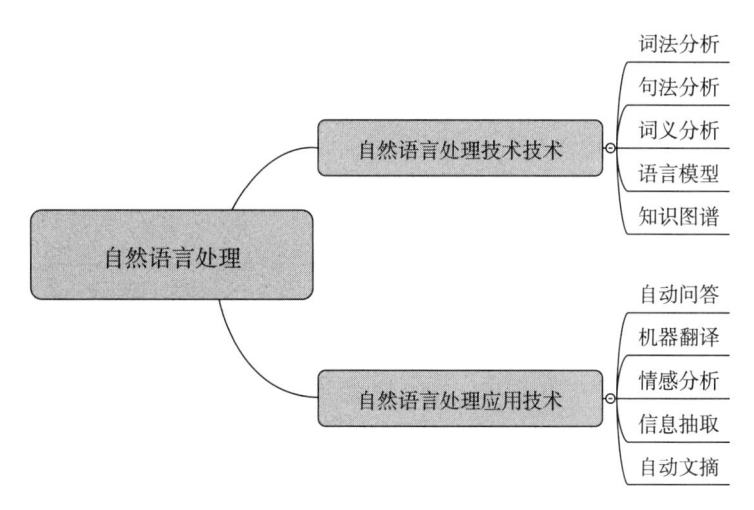

图 1-4-1 自然语言处理技术分支

1.4.2 数据检索和处理

本部分的专利检索策略分别从基础技术领域和应用技术领域对自然语言处理技术进行检索。

本课题涉及的主要分类号包括：

G06F 17/20 ·处理自然语言数据的（语言分析或综合入 G10L）〔6〕

G06F 17/21 ··文本处理（G06F 17/27、G06F 17/28 优先；用于排字机的系统入 B41B 27/00）

G06F 17/22 ···利用代码进行操作或寄存的，例如在文本字符的序列中的〔6〕

G06F 17/27 ··自动分析的，例如语法分析、正射校正的〔6〕

G06F 17/28 ··自然语言的处理或转换（G06F 17/27 优先）〔6〕

G06F 17/30 ·信息检索；及其数据库结构〔6〕

第 2 章 自然语言处理专利整体分析

2.1 整体专利分析

2.1.1 全球专利申请态势

2.1.1.1 全球专利申请趋势

图 2-1-1 显示了自然语言处理全球专利申请随年份变化的趋势。截至 2018 年 8 月 19 日，在 Patentics 全球专利库中检索到涉及自然语言处理的专利申请达 40633 项。本小节在这一数据基础上从发展趋势、区域分布、主要专利申请人分析等角度对自然语言处理的专利进行总体分析。

图 2-1-1 自然语言处理全球专利申请趋势

从图 2-1-1 中可以看出，自然语言处理技术从 1973 年左右起步，一直到 1985 年，每年的申请量不多。

1985 年，申请量开始快速增长，至 2000 年，当年申请量达到 780 项。这是由于随着网络技术和计算机技术的发展，丰富的语料库成为现实并且硬件不断更新完善，自然语言处理思潮由理性主义向经验主义过渡，基于统计的方法逐渐代替了基于规则的方法。贾里尼克和他领导的 IBM 华生实验室是推动这一转变的关键，他们采用基于统计的方法，将当时的语音识别率从 70% 提升到 90%。在这一阶段，自然语言处理基于数学模型和统计的方法取得了实质性的突破，从实验室走向实际应用。

2008 年至今，在图像识别和语音识别领域的成果激励下，人们也逐渐开始引入深度学习来作自然语言处理研究，由最初的词向量到 2013 年的 word2vec，将深度学习与自然语言处理的结合推向了高潮，并在机器翻译、问答系统、阅读理解等领域取得了一定成功。深度学习是一个多层的神经网络，从输入层开始经过逐层非线性的变化得到输出。从输入到输出作端到端的训练，把输入到输出对的数据准备好，设计并训练一个神经网络，即可执行预想的任务。RNN 已经是自然语言处理最常用的方法之一，

GRU、LSTM 等模型相继引发了一轮又一轮的热潮。基于这种原因，从 2009 年开始，自然语言处理相关专利申请迎来新一轮的增长。

2.1.1.2 专利技术来源地与目标地分析

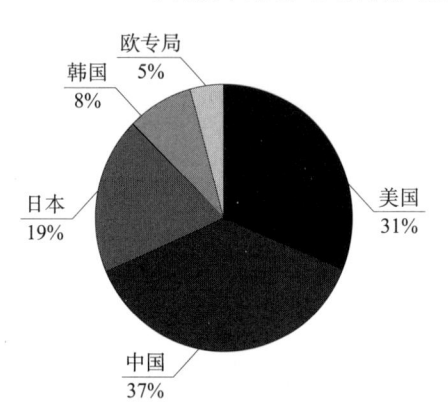

图 2-1-2 自然语言处理技术专利申请目标国家或地区

中美两国都将人工智能列为国家战略，美国拥有 IBM、谷歌、微软等互联网巨头，随着科技的发展，互联网公司在自然语言处理领域进行大量布局。中国的百度、腾讯和科研院所也进行了大量的布局。日本的 NTT 通信、日本电气、富士通和东芝等在该领域深耕多年，在海内外均进行了大量布局。此外，中美也是全球最大的两大市场，也成为诸如 NTT 通信、日本电气、施乐等业内佼佼者布局的目标国。基于上述原因，中国、美国、日本为最大的 3 个专利布局目标国，中国占比 37%，美国为 31%，日本也达到了 19%。韩国、欧洲占比较小，排在第四位到第五位（参见图 2-1-2）。

从图 2-1-3 所示的主要国家或地区历年申请量看，中国和美国申请量增长十分迅猛，尤其是近年来，呈指数型增长。韩国和欧专局专利申请量较小，但处于稳定状态。日本的申请量在 2001 年之前处于增长状态，且申请量全球领先，近年来有所下滑。

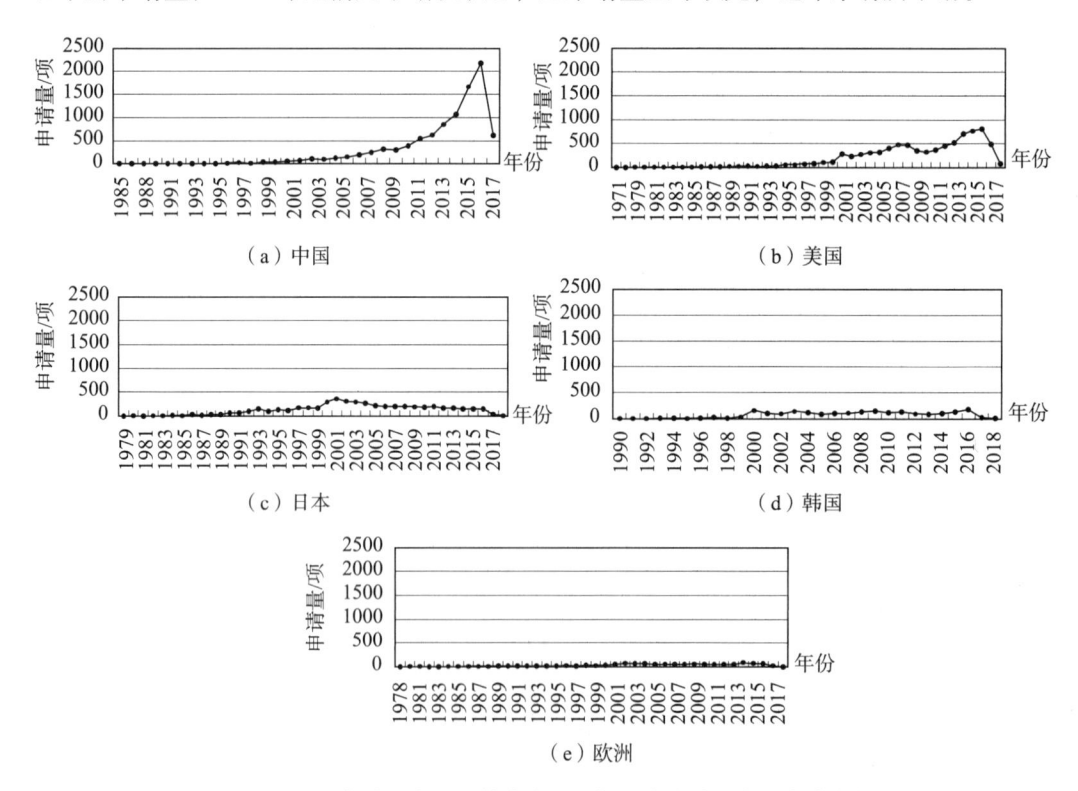

图 2-1-3 自然语言处理技术主要目标国家或地区专利申请态势

从图2-1-4所示的申请来源国家或地区来看，中国的占比有所下降，由目标国家或地区占比的37%下降到34%，而美国由目标国的31%增加到35%，日本由19%上升到20%，韩国也有所增加。由此可见，美国和日本比较注重自主研发，而中国则有部分专利是由外国输入的。

从技术来源国家或地区历年申请量来看，中国和美国专利增长势头良好；而欧洲和韩国虽然有波动，但申请量总体相对于其历史值，处于高位水平；日本的申请量则有所下滑（图2-1-5）。

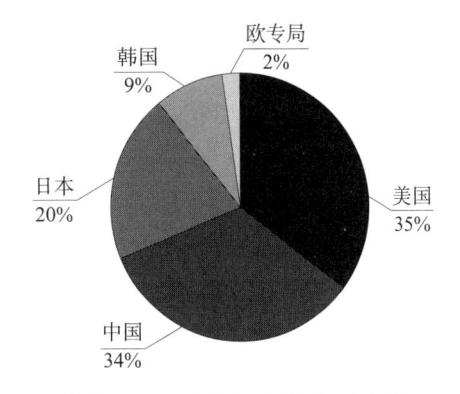

图2-1-4 自然语言处理技术申请来源国家或地区

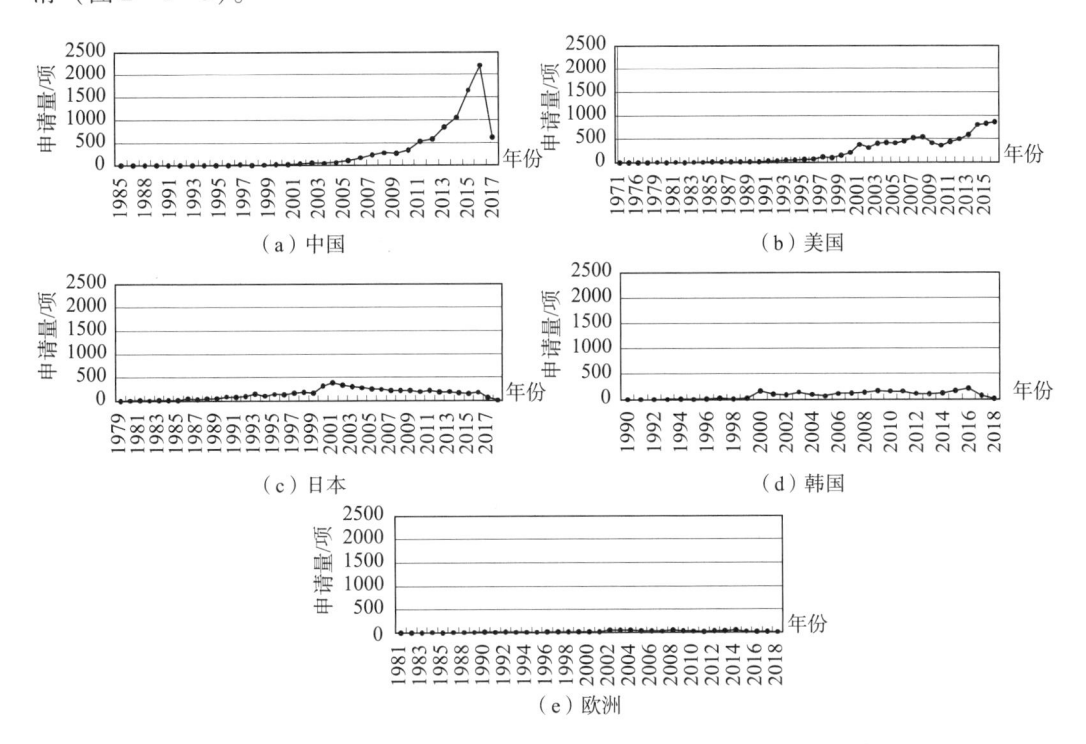

图2-1-5 自然语言处理技术主要来源国家或地区专利申请态势

从主要国家或地区的申请量流向分布（参见表2-1-1）可以看出，由于自然语言处理具有一定的语言壁垒，各国在海外布局均相对较少。但即便如此，美国的海外申请仍占其总体申请量的20%，韩国为18%，日本为20%，欧洲为32%，而中国仅为3%。中国的外来专利中美国排名第一，达到554项，而中国在美国的布局仅为165项；日本在美国和中国的申请量也达到了621项和242项。可见，美国、日本和欧洲具有较强的专利控制市场的意识。相比而言，中国的绝大多数申请均聚集在国内，仅有极少量的专利进行海外申请，这为企业今后的外向型发展埋下了隐患。

表 2-1-1　自然语言处理技术主要国家或地区申请量流向分布　　单位：项

技术来源国或地区	技术目标国家或地区				
	中国	美国	日本	韩国	欧专局
中国	8805	165	77	13	30
美国	554	6730	435	201	586
日本	242	621	4382	75	105
韩国	82	241	44	1851	36
欧专局	32	96	38	9	348

2.1.1.3　全球主要申请人分析

在如图 2-1-6 所示全球主要申请人排名中，IBM 在申请量方面优势较大，属于第一阵营；微软申请量与 IBM 的申请量相比少 550 余项，不到 IBM 的 80%，属于第二阵营；排名第三位的 NTT 通信与第十位的中国台湾的富士康相差不到 300 项，属于第三阵营。中国方面，来自大陆的百度为第八名，申请量仅 400 余项，来自中国台湾的富士康也进入了全球前十位。

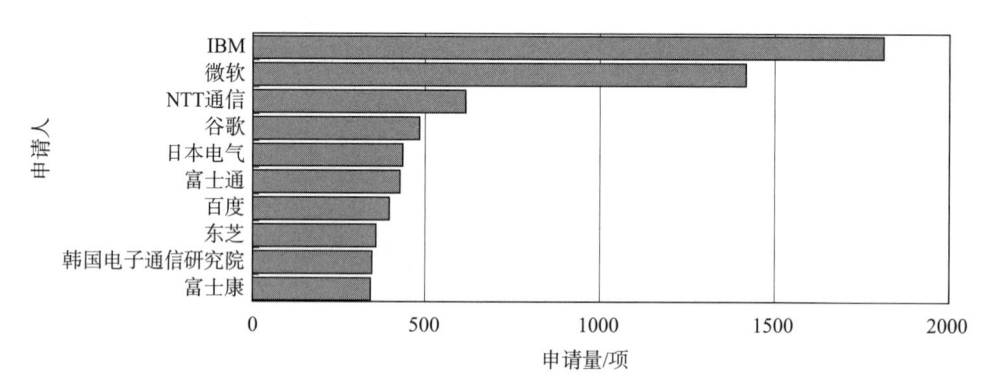

图 2-1-6　自然语言处理技术全球主要申请人专利申请量排名

2.1.1.4　技术主体分布

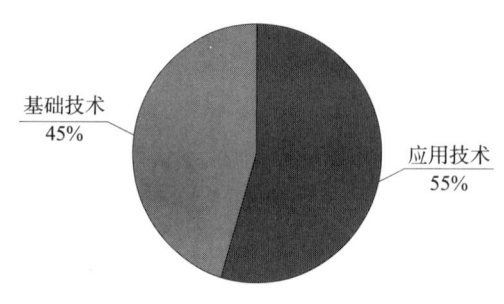

图 2-1-7　自然语言处理一级技术分支占比分析

自然语言处理技术可分为基础技术和应用技术，也可称为通用技术和专用技术。为了深入研究自然语言处理技术专利布局分布，将自然语言处理技术分成基础技术和应用技术进行分析。

如图 2-1-7 所示，全球范围内应用技术的累计专利申请量要高于基础技术。

同时，由图 2-1-8 可以看出，基础技术和应用技术均呈快速发展态势，其中，应用技术专利申请量在1986年超越基础技术申请量，在2001年时两者的差值达到最大，随后维持稳定状态。可见，自然语言处理基础技术和应用技术为相互促进的关系，应用技术的发展会带动基础技术的发展，而基础技术的进步会推动自然语言处理的广泛应用。

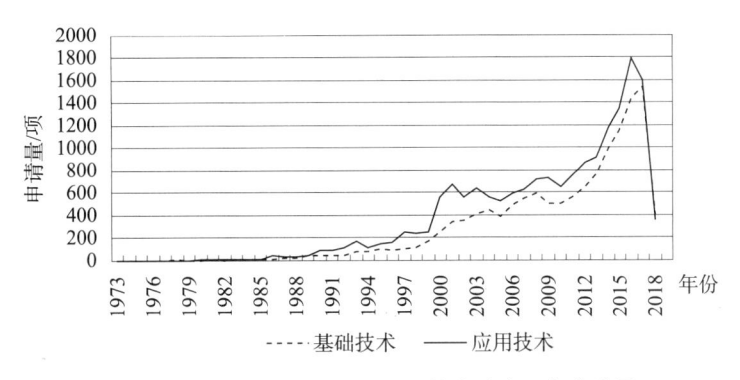

图2-1-8 自然语言处理一级技术分支历年申请量

从表2-1-2可以看出，全球范围内应用技术和基础技术的比值大约为1.25，其中美国0.80，欧洲为0.49，而亚洲应用/基础比普遍偏高，中国的应用/基础比值为1.46。可见，亚洲国家，包括中国普遍存在重应用、轻技术的情况。

表2-1-2 主要国家或地区自然语言处理一级技术分支申请量　　　　单位：项

优先权国家或地区	基础技术	应用技术
中国	4019	5860
欧专局	445	216
日本	2087	3918
韩国	740	1779
美国	6021	4792

2.1.2 中国专利申请态势

2.1.2.1 中国专利申请趋势分析

如图2-1-9所示，中国自然语言处理技术历年申请量与全球类似，从1985年开始即有相关的专利申请。伴随着基于统计的自然语言处理技术逐步成熟，中国从1998年开始持续产生相关的专利申请；在深度学习应用于自然语言处理之后，中国自2010年之后申请量逐渐攀升，近年来达到最高峰。通过与全球申请量的比较可知，全球申请量在2000~2010年处于稳定期，这与自然语言处理技术在该段时间遇到瓶颈相关；而中国在自然语言处理方面起步较晚，该段时间为技术积累期，故中国专利申请量始终保持较高的增长速率。值得注意的是，2010年后中国相关专利申请呈快速增长态势，这与中国在技术上接近发达国家水平，将深度学习用于自然语言处理相关。中国在自然语言处理技术方向上存在超越发达国家的可能。

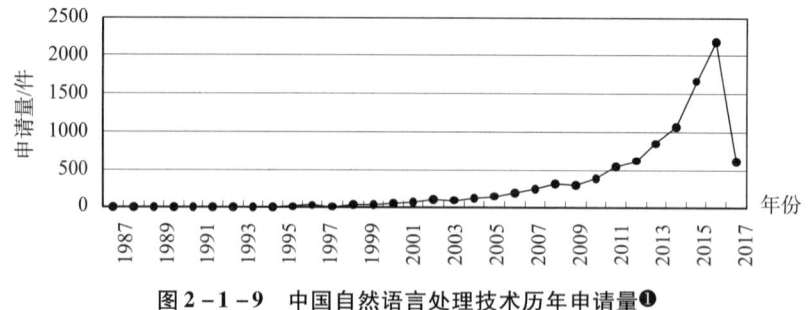

图 2-1-9　中国自然语言处理技术历年申请量❶

国内主要申请人专利申请量排名如图 2-1-10 所示，计量对象为专利申请国为中国的专利。可以看出，在华申请前十名中中国申请人占据 8 位，其中有 4 位为科研院所，4 位为 BAT❷ 等互联网巨头或公司。国外来华申请人为微软和 IBM，其申请量接近百度的 1/3，可见微软和 IBM 比较看重中国市场，在华进行了大量专利布局。

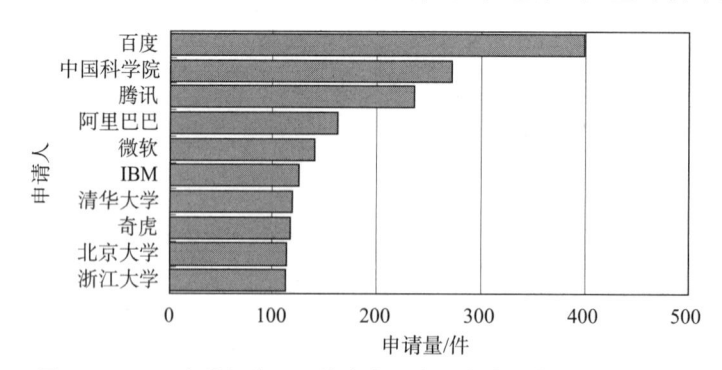

图 2-1-10　自然语言处理技术中国主要申请人专利申请量排名

2.1.2.2　国内主要申请人分析

国内主要创新主体专利申请量排名如图 2-1-11 所示，计量对象为专利优先权国为中国的专利。这部分企业均为中国创新主体，专利布局数量都在 95 件以上，百度位

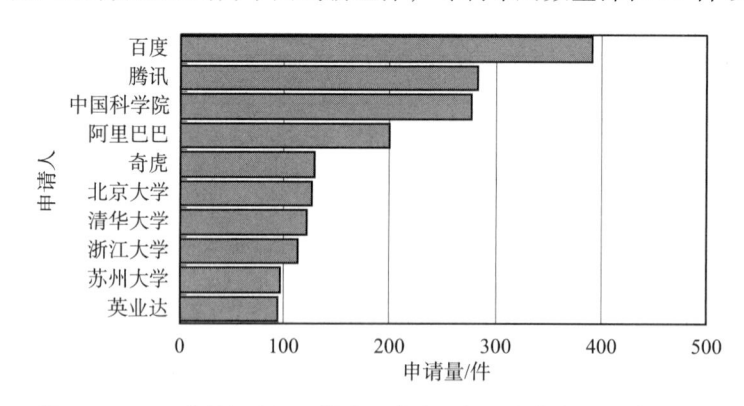

图 2-1-11　自然语言处理技术国内主要创新主体专利申请量排名

---

❶ 本书一些年份坐标存在刻度不均匀及遗漏现象，原因在于相关年份对应值为 0，为避免误解，特此说明。
❷ 此为百度（Baidu）、阿里巴巴（Alibaba）、腾讯（Tencent）三大互联网公司首字母缩写。

居第一。苏州大学进入前十位。公司类申请人，例如腾讯、阿里巴巴和奇虎更加注重海外布局，其相对于科研院所排名有所上升。

我们进一步对排名前十位申请人与其他创新主体的合作申请情况进行分析，具体情况见表2-1-3。可以看出，除了腾讯，其他优势企业还未与高校开展有效专利合作，国内没有形成良好的产学研联合的生态。

表 2-1-3 排名前十申请人与其他申请人合作申请情况　　单位：件

申请人	申请总量	高校及科研院所	企业及个人	独立申请量
中国科学院	273	0	53	220
北京大学	127	1	83	43
清华大学	120	3	20	97
浙江大学	115	0	1	114
苏州大学	95	0	0	95
百度	438	0	0	438
腾讯	285	11	4	270
阿里巴巴	197	0	5	192
奇虎科技	124	0	27	97
英业达	94	0	2	92

2.1.2.3　国内主要省份专利申请情况

国内主要省市专利申请排名情况如图2-1-12所示，由于北京聚集了大量的科研院所、互联网和科技公司总部，申请量达到2856件，是排名第二位的广东的2倍多。在互联网公司和通信企业的支撑下，广东的申请量达到1398件。上海和江苏实力相当，均为700多件。其他地区的申请量均未超过400件，较前四位的申请人差距明显。总体而言，自然语言处理技术申请量在全国分布极为不均，部分地区要想在自然语言处理技术及产业方面取得突破还存在一定的难度。

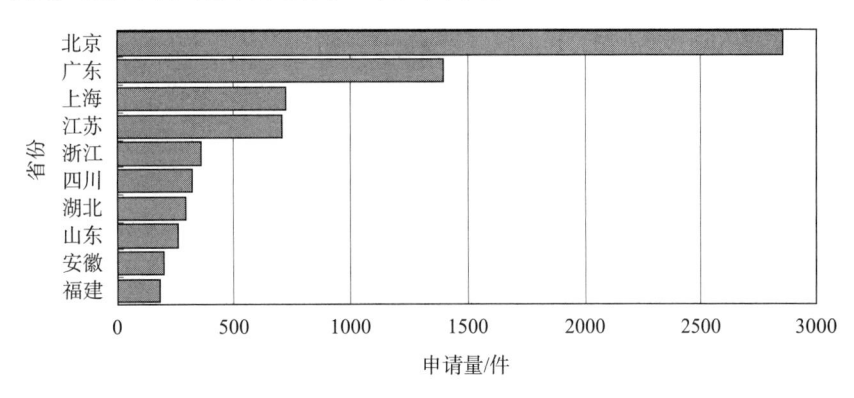

图 2-1-12　自然语言处理技术主要省份专利申请量

2.1.2.4 中国专利技术主题分布

自然语言处理技术中国专利布局技术领域分布如图 2-1-13 所示，应用技术是国内创新主体布局的重点，占据了 60%。结合图 2-1-14 可知，中国基础技术和应用技术专利申请量均呈快速增长态势，但应用技术专利的申请量与基础技术专利申请量差值处于稳定状态，中国重应用轻技术的问题无明显改善迹象。

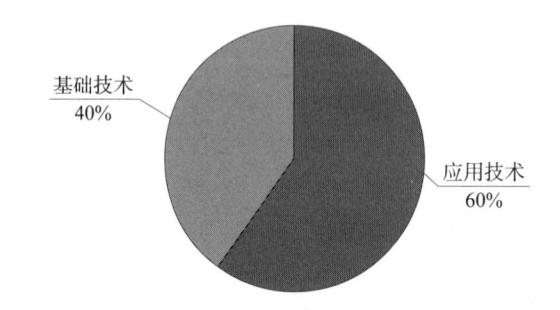

图 2-1-13 自然语言处理技术中国技术领域分布

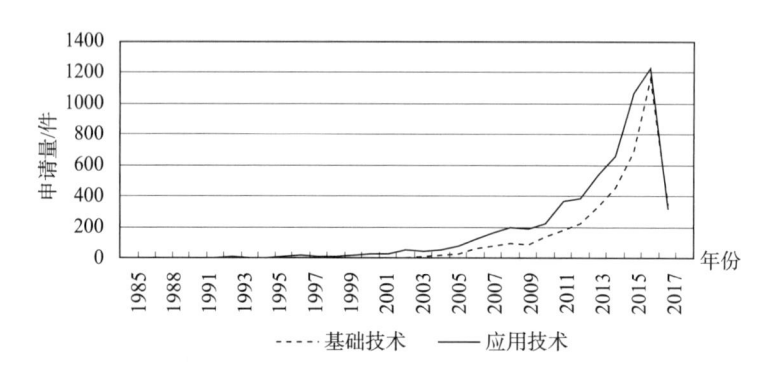

图 2-1-14 自然语言处理技术国内技术领域历年专利申请量变化

自然语言处理技术国内创新主体的专利布局情况如表 2-1-4 所示。

表 2-1-4 自然语言处理技术国内创新主体专利布局情况　　单位：件

申请人	基础技术	应用技术
百度	196	225
腾讯	95	199
中国科学院	155	147
阿里巴巴	52	148
北京大学	72	65
奇虎	45	83
清华大学	67	63
浙江大学	83	43
苏州大学	46	59
英业达	4	91

从表2-1-4可以看出，中国科学院以及北京大学等高校在应用/基础专利申请量上比值更低，均小于1，其中浙江大学接近0.5；与之形成鲜明对比的是，公司类申请人在应用/基础技术比上比值更高，其中阿里巴巴公司接近3。可见，科研院所由于具有较强的科研实力，并且得益于长期的研究，在基础技术上具有一定的优势；而公司类申请人，由于直接面对消费者，更加善于在应用技术上进行改进。

而与中国相比，美国申请人的情况与中国有所不同。美国排名前十位的申请人均为公司申请人，除IBM、威瑞森和Facebook外，其他申请人在基础领域的专利申请量均高于应用领域，具体情况见表2-1-5。

表2-1-5　自然语言处理技术美国专利申请人专利布局情况　　　　单位：件

申请人	基础技术	应用技术
IBM	875	922
微软	953	556
谷歌	278	215
施乐	138	127
甲骨文	125	30
SAP	122	12
美国电话电报	85	56
威瑞森	48	68
微差通信	78	32
Facebook	35	65

可见，面对我国自然语言处理行业的特殊性，加强科研院所和公司类申请人的产学研结合，有利于推动自然语言处理技术的发展。

2.2　基础技术专利分析

2.2.1　全球专利申请态势

2.2.1.1　全球专利申请趋势分析

自然语言处理基础技术包括词法分析、句法分析、语义分析以及语言模型和知识图谱。

如图2-2-1所示，知识图谱申请量占比最高，为26%；其次为词法分析、句法分析和语言模型，占比为19%；语义分析的申请量占比最低，为17%。

从图2-2-2可以看出，各二级技术分支专利申请量均呈增长态势，其中知识

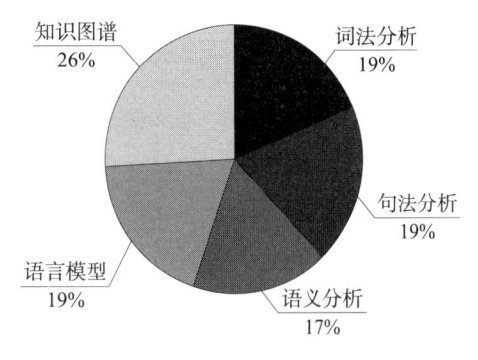

图2-2-1　全球基础技术各技术分支占比分析

图谱起步较晚，但2010年后急剧增长；语义分析申请量在2015年开始超越句法分析。由于知识图谱可以显著提高检索效率，语义分析能够大幅提高识别的准确性，消除歧义，知识图谱和语义分析将成为自然语言处理基础技术的重大突破点。

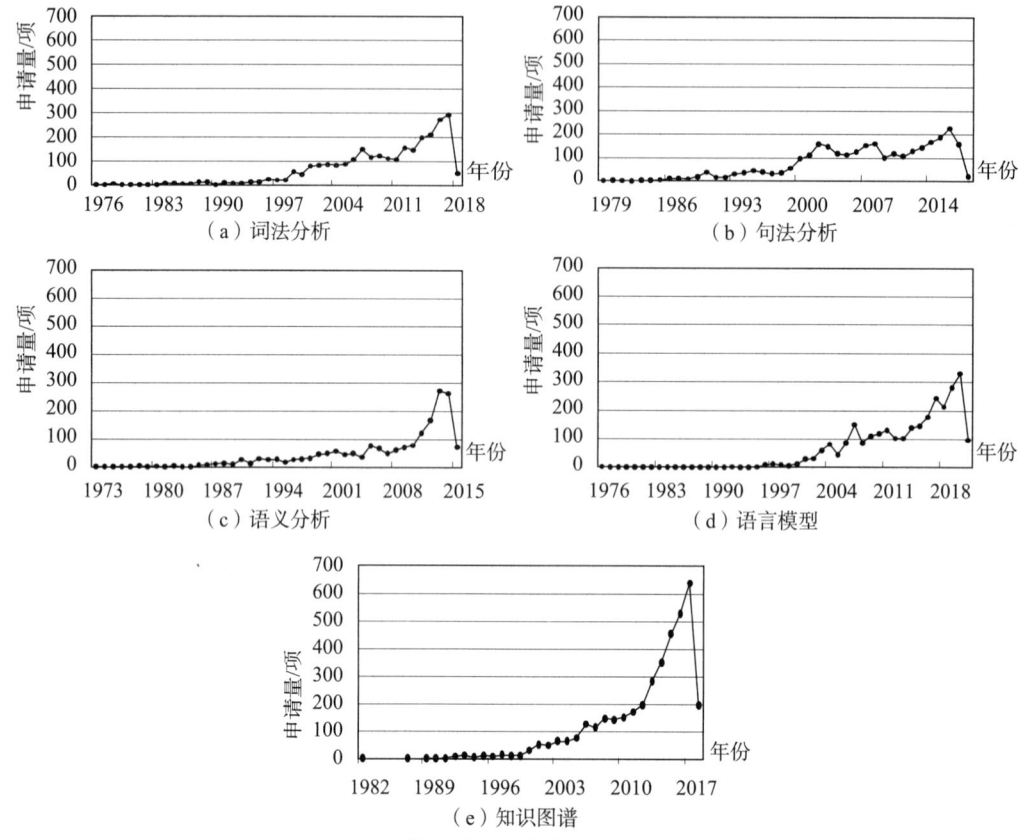

图 2-2-2 基础技术各技术分支专利申请态势

2.2.1.2 全球技术来源国家或地区分析

从表2-2-1可以看出，中国在申请总量较美国存在一定差距，但远高于日本、韩国和欧洲。就具体分支来看，中国在句法分析上的申请量大幅低于日本和美国，在词法分析上的申请量同美国也有在较大差距。这与词法分析和句法分析技术起步晚，中国目前正处在技术积累时期相关。值得注意的是，中国在引领未来发展的知识图谱方向已经超越日本、韩国和欧洲，接近美国，但在语义分析方向，较美国存在较大的差距。

表 2-2-1 主要国家或地区在基础技术二级分支上的专利布局情况　　　　单位：项

技术来源国家或地区	词法分析	句法分析	语义分析	语言模型	知识图谱
中国	748	380	450	951	1487
美国	1033	1018	1115	1287	1461
日本	427	824	467	150	182
韩国	124	204	91	90	205
欧专局	93	113	73	78	85

2.2.1.3 全球重要申请人分析

从表2-2-2可以看出,中国的百度和中国科学院进入全球前十位。百度排名全球第五位,但在各个领域实力均不具备明显优势:在词法分析、句法分析等基础方面申请量不仅低于排名前四位的申请人,而且接近或低于施乐、日本电气、富士通和韩国电子通信研究院;在对自然语言理解具有重大作用的语义分析方面申请量也低于大部分排名前十位的申请人;虽然百度在自然语言模型和知识图谱方面的申请量要少于部分排名靠前的申请人,但其在知识图谱方向要高于排名第三位的NTT通信,语言模型方向的占比明显高于排名在其后的其他申请人。

表2-2-2 全球重要申请人基础技术二级分支上的专利布局情况　　单位:项

申请人	词法分析	句法分析	语义分析	语言模型	知识图谱
IBM	151	164	284	213	280
微软	142	124	231	348	190
NTT通信	60	110	81	77	17
谷歌	65	26	54	91	82
百度	35	14	26	58	76
富士通	34	40	44	6	64
日本电气	31	39	65	27	14
中国科学院	20	22	20	40	74
施乐	36	56	37	26	19
韩国电子通信研究院	31	56	34	17	29

2.2.2 中国专利申请态势

2.2.2.1 中国专利申请趋势分析

从图2-2-3可以看出,中国专利申请在知识图谱方面占比最高,共计1537件,占比37%;其次为语言模型,共计970件,占比24%;语义分析方面占比最低,为10%。

通过与图2-2-1的对比可知,中国在知识图谱、语言模型方向的占比高于全球,在语义和句法分析方面远低于全球,词法分析方向略低于全球。

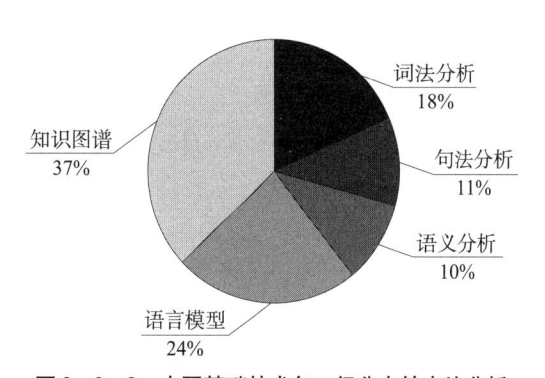

图2-2-3 中国基础技术各二级分支的占比分析

从图2-2-4可以看出，中国在自然语言处理各二级技术分支专利申请上均呈快速增长态势，且自2010年各分支差值有增大的趋势。与全球趋势不同的是，中国在语义分析方面的年申请量仅高于句法分析，未出现如全球的超越词法分析、语言模型的现象。

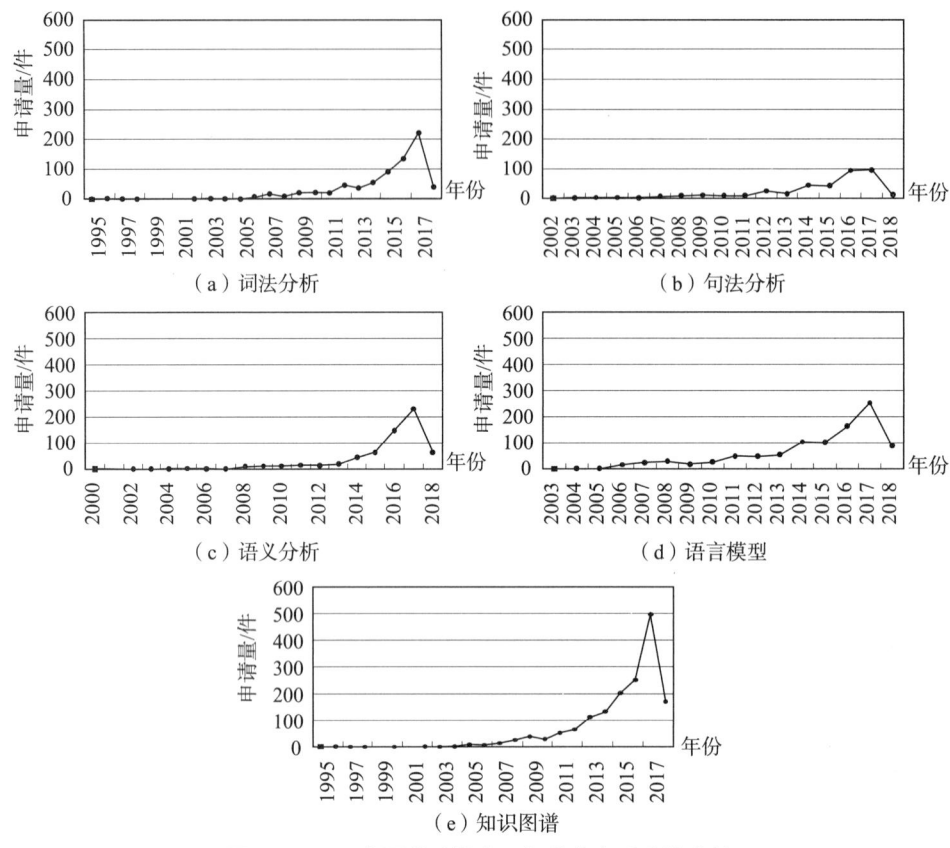

图2-2-4 中国基础技术二级分支专利申请态势

2.2.2.2 中国主要申请人分析

从表2-2-3可以看出，在中国申请人中，百度、中国科学院和北京大学在知识图谱申请量，以及占比较高，而百度、中国科学院和清华大学在语言模型方向申请量较高；中国科学院在句法分析上具有一定优势。国内申请人可通过相互之间的合作，来弥补自身的短板。

表2-2-3 在华重要申请人基础技术二级分支上的专利布局情况　　单位：件

申请人	词法分析	句法分析	语义分析	语言模型	知识图谱
百度	35	14	26	56	75
中国科学院	20	22	19	40	73
腾讯	22	6	18	22	32
浙江大学	13	3	7	17	51
北京大学	10	7	8	10	45

续表

申请人	词法分析	句法分析	语义分析	语言模型	知识图谱
清华大学	8	6	5	27	29
阿里巴巴	7	5	11	14	17
北京航空航天大学	5	2	7	17	25
北京理工大学	8	10	7	14	19
奇虎	13	2	5	7	24

2.2.2.3 国内主要省份专利布局情况

由表2-2-4可知，各省份之间申请总量差距明显。在结构方面，各省份知识图谱均占申请总量的1/3左右，语言模型占1/4左右；但在语义分析方面，四川占比相对较高，数量上也具有一定的实力。与之不同的是，山东、福建、湖北，语义分析占比严重偏低。

表2-2-4　国内主要省份基础技术二级分支专利布局分析　　　　单位：件

省份	词法分析	句法分析	语义分析	语言模型	知识图谱
北京	289	125	152	310	465
广东	109	40	58	101	173
江苏	59	46	22	93	130
上海	44	27	31	60	118
浙江	28	15	11	48	94
湖北	32	14	9	28	55
山东	25	20	10	34	38
四川	22	6	13	34	31
福建	13	6	8	14	39
安徽	9	6	13	20	27

2.3 应用技术专利分析

2.3.1 全球专利申请态势

自然语言处理应用技术包括机器翻译、自动文摘、情感分析、信息抽取和自动问答。为了深入研究应用技术专利布局，将自然语言处理应用技术分为上述5个二级技术分支。

2.3.1.1 全球专利申请趋势分析

如图2-3-1所示，机器翻译申请量占比最高，达到32%，其次为自动问答，占

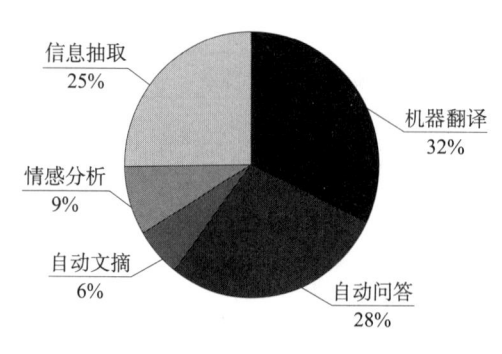

图 2-3-1 全球自然语言处理应用技术各技术分支申请量占比分析

比 28%，再次为信息抽取（25%）、情感分析（9%），自动文摘的申请量占比最低。

由图 2-3-2 可知，机器翻译、自动文摘和信息抽取技术起步较早，随后是自动问答，情感分析技术起步最晚。但是，近年来，自动问答技术年专利申请量已经超越机器翻译和信息抽取，情感分析也已经超越自动文摘，处于快速增长阶段。由于智能音箱、智能家居场景的落地，以及文本信息量的快速增加，自动问答和情感分析将成为自然语言应用技术的下一个风口。

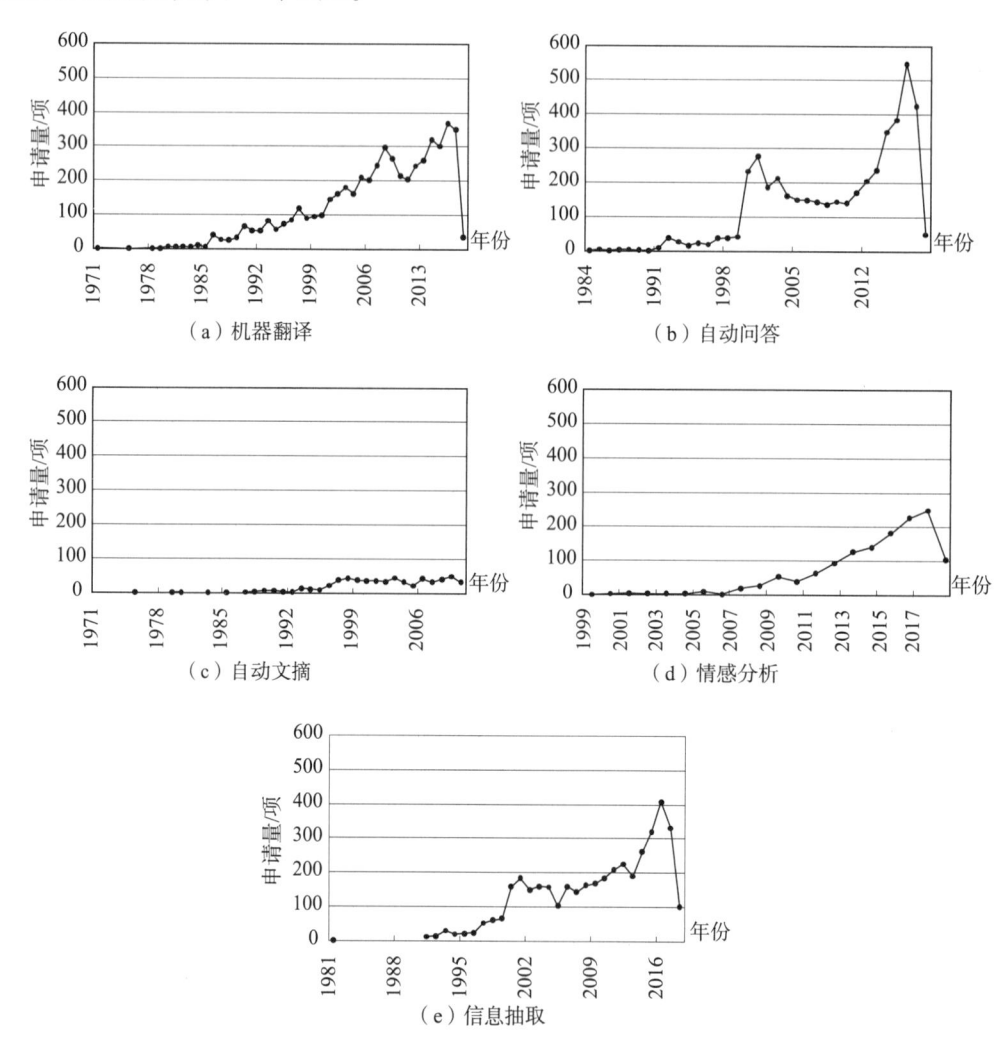

图 2-3-2 全球自然语言处理应用技术各技术分支专利申请态势

2.3.1.2 全球技术来源国家或地区分析

从表2-3-1可以看出,中国在自然语言处理应用技术方面具有一定优势。在总量相当的情况下,中国在情感分析和信息抽取领域的专利申请量均达到美国的3倍以上,在自动文摘和自动问答方向略低于美国申请量,在机器翻译领域仅占美国的7/10左右,与中国与美国的申请量不匹配。中国在机器翻译领域差距明显,与机器翻译技术全球起步早,而中国起步较晚,积累不足有关。值得关注的是,中国在处于风口的自动问答领域无论在总量还是占比方面都低于美国。中国有必要加快自动问答技术的开发,并加强在机器翻译、自动文摘等传统领域的积累。

表2-3-1 主要国家应用技术二级分支专利布局情况　　单位:项

技术来源国或地区	机器翻译	自动问答	自动文摘	情感分析	信息抽取
中国	1402	1456	302	1005	1862
美国	2046	1793	338	333	322
日本	1563	877	282	41	1179
韩国	352	426	54	78	888
欧专局	130	28	26	22	10

2.3.1.3 全球重要申请人分析

从表2-3-2可以看出,与基础技术不同,中国仅有百度进入全球前十,且排名为第十位。而且,总体看来,百度信息抽取在其总申请量中占比极高,而在处于热点的自动问答领域占比远远低于目前经营状况良好的IBM和微软,与日本企业相当;同时,在机器翻译方面,由于积累有限,申请量在前十名中倒数第一,占比也仅有1/7左右。

表2-3-2 全球重要申请人应用技术二级分支上的专利布局情况　　单位:项

申请人	机器翻译	自动问答	自动文摘	情感分析	信息抽取
IBM	265	532	44	64	39
微软	257	118	25	26	14
NTT通信	100	64	37	9	93
富士通	94	56	24	2	113
日本电气	81	65	25	2	116
东芝	200	46	2	0	0
富士康	186	22	15	0	16
日立	81	33	12	3	98
松下	102	48	11	0	59
百度	35	46	15	17	102

2.3.2 中国专利申请态势

2.3.2.1 中国申请趋势分析

从图 2-3-3 可以看出，中国专利申请在信息抽取领域占比最高，为 31%；其次为自动问答，共计 1521 件，占比 25%；自动文摘领域占比最低为 4%。

通过与图 2-3-1 的对比可知，中国在情感分析以及信息抽取领域的占比高于全球，其中情感分析较全球高 7%，信息抽取高 6%。在机器翻译、自动问答和文本文摘领域要低于全球平均水平，尤其是机器翻译和自动问答领域，分别低 8% 和 3%。由于自动问答是自然语言理解的重要应用场景，而且目前处于落地阶段，国内在该领域还有待加强。

从申请趋势来看，各技术分支在近年来均呈快速增长态势，尤其是自动问答，在 2015 年后申请量已经超过机器翻译、情感分析和自动文摘，发展势头良好。

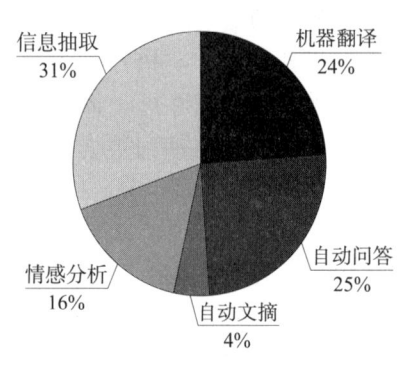

图 2-3-3 中国的应用技术各二级分支的占比情况

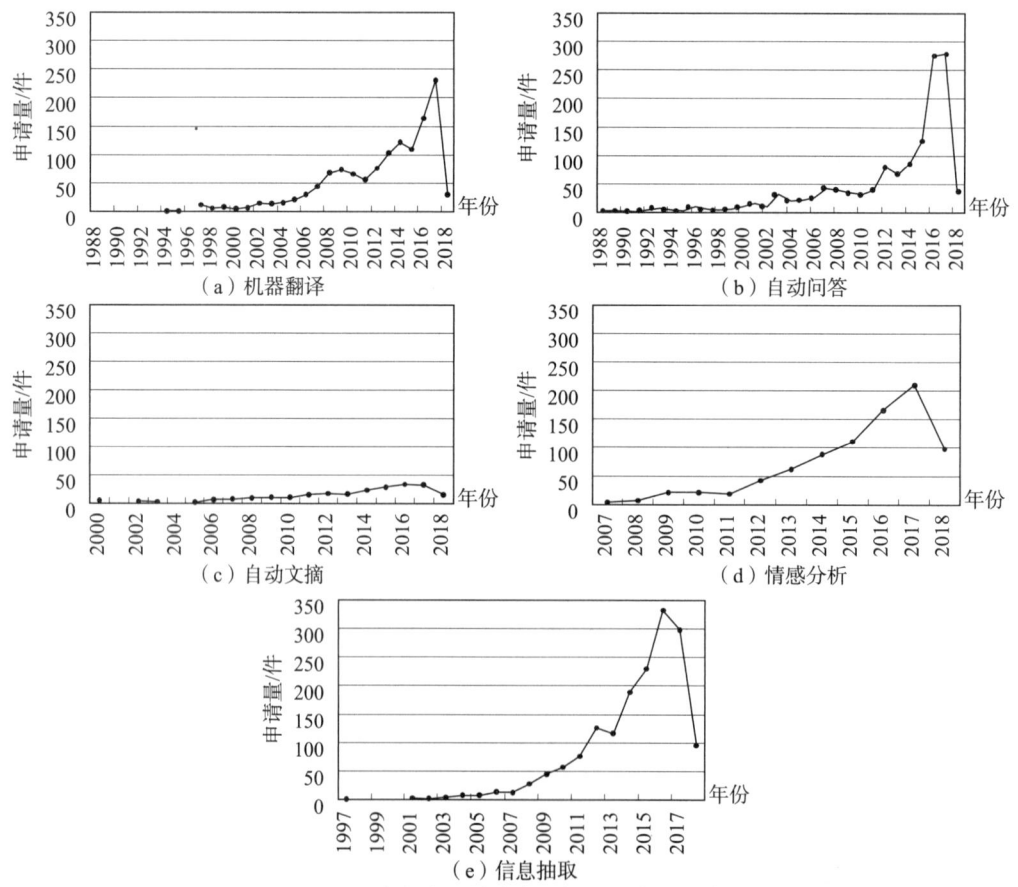

图 2-3-4 中国应用技术各二级分支专利申请态势

2.3.2.2 中国主要申请人分析

从图2-3-1可知，应用技术全球专利申请中自动问答占比为28%，而从图2-3-3可以看出国内重要申请人在自动问答领域的占比为16%，其中百度和阿里巴巴接近1:5，腾讯接近1:4。同时，可以看出中国科学院和英业达在机器翻译领域占有优势。

从表2-3-3可以看出，国内重要申请人在自动问答领域占比整体低于全球申请人的1:3。相对于百度和阿里巴巴的1:5而言，腾讯科技的占比为1:4。同时，可以看出中国科学院和英业达在机器翻译领域占有优势。

表2-3-3 主要申请人应用技术二级分支上的专利布局情况　　　单位：件

申请人	机器翻译	自动问答	自动文摘	情感分析	信息抽取
百度	35	42	15	17	102
腾讯	19	48	7	12	105
阿里巴巴	31	30	9	10	65
中国科学院	41	19	8	25	26
英业达	84	5	1	0	0
奇虎	1	5	13	2	57
北京大学	5	4	11	22	15
清华大学	15	4	2	17	15
苏州大学	12	3	1	29	4
华为	10	7	4	2	25

2.3.2.3 国内主要省份专利布局情况

由表2-3-4可知，不同省份的申请总量差距明显。在结构方面，广东、上海和江苏自动问答领域占比较高，结构较为合理，这与上述几个区域存在大量的智能家居厂商、语音识别类新创企业密切相关。而作为全国龙头的北京，大部分申请人为互联网巨头、科技公司总部和科研院所，其在自动问答领域占比严重偏低。总体而言，主要省份需要加强自动问答、机器翻译领域的研发，避免在信息抽取和情感分析领域占比奇高。

表2-3-4 国内主要省份在应用技术二级分支上的专利申请量　　　单位：件

省份	机器翻译	自动问答	自动文摘	情感分析	信息抽取
北京	318	336	116	299	662
广东	182	230	44	130	409
上海	115	192	22	58	111
江苏	72	109	26	115	100
四川	58	63	9	55	45
浙江	19	63	5	51	55

续表

省份	机器翻译	自动问答	自动文摘	情感分析	信息抽取
湖北	66	31	6	30	45
山东	37	39	4	21	48
安徽	30	20	2	45	39
福建	11	30	4	35	32

2.4 小　结

（1）自然语言处理技术专利申请量在全球范围内呈快速增长态势，中国在该领域的年专利申请量均超过其他全球主要申请国家或地区。

（2）中国在基础技术领域的占比严重低于全球平均水平，重应用、轻基础较为明显。

（3）中国在知识图谱和语言模型两个核心领域具有一定优势，但在语义分析、自动问答等领域占比偏低，结构不合理。

（4）中国申请总量巨大，但大而不强，缺乏在全球范围内具有较强竞争力的创新主体。

第3章 词法分析专利技术分析

词法分析是理解自然语言中最小的语法单位——单词的基础。语言是以词为基本单位的，而词又是由词素构成的，即词素是构成词的最小意义的单位。词法分析包括两方面的任务：第一，要能正确地把一串连续的字符切分成一个一个的词；第二，要能正确地判断每个词的词性，以便于后续的句法分析的实现。❶ 以上两个方面处理的正确性和准确度将对后续的句法分析产生决定性的影响，并最终决定语言理解的正确与否。不同的语言对词法分析有不同的要求，例如，英语和汉语在词法分析处理方面就存在很大的差异。在英语语言中，由于单词之间是以空格自然分开的，而汉语则不具备英语以空格划分单词的特点，其单词的切分是非常困难的，不仅需要构词的知识，还需要解决可能遇到的切分歧义。对于词性分析和判断，由于英语单词有词性、数、时态、派生、变形等繁杂的变化，再加上英语的单词往往有多种解释，词义的判断非常困难，仅仅依靠查词典常常是无法实现的。而汉语中的每个字就是一个词素，所以找出词素是相当容易的。可见，在自然语言理解的词法分析处理中，汉语、日语、韩语等语言的词法分析的难点在于分词切词，而英语、法语等语言的难点则是词素区分。汉语自动分词是汉语语言处理和理解中的关键技术，也是中文信息处理发展的瓶颈，其困难主要在"词"的概念缺乏清晰的界定、未登录词的识别、歧义切分字段的处理3个方面❷。

为了了解词法分析技术专利申请的总体状况，本章对全球和中国的专利申请态势进行了分析，梳理出全球申请趋势、技术来源地、目标地等内容；并对词法分析技术的下一级技术分支进行了分析，梳理出了分词、词性标注和命名实体识别技术的技术发展路线。此外，还对词法分析领域各重要申请人进行了分析。本章也对词法分析技术中的重点专利进行了针对性的分析，并对重要申请人的核心研发团队和重要发明人进行了深入研究。

3.1 申请趋势分析

3.1.1 全球申请趋势

从图3-1-1中可以看出，在1995年之前，词法分析的专利技术处于起步阶段，

---

❶ 田霓光. 自然语言的词法分析 [J]. 咸宁学院学报，2008，28 (06)：70-73.
❷ 黄莉. 词法分析在自然语言处理中的地位和作用 [J]. 价值工程，2010，(10)：157.

每年只有零星申请，此时主要以基于规则的方法进行词法分析为主；到20世纪90年代后期，统计方法在NLP中崛起，申请量也呈现稳步增长趋势，并在2007年达到申请量的一个小高峰，此时大型语料库的应用使得词法分析的速度得到有效提高；2007年之后申请量小幅回落，并从2012年开始又呈现明显增长势头，此时机器学习和深度学习技术也对词法分析技术产生了重要影响。

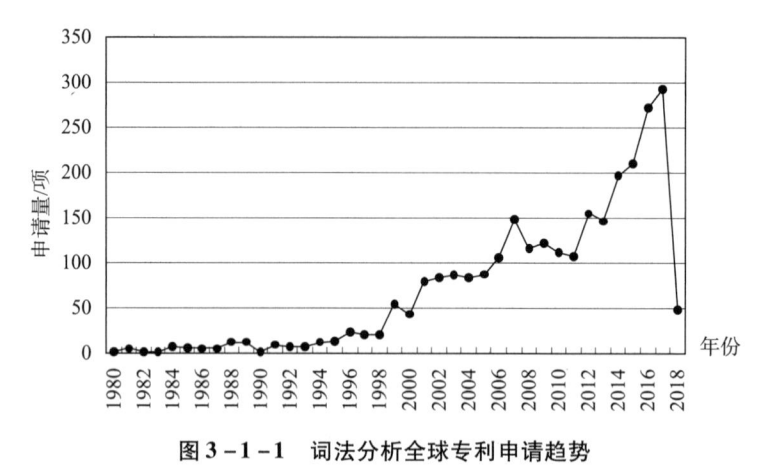

图3-1-1 词法分析全球专利申请趋势

3.1.2 中国申请趋势

从图3-1-2可以看出，中国在词法分析的研究起步较晚，2005年之前每年的申请量均在10件以下；2005年之后，申请量才呈现明显的上升趋势，从2013年左右开始出现跃升，并在2017年达到峰值。这表明随着人工智能的兴起，词法分析也越来越被重视。

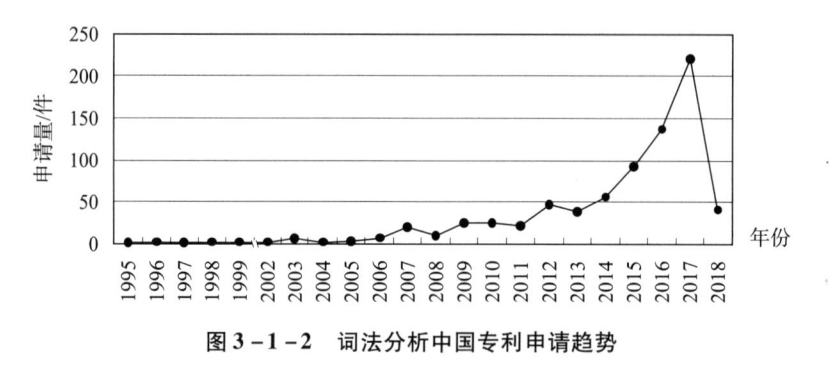

图3-1-2 词法分析中国专利申请趋势

3.2 专利区域分析

3.2.1 技术来源地分布

从图3-2-1技术可以看出，在词法分析原创专利方面，美国、中国、日本排名前三位，占比达到总量的90%以上。其中以美国优势最为明显，申请量最多，占比达42%，研发实力最强，中国起步虽晚，但由于后期的发力和持续的研发投入，申请量位居第二。

从图3-2-2的各主要技术来源国家或地区申请趋势可知，在1995年以前，各主要技术来源国家/地区的申请量均较少，日本的申请量占优势，其后从2000年开始美国开始强势增长，但在2008~2010年经历了较大幅度的下跌，随后至2015年一直独占鳌头；中国在该领域起步较晚，自2010年左右才开始真正发力，呈现指数增长，并于2015年左右超越美国成为第一大技术来源国；来自日本、欧洲、韩国的申请相对较少，且波动较大，研发持续性相对较弱。

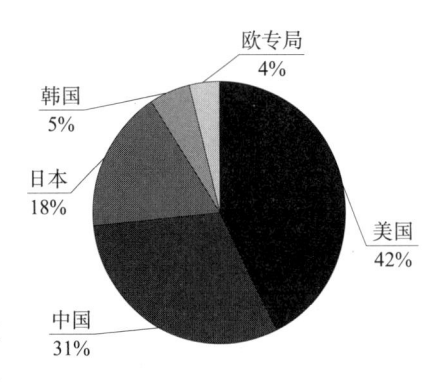

图3-2-1 词法分析全球主要技术来源国家或地区申请量占比

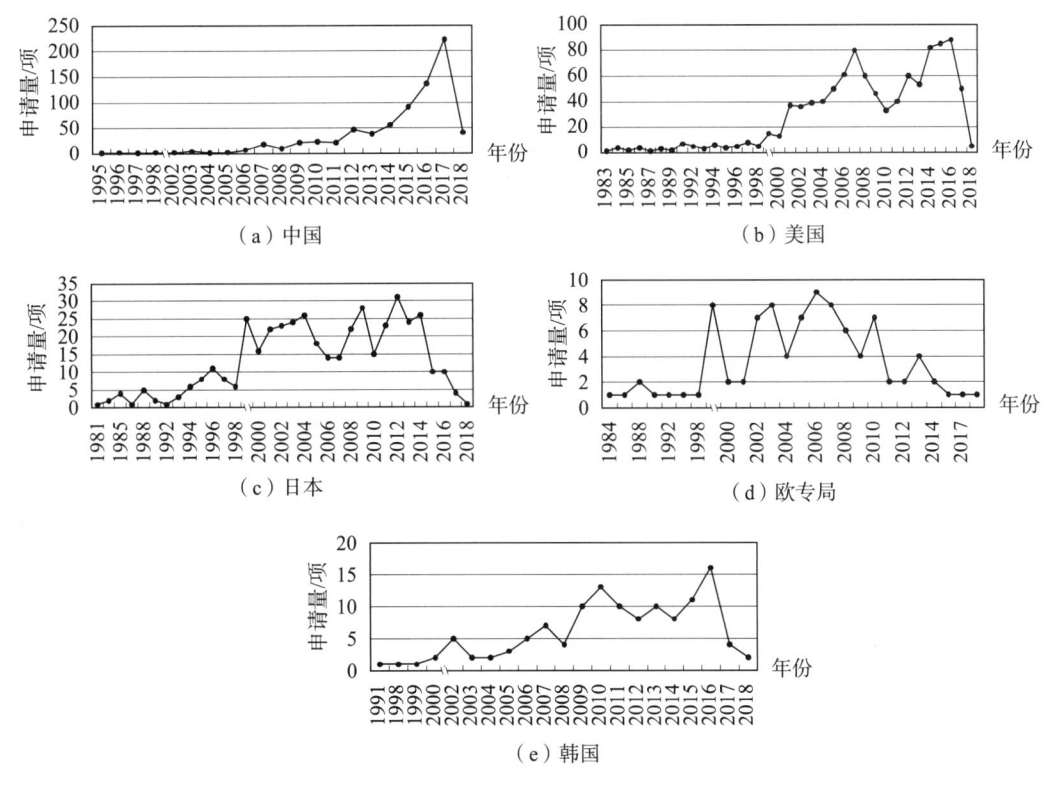

图3-2-2 词法分析全球主要技术来源国家或地区申请量趋势

3.2.2 技术目标地分布

如图3-2-3所示，综合图3-2-1技术来源国家或地区来看目标国家或地区占比，美国、中国、日本依旧占据目标国的前三名，以中国为目标国的占比32%，相对来源国的31%有小幅度上升，由此可见有少量的国外技术在国内布局，而来自中国的技术输出较少；相反，美国则由来源国的42%下降到目标国的40%，日本由来源国的18%下降到目标国的16%，这说明美国、日本两国比较注重国外的布局。从图3-2-4可以看出，日本在早期布局增长较快，成为最早的词法分析布局热土，美国和中国整体势头良好，日本、欧洲、韩国存在较大波动，中国申请量的急剧增长的主要贡献来自本国创新主体。

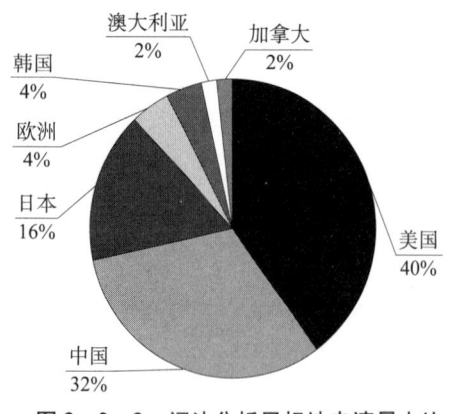

图3-2-3 词法分析目标地申请量占比

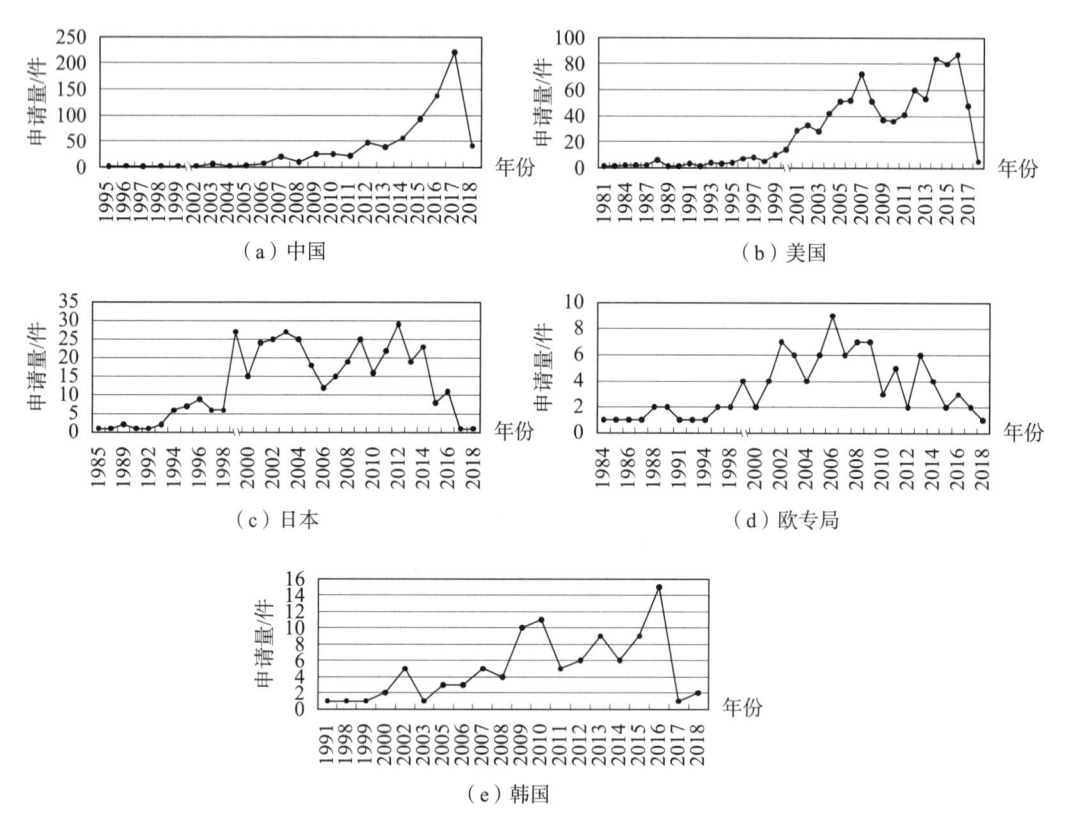

图3-2-4 词法分析技术主要目标地申请趋势

3.2.3 技术流向分析

从表3-2-1可以看出，中国的外来专利仅来自美国，来自国外的布局较少，而中国仅有1件专利进入美国。这充分说明国内创新主体的专利全球布局意识不强，而美国则在其他几个国家或地区均有布局，并且尤其重视欧洲和日本市场。同时，韩国申请总量虽不大，但是超过1/6的申请流向了美国，体现了韩国具有较强的专利布局意识；日本除在国内布局外，也十分重视美国市场的布局；美国、韩国、日本在重视产权方面的意识值得中国学习和借鉴，以免今后在国外市场开拓时产生知识产权纠纷，造成企业的重大损失。

表 3-2-1 词法分析技术主要国家或地区申请流向分布   单位：项

技术来源国家或地区	技术目标国家或地区					
	中国	欧专局	日本	韩国	美国	总计
中国	744	0	0	0	1	745
欧专局	0	68	1	7	0	76
日本	0	2	368	0	43	413
韩国	0	2	0	94	21	117
美国	12	29	20	4	827	892

3.3 主要申请人及发明人分析

3.3.1 全球主要申请人

图 3-3-1 给出了词法分析全球主要申请人申请量情况。其中，IBM 申请量超过 150 项，排名第一，微软与 IBM 相比仅差 2 项，位居第二。整体来看，前三名均是美国申请人，这体现了美国在这一领域的领先优势。此外，前十名中日本企业也占据 3 席（NTT 通信、施乐和富士通），美国和日本基本包揽了排名前十位的申请人，中国只有百度冲入前十位，这归功于百度在该领域持续的研发和投入。

图 3-3-1 词法分析全球主要申请人申请量排名

从图3-3-2可知，微软在2003~2006年申请量占据绝对优势，谷歌和IBM在此期间申请量较少，但2009年以后微软的申请量相对前期处于低迷状态，技术创新成果大不如前；而IBM从2007年开始发力，在2007~2008年申请量出现小高潮，而后经历4年的蛰伏，自2013年之后申请量稳步增长并独占鳌头，研发成果丰硕；谷歌的技术成果迸发期为2011~2012年，其他时期只有少量申请，并且研究成果在多年间都出现过断层，这说明谷歌在词法分析方面的技术投入相对不太稳定。

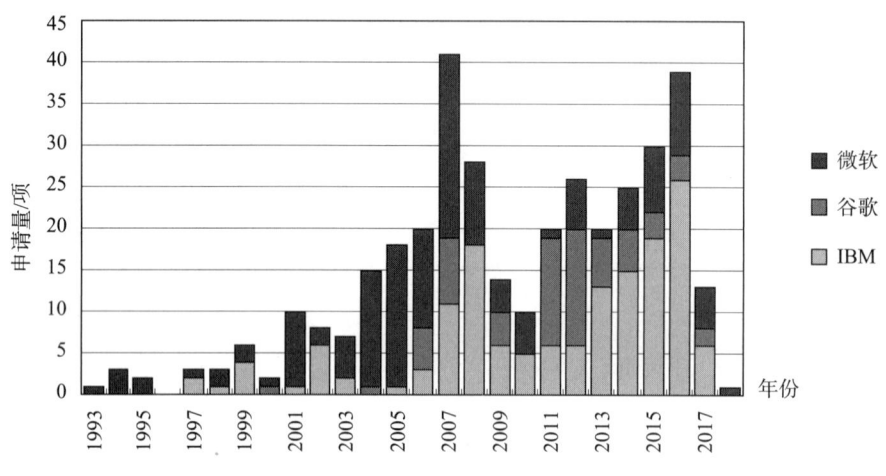

图3-3-2 词法分析全球排名前三位申请人历年申请量趋势

3.3.2 在华主要申请人

从图3-3-3可以看出，在该领域国外申请人在华布局较少。百度作为国内该领

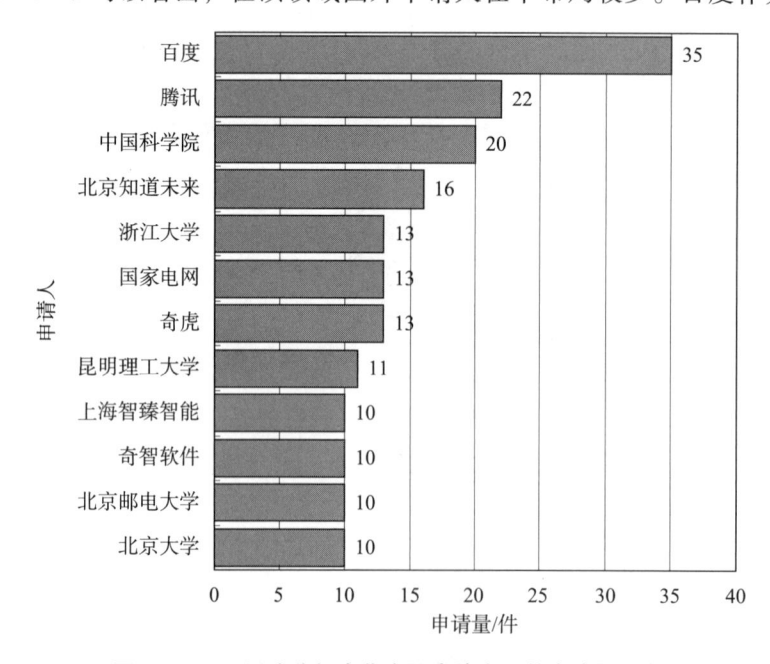

图3-3-3 词法分析在华主要申请人及其申请量排名

域的领头羊,申请量为35件,排名第一位;腾讯申请量位居其后,同时中国科学院作为科研机构在词法分析方面也有较强的技术积淀;北京知道未来信息技术有限公司作为一家新兴的科技公司,在词法分析申请量方面有较好表现;在前十申请人中,科研院所占据5席,这充分说明科研院所是该领域技术创新的重要力量。同时,我们还可发现,这些主要申请人大部分都位于北京。

3.3.3 国内主要发明人

从图3-3-4可知,来自北京知道未来的唐华阳、岳永鹏占据了发明人的第一位、第二位,两人属于同一创新团队,进行了长期的技术协同合作,申请量均为16件;来自上海智臻智能网络的张昊位列第三,申请量为11件,来自阿里巴巴的刘林峰排在发明人的第五位,申请量为10件。

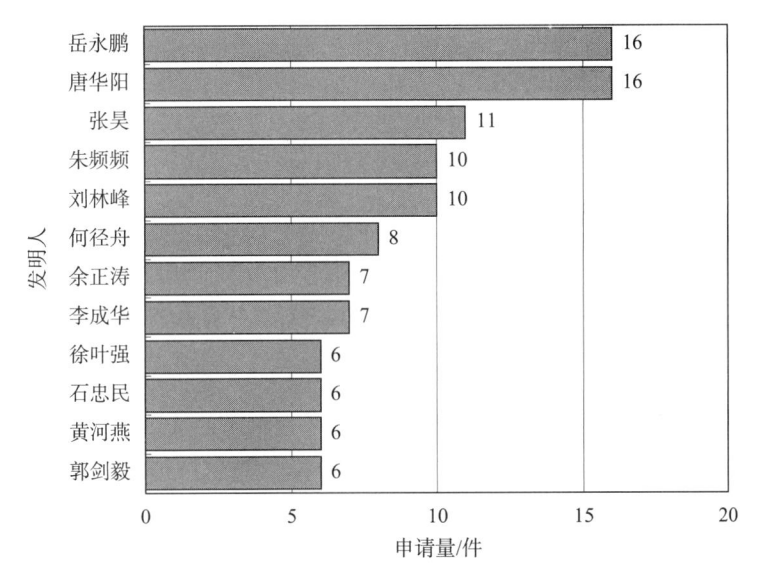

发明人	申请量/件
岳永鹏	16
唐华阳	16
张昊	11
朱频频	10
刘林峰	10
何径舟	8
余正涛	7
李成华	7
徐叶强	6
石忠民	6
黄河燕	6
郭剑毅	6

图3-3-4 词法分析国内申请主要发明人及其申请量排名

3.4 国内申请区域分析

从图3-4-1可以看出,词法分析技术来源地排名前三位的分别是北京、广东、江苏,申请量分别为289件、110件和59件。北京的申请量遥遥领先,这与该领域的重要申请人大部分分布在该地区有关,北京成为我国词法分析最主要的技术高地。位居第二的广东申请量与北京之间差距较大,不及北京的一半;而位居第三的江苏也仅是广东的一半左右,由此前三名的申请区域实力悬殊。同时,排名前三位的申请区域也均是我国经济发达地区。这表明经济发达地区参与词法分析技术研发的企业较多,投入较大,对该领域较为重视。

申请量分布

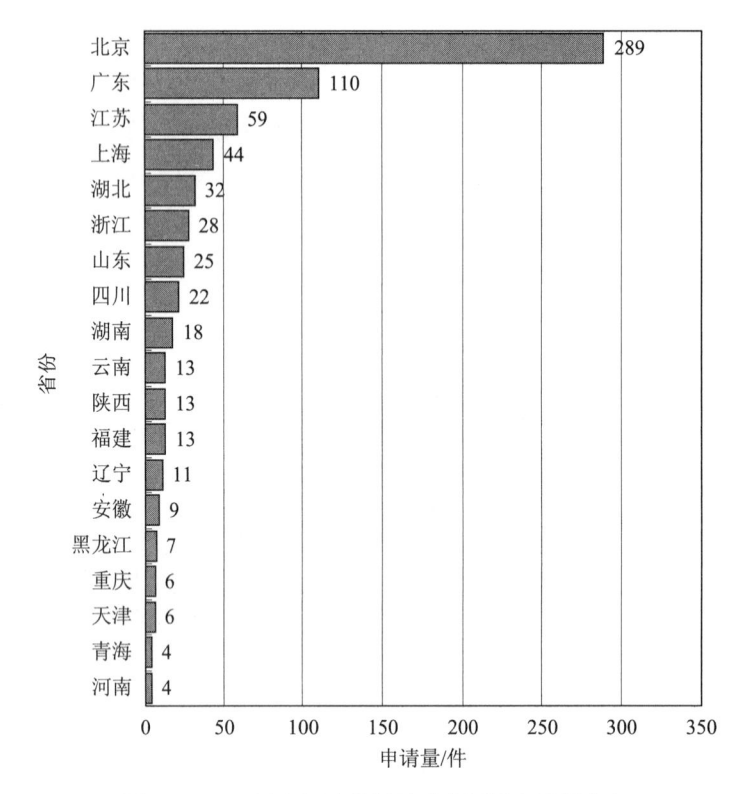

省份	申请量/件
北京	289
广东	110
江苏	59
上海	44
湖北	32
浙江	28
山东	25
四川	22
湖南	18
云南	13
陕西	13
福建	13
辽宁	11
安徽	9
黑龙江	7
重庆	6
天津	6
青海	4
河南	4

图 3-4-1　国内词法分析技术来源地申请量分布

3.5　技术构成分析

图 3-5-1　词法分析技术构成

词法分析向用户提供分词、词性标注、命名实体识别三大功能。该服务能够识别出文本串中的基本词汇（分词），对这些词汇进行重组，标注组合后词汇的词性，并进一步识别出命名实体（参见图 3-5-1）。

分词，是将连续的字序列按照一定的规范重新组合成词序列的过程。众所周知，在英文的行文中，单词之间是以空格作为自然分界符的，而中文、日文等语言中的字、句和段能通过明显的分界符来简单划界，唯独词没有一个形式上的分界符，因此分词是中文、日文等自然语言处理的一项基础性工作，是首先要解决的问题。

下面简要介绍目前的分词方法，词典分词方法是按照一定策略将待分析汉字串与词典中的词条进行匹配，若在词典中找到某个字符串，则匹配成功。该方法需要确定三个要素：词典、扫描方向、匹配原则。比较成熟的几种词典分词方法有：正向最大匹配法、逆向最大匹配法、双向最大匹配法、最少切分等。实际分词系统，都是把词典分词作为一种初分手段，再通过各种其他的语言信息进一步提高切分的准确率。词典分词方法包含两个核心内容：分词算法与词典结构，算法设计可从以下几方面展开：

①字典结构改进；②改进扫描方式；③将词典中的词按由长到短递减顺序逐字搜索整个待处理材料，一直到分出全部词为止。词典结构是词典分词算法关键技术，直接影响分词算法的性能。3个因素影响词典性能：①词查询速度；②词典空间利用率；③词典维护性能。

统计分词方法，统计方法思想基础是：词是稳定的汉字的组合，在上下文中汉字与汉字相邻共现的概率能够较好地反映成词的可信度。因此对语料中相邻共现的汉字的组合频度进行统计，计算它们的统计信息并作为分词的依据。常用统计量有如词频、互信息、t-测试差，相关分词模型有最大概率分词模型、最大熵分词模型、N-Gram元分词模型、有向图模型等。人工智能技术主要包括专家系统、神经网络和生成-测试法三种。分词专家系统能充分利用词法知识、句法知识、语义知识和语用知识进行逻辑推理，实现对歧义字段的有效切分。采用神经网络与专家系统的人工智能分词算法与其他方法相比具有如下特点：①知识的处理机制为动态演化过程；②字词或抽象概念与输入方式对应，切分方式与输出模型对应；③能较好地适应不断变化的语言现象，包括结构的自组织和词语的自学习；④新知识的增加对系统处理速度影响不大，这与一般机械匹配式分词方法有很大区别[1]。

词性标注，是给自然语言中每一个词都赋予其词性标记，为了给以后的工作提供词的基本信息，就需要先确定每个词是名词、动词、形容词或其他词性。正确的词性标注是自然语言处理的一个基本步骤，错误的词性判断可能会导致整个句子的理解错误。词性标注系统的实现及效果依赖于词性标注的理论与方法。归纳起来，目前的词性标注系统一般采用的方法主要有以下几种类型：①基于规则的方法，基于规则的方法是利用语言学家手工制定的内省的规则，对文本进行词性标注，最初的词性标注系统就是采用了这种方法，且国外在20世纪70年代初主要采用这种方法。②基于统计的方法，20世纪80年代初，随着经验主义方法在计算语言学中的重新崛起，统计方法在词性标注中占据了主导地位，对于给定的输入词串，基于统计的方法先确定其所有可能的词性串，然后对它们分别打分，并选择得分最高的词性串作为最佳的输出。常见的方法有基频度的方法、基于元模型的方法和基于隐马尔可夫模型的方法。其中，结合算法的词性标注方法最为常见与成熟。近年来，决策树、最大熵模型等方法也被用在词性标注上，并取得了不错的效果。③统计和规则结合的方法，这种方法结合统计和规则两种方法的优势，弥补对方的缺点，能够有效地进行词性标注。例如，北京大学计算语言学研究所提出了一种先规则、后统计的规则和统计相结合的标注算法，其准确率达到了96.6%。④基于神经网络和遗传算法的方法，近年来，出现了一些利用神经网络进行词性标注的方法，但这类方法还处在起步阶段，不是十分成熟。[2]

命名实体识别，主要任务是识别出文本中的人名、地名等专有名称和有意义的时间、日期等数量短语并加以归类。命名实体（Named Entity，NE）作为一个明确的概念

---

[1] 奉国和，郑伟. 国内中文自动分词技术研究综述 [J]. 图书情报工作，2011, 55 (02): 41-45.
[2] 张卫. 中文词性标注的研究与实现 [D]. 南京：南京师范大学，2007.

和研究对象,是在1995年11月的第六届 MUC 会议(the Sixth Message Understanding Conferences,MUC-6)上被提出的。MUC-6 和后来的 MUC-7 并未对什么是命名实体进行深入的讨论和定义,只是说明了需要标注的实体是"实体的唯一标识符"(Unique Identifiers of Entities),规定了 NER 评测需要识别的三大类(命名实体、时间表达式、数量表达式)、七小类实体,其中命名实体分为:人名、机构名和地名。MUC 之后的 ACE 将命名实体中的机构名和地名进行了细分,增加了地理-政治实体和设施两种实体,之后又增加了交通工具和武器。CoNLL-2002、CoNLL-2003 会议上将命名实体定义为包含名称的短语,包括人名、地名、机构名、时间和数量,基本沿用了 MUC 的定义和分类,但实际的任务主要是识别人名、地名、机构名和其他命名实体,SIGHAN Bakeoff-2006、Bakeoff-2007 评测也大多采用了这种分类。[1]

评判一个命名实体是否被正确识别包括两个方面:实体的边界是否正确、实体的类型是否标注正确。英语中的命名实体具有比较明显的形态标志,如人名、地名等实体中的每个词的第一个字母要大写等,所以实体边界识别相对汉语来说比较容易,任务的重点是确定实体的类型。和英语相比,汉语命名实体识别任务更加复杂,由于分词等因素的影响难度较大,其难点主要表现在如下几个方面:①命名实体类型多样,数量众多,不断有新的命名实体涌现,如新的人名、地名等,难以建立大而全的姓氏库、名字库、地址库等数据库。②命名实体构成结构比较复杂,并且某些类型的命名实体词的长度没有一定的限制,不同的实体有不同的结构,比如组织名存在大量的嵌套、别名、缩略词等问题,没有严格的规律可以遵循;人名中也存在比较长的少数民族人名或翻译过来的外国人名,没有统一的构词规范,因此,对这类命名实体识别的召回率相对偏低。③在不同领域、场景下,命名实体的外延有差异存在分类模糊的问题,不同命名实体之间界限不清晰,人名也经常出现在地名和组织名称中,存在大量的交叉和互相包含现象,而且部分命名实体常常容易与普通词混淆,影响识别效率。在个体户等商户中,组织名称中也存在大量的人名、地名、数字的现象,要正确标注这些命名实体类型,常常要涉及上下文语义层面的分析,这些都给命名实体的识别带来困难。④在不同的文化、领域、背景下,命名实体的外延有差异,对命名实体的定界和类型确定,目前还没有形成共同遵循的严格的命名规范。⑤命名实体识别过程常常要与中文分词、浅层语法分析等过程相结合,分词、语法分析系统的可靠性也直接决定命名实体识别的有效性,使中文命名实体识别更加困难。[2]

3.5.1 全球词法分析

图3-5-2展示了词法分析技术的全球专利申请在3个二级分支的分布情况。由该图可以看出,针对命名实体识别的技术研究最为活跃,占比达46%,其次是分词(30%)和词性标注(22%)。命名实体识别技术是信息抽取、信息检索、机器翻译、

---

[1] 刘浏,王东波. 命名实体识别研究综述[J]. 情报学报,2018,37(3):329-340.
[2] 孙镇,王惠临. 命名实体识别研究进展综述[J]. 现代图书情报技术,2010,26(6):42-47.

问答系统等多种自然语言处理技术必不可少的组成部分，因此，随着自然语言处理应用技术的迅速发展，命名实体识别技术成为词法分析的第一大分支也是顺理成章的。而分词技术仅涉及中文、日文、韩文等无空格语言，英语这一全球第一大语言无需分词，因此，对分词技术的研究以中国、日本、韩国等国为主。

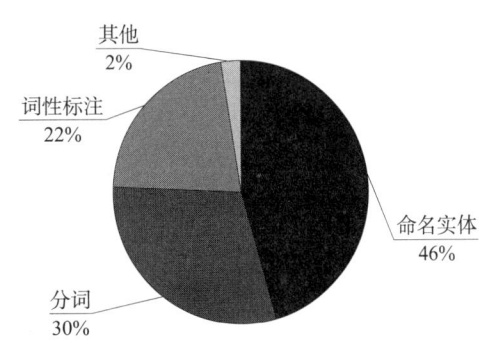

图3-5-2 词法分析全球专利技术构成

从图3-5-3各技术构成专利申请趋势可知，1995年之前，各分支的申请量均较小，每年在20项以内，技术发展较为缓慢，各分支间申请量的差异不明显，处于技术的萌芽阶段；从1995年开始，命名实体识别和分词技术都表现出了明显增长势头，其中分词技术的申请量趋势总体呈锯齿状，在震荡中上升，且于2013年左右开始出现剧增，这与中国在分词方面的技术发展密切相

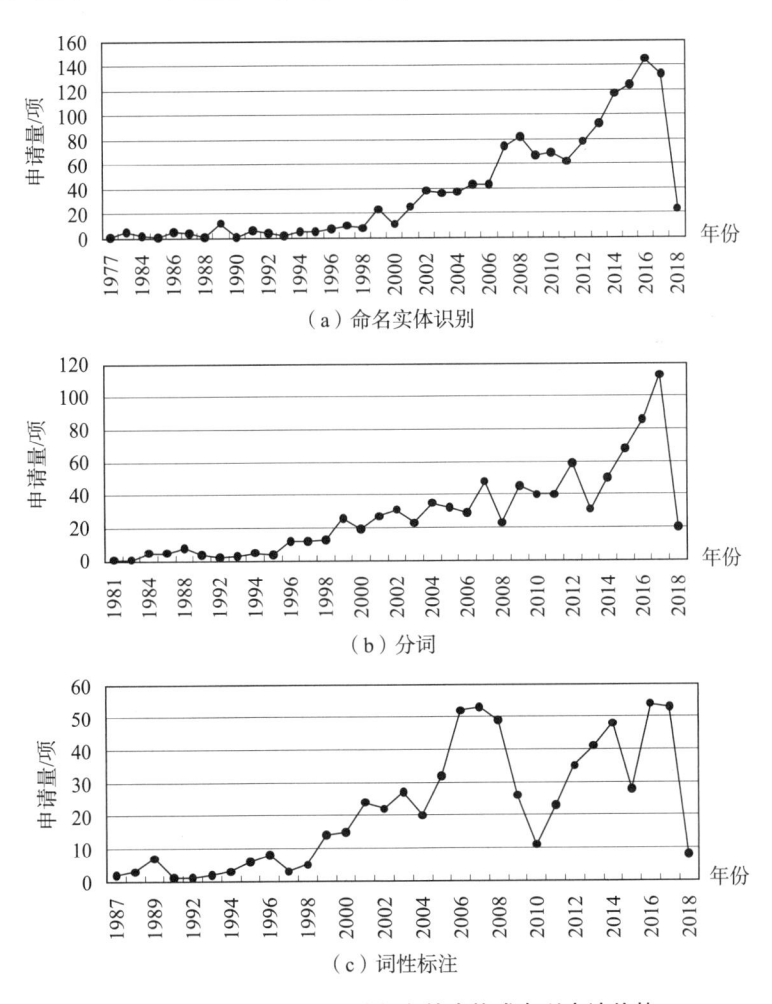

（a）命名实体识别

（b）分词

（c）词性标注

图3-5-3 全球词法分析各技术构成专利申请趋势

关，命名实体识别技术则上升相对平稳，并在 2010 年之后呈指数增长；而词性标注技术从 1995 年开始到 2008 年左右增势也十分明显，但在 2008~2010 年申请量有较大幅度的回落，此后才逐步上升。

从表 3-5-1 各主要技术原创国家或地区的技术构成分析可知，美国的研究重心在命名实体识别，占据词法分析研究的 70% 左右，在命名实体识别方面的创新能力相对其他各国具有压倒性的优势；同时，词性标注方面的研究也大大领先其他国家，美国在命名实体识别和词性标注方面的专利数量均大于其他四国之和，显示出了强大的技术创新能力。而中国则是分词技术的第一大国，占比接近五国总和的一半，日本在分词方面位居第二，中日两国均把研究重点放在分词技术，与东亚语言自然语言处理中分词是最基础的、技术难度较大相关。中国在词法分析方面起步虽晚，但在分词方面的技术发展却取得了瞩目的成绩。韩国、欧洲的研究重点均放在命名实体识别，与美国、中国、日本三国在 3 个分支均存在较大差距。

表 3-5-1　主要技术来源国家或地区技术构成布局情况　　　　单位：项

优先权国家或地区	词性标注	分词	命名实体识别
美国	314	163	714
中国	99	400	241
日本	108	248	132
韩国	37	23	80
欧专局	37	17	56

3.5.2　中国专利申请

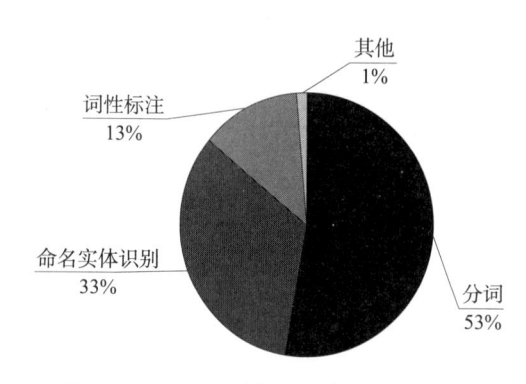

图 3-5-4　词法分析中国专利申请技术构成

从图 3-5-4 国内专利技术构成分析可知，与全球专利技术构成命名实体识别排名第一不同，分词是中国创新主体的研究重点，占据一半以上。这与中文的语言特点有关，分词是中文的一大重点和难点，也是进行中文自然语言处理的基础。同时，命名实体识别占比为 33%，排名第二位，相对词性标注的 13%，占比也较大。由此可见，中国对词法分析的研究主要集中在分词和命名实体识别这两个分支。

从图 3-5-5 中国各技术构成申请趋势可知，中国在这 3 个技术分支起步均较晚，2005 年各分支的专利申请数量均不超过 10 件，到 2005 年分词技术率先发力，且持续领先其他两个分支；分词和命名实体识别均从 2012 年左右开始呈现指数增长，词性标注技术发力稍晚，于 2014 年左右开始呈指数增长。3 个分支的发展形式目前均较好，

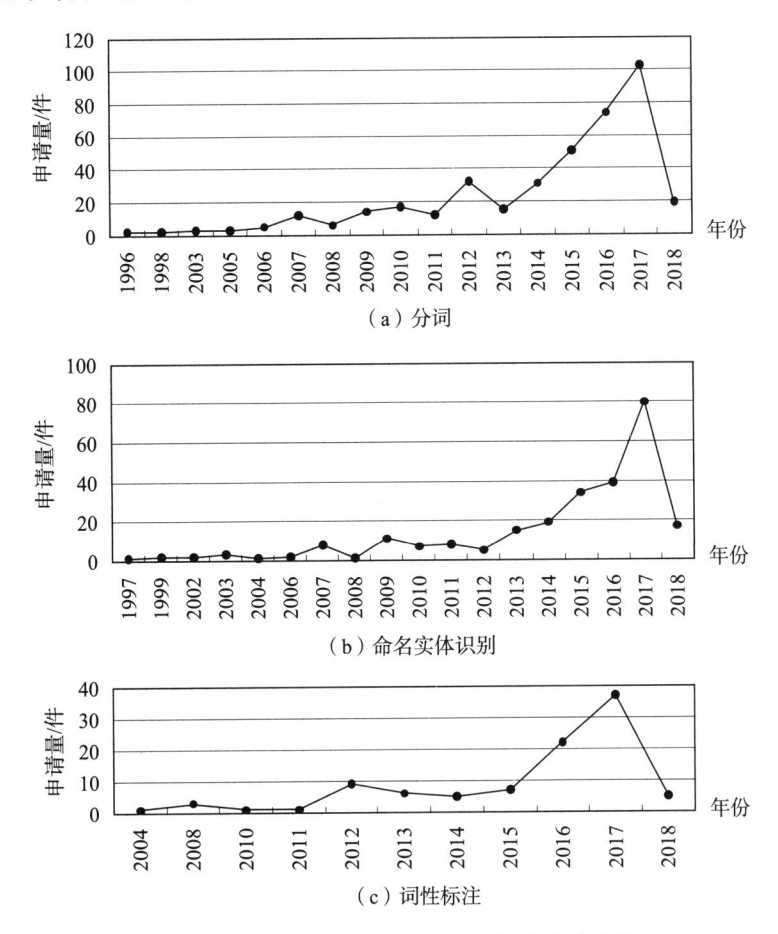

这得益于国内创新主体近年来在词法分析各分支的持续研发和投入。

图3-5-5 词法分析中国各技术构成申请趋势

3.5.3 国外主要申请人

从表3-5-2国外主要申请人专利技术构成分析可知，各主要申请人在3个分支上的布局存在差异。IBM主要在命名实体识别技术布局，且优势明显，申请量高达139项，在分词技术和词性标注方面的申请量分别为21项和14项，与命名实体识别差距较大；微软的研发侧重点也在命名实体识别，申请量为98项，而在词性标注方面申请量也较大，达到53项，在该分支中排名第一，分词技术相对较少，为26项；谷歌的重点也同样在命名实体识别，申请量达56项，词性标注和分词申请量分别为10项、7项，3个分支的总申请量与IBM和微软有较大差距；来自日本的NTT通信研究重点在分词技术，申请量为33项，这与日文的语言特点密切相关。整体来看，前三名的美国申请人的研究重点都在命名实体识别，IBM在命名实体识别的申请量居首，巨大的优势使其地位难以撼动，而申请总量第二的微软却在词性标注方面申请量排名第一，日本申请人NTT通信在分词技术方面的申请量位居榜首。

表 3-5-2 词法分析国外主要申请人专利技术构成 单位：项

申请人	词性标注	分词	命名实体识别	其他
IBM	14	21	139	1
微软	53	26	98	2
谷歌	10	7	56	0
NTT 通信	17	33	22	0
黑莓	44	9	28	0
美国电话电报	14	9	14	0
施乐	13	0	20	8
富士通	4	11	24	0
韩国电子通信研究院	16	4	15	1
日本电气	13	12	9	0

3.5.4 国内主要申请人

国内主要创新主体专利技术构成如表 3-5-3 所示。除中国科学院外，其他多数企业创新主体均在分词技术布局最多，绝大部分创新主体在词性标注布局较少，有的重要申请人甚至在词性标注方面的布局为空白，整体存在明显技术短板，今后应着重加强在词性标注方面的技术研发和投入，弥补技术上的不足。百度在分词技术的优势较为明显，后续应加强各个分支的协调发展；中国科学院是排名前五的唯一一所科研院所，其以中国科学院计算技术研究所自然语言处理组为依托，在科研团队上具有优势，后续应加强与百度、腾讯等领先企业合作，注重技术的转化和转移；北京知道未来信息技术有限公司作为一家成立不久的新创型公司在分词和命名实体方面均有较好的表现，相对其他小型公司具有较好的专利布局意识。从专利布局整体来看，国内缺少巨头引领该领域的发展。

表 3-5-3 词法分析国内主要创新主体专利技术构成 单位：件

申请人	词性标注	分词	命名实体识别	其他	总计
百度	2	23	8	2	35
腾讯	1	15	6	0	22
中国科学院	2	8	10	0	20
北京知道未来	0	8	8	0	16
奇虎	0	10	3	0	13
国家电网	1	7	5	0	13
浙江大学	0	7	6	0	13

续表

申请人	词性标注	分词	命名实体识别	其他	总计
昆明理工大学	2	4	5	0	11
北京大学	2	5	3	0	10
北京邮电大学	1	6	2	1	10
奇智软件	0	9	1	0	10
上海智臻智能	5	4	1	0	10

3.6 技术发展路线分析

3.6.1 分　词

从图3-6-1分词技术发展路线可知，分词技术在1980年之前的几乎没有相关的专利申请；1980~1990年，主要是基于词典的机械分词方法，机械分词是按照一定的策略将待分析的字符串与一个"充分大的"机器词典中的词条进行匹配，若在词典中找到某个字符串，则匹配成功，按照扫描方向的不同，匹配分词方法可以分为正向匹配和逆向匹配，按照不同长度优先匹配的情况，可以分为最大（最长）匹配和最小（最短）匹配。

最早基于词典的分词方法为日立于1985年提出的将文本分割成单词的方法（US4750122），该方法包括：使用文本中的字符串作为搜索键进行字典搜索，并检查从字典中检索的单词是否可以在语法上与相邻的另一个单词相连接，分割处理仅使用在单词字典中注册的单词进行，当分割处理陷入死锁时进行识别未知单词的处理，然后继续对识别出的未知单词后面的文本部分进行分割处理。随后，富士通公司于1986年提出了一种分词处理系统（JPS62219160A），该系统在存在未登录词时，使其如同已注册单词一样，也进行未登录词的分词处理，通过将输入文本的字符以词为单位进行划分，检索词典的内容，并且在查找未登录词需要执行回溯跟踪时，构成分割结果，未登录词处理部以未登录词已被视为临时注册的词来执行分割处理。未登录词识别是分词技术的重点和难点，IBM于1988年提出了一种分词器（JPH01234975），其中重点介绍了未登录词的识别方法，当句子通过词典进行划分出现未登录词时，以各种模式尝试性地划分包括未登录词的字符串，并将部分被切分的字符串与词典中的词进行匹配，基于该部分字符串被匹配的数量来决定最可能切分，这样可以省略字典的管理和更新。1996年，陈肇雄提出了一种全自动汉语分词系统（CN1152749），其中的边求解系统采用正向最大匹配算法，从左到右进行词典匹配，为实现高速度的要求，系统不仅建立巧妙的词典索引结构，同时建立了最大词长信息域，以识别以某字开头的词在词典里的最大长度，该系统为最大匹配法在分词中的较早应用。

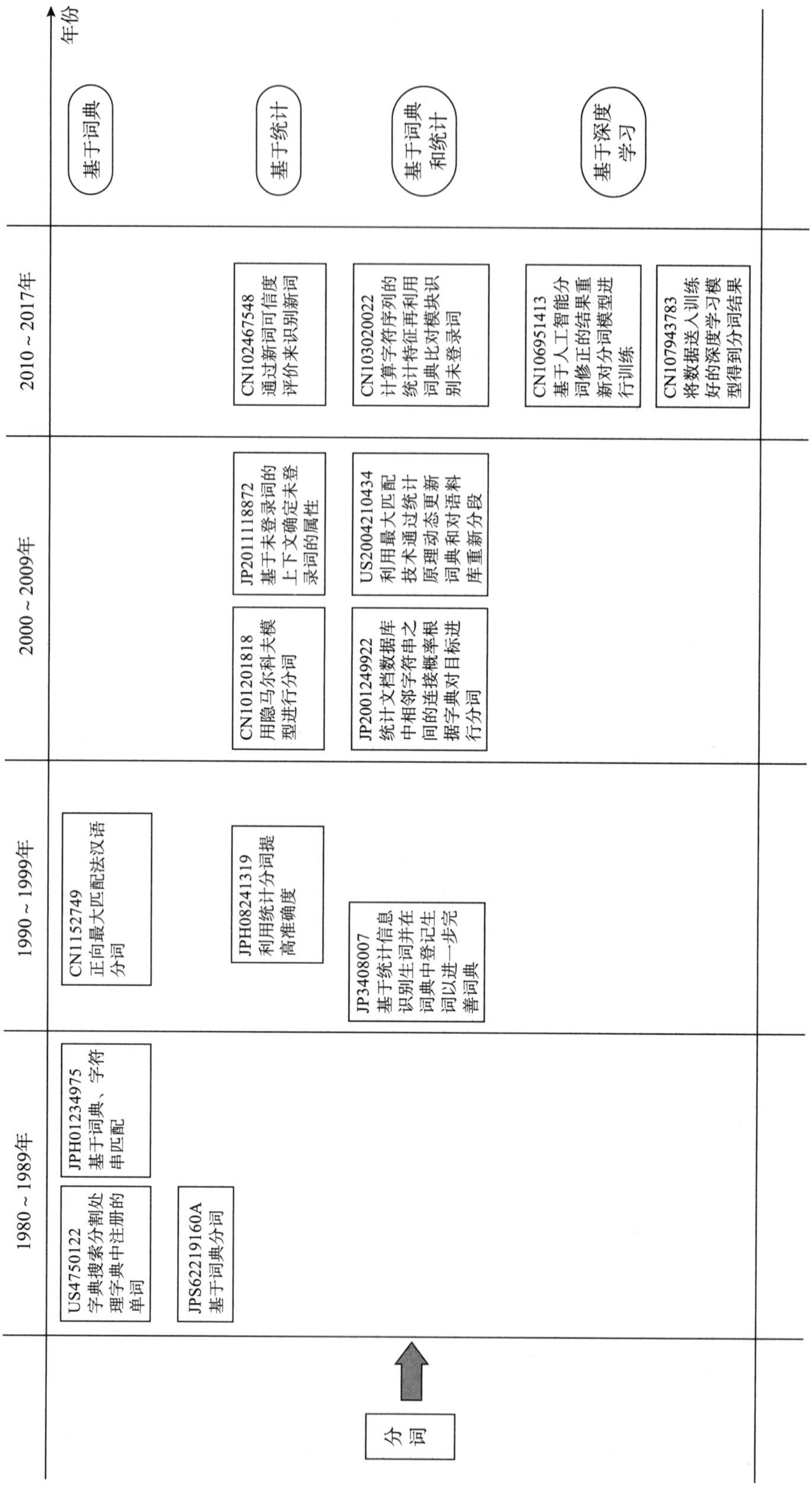

产业专利分析报告（第68册）

图3-6-1 分词技术发展路线

1980～1989年：
- US4750122 字典搜索分割处理字典中注册的单词
- JPH01234975 基于词典、字符串匹配
- JPS62219160A 基于词典分词

1990～1999年：
- CN1152749 正向最大匹配法汉语分词
- JPH08241319 利用统计分词提高准确度
- JP3408007 基于统计信息识别生词并在词典中登记，进一步完善词典

2000～2009年：
- CN101201818 用隐马尔科夫模型进行分词
- JP2001249922 统计文档数据库中相邻字符串之间的连接概率根据字典对目标进行分词
- JP2011118872 基于未登录词的上下文确定未登录词的属性
- US2004210434 利用最大匹配技术通过动态统计原理词典和对语料库重新分段

2010～2017年：
- CN102467548 通过新词可信度评价来识别新词
- CN103020022 计算字符序列的统计特征后再利用词典比对模块识别未登录词
- CN106951413 基于人工智能分词修正的结果重新对分词模型进行训练
- CN107943783 将数据送入训练好的深度学习模型得到分词结果

分类：
- 基于词典
- 基于统计
- 基于词典和统计
- 基于深度学习

分词

188

到1990年后开始出现基于统计的分词方法，以突破待处理文本领域的限制，由于词是稳定的字的组合，因此在上下文中，相邻的字同时出现的次数越多，就越有可能构成一个词，因此字与字相邻共现的频率或概率能够较好地反映成词的可信度。基于统计的分词方法所应用的主要统计量或统计模型有：互信息、N元文法模型、隐马尔科夫模型和最大熵模型等。其中，冲电气公司于1995年采用统计分析方法来进行分词，以提高准确度（JPH08241319）。

李萍于2006年提出了一种采用隐马尔可夫模型进行语言分词的方法（CN101201818），该方法包括：将待分词的句子进行各种可能的分词后的序列作为该语言隐马尔可夫模型的输入，选择概率最大的输出所对应的分词序列，具有良好的扩充性；日本电气于2009年提出了一种用于确定未登录词的类别的方法（JP2011118872），通过从文集生成所述未登录词的上下文，以及根据所述未登录词的上下文以及同义词，确定所述未登录词所属的类别；腾讯于2010年提出一种新词识别方法（CN102467548），对提取的候选词在评测数据集中的出现情况进行统计，评价新词的可信度，将可信度超过预设值的新词识别出来。

为了弥补单独采用词典或统计方法分词的缺点，在20世纪90年代即出现了基于词典和统计结合的分词方法，其中，日本三洋于1995年提出了一种提高生词识别精度的方法（JP3408007），基于统计信息在分词时从日语句子中提取出生词，并将该生词登记入词典，以便于后续利用；东芝于1999年提出了一种分词器（JP2001051992），分词器与词典和统计合成部连接，实现分词；松下于2000年提出了一种字符串划分方法（JP2001249922），通过统计计算在文档数据库中出现的两个相邻字符之间的连接概率，根据字典将目标字符串分段成多个词，当划分存在多个候选时，根据计算出的连接概率，从多个候选中选择正确的划分模式；微软于2000年利用最大匹配技术（US2004210434），根据由接收的语料库获得的词典和分段建立初始语言模型，并根据统计原理，动态更新词典和对语料库进行重新分段，反复改进初始语言模型；北京航空航天大学于2012年提出一种基于改进信息熵特征的中文未登录词识别方法（CN103020022），计算所有字符序列的统计特征，使用训练好的成词识别的分类器进行分类处理，判断字符序列成词或者不成词，词典比对模块，将成词识别模块获得的成词字符序列与词典文件对比，词典文件中不存在字符序列的即是未登录的词汇。

自2010年以后，特别是近3年，由于人工智能技术的兴起和发展，推动了人工智能技术在分词技术中的应用。这种分词方法是通过让计算机模拟人对句子的理解，达到识别词的效果。其中，百度于2017年提出了一种基于人工智能的分词方法（CN106951413），通过在屏幕上显示分词模型对目标文本的分词结果，分词结果中包括分词模型输出的多个分词，在分词结果中存在分词边界错误的目标分词时，对分词结果进行修正得到修正分词结果，根据修正分词结果重新对分词模型进行训练，使得分词结果更加准确；北京知道未来信息技术有限公司于2017年提出了一种基于长短期记忆神经网络模型（LSTM）－卷积神经网络（CNN）的分词方法（CN107943783），将数据转换为对应的编号和标签送入模型LSTM－CNN，训练该深度学习模型的参数，将待预测的数据转换成与该深度学习模型匹配的数据，并将其送入训练好的深度学习模型，得到分词结果。

目前，基于专家系统的分词法和基于神经网络的分词法是研究的热点。

3.6.2 词性标注

从图3-6-2词性标注的技术发展路线可知，在1980年前鲜有关于词性标注的专利申请。1980~1990年，出现了基于规则的词性标注方法，是人们提出较早的一种词性标注方法，基于规则的基本思想是建立标注规则集，并尽可能地使该标注规则集精确，而后使用该规则标注集对待标注语料进行标注，从而得到正确的标注结果。基于规则的词性标注的缺点是针对性太强，很难进行进一步升级，也很难根据实际数据进行调整，在实际使用场合的表现不好。其中，美国电话公司于1988年提出了一种识别词性的方法（US5146405），其中涉及使用标记列表对词进行标签化，以识别标点符号、实词、名词等词性；日本三菱公司于1994年提出了词性标注装置（US5477448），其中涉及上下文相关的词典查找模块，从词典中查找与识别词性识别结果最相关的条目，进而使词性识别更准确。1990年后，基于统计的词性标注技术得到发展，隐马尔科夫、条件随机场等模型应用到了词性标注中，全部知识是通过语料库的参数训练自动得到，可以获得很好的一致性和很高的覆盖率，由此基于统计的词性标注方法被广泛应用。

但基于统计的方法也同样存在缺点和局限性，例如在建立模型参数时，需要大量的训练语料，训练语料的选择会影响到精度；其中，施乐于1997年提出一种对词性标注有利的从隐马尔科夫导出的顺序变换器（WO1999001828）；韩国蔚山大学于2009年提出了使用隐马尔科夫模型的词性和同形词性标注方法（KR101079869）；韩国电信公司于2009年利用实时统计库对标注结果进行修正（KR20110018140）。由于基于规则和基于统计的方法在处理某些问题时都不能做到尽如人意，于是提出了基于规则和统计结合的词性标注方法，主要是将词典与统计模型结合，这样相结合的词性标注方法在很大程度上降低了单一方法对标注结果的影响，最大程度发挥了基于规则的方法和基于统计的方法的优点，实际上两种方法相结合其实就是理性主义方法和经验主义方法相结合。其中，韩国电子通信研究院于2002年提出了一种标记词性的方法（KR20040018008），数据存储部存储有包括三元数值的基本词典，词性标注部基于词性统计信息和三元值，从连接列表中选择一个；日本电气株式会社于2008年提出一种词性标注方法（CN101539907），用于通过对词典中的词执行直接成分分析，以生成词性标注模型，以及利用词性标注模型对未登录词进行词性标注；2012年，新疆电力信息通信公司提出一种维吾尔语词性标注方法，构建正确标注规则库及无歧义词性标记词典，提供二级词性标注统计模型，增加标注单词的覆盖率和成功率；2015年苏州大学张家港研究院提出一种基于异构数据库的耦合词性标注方法（CN104965820），根据预设映射规则对异构数据库的词性标注集进行映射处理，建立耦合词性标注集，进而利用该耦合词性标注集对训练数据进行转换，并采用耦合词性标注集标注的训练数据对CRF词性标注模型进行训练，以使训练后的CRF词性标注模型能够自动挖掘识别异构数据中不同的词性标记间的映射关系。

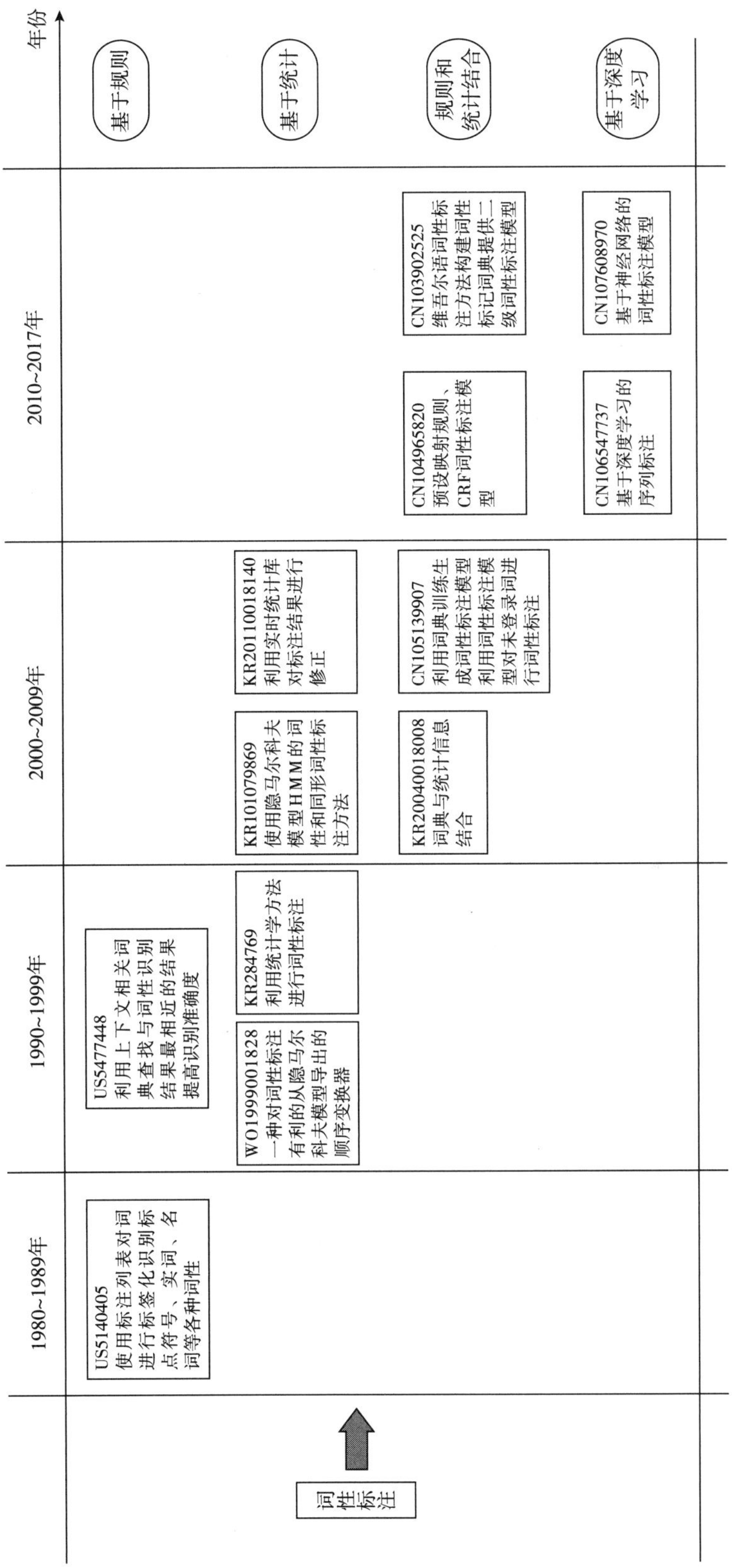

图3-6-2 词性标注技术发展路线

到 2010 年以后，基于人工智能的方法也应用在词性标注中，相对于前面三种方法，该方法具有适应性强、精度高的优点，来自中国的申请人在这方面的研究较多，技术爆发力较强，取得了一系列研究成果。其中，复旦大学于 2016 年提出一种基于深度学习的自然语言处理中的序列标注方法（CN106547737），可用于词性标注，采用基于深度学习的快速序列标注网络结构和学习算法进行网络训练，网络训练后采用维特比解码算法，得到一个分值最高的标签序列作为标注的结果；百度于 2017 年提出一种词性标注模型生成方法（CN107608970），利用用于生成词语对应词向量的神经网络生成用于训练的语句中每一个词语对应的词向量，基于生成的语句中的每一个词语对应的词向量，基于预测出所述语句中的每一个词语的词性和其标注的词性，调整词性标注模型对应的神经网络的参数。

3.6.3　命名实体识别

从图 3-6-3 命名实体识别技术发展路线可知，与分词和词性标注不同，命名实体识别技术起步相对较晚。命名实体作为一个明确的概念和研究对象，是在 1995 年 11 月的第六届信息理解会议上被提出的，早期的命名实体识别工作主要识别一般的"专有名词"，包括三类名词：人名、地名、机构名，这也是 MUC-6 最早定义的任务要识别的名词。微软于 1998 年 7 月申请的专利（US20020003898）提出输入文本中专有名词的识别方法，通过在文本中定位单字符序列，将单个字符序列与词汇知识库进行比较来得出是否存在专有名词，这属于早期的命名实体识别；随后，肯特里奇数字实验公司于 1999 年 4 月提出了用于中文的标记和命名实体识别的系统（US6311152），属于较早的基于统计的命名实体识别方法，通过词典构造字网格，基于统计构造语言上下文和实体模型，该系统可以同时完成加标记和命名的实体识别；财团法人工业技术研究院为了进行命名实体识别及验证于 2002 年 5 月提出一种基于置信度度量的命名实体识别方法（US7171350），其中置信度度量是通过将假定待测试段具有命名实体的概率除以假设待测试段没有命名实体，如果所述置信度测量值大于预定义的阈值，则确定所述待测试段具有命名实体，最后利用统计验证模型进行验证；2003 年新加坡科技研究局将隐马尔科夫模型引入命名实体识别，提出了一种识别并分类文本中命名实体的系统（WO2005064490），利用隐马尔科夫模型来对命名实体进行识别并归类；北大方正于 2007 年提出基于最大熵模型建模和命名实体识别的方法（CN101295292），该方法不需分词，因此解决了进行命名实体识别时，分词错误和它导致的信息丢失而影响识别效果的问题；2013 年中国科学院提出了基于条件随机场的中英文混合命名实体识别方法及系统（CN103309926），根据特征提取的结果并采用训练的 CRF 模型对文本进行实体识别，标记出实体类别，其中，CRF 模型为线性链结构的条件随机场模型，有效地中英文混合实体进行识别。

随着人工智能技术的发展，基于人工智能的命名实体识别成为当下的研究热点，北大方正于 2003 年提出了一种基于深度学习的非监督命名实体语义消歧方法（CN104268200），对词集合中的所有词，使用基于深度学习的词聚类方法 word2vec 进行

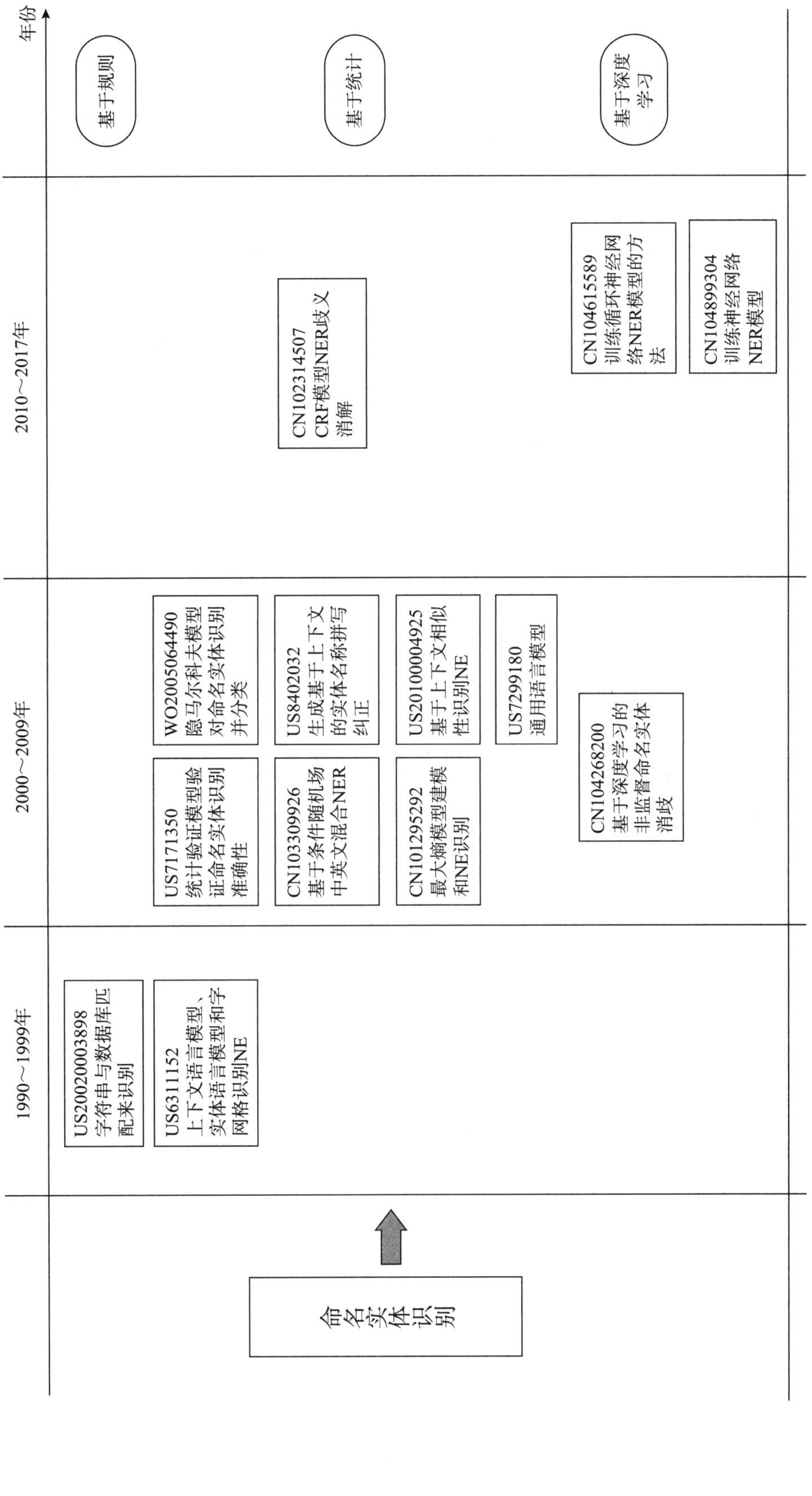

关键技术二

图3-6-3 命名实体识别技术发展路线

关键词聚类，提取和关键词语义接近的词，使用条件随机场模型识别评论数据中的命名实体，实现了以比较高的可解释度和精确度来进行命名实体消歧，满足了特定领域且需要大量的知识库的要求；2015 年百度提出了一种训练命名实体识别模型的方法、命名实体识别方法（CN104615589），将多个标注的样本数据中的分词映射为词向量，以样本数据作为训练样本，对 RNN 命名实体识别模型进行训练，以学习所述 RNN 命名实体识别模型的参数，经训练的模型具有更好的泛化能力，能够快速识别出自然语言文本中的命名实体，且提高了命名实体的识别精度；京东于 2015 年提出一种命名实体识别方法及装置（CN104899304），将所有样本词对应的第一特征向量整体作为神经网络的训练输入量，利用神经网络 BP 算法进行网络参数求解，得到神经网络命名实体识别模型，将各个待测词对应的第二特征向量分别输入模型，输出待测词的实体标记。

3.7 小　结

通过上述分析，我们可以初步得出以下结论：

（1）伴随着自然语言处理技术的整体发展，从专利申请的角度来看，词法分析技术作为一项关键的基础技术近年来也得到了快速的发展。特别是 2010 年以后，更是呈指数增长，我国虽然起步较晚，但近 5 年来在该领域的发展也较为迅速，应继续以基于人工智能的词法分析技术的发展为契机，持续在词法分析上进行研发投入，为自然语言处理技术的发展打下良好的技术基础。

（2）美国在命名实体识别和词性标注方面均具有较大的技术优势，而中国在这两方面恰好存在短板，因此中国需要进一步投入研发力量，尽快缩小在命名实体识别和词性标注技术上的差距。

（3）由于词法分析技术偏重理论，常常涉及算法和数据库上的改进。在中国词法分析方面的创新主体除企业外科研院所是一支不可忽视的力量，如何实现科研院所研究成果的专利化也是一个十分重要的问题。同时，要加强产学研结合，促进科研院所与企业之间的合作，使科研成果能够产业化。

（4）在词法分析方面，中国专利申请的总量排在全球第二位，体量庞大，但申请人较为分散，没有形成真正的领军企业。百度、腾讯等企业应加强核心底层技术的研究，以应用技术的发展倒逼词法分析等基础技术的发展和进步。

（5）抓住人工智能发展战略的契机，以深度学习、神经网络等助推词法分析效率和准确度的提高，如将人工智能技术应用于大型语料库的更新和改进，将人工智能应用于规则的定义等。

第4章　句法分析专利技术分析

句法分析作为自然语言处理的一个基本问题，指通过计算机算法得到自然语言句子的句法结构。它的主要任务是根据特定的语法体系，以语法特征为主要知识源，自动生成由句法单位和句法之间关系构成的句法树。句法分析对于自然语言处理的很多应用，例如统计机器翻译、自动问答系统、信息抽取、自动文摘、搜索引擎等都是至关重要的，直接决定这些应用系统的最终性能，因此对句法分析进行研究有重要意义。

4.1　申请趋势分析

4.1.1　全球申请趋势分析

从图4－1－1句法分析技术的全球发展趋势可以看出，在1985年之前，句法分析的专利技术一直处于起步阶段，每年的申请量不多，申请量增长幅度很小，增长较为缓慢。1990～2004年，句法分析经历了一个快速发展阶段，申请量剧增；之后至2010年，申请量经历了一个小幅震荡阶段；此后，高歌猛进呈指数增长，进入蓬勃发展期。

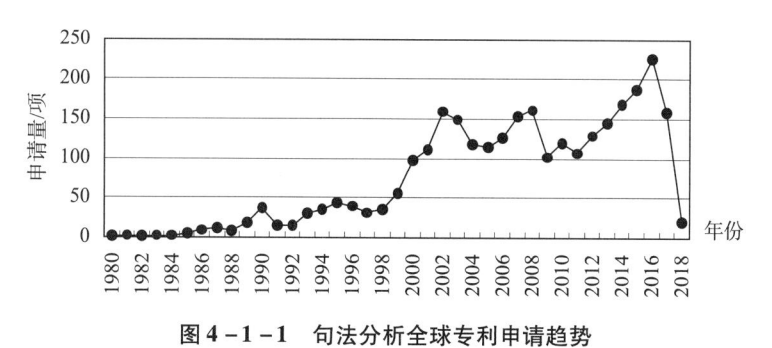

图4－1－1　句法分析全球专利申请趋势

4.1.2　中国申请趋势分析

从图4－1－2句法分析中国专利申请趋势可以看出，中国在句法分析的研究起步较晚，2000年之前每年的申请量均小于5件；2000年之后才真正开始起步，并在2000～2010年有所发展，但成果也并不丰硕；直到2010年之后，句法分析才呈现井喷式发展，申请量从2010年的十几件增长到2016年左右的近百件。这表明随着人工智能的兴起，句法分析技术被提高到了重要地位。

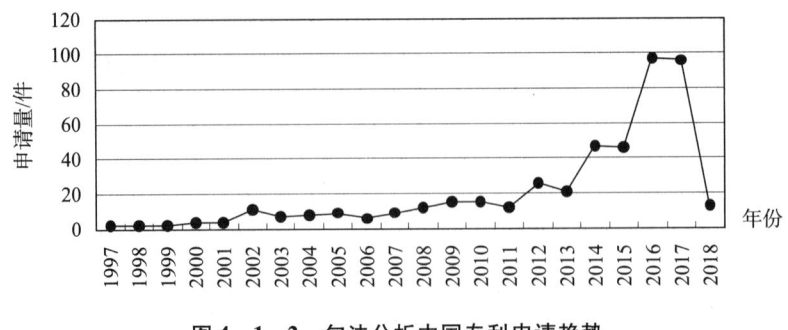

图 4-1-2　句法分析中国专利申请趋势

4.2　专利区域分析

4.2.1　全球技术来源地分布

从图 4-2-1 可以看出，在句法分析原创专利方面，美国雄踞第一位，占比达 40%；日本、中国分别占据第二位、第三位，其中位列第三的中国占比为 15%，与美国和日本均存在较大差距，占比不及日本的一半，仅约为美国的 1/3。由此充分说明美国、日本在句法分析方面技术雄厚，形成了巨大的技术优势，中国要想实现赶超需要付出长期努力。

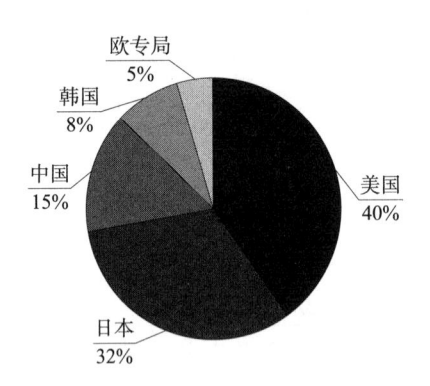

图 4-2-1　句法分析全球主要技术来源国家或地区申请量占比

从图 4-2-2 的各主要技术来源国家或地区申请趋势可知，在 1990 年以前，各主要技术来源国的申请量均较少，日本的申请量占优势；美国从 1991 年左右开始进入快速发展期，一直至 2003 年左右申请量达到 60 余项，并在小幅震荡后于 2008 年左右攀升至 80 余项，但在 2008~2010 年却经历了断崖式下跌，2 年时间从 80 余项跌至 20 余项，这与 2008 年金融危机密切相关，经济上的寒冬直接影响技术的发展，但 2010 年之后又出现了快速增长的势头；日本则在 2005 年左右达到峰值后失去了在该领域的优势，呈现持续下滑的趋势；中国起步很晚，2010 年的申请不足 10 项，从 2010 年左右开始才真正开始发力，剧烈增长至 2017 年的近百项，发展势头迅猛。

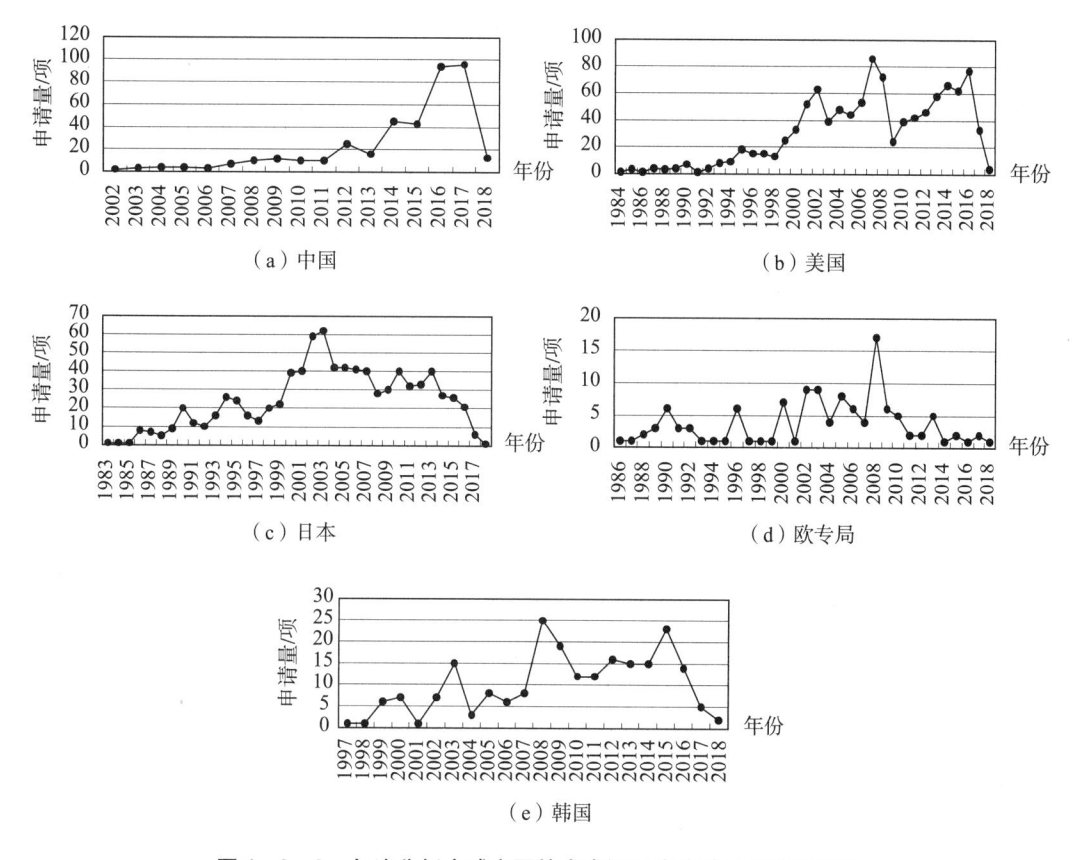

(a) 中国

(b) 美国

(c) 日本

(d) 欧专局

(e) 韩国

图 4-2-2　句法分析全球主要技术来源国家或地区申请量趋势

4.2.2　全球技术目标地分布

综合图 4-2-1 来源地来看目标地占比，如图 4-2-3 所示，和来源地占比一样，美国、日本、中国依旧占据目标国的前三名，中国目标国占比 19%，相对来源国家或

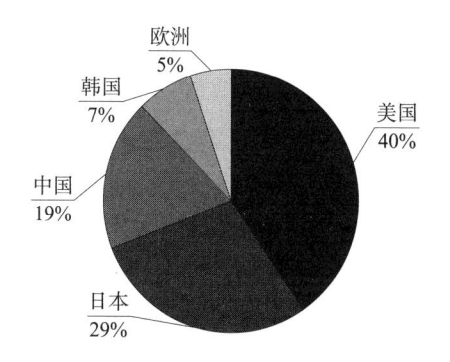

图 4-2-3　句法分析全球主要技术目标地申请量占比

地区的15%有所上升，由此可见，有较多国外技术在国内布局。从图4-2-4可以看出，在1990年之前在这些主要目标地布局均很少，日本在1990~1995年率先成为全球的布局热土，并在1998~2003年呈指数增长，此后在震荡中下滑；美国在1990~2000年申请量均低于20项，2000年以后才开始逐渐成为第一布局地；中国在2010年之前的布局数量均少于20项，自2010年开始才逐渐超过美国成为第一目标国，由此可见中国市场越来越得到世界的重视，韩国和欧洲的历年布局数量均较小，每年不超过20项，市场有待布局和开拓。

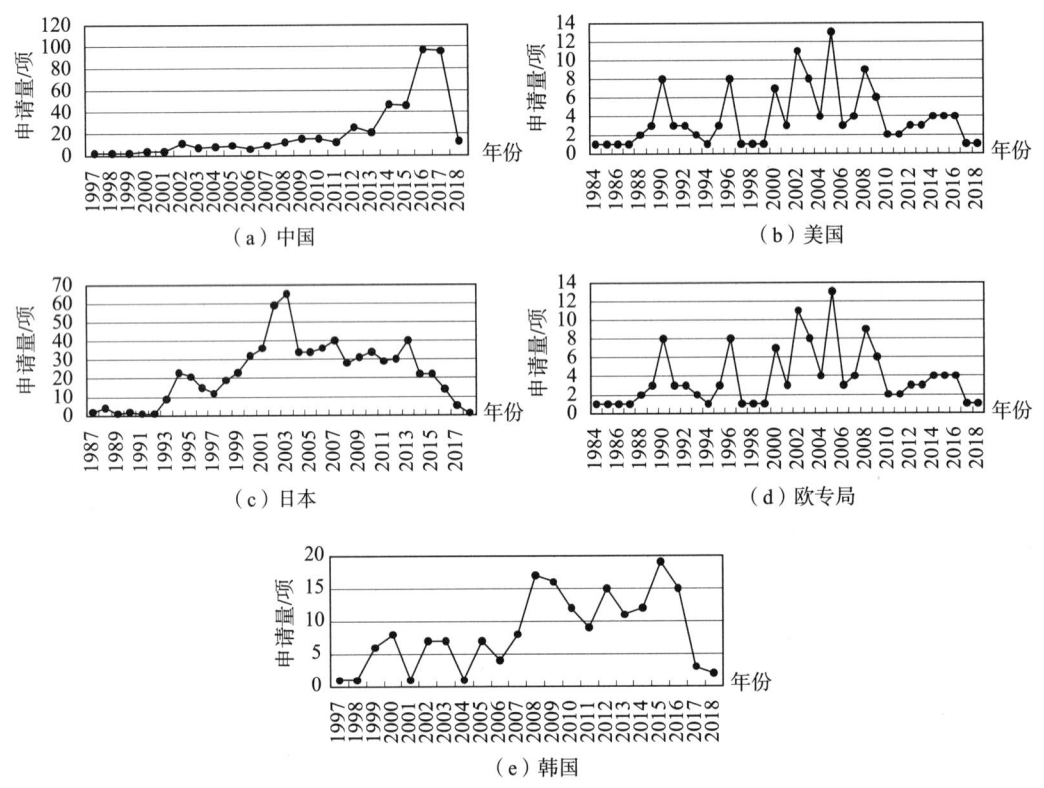

(a) 中国

(b) 美国

(c) 日本

(d) 欧专局

(e) 韩国

图4-2-4 句法分析全球主要技术目标地申请量趋势

4.2.3 中国申请区域分析

从图4-2-5可以看出，句法分析技术专利申请来源地排名前三位的分别是北京、江苏、广东，申请量分别为130件、48件和41件。北京的申请量遥遥领先，这与该领域的重要申请人大量分布在该地区有关，北京成为我国句法分析的最主要的技术高地。位居第二的江苏申请量与北京之间差距较大，仅是北京的1/3左右，而位居第三的广东与江苏申请量相当，由此北京属于第一阵营，江苏、广东属于第二阵营。同时，排名前六的申请区域也均是我国经济发达地区，这表明，经济发达地区参与句法分析技术研发的创新主体较多，投入相对较大。

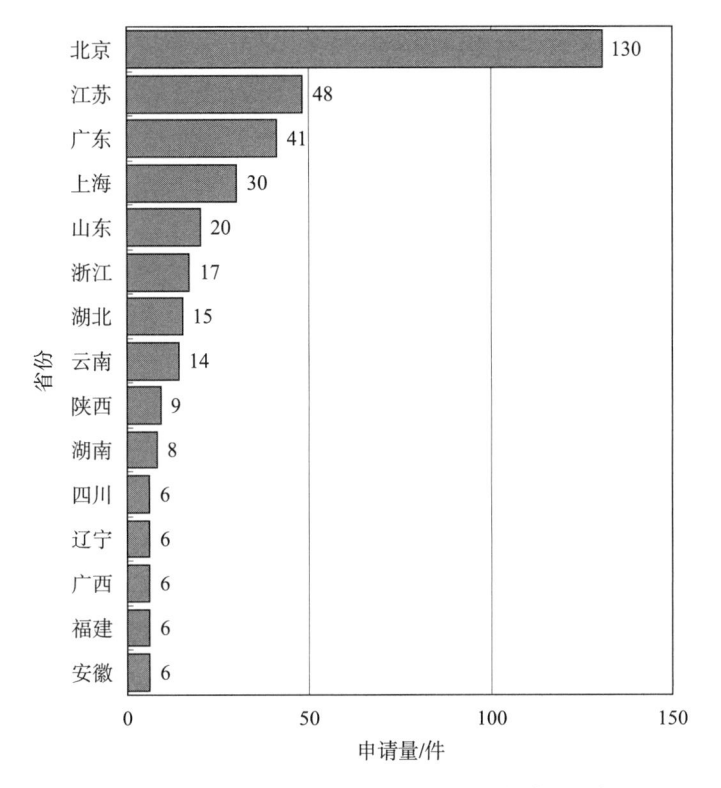

省份	申请量/件
北京	130
江苏	48
广东	41
上海	30
山东	20
浙江	17
湖北	15
云南	14
陕西	9
湖南	8
四川	6
辽宁	6
广西	6
福建	6
安徽	6

图 4-2-5 国内句法分析技术来源地申请量分布

4.3 主要申请人分析

4.3.1 全球主要申请人

由图 4-3-1 的申请人排名可知，IBM 申请量超过 160 项排名第一，微软申请量为 122 项，位居第二，日本的 NTT 通信位居第三，与 IBM 和微软同属第一阵营。整体来看，前十申请中日本占据 6 席，席位数超过一半，足见日本在该领域的整体技术实力；美国占据 2 席，数量虽少，但前两位均是美国公司，技术霸主地位明显；而来自中国台湾的富士康位居第五，申请量为 59 项，有着较为雄厚的技术积累。同时，前 30 位申请人中还有来自中国的中国科学院和苏州大学，申请量分别为 22 项、19 项，申请量均不大。

从图 4-3-2 可知，在 2000 年之前，3 个主要申请人的申请量均不足 5 项，数量较少；2000~2008 年，IBM 和微软均呈现较快速度的发展，且发展势头相当，IBM 无明显优势；2008 年之后，微软的申请量骤降，并且多年持续徘徊在 2~3 项，失去了该领域的领先地位，而 IBM 近 5 年则持续保持着良好的发展势头，进一步巩固了领头羊的地位；NTT 通信 2011 年之前申请量均较少，2011 年之后申请量暴增，连续 3 年超过 IBM，成为后起之秀，但 2014 年之后又持续回落，技术研发持续性略显不足。

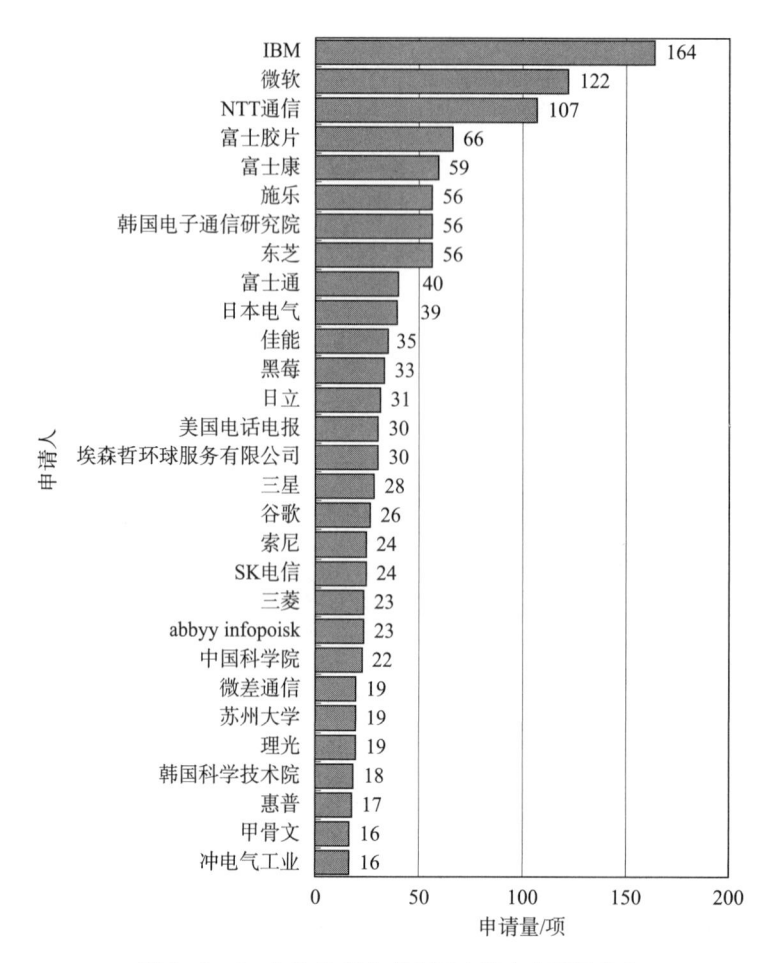

图 4-3-1 句法分析全球主要申请人申请量排名

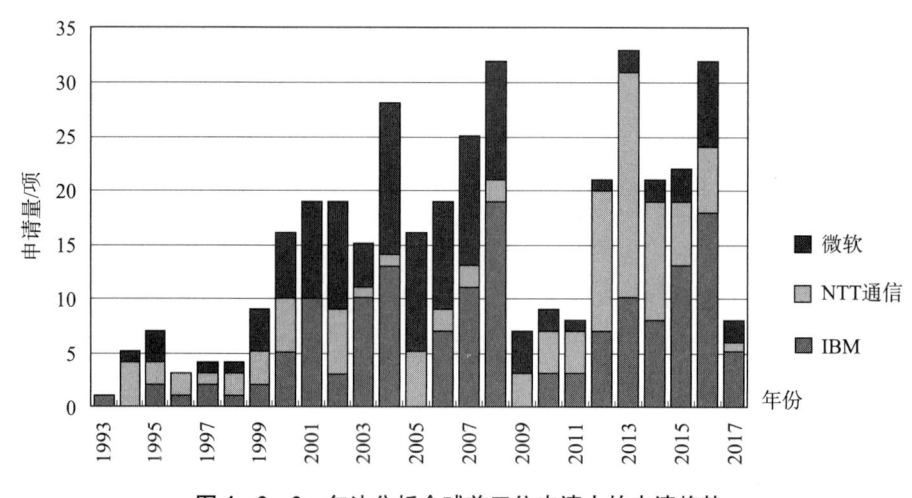

图 4-3-2 句法分析全球前三位申请人的申请趋势

4.3.2 在华主要申请人

从图 4-3-3 可以看出，在国外创新主体中，微软在句法分析方面尤其重视在中国市场的布局，布局专利申请数量为 18 件；在前十申请人中，高校和科研院所占据 7 席。这充分表明，高校和科研院所是国内句法分析技术研究的主力军，要想在句法分析方面后来居上，国内企业应与高校、科研院所加强合作，促进相关技术的产业应用。同时，总体来看，国内前六名之外的申请人申请量均不足 10 件，大部分没有完整的技术储备，申请人分布较为分散，没有形成核心申请人带领行业的进步。

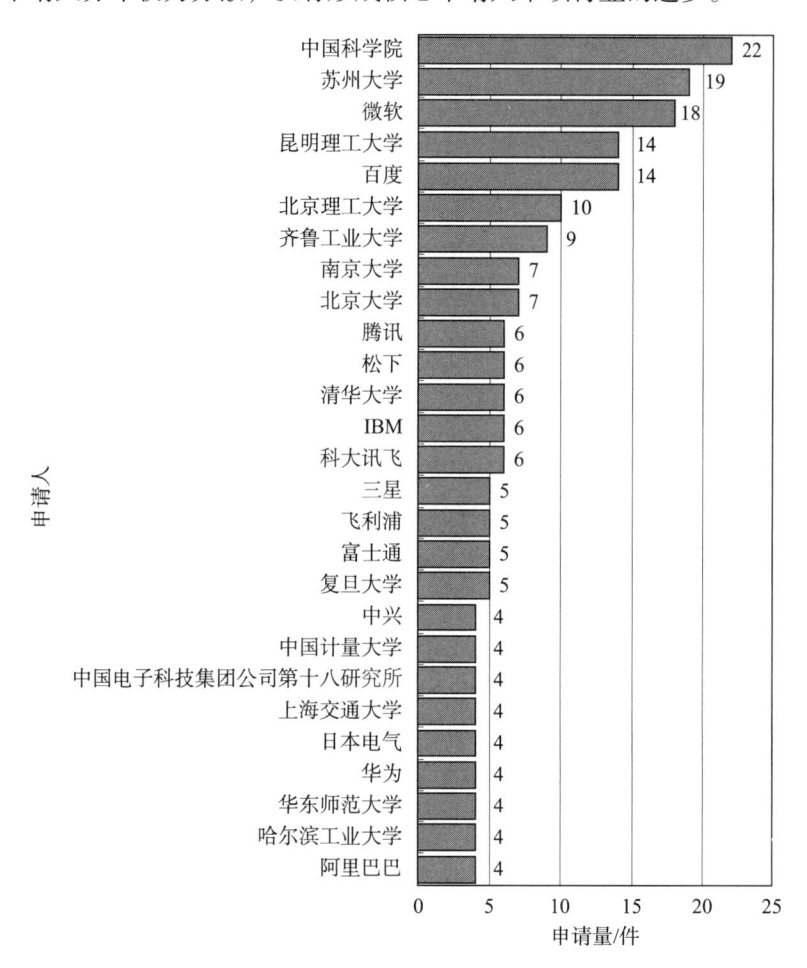

申请人	申请量/件
中国科学院	22
苏州大学	19
微软	18
昆明理工大学	14
百度	14
北京理工大学	10
齐鲁工业大学	9
南京大学	7
北京大学	7
腾讯	6
松下	6
清华大学	6
IBM	6
科大讯飞	6
三星	5
飞利浦	5
富士通	5
复旦大学	5
中兴	4
中国计量大学	4
中国电子科技集团公司第十八研究所	4
上海交通大学	4
日本电气	4
华为	4
华东师范大学	4
哈尔滨工业大学	4
阿里巴巴	4

图 4-3-3 句法分析在华主要申请人申请量排名

4.4 技术构成分析

句法分析是自然语言处理技术中的关键技术之一，其基本任务是确定句子的句法结构或句子中词汇之间的依存关系。如图 4-4-1 所示，句法分析分为句法结构分析、

图 4-4-1 句法分析技术构成

依存关系分析以及其他，句法结构分析又称为成分结构分析或短语结构分析，依存关系分析又称为依存句法分析或依存结构分析。依存句法（Dependency Parsing，DP）通过分析语言单位内成分之间的依存关系揭示其句法结构。直观来讲，依存句法分析识别句子中的"主谓宾""定状补"这些语法成分，并分析各成分之间的关系。

4.4.1 全球专利申请

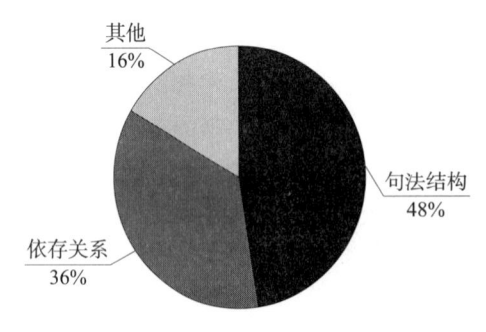

图 4-4-2 句法分析全球专利技术构成

图 4-4-2 展示了句法分析技术的全球专利申请在 3 个二级分支的分布情况，由该图可以看出，针对句法结构技术研究占比较大，达到 48%。

从图 4-4-3 各技术构成专利申请趋势可知，相对依存关系分析而言，句法结构分析早些呈现明显增长趋势，早在 1985~1990 年即具有增长优势；而 2000 年之后，两技术分支呈现出了较为相似的申请趋势，在 2000~2004 年均呈指数增长，而经历 5 年左右的波动后，2010 年后又均呈指数增长，申请量强势上扬。由此可知，两技术分支在技术上相关性较强，依存关系分析有赖于句法结构分析技术的发展，这与实际句法分析技术实现过程也是一致的。

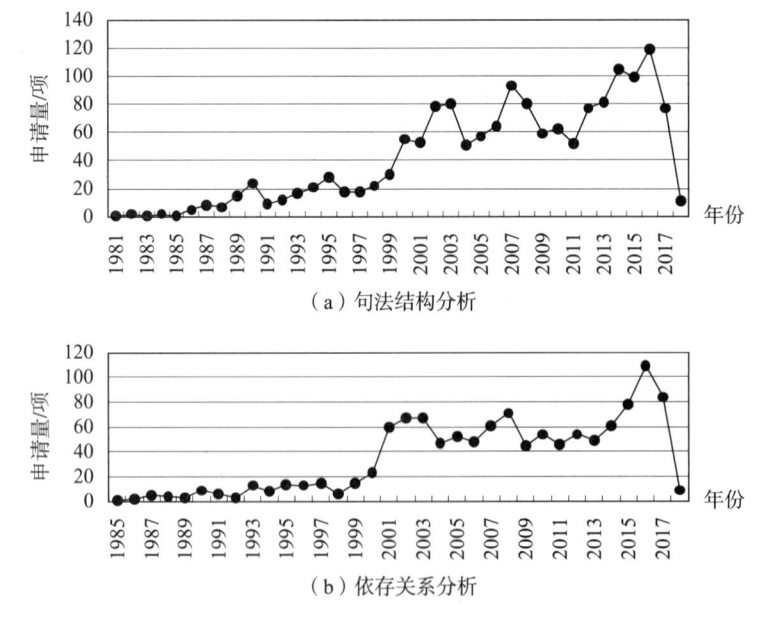

（a）句法结构分析

（b）依存关系分析

图 4-4-3 句法分析各技术分支构成专利申请趋势

从表4-4-1各主要技术原创国家或地区的技术构成分析可知，美国、日本的研究重心在句法结构分析，占这几个主要原创国家或地区句法结构分析总量的70%以上，两国在句法结构分析方面的创新能力相对其他各国具有较大的优势。同时，美国在依存关系分析方面也位列第一，日本同样位居第二，与美国存在较小差距；而中国在两个技术分支上的申请量相当，均为200余项，且均位列第三，不及美国的一半。整体而言，除中国外，其余国家或地区句法结构分析申请量均大于依存关系分析。

表4-4-1 句法分析主要技术来源国家或地区技术构成布局情况　　　单位：项

优先权国家或地区	句法结构分析	依存关系分析	其他
美国	517	418	233
日本	494	336	148
中国	204	243	37
韩国	130	58	67
欧专局	80	40	14

4.4.2 中国专利申请

从图4-4-4中国专利技术构成分析可知，两技术分支申请量占比接近，句法结构分析相对依存关系分析无明显优势，这与句法分析全球专利技术构成不同。由此，在国内两技术分支呈现了并驾齐驱的局面。

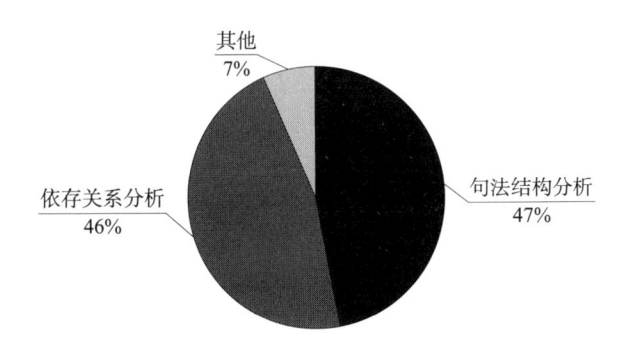

图4-4-4 句法分析中国专利技术构成

从图4-4-5中国各技术构成申请趋势可知，中国在这两个技术分支起步均较晚，2000年两分支的专利申请数量均不超过5件，且前期发展缓慢，到2010年左右两分支的申请量均徘徊在10件左右，到2010年之后才开始出现明显增势，且增势接近。整体而言两技术分支在发展趋势上也十分相似。

（a）句法结构分析

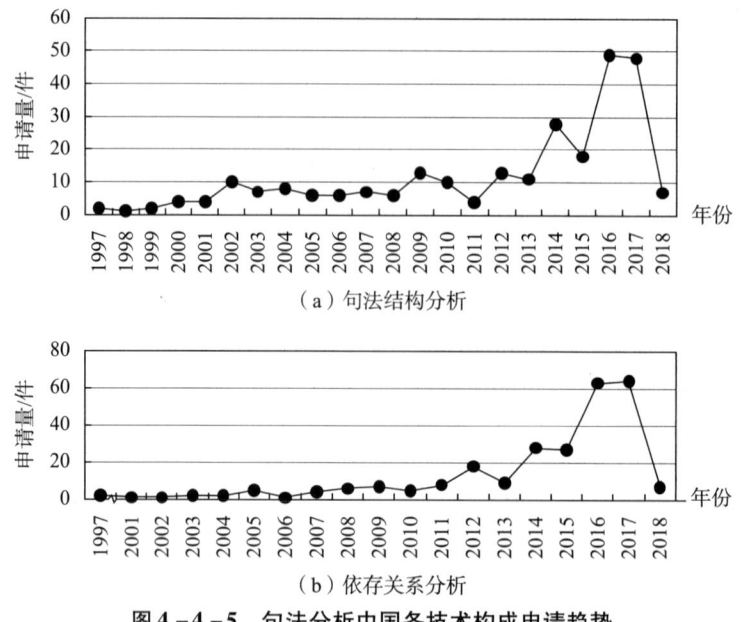

（b）依存关系分析

图4-4-5 句法分析中国各技术构成申请趋势

4.4.3 国外主要申请人

从表4-4-2国外主要申请人专利技术构成分析可知，IBM句法结构和依存关系分析的申请量分别为69项、73项，均位列第一，得到了同步发展；而微软的研究重点更偏重依存关系分析，句法结构分析与IBM差距较大；NTT通信在两技术分支的申请量相差不大，分别为52项、43项，发展较为均衡。整体来看，前五名中的日本申请人的研究重点均在句法结构分析，而美国申请人则相对更偏重依存关系，呈现出与语言特点明显的相关性。

表4-4-2 句法分析国外主要申请人专利技术构成　　　　　单位：项

申请人	句法结构分析	依存关系分析
IBM	69	73
微软	39	66
NTT通信	52	43
富士胶片	43	21
东芝	30	21
韩国电子通信研究院	31	21
施乐	21	20
富士通	16	23
黑莓	31	2
埃森哲环球服务有限公司	23	9
日本电气	19	14

4.4.4 国内主要申请人

国内主要创新主体专利技术构成如表4-4-3所示，国内主要申请人的布局重点均在依存关系分析，且中国科学院和苏州大学在依存关系分析方面具有明显技术优势；各主要申请人在句法结构分析布局均较少，有的重要申请人甚至在句法结构分析方面的布局为空白，整体存在明显技术短板，今后应着重加强在句法结构分析方面的技术研发和投入，弥补技术上的不足。从专利布局整体来看，国内企业在两技术分支均作为不够，今后各企业应重视在句法分析技术方面的发展。同时，国内各主要申请人在这两个技术分支上优势不足、短板明显，后期需要加强弥补。

表4-4-3 句法分析国内主要申请人专利技术构成　　　　　　单位：件

申请人	句法结构分析	依存关系分析
中国科学院	8	18
苏州大学	4	17
北京理工大学	4	7
昆明理工大学	2	7
齐鲁工业大学	0	9
北京大学	5	6
南京大学	4	6
科大讯飞	2	5

4.5 小　结

通过上述分析，我们可以初步得出以下结论：

（1）从全球来看，句法分析从2000年开始快速发展；而国内则是2010年以后才进入快速发展期，2010年以后均呈现指数增长。整体而言，我国在句法分析方面与美国、日本两国还存在较大差距，今后应引起重视并加大投入，实现技术上的赶超。

（2）我国在句法分析方面的研发主力是高校、科研院所，而企业发力严重不足，今后应重点加强校企合作，以高校、科研院所的人才优势弥补企业研发力量的短板，以企业雄厚的资金带动研发，实现优势互补，尽早形成具有重要影响力的核心申请人。

（4）国内在句法分析方面的发展受到了人工智能技术发展的强烈推进，受人工智能技术发展的影响较大，同时基于人工智能的句法分析也是未来发展的主流，中国创新主体应抓住该技术发展机遇期，后来居上，在句法分析方面进入第一阵营。

第5章 语义分析专利技术分析

5.1 整体趋势分析

语义分析（Semantic Analysis）是人工智能的一个分支，是自然语言处理技术的核心任务之一，涉及语言学、计算语言学、机器学习，以及认知语言等多个学科。语义分析任务有助于促进其他自然语言处理任务的快速发展。人工智能中的语义分析技术，特别是深度学习（Deep Learning）技术近年来发展迅猛，已经在围棋对弈、自动驾驶、图像识别、语音识别等多个领域取得了突破性进展。

语义分析指运用各种方法，学习与理解一段文本所表示的语义内容，任何对语言的理解都可以归为语义分析的范畴。一段文本通常由词、句子和段落来构成。根据理解对象的语言单位不同，语义分析又可进一步分解为词汇级语义分析、句子级语义分析以及篇章级语义分析。一般来说，词汇级语义分析关注的是如何获取或区别单词的语义，句子级语义分析则试图分析整个句子所表达的语义，而篇章语义分析旨在研究自然语言文本的内在结构并理解文本单元（可以是句子、从句或段落）间的语义关系。简单地讲，语义分析的目标就是通过建立有效的模型和系统，实现在各个语言单位（包括词汇、句子和篇章等）的自动语义分析，从而实现理解整个文本表达的真实语义。

在词的层次上，语义分析的基础任务是进行词义消歧，在句子层面上语义角色标注是人们关注的问题，而在篇章层面上，指代消歧、语篇语义分析则是目前的研究重点。[1]

5.1.1 全球申请趋势分析

5.1.1.1 全球专利申请趋势分析

语义分析在1976年被提出，对全球专利进行检索，从1976年起至今共有专利1850项。

如图5-1-1所示，语义分析技术自1976年被提出后由于技术瓶颈一直未突破，因此业界一直反应平淡，直到1990年统计学方法应用于语义分析，申请量开始略微上扬。直到2010年，深度学习技术开始应用于语义分析，自然语言的语义分析专利申请开始快速增长。可以看到，自然语言语义分析技术方面的申请量，从一开

---

[1] 宗庆成. 统计自然语言处理 [M]. 北京：清华大学出版社，2013：244-245.

始的每年几项到几十项的探索期,进入到 2016 年的 200 余项,可见创新主体对这一技术的重视。

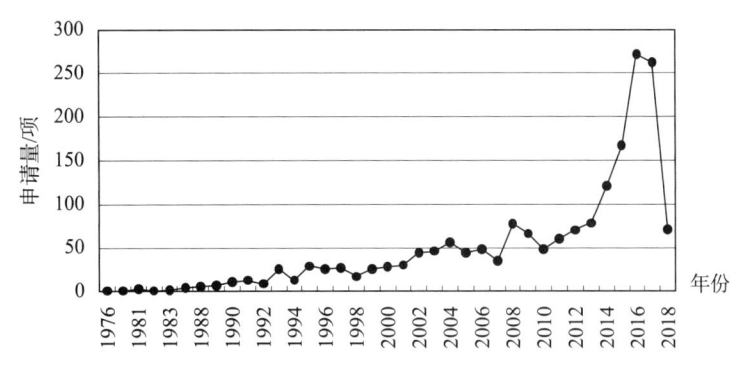

图 5-1-1　语义分析全球专利申请态势

5.1.1.2　专利申请来源地与目标地分析

中美两国都将人工智能列为国家战略,美国具有 IBM、谷歌、微软等互联网巨头,随着科技的发展,互联网公司在语义分析领域进行大量布局。中国的百度、腾讯和科研院所也进行了大量的布局。此外,中美也是全球最大的两大市场,成为例如 NTT 通信、日本电气、施乐等业内佼佼者布局的目标国。基于上述原因,中美成为最大的两个专利布局目标国,中国占比 34%,美国为 35%。日本、韩国、欧洲占比较小,排在第三至第五位(图 5-1-2)。

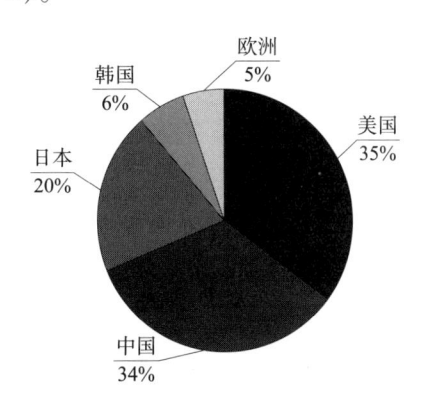

图 5-1-2　语义分析技术全球专利申请目标国家或地区

从图 5-1-3 看,中国、美国申请量增长十分迅猛,尤其是近年来,呈指数型增长。韩国虽然申请量较小,但近年来申请趋势也快速上涨。日本和欧洲专利申请量呈稳定态势。

从图 5-1-4 申请来源国家或地区来看,中国的占比有所下降,由目标地占比的 34% 下降到 32%,仍旧排在美国之后。相反,美国占比有所上升,由目标地 35% 增长到 39%,日本作为目标地和来源地的占比基本持平,韩国和欧洲则有所下降。由此可见,美国比较注重自主研发,而中国则有部分专利是由外国输入的。

(a) 中国

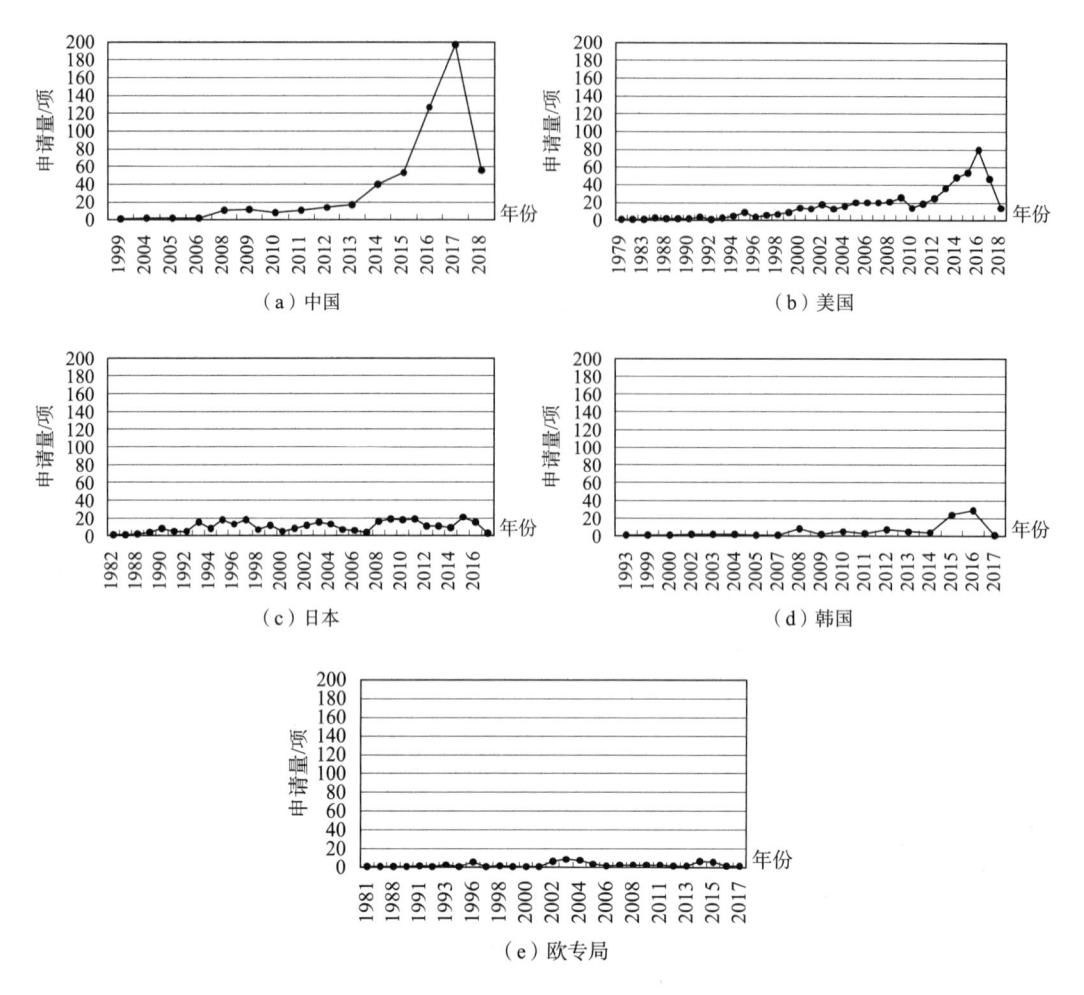

(b) 美国

(c) 日本

(d) 韩国

(e) 欧专局

图 5-1-3　语义分析技术目标地全球专利历年申请量

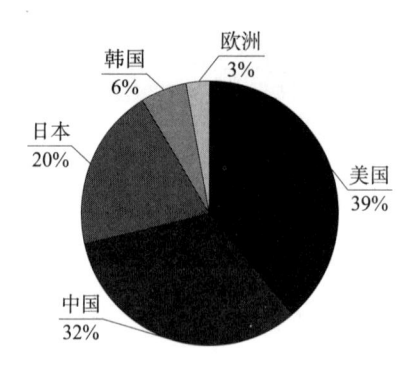

图 5-1-4　语义分析技术全球专利申请来源国家或地区

从图 5-1-5 技术来源国家或地区历年申请量来看，中国、美国、韩国三国专利增长势头良好，而日本虽然有波动，但申请量总体上处于高位水平。

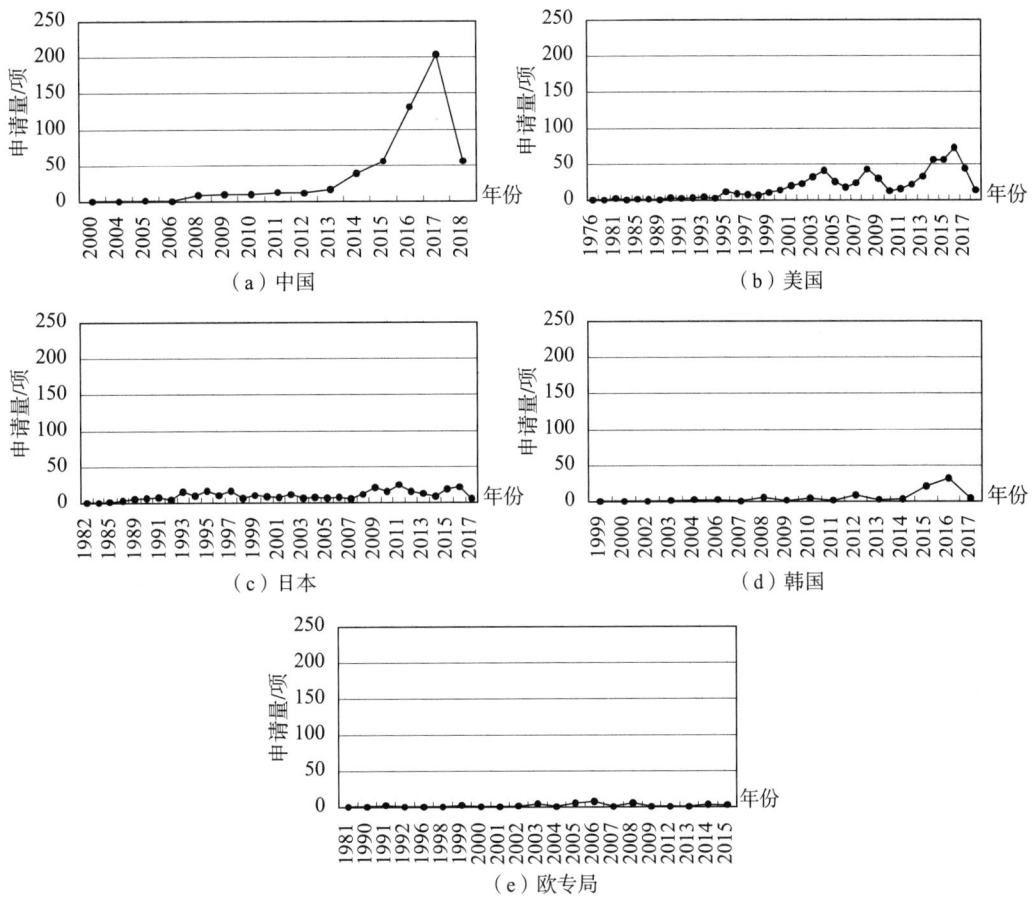

图 5-1-5 语义分析技术来源地全球专利申请态势

从表 5-1-1 可以看出，由于语言分析具有一定的语言壁垒，各国家或地区在海外布局均相对较少。中国的外来专利中美国排名第一位，中国在美国的专利申请在中国海外专利申请中排名第一位，与美国来华专利申请数量相当。日本申请量虽然不大，但近 1/10 的专利流向了美国，体现了日本具有较强的专利控制市场的意识。相比而言，中国的绝大多数申请均聚集在国内，仅有极少量的专利进行海外申请，这为企业今后的外向型发展埋下了隐患。

表 5-1-1 语义分析技术主要国家或地区申请量流向分布 单位：项

技术来源国或地区	技术目标国家或地区				
	中国	美国	日本	韩国	欧专局
中国	535	11	4	0	2
美国	10	490	30	13	51
日本	5	30	285	3	9
韩国	1	10	1	80	2
欧专局	0	6	1	0	30

5.1.1.3 全球主要申请人分析

从图5-1-6来看，在全球主要申请人排名中，IBM、微软和NTT通信在申请量方面优势较大，属于第一阵营；其他申请人申请量相对积累较少，为第二阵营。IBM通过在该领域的长期积累，以较大的优势排名第一位。微软虽然在该领域排名第二位，但是通过在华设置微软亚洲研究院，以及在电脑操作系统的广泛应用，具有较强的技术实力和较高的市场占有率。

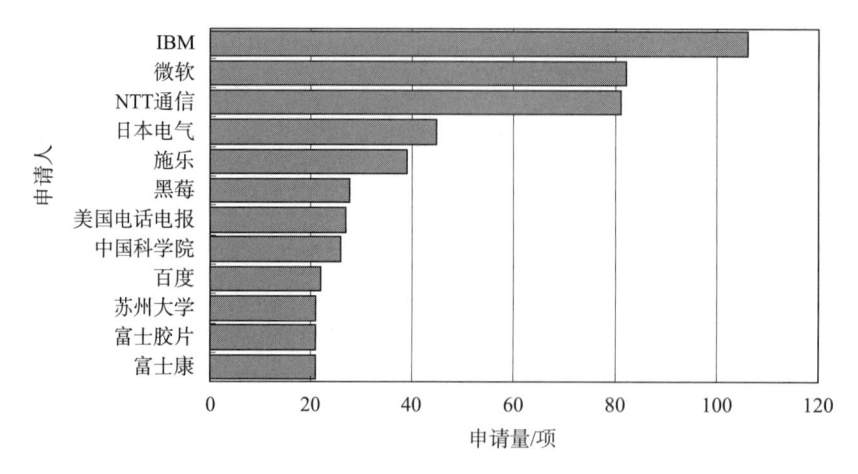

图5-1-6 全球语义分析主要申请人专利申请量排名

中国方面，中国科学院、富士康、百度和苏州大学进入前十位，但与排名第一、第二的IBM和微软相比相差较大。

5.1.1.4 技术主题分布

语义分析从词语级、句子级和篇章级可以分为词义消歧、语义角色标注和指代消歧。

为了深入研究语义分析专利布局分布，从涉及的层次将语义技术分为3个二级技术分支。

如图5-1-7所示，词语级语义分析申请量最高，占比为46%，其次为句子级，占比为37%，篇章级为17%。这与各层级在语义分析中的作用和难易密切相关，其中词语级是基础，句子级和篇章级是在词语级上的进一步理解。同时，词语级相对容易，而句子篇和篇章级难度较大。

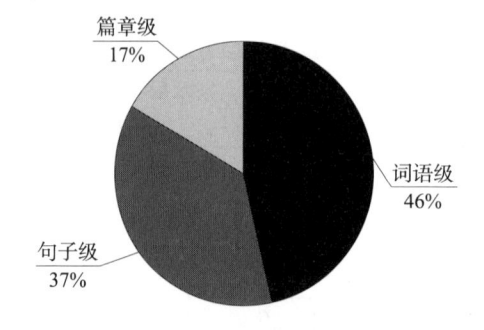

图5-1-7 全球语义分析技术各二级技术分支占比

如图 5-1-8 所示,由于语义分析技术目前正处于风口浪尖,因此各分支的申请趋势均呈昂扬向上的趋势。

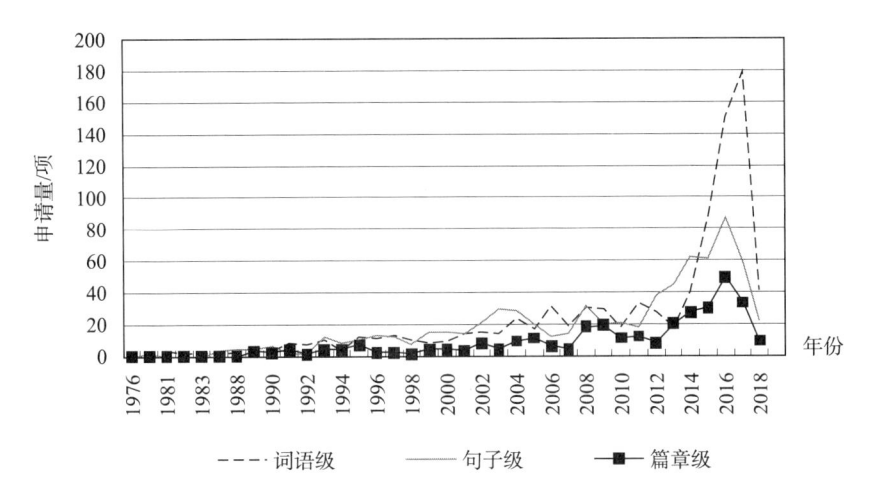

图 5-1-8 语义分析技术全球各分支历年申请量

主要国家或地区在语义分析各技术分支的专利布局情况如表 5-1-2 所示。在词语级语义分析方面中国在数量上占据优势,但在句子级语义分析和篇章级语义分析方面,中国较美国存在一定差距,尤其是在句子级语义分析方向,中国较美国还存在较大的差距。

表 5-1-2 语义分析技术主要国家或地区专利申请布局情况　　单位:项

优先权国家或地区	词语级	句子级	篇章级
中国	317	171	74
欧专局	36	14	2
日本	153	125	69
韩国	49	46	7
美国	288	290	98

进一步地,对中美两国在各技术分支上的申请趋势进行分析。

如图 5-1-9 所示,中国在词语级、篇章级语义分析方面较美国起步晚 20 年左右,在句子级语义分析上较美国晚 25 年。同时可以看出,在句子级、篇章级方面美国有大量的相关专利积累,近 2 年来在申请量上与中国不相上下;在词语级方面,中国自 2015 年开始超越美国。这可能与中国通过长期的研发、积累,在词语级语义分析方面技术相对成熟有关。

(a)词语级

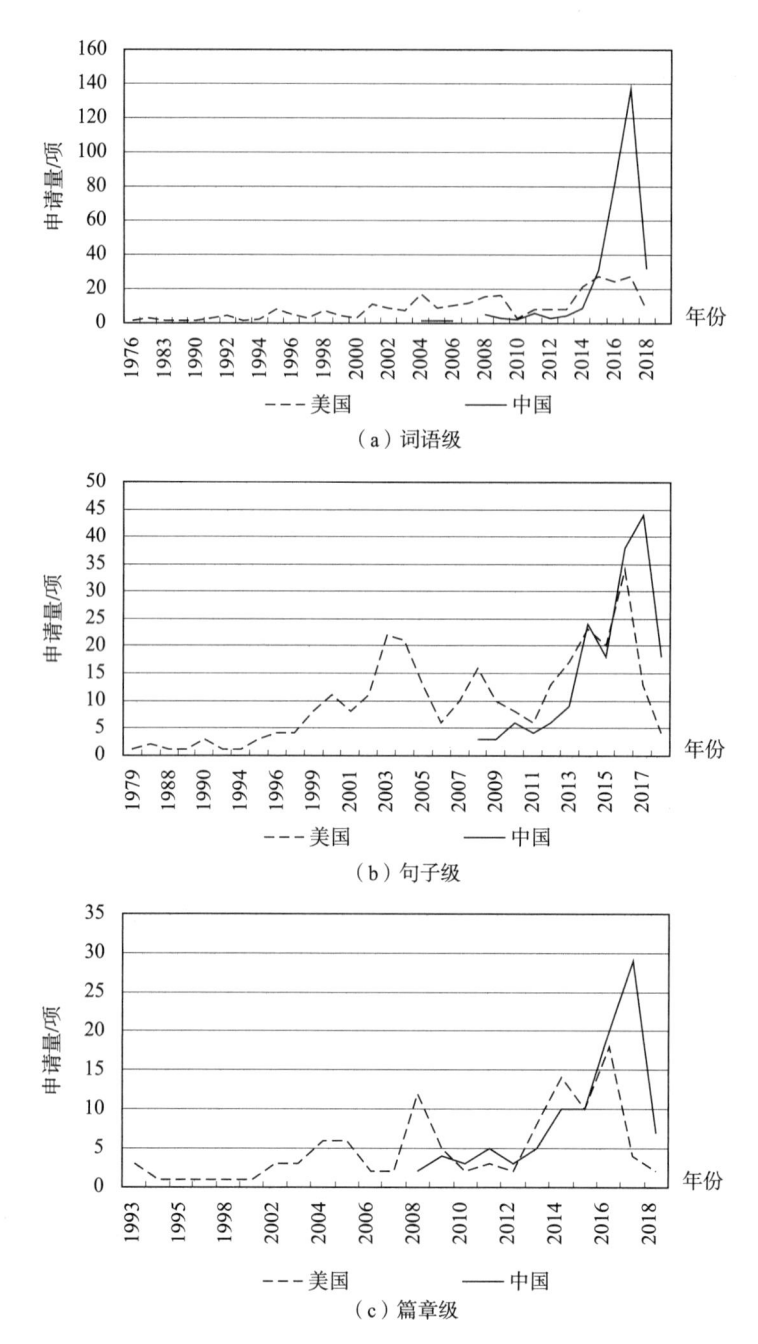

(b)句子级

(c)篇章级

图 5-1-9 中美语义分析技术各技术分支申请趋势分析

主要申请人在语义分析各技术分支的布局如表 5-1-3 所示。IBM 作为行业的绝对领先者在各分支均具备一定优势，特别是在篇章级语义分析技术方面优势明显。微软作为后起之秀，在句子级语义分析和篇章级语义分析方面表现不俗。与 IBM 和微软形成鲜明对比的是，中国科学院、百度、富士康和苏州大学在篇章级语义分析方面明显布局不足。

表5-1-3 语义分析技术重要申请人专利申请布局情况　　　　单位：项

归一化申请人	词语级	句子级	篇章级
IBM	41	47	18
微软	17	53	12
NTT通信	51	26	4
日本电气	23	11	11
施乐	17	16	6
黑莓	28	0	0
美国电话电报	16	7	4
中国科学院	11	12	3
百度	11	9	2
富士胶片	4	13	4
富士康	16	2	3
苏州大学	5	13	3

5.1.2 中国申请趋势分析

5.1.2.1 中国申请趋势分析

从图5-1-10可以看出，在华语义分析技术历年申请量与全球类似。在2005年以前申请量较少，伴随着统计方法用于语义分析，中国在2006年开始持续产生相关的专利申请；在深度学习应用于语义分析之后，中国在2013年之后申请量逐渐攀升，近年来达到最高峰。通过与美国的对比分析可知，美国在1990年伴随着统计方法的应用开始产生第一次的快速增长，在2010年伴随着深度学习的应用开始第二次的快速增长。中国在利用统计方法方面较美国存在15年左右的起步差距，在深度学习方面较美国存在3年左右的起步差距。

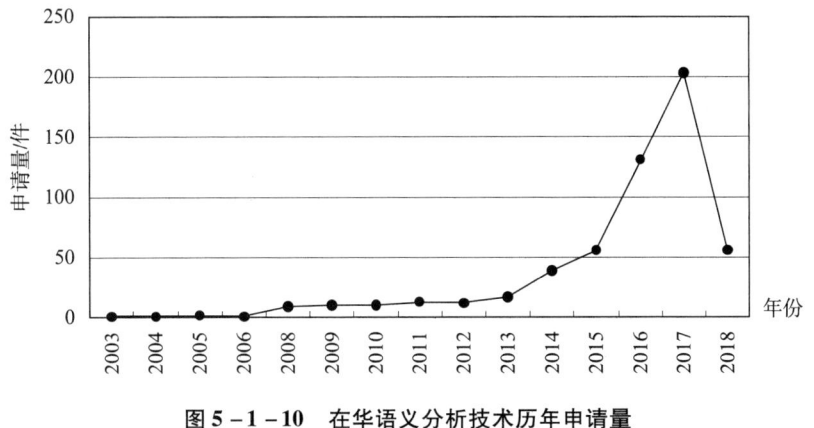

图5-1-10 在华语义分析技术历年申请量

5.1.2.2 中国主要申请人分析

语义分析技术中国主要申请人专利申请量排名如图 5-1-11 所示，计量对象为专利申请国在中国的专利。国内各申请人的专利数量并不多，排名第一位的申请人为中国科学院，其申请量为 24 件；位于第一梯队的还有苏州大学、百度，相对于中国科学院差距不大。第二梯队为北京理工大学、阿里巴巴、腾讯、昆明理工大学和齐鲁理工大学。国内前十名的申请人中既包括 BAT 等互联网巨头，也包括中国科学院和昆明理工大学等科研院所和高校。

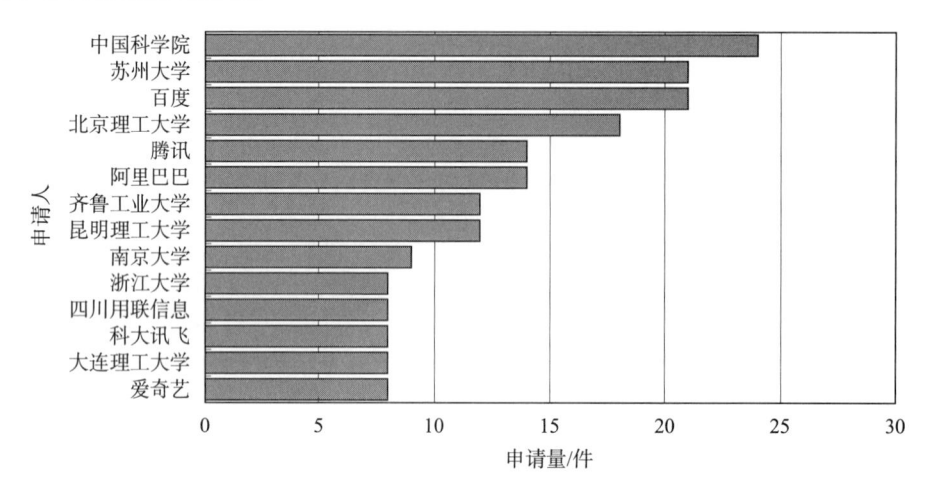

图 5-1-11　语义分析技术在华主要申请人专利申请量排名

语义分析技术国内主要创新主体专利申请量排名如图 5-1-12 所示，计量对象为专利优先权国在中国的专利。申请人均为中国创新主体，专利布局数量均不多，其分布与在华重要申请人基本一致。在语义分析技术方面，中国的专利总量虽然比其他国家都多，但专利分布过于分散，前十创新主体所拥有的专利量并不多，因此国内缺少真正的行业巨头，从而探索该领域的新边界，带领大家前行。

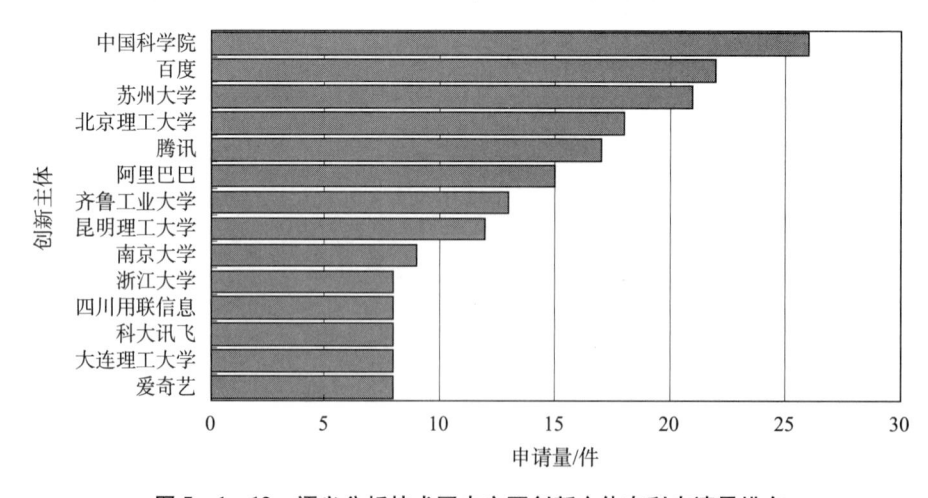

图 5-1-12　语义分析技术国内主要创新主体专利申请量排名

5.1.2.3 国内主要省份专利布局情况

语义分析技术国内主要省份专利布局情况如表5-1-4所示。北京在词语级、句子级和篇章级均占有一定优势,广东在词语级语义分析上占有一定优势,而江苏在篇章级语义分析上优势突出。但总体而言,各省份在专利布局数量上依旧偏少,加强研发,从而带动专利布局成为目前的主要工作之一。

表5-1-4 语义分析技术国内主要省份专利布局情况 单位:件

省份	词语级	句子级	篇章级
北京	95	61	21
广东	43	12	6
江苏	29	19	17
上海	14	18	7
四川	11	11	7
浙江	11	7	5
湖北	6	8	4
辽宁	13	2	0
山东	14	1	0
安徽	5	5	5

5.1.2.4 中国专利技术主题分布

语义分析技术中国专利布局技术领域分布如图5-1-13所示。词语级语义分析技术是国内创新主体布局的重点,占据了54%,句子级语义分析和篇章级语义分析技术分居第二位及第三位。由此可见,国内的技术研发依旧集中于词语级语义分析技术领域,在引领语义分析技术发展的句子级语义分析和篇章级语义分析方面仍有缺失。

国内创新主体的专利布局情况如表5-1-5所示。中国科学院和百度在词语级语义分析和句子级语义分析这两项技术上布局优势明显,但篇章级语义分析成为其短板,需要与其他企业联合进行补足或加强自主研发。苏州大学和腾讯在句子级语义分析上具有较大优势。国内其他的创新主体的研发主要集中在词语级语义分析技术,而在某句子级、篇章级等分支存在缺失。从专利分布来看,国内缺失真正的龙头,能带领大家前进。

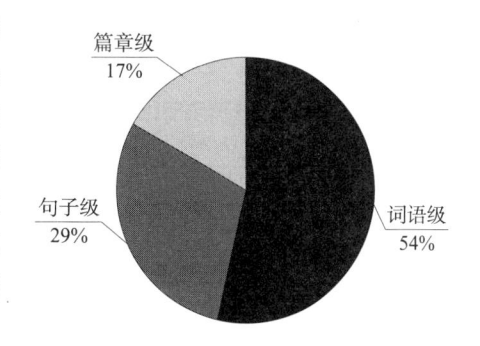

图5-1-13 中国语义分析的专利申请技术领域分布

表 5-1-5　语义分析技术国内创新主体专利布局情况　　　　　　　　　单位：件

归一化申请人	词语级	句子级	篇章级
中国科学院	11	12	3
百度	11	9	2
苏州大学	5	13	3
北京理工大学	6	12	0
腾讯	12	4	1
阿里巴巴	12	1	2
齐鲁工业大学	13	0	0
昆明理工大学	11	1	0
南京大学	7	1	1
爱奇艺	8	0	0
大连理工大学	8	0	0
科大讯飞	3	3	2
四川用联信息	0	3	0
浙江大学	3	8	2

5.2　词语级语义分析

由于词是能够独立运用的最小语言单元，句子中每个词的含义及其在特定语境下的相互作用和约束构成了整个句子的含义。因此，词义消歧是句子和篇章语义理解的基础。词义消歧有时也称为词义标注，其任务是确定一个多义词在给定的上下文语境中的具体含义。

5.2.1　词语级语义分析技术发展路线

图 5-2-1 分析了词语级语义分析分支的技术发展路线。可以看出，词语级语义分析可分为基于词典、语法、实例、统计和深度学习五种方式。

由词语级语义分析的技术路线可以看出：在基于词典的语义分析中，词典语义、语法结构、双语词典和 Yarowsky 算法已经不再产生新的重要相关专利申请；基于实例和统计模型，偶有重要专利申请；由于关键词提取技术的发展，基于词义词典的相关技术在 2017 年仍有相关的重点专利产生，表明基于词义词典的词语级语义分析仍是将来的发展重点之一。与此同时，基于无监督学习，由于不需要专门的语料库，且具有较强的可扩展性，在大数据、算法和芯片技术的推动下，将成为未来的主要发展方向。

5.2.2　词语级语义分析重要申请人分析

由图 5-2-2（见文前彩色插图第 3 页）中的重要申请人分析可知：专利申请量大于 3 项的重要申请人共有 6 位。

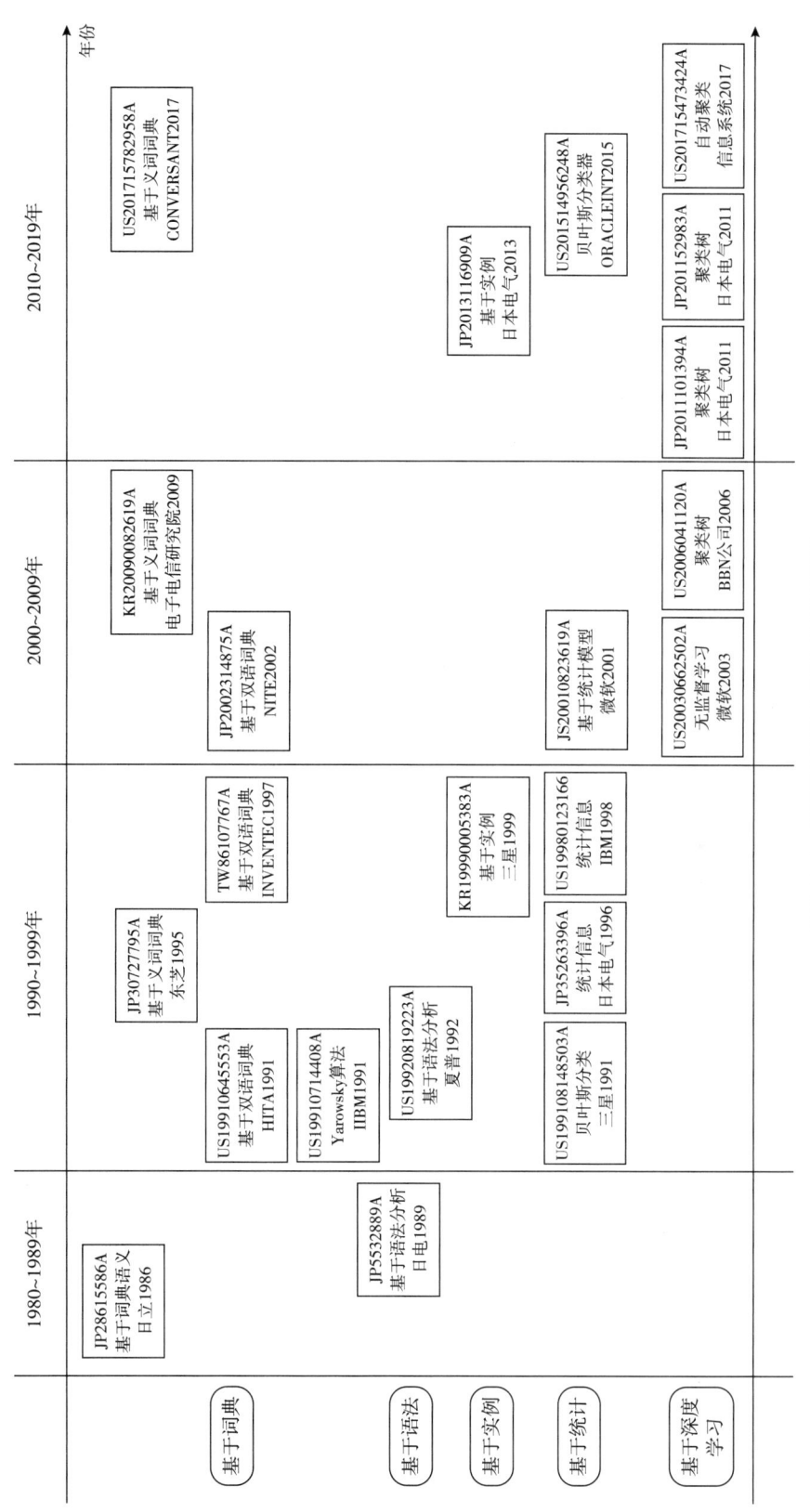

图 5-2-1 词语级语义分析技术发展路线

排名第一的为齐鲁工业大学，其次依次为昆明理工大学、百度、腾讯、富士通和IBM。齐鲁工业大学起步较晚，产生的专利均是在2016年，与之不同的是其他5位申请人在该领域均深耕多年。关于国外来华申请人，IBM在1999年即开始产生了在华基于双词典的消歧专利，随后分别于2011年、2014年产生基于上下文首字母缩略词，以及基于词袋的专利申请；富士通于2012年产生首件基于双语言的消歧技术，随后分别于2012年、2016年分别产生基于组合概率和针对缩减词的专利申请。关于中国的申请人，昆明理工大学在2008年即产生1件基于信息改进的贝叶斯方法的消歧技术，随后针对越南语进行了大量的研究，并在2016年再次产生了1件基于词向量的消歧技术；腾讯更多地侧重于利用词语的热度、基于文本的内容，以及基于基本词词典和短语词典，同时进行了1件有关词典构建方面的专利申请；百度在2012年产生第一件相关专利申请，研究方向包括多粒度词典的构建、利用用户的选择、基于歧义词消解的搜索，并在2018年产生了1件基于无监督神经网络的词语级语义分析专利申请。

由图5-2-2中的重要申请人分析可知：在早期清华大学、北京大学、中国科学院声学所、哈尔滨工业大学、日本电气（中国）、谷歌均在国内进行了相关专利申请；随着技术的发展以及创新主体的重视，南京邮电大学、华东师范大学、富士康、上海交通大学开始进行相关的专利申请，在2014年以后，苏州大学、南京大学、中山大学等高校加入词语级的消歧研发之中。

值得注意的是：虽然中国申请人在各个时期均有参与到词语级的消歧研究之中，但除昆明理工大学外，大部分早期实力较强的中国申请人并没有持续地进行相关专利申请，在2014年之后再未产生相关的专利申请。在引领词语级消歧技术发展的无监督消歧中，仅有百度进行了1件申请。

5.3 句子级语义分析

句子级语义分析的重点是语义角色标注。语义角色标注是一种浅层语义分析技术，以句子为单位，不对句子所包含的语义信息进行深入分析，而只是分析句子的谓词——论元结构。目前，语义角色标注面临很多问题，主要体现在两个方面。

第一，语义角色标注方法过分依赖于句法分析的结果。由于目前句法分析的准确率不高，因此语义角色标注的准确率受到很大制约。

第二，语义角色标注的领域适应性差。由于人工标注语料的成本太高，目前获得语义角色标注语料是有限的，大部分的训练数据来源于命题库语料。将命题库语料用于非命题库语料时，语义角色标注的准确性大大低于同领域测试数据上的结果。

5.3.1 句子级语义分析技术发展路线

从图5-3-1可以看出，句子级语义分析技术（语义角色标注技术）在2003年之前已经存在，但前期主要集中于语义角色标注的应用，语义角色标注应用发展历程如下。

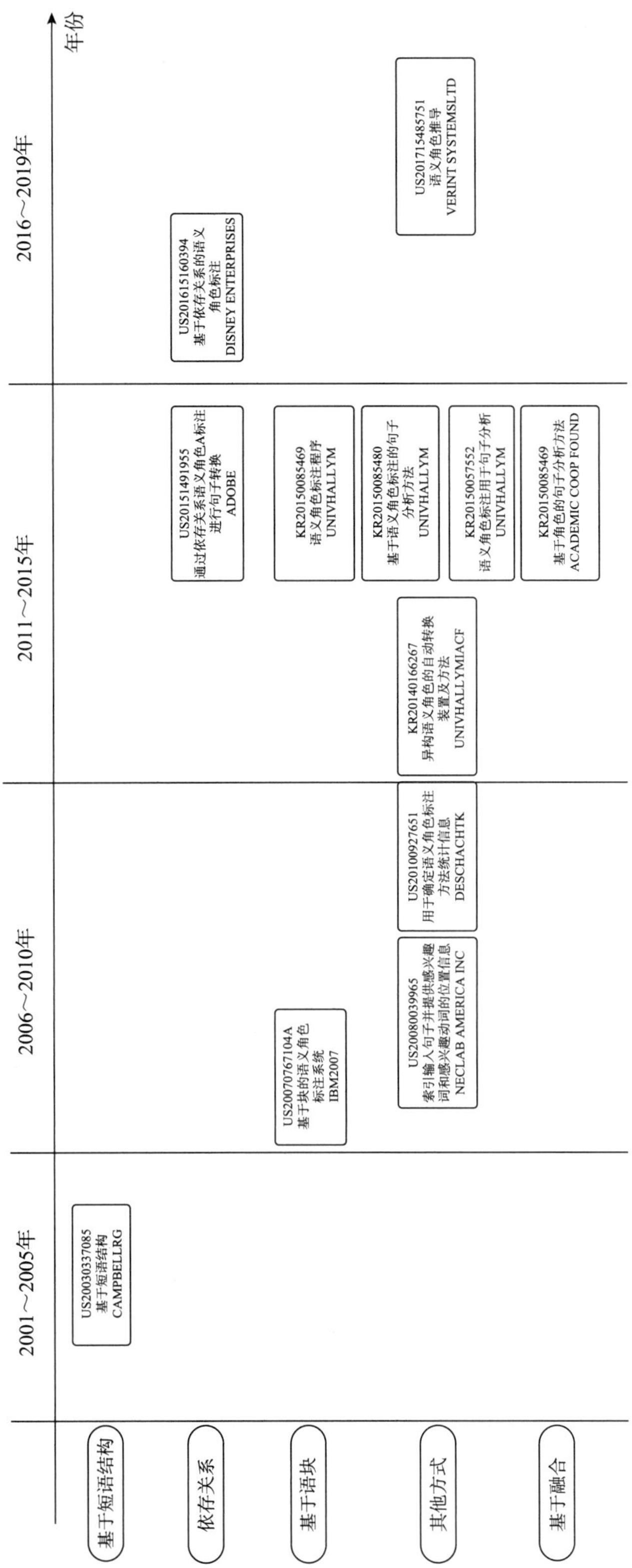

图5-3-1 句子级语义专利技术发展路线

MADDOX P C 的专利 US20030662270A 公开了将语义角色标注用于文档主题的确定。该申请的方案为：文档比较可以通过利用规则库在语义级别上执行，其中规则组被顺序应用。在一个实现中，语法规则被应用于文档以形成标记序列，其中单个单词被标记为其语法类别。模糊规则被应用于标记序列以解决模糊性，从而提供解析的标记序列；语法规则被应用于解析的标记序列，以确定单个标记词的语义角色，从而提供特定于角色的解析标记序列；并且属性规则被应用于将属性（例如，形容词）与其修改的词进行匹配，从而促进建立语义特征结构。然后将语义特征结构与至少一个其他结构进行比较。

FUJI XEROX CO LTD. 的专利 JP2003077145 公开了将语义角色标注用于分析名词。该申请的方案为：适当地执行包含相关子句的句子的高精度句法/语义分析处理通过分析对于一个名词（尤其是那些在关系从句如"必要性"或"条件"）（保留价）中很难成为主语或宾语的名词）来说，应该考虑什么类型的动词的主语或宾语来确定关系从句的名词。因此，通过准确判断关系从句中难以成为主语或宾语来确定的名词的意义作用，可以实现高精度的句法/意义分析处理。

AT & T CORP. 的专利 US20050095299 公开了在计算机系统中准备文档语料库的方法，包括将文档中的每个句子转换成增强的数据结构，以确定句子中是否存在相关的标签类型的指定术语；提供了一种使用语义角色标注来进行口语理解的装置和方法。通过语义角色标注对接收到的篇章进行语义分析。从语义解析的篇章中提取谓词或至少一个参数。意图是基于谓词或至少一个参数来估计的。另外，提供了一种用于训练使用语义角色标记的口语对话系统的方法。专家提供了一组谓词/参数对。谓词/参数对中的一个被选择为意图。其中的一个参数被选择为命名实体。从参数到帧时隙的映射被设计。

AT & T CORP. 的专利 US20050319188 公开了开放域问题回答是使用诸如互联网之类的大域来寻找自然语言问题的简明答案的任务。该申请描述了使用语义角色标记方法来提取包含谓词的开放域事实自然语言问题的答案。在自然语言问题和候选句中，语义角色标记身份谓词和语义论证短语。在搜索自然语言问题的答案时，使用候选答案的语义解析来匹配问题中缺少的参数。这种技术可以提高问题回答系统的准确性，并且可以减小用于启用到问题回答系统的语音接口的答案的长度。

在 2011 年自然语言处理技术迎来新一轮的发展后，语义角色标注的应用也进一步发展。

FUJI XEROX 的专利 JP2011069497 公开了根据一个词在文本中的作用来判断文本是否具有同义关系或暗示关系。具体的技术方案为通过与词或词本身的概念相关的谓词，表示语义关系的语义关系信息。关于谓词，当单词与谓词一起出现时，表示单词在文本中角色的角色信息被彼此关联地保留。分析在一对要处理的文本中，文本之一是否包括至少一个具有与文本的另一个中包括的单词相同的角色信息的单词，或者至少一个其角色信息对应于另一篇章。然后，根据分析手段的分析结果，确定该对文本是否具有两个文本具有相同意义的同义关系，或者其中一个文本的意义包括另一个文本的意义的暗示关系。

ELECTRONICS & TELECOM RES INST 的专利 KR20120020742 提供一种用于提取开放

域信息的设备和方法,以便最小化从属于域的部分,从而容易地移植到另一域。具体的方案为:一种提取开放域信息的装置,包括句子分离部、语素分析部、依存结构分析部和语义角色确定部。句子分离部分将句子与某一输入域内的文本文档分开。词素分析部分对句子进行形态分析,并提取上句。依存结构分析部分分析句子中句法词之间的结构依存关系,并通过依存结构分析产生结果。语义角色确定部分对句子和结果应用预定的统计模型,确定句子内每个递减词中论元的语义角色,收集由递减词确定语义角色的论元,然后即时一帧成为可能。

IBMC 的专利 US201514629318 公开了将语义角色标注用于信息提取。该申请记载的技术方案为:一种方法包括接收一个或多个自然语言依赖性解析树作为输入。硬件处理器用于通过创建一个或多个依赖解析树的节点到动作、角色和上下文谓词的映射来处理依赖解析树。该映射用于信息提取。这些动作包括动词和动词的属性。这些角色包括动词的参数。语境谓词包括动词的修饰语。

POSTECH ACAD-IND FOUND 的专利 KR20150032246 公开了扩展基于开放信息抽取的知识的方法,包括使用依赖关系标签生成三元组,用于在包括输入句子和另一个三元组的单词中定义依赖关系;公开了一种利用基于依赖解析的开放信息抽取和利用开放信息抽取进行语义角色标注来扩展知识库的方法和装置。由能够处理数字信号的设备执行的使用开放信息提取扩展知识库的方法包括以下步骤:通过使用定义词组之间的依赖关系标签来生成第一三元组;通过对输入句子执行依存性分析来生成输入句子;通过检测输入句子的谓词并通过对输入句子执行语义角色标记来检测谓词的主语和表现对象,来生成第二三元组;以及扩展 knowle 通过使用包括关于基于第一三元组和第二三元组的输入句子的信息的依赖关系标签来建立 dge。

IBMC 的专利 US201414477959 公开了提高多电子文档优化的方法。其具体技术方案为:接收到的多散文电子文档被分割成一组同质散文的文本片段。在每个文本段上执行一组预定义的自然语言(NL)解析器,以便识别和测量每个 NL 解析器在整个多散文电子文档中的解析质量。对多散文电子文档进行交叉分析,对质量较差的句子或相邻子句进行聚合。对于每个文本段,从一组预定义的 NL 解析器中识别出产生最佳语义角色匹配的聚合模式。然后,使用预定义的 NL 解析器集合生成经解析的电子文档,使得每个文本段由与该文本段具有最佳语义角色匹配的 NL 解析器解析。

ADOBE SYSTEMS INC. 的专利 US201514941955 公开了通过依存关系的语义角色标注进行句子转换将文本句子转换为图像句的方法,包括接收文本句子和多个文本词,并将特征向量与动词短语相关的语义角色进行比较,以及将句子分割为句子片段。文本句子被自动转换为传递句子语义角色的图像句子。在一些实施例中,这通过识别与句子的每个动词相关联的语义角色、任何相关联的动词附加词以及识别句子中单词和短语之间的语法依赖性来实现。在图像数据库中,每个图像被标记有与所描绘的图像相对应的描述信息,该图像数据库被查询与识别的动词的语义角色相对应的图像。除非发现单个图像描述每个语义角色,否则文本语句被分成两个较小的片段。这个过程是重复的,并且递归执行,直到识别出描述每个句子片段的每个语义角色的多个图像为止。

UNIV SEOUL NAT R & DB FOUND 的专利 KR20160008134 公开了一种基于本体的语义角色标注知识库构建方法，该申请将自然语言句子自动转换为本体语句，该构建方法包括：（a）生成本体属性和事例束连接模型（以下称为连接模型）的步骤；（b）接收要转换的自然语言语句的步骤；（c）确定自然语言语句各要素的位置；（d）通过使用实例检测本体属性的步骤，以及从连接模型的选择和参考中检测本体属性的步骤；（e）对自然语言语句执行命名实体识别的步骤；（f）基于在（g）步骤中通过命名实体识别技术提取的专有名词的本体句的主体或对象，检索可能对应于句子的主语或宾语的实体识别对象；（g）生成本体语句；和（h）检查本体语句的步骤。基于本体的知识库构建方法可以允许计算机自动处理知识，并且可以通过将大量积累的自然语言知识转换为逻辑上更严格的基于本体的知识来应用于各个领域。

与此同时，语义角色标注技术也是句子级语义分析的重要方向之一，其中 IBM 最早于 2007 年（US20070767104）提出了一种基于块的语义角色标注系统。该系统的构思为：在一个方面，一种用于处理自然语言文本的方法包括接收自然语言文本句子作为输入，该自然语言文本句子包括由包括词干和一个或多个词缀的语素形成的包括强加词的空白分隔词序列，识别目标动词 as 是文本句中受害词的词干，将句法作用相同的一个或多个受害词的词素分组成成分，并预测目标动词受害成分的语义作用。同时，基于依存关系和基于融合的语义角色标注也是句子级语义分析的重要方向：

随后 CAMPBELL R G 和 NEC LAB AMERICA INC. 分别提出了两件基于短语结构树的语义角色标准方法，其中：CAMPBELL R G 的 US20030337085 公开了利用结构树对字符串进行处理。该结构具有包含节点的注释树，每个节点具有一个根节点。节点具有终端节点和非终端节点。每个分支用标签标记，表示连接节点之间的语义关系。终端节点对应于文本字符串中单词的引理。

NEC LAB AMERICA INC. 的专利 US20080039965 公开了一种索引方法。该方法包括索引输入句子并提供感兴趣词和感兴趣动词的位置信息。使用训练过程中学习的特征将单词转换成向量。感兴趣的动词和感兴趣的词的位置相对于要被标记的词是集成的，该词采用适于输入句子的线性层。应用线性变换和压挤函数预测语义角色标签。粉碎功能包括输出参数类的概率的 SULTMAX 挤压层。

DESCHACHT K 的专利 US20100927651 提出了意见语义角色标准的方法。该方法用于确定语义角色标注（权利要求）、命名实体识别、自动机器翻译、文本包含、释义、信息检索和语音识别中依赖于概率上下文的单词分布的方法。该方法包括对大型自然语言文本语料库中的每个单词进行学习，概率上下文模型描述上下文单词，学习隐含观察分布描述在训练阶段具有相似含义和使用的单词。上下文模型和隐藏到观察的分布存储在存储设备上，并在推理阶段从存储中检索。使用在训练阶段获得的模型和分布，为先前未看见的文本中的每个单词确定概率上下文相关的单词分布。

其中，UNIV HALLYM IND ACADEMIC COOP FOUND 于 2015 年一次布局了 4 件有关融合语义角色标注的句子分析系统及程序，其中：

专利 KR20150085469 公开了基于两步分析法的语义角色标注分析句子的方法和装置。

该方法和装置使用两步分析过程，能够更精确地分析韩国语句。基于 SRL 的句子使用两步分析过程的分析方法包括以下步骤：基于标准映射，确定包括在分析目标句子中包括的多个论点中的第一论点组中包括的第一论点的语义角色 – 以及基于自主学习的 SRL 确定参数中的第二参数组中包含的第二参数的语义角色。第一参数组包括允许基于标准映射 – bas 确定语义角色的第一参数。第二参数组包括第二参数，这是剩余的参数，该参数不允许使用参数中的基于标准映射的 SLL 来确定语义角色。

专利 KR20150057552 公开了一种基于语义角色标注（SRL）的句子分析方法和装置。基于 SRL 的句子分析方法包括以下步骤：由 SRL 句子分析设备基于包括在一般特征组中的多个第一特征和多个第一特征来确定句子中的句子成分为特征向量由 SRL 句子分析设备基于特征向量确定句子成分的语义角色，其中，多个第一特征可以为信息 abo 提供方向在作为论元或谓词的句子成分的句子中，语法作用以及多个第二特征可以指示关于与句子成分相关联的介词或结尾的信息。本发明旨在提供一种能够更精确地分析句子的方法和装置。

专利 KR20150085480 公开了一种用于使用混合方法分析基于语义角色标记（SRL）的句子的方法。该方法包括如下步骤：通过针对包括分析对象句子的参数中的第一参数组使用基于案例框架的 SRL 来确定语义角色；对参数中包括第二参数组的第二参数使用韩语慢化特定后缀结构 SRL，以及通过针对除第一参数组和第二参数之外的参数中包括的至少一个参数使用基于机器的 SLL 来确定语义角色的步骤参数之间的参数组。因此，可以进行更精确的分析。

专利 KR20150085469 公开了基于映射的查询聚类使用两步分析过程确定基于句子的方法基于映射的查询聚类使用两步分析过程确定；该方法涉及基于无监督学习基础语义角色标记（SRL）确定关于可选参数的语义卷，该参数包含在多个可选参数中的可选参数组中。另一个可选参数包含在基于基础映射基础 SRL 的另一个可选参数组中。利用两步分析程序确定映射，基映射基 SRL 被包括在调查聚类中，后者的语义卷作为主语义卷，而相关可选参数作为主语义卷。

ADOBE（2015）和 DISNEY ENTERPRISES（2016）分别布局了两件有关依存关系树的语义角色标注方法，其中：

专利 US201514941955 通过依存关系的语义角色标注进行句子转换将文本句子转换为图像句的方法，包括接收文本句子和多个文本词，并将特征向量与动词短语相关的语义角色进行比较，以及将句子分割为句子片段。文本句子被自动转换为传递句子语义角色的图像句子。在一些实施例中，这通过识别与句子的每个动词相关联的语义角色、任何相关联的动词附加词以及识别句子中单词和短语之间的语法依赖性来实现。在图像数据库中，每个图像被标记有与所描绘的图像相对应的描述信息，该图像数据库被查询与识别的动词的语义角色相对应的图像。除非发现单个图像描述每个语义角色，否则文本语句被分成两个较小的片段。这个过程是重复的，并且递归执行，直到识别出描述每个句子片段的每个语义角色的多个图像为止。

专利 US201615160394 公开了基于依存关系确定句子中参数的语义角色的系统和方

法。该申请提供了一种系统，包括存储可执行代码的非暂时性存储器和执行可执行代码的硬件处理器，以接收包括第一谓词和取决于第一谓词的至少第一参数的输入语句，识别第一谓词，基于第一谓词识别第一参数，应用依赖乘法来确定基于第一谓词的第一参数的语义角色，并将第一参数分配给参数集群，该参数集群包括基于 fi 的语义角色的一个或多个相似参数最新论证。

同时，一些新的语义角色标注方法也被提出：

UNIV HALLYM IACF 于 2014 年提出了一件异构语义角色的自动转换装置及方法，该发明涉及一种自动转换异构语义角色的装置。一种用于自动转换异构语义角色的装置包括：相关性提供单元，用于提供异构语义角色之间的相关性；语料库提供单元，用于提供语法覆盖附件语料库，用于自动转换异构语义角色。词类分离单元，用于从句法封面附件语料中分离词；相似度计算单元，用于计算具有要转换的语义角色的词和具有每个转换候选的语义角色的词之间的相似度以及语义角色转换，它利用由相关性提供单元提供的异构语义角色之间的相关性，如果通过词类分离要转换的词的语义角色，则将要转换的语义角色转换为映射转换候选的语义角色。单元和转换候选的语义角色以一对一的方式映射，并且使用由相似度计算单元计算的相似度来将要转换的语义角色转换为转换候选在会话的语义角色之间的任意一个语义角色。如果要转换的语义角色和转换候选的语义角色没有以一对一的方式映射，则关于候选。即使不能以一对一的方式映射异构语义角色，也可以使用相似性来自动转换异构语义角色。

VERINT SYSTEMS 的专利 US201715485751 提出了一种学习信息元语义角色的系统和方法，该方法通过机器学习技术自动学习规则，以推断所提取的信息元素的语义角色，以及计算语义角色确实被推断的相应确定性级别。这样的过程在这里被称为"标记"信息元素。然后，标记的信息元素在数据库中与它们各自推导出的语义角色和确定性级别相关联。这里提供的机器学习技术包括监督的、无监督的和半监督的技术。本文描述的实施例可应用于数据泄漏预防、网络安全、服务质量分析、合法拦截或任何其他相关应用。

由上面的分析可知，句子级语义广泛应用各个领域，包括名词分析、句子理解以及开放领域信息的提取等，尤其是用于开放领域信息提取。同时用于句子级语义分析的语义角色标准技术也不断发展，由最初的基于短语结构树的语义角色标准发展到基于依存关系树的语义角色标注，近年来韩国在基于融合方法的语义角色标注进行了专利布局。

由于语义角色标注对句法分析结果有严重的依赖性，句法分析产生的错误会直接影响语义角色标准的结果，而进行语义角色标注系统融合是减轻句法分析错误对语义角色标注影响的有效方法。因此，融合语义标注方法将是语义角色标注发展的主要方向。

5.3.2 句子级语义重要申请人分析

从图 5-3-2 可以看出，国内外重要创新主体均在华进行了句子级语义分析方面的专利申请。其中重要申请人以中国申请人为主，国外的微软和 IBM 在中国进行了语义角色标注的专利布局，中国申请人中以科研院所为主，只有 2 家公司，分别为百度和

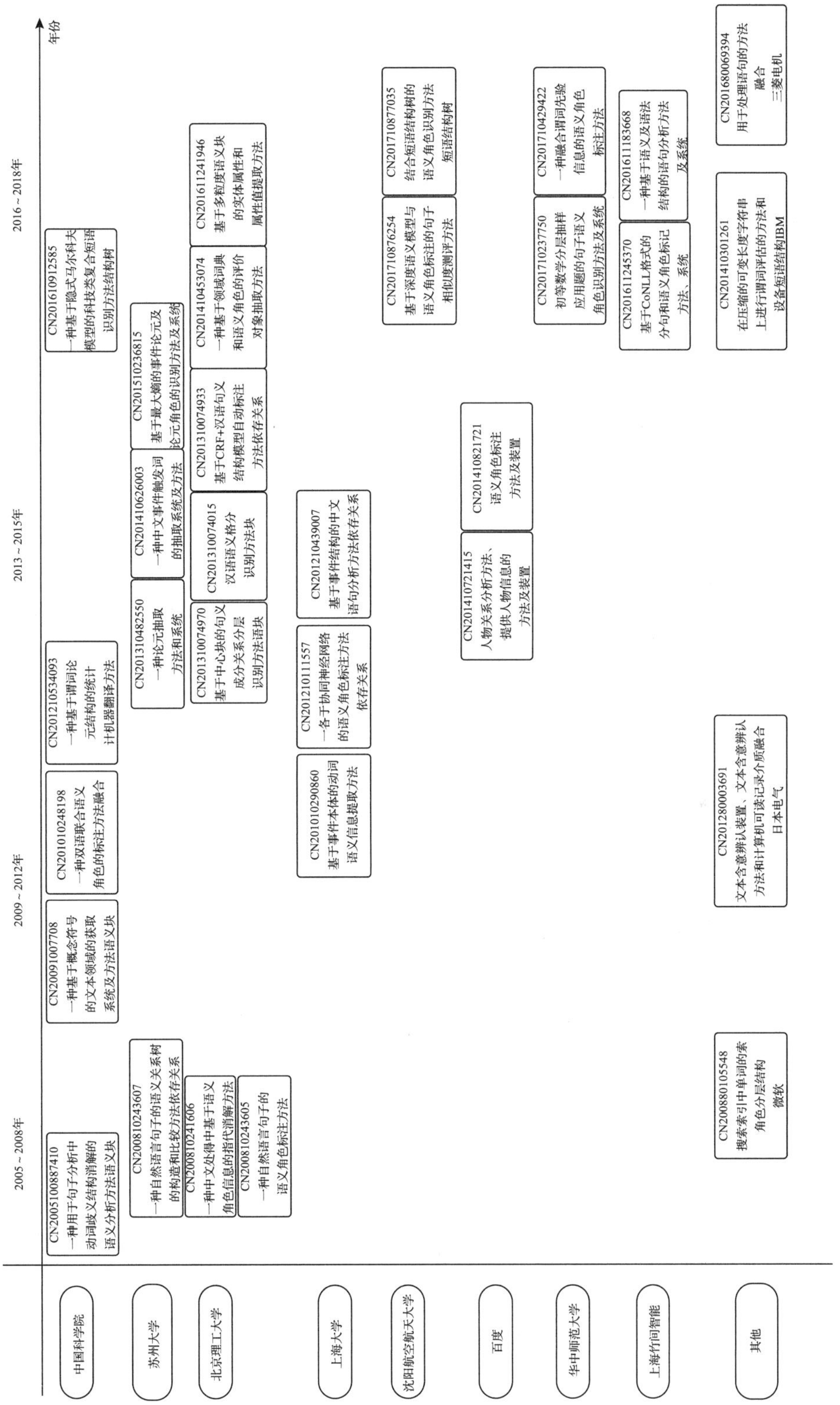

图5-3-2 句子级语义重要申请人分析

上海的竹间智能。在中国的科研院所中起步最早的为中国科学院系统，随后为苏州大学、上海大学和北京理工大学。随着国内外对语义角色标准的重视，中国科学院信息工程研究所、华中师范大学和沈阳航空航天大学也加入语义角色标注的研发之中。在所有的重要申请人中，苏州大学和北京理工大学进行了较为完整的专利布局。

5.4 篇章级语义分析

5.4.1 篇章级语义分析技术发展路线

由图 5-4-1 可以看出，篇章级分析主要包括篇章主题分析、篇章结构分析。

（1）对于篇章主题分析

ORACLE CORP. 为第一位提出篇章主题分析的申请人。该申请人在 1995 年提出了 3 件有关篇章主题确定的专利申请。

专利 US19950454602 公开了一种语篇的主题分析，该语篇分析方法记载的技术方案如下：语言中使用的每个单词都带有主题信息，这些信息传达了语篇的意义和内容的重要性。主题分析系统识别输入语篇的词和短语，识别重要性或意义的类型、对语篇不同部分的影响，以及对语篇内容的总体贡献。语篇的主题语境是根据预先确定的主题评价标准确定的，主题评价标准是区分词语的战略重要性的函数。预定的主题评估标准定义了为每个主题分析单元选择哪些鉴别词。然后，以预定主题格式向用户输出作为不同视图的话题，在主题提取器中给出该篇章的主题，在内核生成器中生成该篇章的总结版本，并在内容提取器中识别该篇章的关键内容。

专利 US19950455513 公开了一种篇章动态分析系统。该动态分类系统决定输入篇章的内容，并且该动态分类系统基于输入语篇中使用的术语生成详细和全面的知识目录。主题向量处理器识别主题，包括识别主题在输入篇章中的相对重要性。所述知识目录包括以分层结构布置的静态本体，其中每个静态本体包含多个高级知识概念。从输入篇章中提取的高级主题被映射到静态本体中的一个或多个知识概念。动态分类系统基于从输入语篇中提取的主题，生成一个或多个动态层次结构，由低级或详细的知识概念组成。映射到静态本体的高层主题与动态层次结构中的低层主题链接以生成世界视图知识目录。此外，动态层次结构和静态本体中的知识概念是相互引用的，从而允许在一个或多个静态和/或动态层次结构中关联一个或多个知识概念组的灵活性。因此，知识目录为输入篇章提供了广泛和详细的知识分类。

专利 US19950455484 公开了一种通过主题向量来确定输入篇章的主题，内容处理系统确定输入篇章的内容。内容处理系统包括主题向量处理器，该主题向量处理器确定输入篇章中的主题。主题向量处理器识别主题，包括通过生成主题强度来识别输入语篇中主题的相对重要性。主题强度指的是主题在输入语篇中的相对主题重要性。还公开了一种知识目录，其包括以层次结构排列的静态本体。静态本体是相互独立、并行的，包含知识概念来表示知识的世界观。主题向量处理器利用静态本体通过从静态本体的层次结构中的更高层节点提取知识概念来为每个主题生成主题概念。

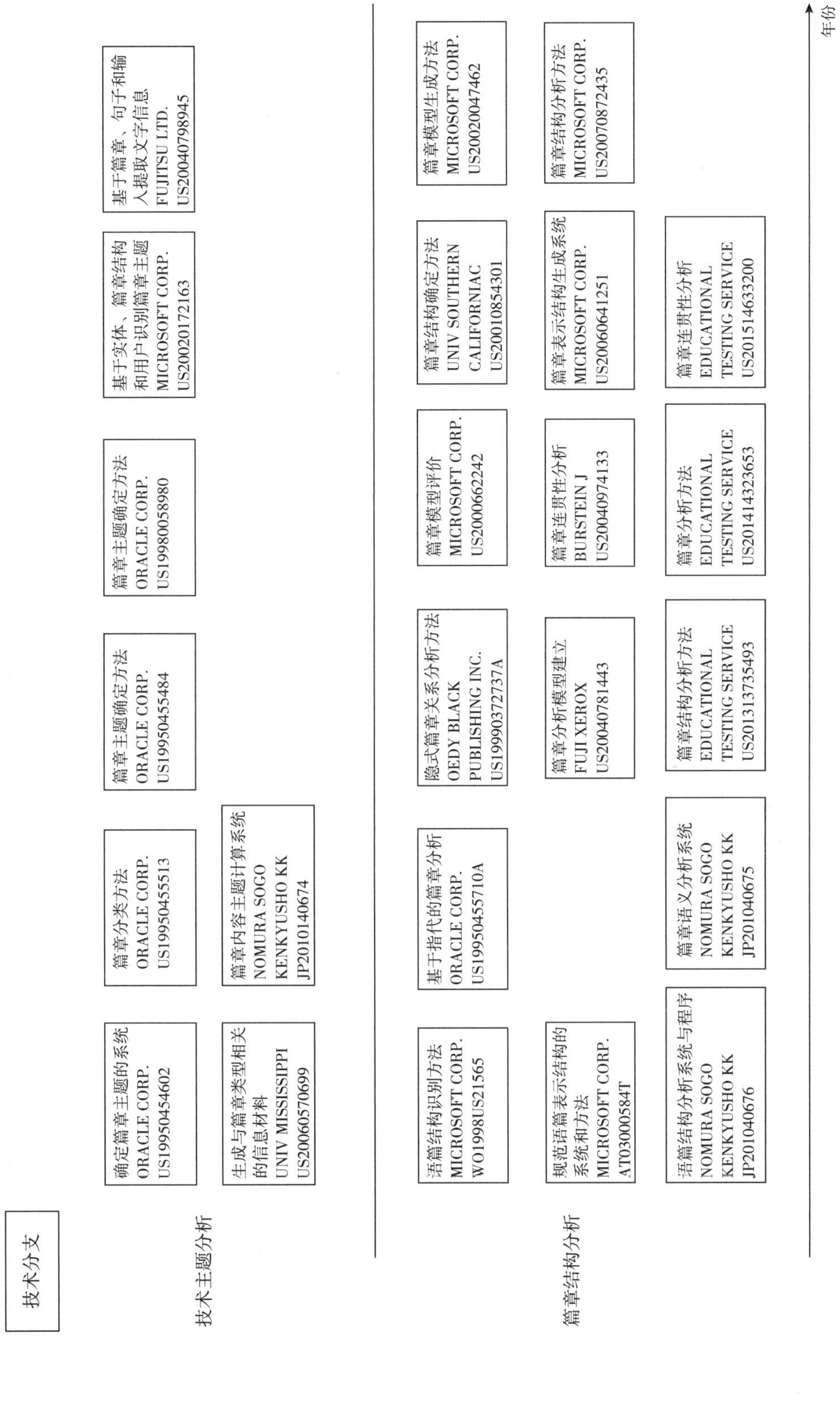

图5-4-1 篇章级语义技术发展路线

2002年该申请人进一步提出了基于实体、语篇和用户输入识别语篇主题的方法专利申请（US20020172163）。该方法涉及基于用户输入选择与应用相关联的篇章项定义，选择基于用户输入的与另一应用相关联的实体定义。基于实体定义和用户输入的一部分来识别实体。基于语篇项定义、识别实体和用户输入识别语篇项。

2004年FUJITSU LTD.在US20020172163的基础上进一步提出了基于篇章、句子和输入提取文字信息的专利申请。该申请公开了如下内容（US20040798945）：从文本中提取与文本内容密切相关的词语等，而不需要花费过多的人力，并且使用所提取的词语等创建关于文本的信息。解决方案：一种文本信息创建装置，包括用于接收人工属性输入的属性输入部分、用于创建语篇结构属性和子句长度比属性的篇章结构属性创建部分、组合属性创建部分。创建组合属性，作为人工属性、语篇结构属性和子句长度比属性的任意组合，用于估计每种属性的重要性的重要度估计部分，指示与内容相关的增加程度文本；文本输入接口，用于根据每种属性的重要性从输入文本中的一个或多个子句中确定重要子句的重要子句决策部分；以及用于输出关于根据决策创建的输入文本的信息的文本输出接口。

2006年NIV MISSISSIPPI公开了一种生成与篇章类型相关的信息放入方法（US20060570699）。该方法自动评估系统和方法，生成与篇章类型相关的信息材料。方法包括选择篇章类型作为分类类别，并创建单词名册。然后对名册中的单词进行测试，并与一些文本材料进行比较。生成每个文本材料的简档，之后生成具有与所选篇章类型相关的信息的材料。

2010年NOMURA SOGO KENKYUSHO KK提出了一种篇章内容主题计算系统（JP2010140674）：系统具有语篇语义。该语篇语义计算简化语篇数据中块和说话脚本之间表达的相似性。相似度计算单元获取和输出最相似的对话脚本作为相似信息。当块的相似度高于阈值时，根据最相似的对话脚本确定是否说块。计算单元计算并输出包含根据讲话人讲话脚本所讲的块比率的篇章项目信息。

此后，用于篇章主题分析系统方法逐渐趋于成熟，该领域在2010年后再未产生相关的主要专利申请。

（2）对于篇章结构分析

第一件有关篇章结构识别的专利申请在1995年为ORACLE CORP.提出。该申请记载1998年微软提出了一种识别语篇结构的方法（WO1998US21565）：篇章结构识别设施利用与文本主体相关联的句法信息来生成表征文本主体篇章结构的篇章结构树。该设施首先在正文中识别若干子句。然后，该功能根据文本主体相对于该对子句的句法结构和语义，为每个不同的子句确定该对子句之间若干可能的篇章关系中的哪一种。最后，该设备将假设关系应用于子句，以便生成表征文本主体的语篇结构的语篇结构树。在某些实施例中，该设施还从产生的篇章结构树生成反映作者所追求的主要目标的文本主体的概要。

随后OEDY BLACK PUBLISHING INC.于1999年提出了一种隐式篇章分析方法专利US19990372737A。该方法包括积累与篇章中识别词语相关的选定的预定义内涵和一种，该篇章分析系统包括术语数据库。该术语数据库具有相关的外延、内涵和人类兴趣信息。该系统通过一个段落的每个字，并确定数据库中是否有针对该词的条目。对于每一个有词条的词条，都有一个检查，看这个词是否有不止一个外延的意思。如果有一个以上的指示意义，选择一个适当的外延意义。系统评估文章正面情绪内涵、负面情绪内涵、全球情绪内涵、人类兴趣、权力内涵、活动内涵和抽象/具体内涵。显性情感内涵和显性词语也被具体识别和排序。

微软在2000年进一步提出了一种篇章模型评价（US20000662242）。该申请公开了用户输入被接收并应用于语言模型，以确定描述用户输入内容的表面语义得分。将表面语义应用于语篇模型，确定篇章语义的评分，描述与用户对话的当前状态。基于篇章模型提供的分数来执行动作。

UNIV SOUTHERN CALIFORNIAC 也在 2001 年提出了一种篇章结构的确定方法（US20010854301），用于输入文本段的篇章结构通过基于训练集生成一组一个或多个篇章解析决策规则来确定，并通过将生成的篇章解析决策规则集应用于输入来确定用于输入文本段的篇章结构。具体方法为：通过基于训练集生成一组一个或多个摘要决策规则，并通过将生成的摘要决策规则集应用于树结构来压缩树结构，来总结树结构。或者，通过解析输入文本段以生成输入段的解析树、生成多个潜在解、应用统计模型以确定每个潜在解的正确概率，以及提取一个或多个 m 来完成摘要。基于解的正确性概率的高概率解。

微软进一步在 2002 年申请了一种篇章模型的生成方法（US20020047462）。该发明是一种用于执行语义分析的系统和方法，其解释由自然语言分析系统输出的语言结构。语义分析系统将自然语言分析系统的语言输出转换为一种称为语义篇章表示结构的数据结构模型。微软还在 2003 年申请了一种用于规范语篇表示结构（DRS）的系统和方法（AT03000584T）的专利。该结构的元素被改写和排序，以这样一种方式，可能会出现不同的结构，但是仍然相当可与其相关的归一化表示。该发明还包括一个 DRS 的数据结构是由阵列箱表示，各有一组元素反过来也适合于描述多种语言信息的预定义的结构。

FUJI XEROX 在 2004 年记载了用于确定语篇功能预测模型的系统和方法（US20040781443）。该方法选择一个静态显著的训练语音语料库。确定与所选语料库中的语音篇章相关的韵律特征；运用语篇分析理论对训练文本进行分析，以确定语篇中的语篇功能；基于韵律特征确定语篇功能的预测模型。

BURSTEIN J 在 2004 年记载了一种篇章连贯性分析方法（US20040974133）。该申请记载的内容如下：语篇连贯性分析包括篇章元素和文本片段。通过使用基于矢量的随机索引方法，对语篇元素进行注释，并生成对应于语篇元素的每个文本段的文本段向量。根据所识别的文章维度测量每个文本片段的语义相似度，以赋予文章的连贯性水平。

微软进一步在 2006 年申请了意见篇章表示结构生成系统的专利（US20060641251）。该申请的技术方案为：该方法包括接收语言语篇表示结构（DRS）作为文本输入的语言表示。接收非语言领域的实体和关系模型。接收一组语义映射规则，其中每个规则都有一个与指定形式的 DRS 片段匹配的边，另一个指定部分语义篇章表示结构（Sem-DRS）。语义映射规则集被应用于语言 DRS，用于根据模型并基于从语言 DRS 得到的证据生成语义 DRS。在 2007 年微软申请了另外一件篇章结构分析方法的专利（US200708722435），该申请记载了：盒和盒元素被分类，不管标记如何以获得初步排序。在篇章表示结构中表示标记的形式被归一化。基于初始排序对框和盒元素进行排序，以实现 DRS 的正常形式。

NOMURA SOGO KENKYUSHO KK 在 2010 年提出了 2 件有关篇章语义分析系统的专利申请。专利 JP2010140676 请求保护一种语篇结构分析系统和分析方法。该申请记载的技术方案为：系统具有流分析规则，该流分析规则具有与流定义兼容的列表，以根据上下文语句指定流集。流分析规则中与流表达式匹配的语句表达式用语篇数据中的语句执行。在对应于流表达式中匹配的语句上下文的流定义中指定的流是相对于语句设置的。流分析单元输出与流集兼容的流信息作为语篇语义。JP2010140675 请求保护一种篇章语义分析系统，记载的内容为：该系统具有篇章语义，其包含篇章数据中的每个语句的流信息。问题提取单元提取问题/请求语句，所述问题/请求语句表示在语篇语义的流动信息中设置了问题句或请求句。候选提取单元从提取的问题/请求语句中提取指定关键字。聚类单元对关于问题/请求语句的内容进行聚类，并输出用于将每个聚类表示为 FAQ 候选者的问题/请求语句。

EDUCATIONAL TESTING SERVICE 的专利 US201313735493 请求保护一种篇章结构分析方法）。该方法包括接收被注释的文本，其中被注释的文本包括权利要求和证据的论证性或说服性篇章。从注释文本中识别规则集或特征集，其中规则集或特征集包括与注释文本组织元素相关的文本模式或词频特征。基于注释和规则集或特征集来构建模型，其中模型识别新文本中的组织元素。该模型应用于新文本。

EDUCATIONAL TESTING SERVICE 于 2014 年提出了一种篇章分析方法（US201414323653）。该申请记载了：该方法能够提高 PNN 篇章树库中隐含修辞关系预测的一个简单且易于实现的特征集的性能，同时有效地预测缺少显性篇章标记语的文本之间的隐含修辞关系。同时，该申请人于 2015 年提出了一件篇章连贯性分析的专利 US201514633200。该专利涉及识别在处理系统中得分的文本中的词汇链。基于与篇章元素的计算机数据库的查找操作，在文本内识别篇章元素。基于词汇链和语篇元素之间的关系，确定系统的连贯性度量。使用评分模型对相干性度量应用系统生成相干得分。评分模型具有通过训练评分模型相对于训练文本来确定的加权特征。

由上述代表性专利可知，目前篇章分析技术尚处探索阶段，研究方向主要包括指代消歧、篇章分析模型的建立。

5.4.2　篇章级语义分析重要申请人分析

从图 5-4-2 可以看出，国内外创新主体在华进行了句子级语义分析方法方面的申请，其中重要申请人以中国申请人为主，国外申请人中仅有 IBM 在华进行了 1 件专利布局。在中国申请人中，除安徽华贞信息科技（科大讯飞子公司）、北京文因网互联科技有限公司和中国电子科技集团各布局了 1 件专利申请外，其他的申请人均为科研院所。

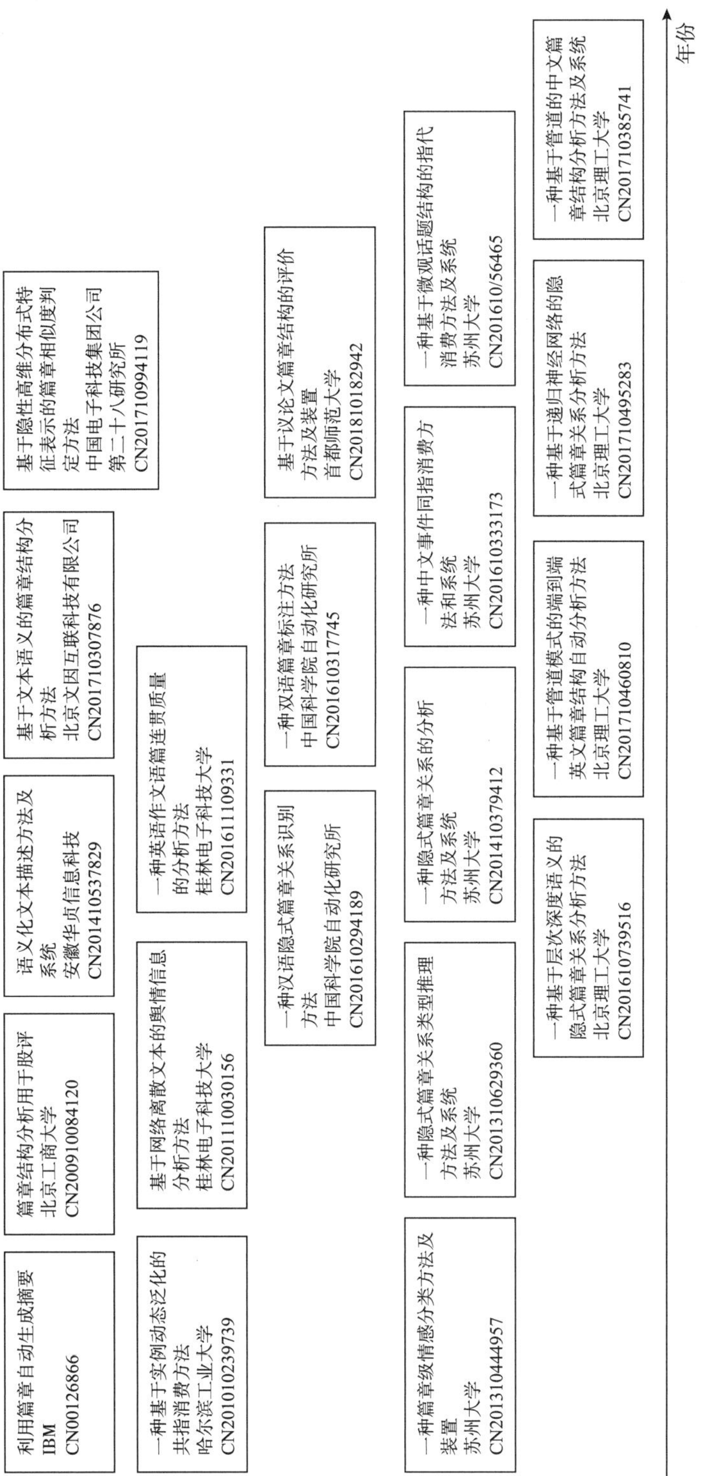

关键技术二

图5-4-2 篇章级语义分析重要申请人分析

关于存在重要专利布局的科研院所，哈尔滨工业大学起步最早，在 2010 年即产生了 1 件发明（名称为"基于实例动态泛化的共指消解方法"），但随后再未产生相关专利申请；桂林电子科技大学分别在 2011 年、2016 年产生了 1 件应用篇章分析的专利申请；苏州大学在 2013 年产生了第 1 件篇章级情感分类方法的专利申请，并在随后的 4 年内布局了 4 件有关篇章分析的专利申请；北京理工大学在 2016 年产生了 1 件名为"基于深层深度语义的隐式篇章关系申请，并在随后的 2 年内又产生了 3 件利用深度学习进行篇章结构分析的专利申请；中国科学院自动化研究所在 2016 年也产生了 2 件有关篇章关系分析的专利申请；首都师范大学产生了 1 件"基于议论文篇章结构的评价方法及装置的专利申请。

总体说来，苏州大学在篇章分析方面进行了较为完整的专利布局，而北京理工大学在基于深度学习的篇章分析方面具有较强的技术实力。

5.5 小　结

通过上述分析，我们可以初步得出以下结论：

（1）语义分析技术受到广泛的认可，近年来专利申请量急速增长。该技术对推进词法分析的发展具有一定意义，在机器翻译、信息抽提、自动问答等领域有广泛的应用。

（2）语义分析技术主要包括词语级、句子级和篇章级；词语级语义分析技术相对成熟，句子级和篇章级是未来发展的主要方向。

（3）相对于基于词典和统计模型，无监督的学习（聚类），由于不需要专门的词典，是词语级语义分析的重要发展方向。

（4）对于句子级语义分析，基于短语结构树、依存关系树、语块的语义角色标注较为成熟，语义角色融合的语义角色标注方法是目前的研发重点。

第6章 自然语言模型专利技术分析

自然语言处理模型可分为两大类：基于规则的方法即分析模型，基于统计的方法即统计语言模型。自然语言处理中的分析模型是一种理性主义方法，主要的基础是语法理论，是将人们制定的有限的语法规则应用于有限词汇上，通过各种组合以处理无限的语言组合。1956年乔姆斯基发表了《语言描述的三个模型》，由此兴起的短语结构语法、乔姆斯基语法体系和其他的一些语言描述模型，都可以看作描述语言的规则模型。基于这些规则模型的语言处理技术就是句法分析技术和语义分析技术。但是由于自然语言是很随意的，在自然语言的表达和理解的各个层面上，都存在着歧义，决定了自然语言是很难形式化的。因此，这种模型对于较小规模的自然语言处理具有一定的效果，而对于整段、整篇、大规模的自然语言处理还不能达到很好的效果。本章主要研究的是统计语言模型，自然语言处理技术的普及与广泛应用很大程度上得益于统计语言模型的发展。

统计语言模型是关于自然语言的统计数学模型[1]。它主要用来归纳、发现和获取自然语言在统计和结构方面的内在规律。统计语言模型通常使用概率和分布函数来描述词、词组及句子等自然语言基本单位的性质和关系，体现了自然语言中存在的基于统计原理的生成和处理规则。一般来说，任何一种自然语言的单词量都非常大，而且句法复杂，构成的句子数目无限，要表示出所有句子的概率就空间复杂性而言是不可能的。所以，一般统计语言模型都是将句子的概率分解成各个单词的条件概率的乘积。在统计语言建模中，自然语言被看作一个随机过程，其中的每个语言单位，包括词、句子或者篇章等，均被看作是具有某种概率分布的随机变量。统计语言建模的主要任务就是估计给定的统计语言学模型所包含的随机变量的概率分布。

20世纪70年代末，J. K. Bake和F. Jelinek首次将隐马尔可夫模型（Hidden Markov Model，HMM）应用于语音识别领域。他们通过对大量语音数据进行数据统计，建立统计模型，然后从待识别语音中提取特征，与这些模型匹配；通过比较匹配分数以获得识别结果，取得了很好的性能。这是统计语言模型首次在应用领域获得的成功。在此之后，统计语言模型得到进一步的发展，出现了不少新的模型，逐渐深入渗透到自然语言处理的各个层面，并且在很多其他的应用领域都取得了极大的成功。

在词性标注任务中，20世纪80年代初，LOB（Library of British）语料库的研究人员利用统计模型设计了一个词性标注系统（CLAWS）。此系统对标注的语料进行统计建模，得到标记之间的同现频率。在标注时利用标记同现频率的乘积计算这些词串所有可能的

---

[1] 郭涛，曲宝胜，郭勇. 自然语言处理中的模型[J]. 电脑学习. 2011（2）：113–115.

标记组成的标记串的权值,选择权值最大的标记串作为输出结果。之后,Adwaitts 和 Jonathon 等人分别用最大熵和 HMM 模型来统计学习词性标注模型,进行词性标注。

在机器翻译领域,1990 年,来自 IBM 的 Peter Brown 等人提出了统计机器翻译模型。他们使用一种噪声信道模型,把机器翻译看成一个信息传输的过程。在模型中,他们用 N-gram 统计语言模型描述了目标语言文本出现的概率。通过估计目标语言翻译成源语言的条件概率,来寻找最优的译文。在此之后,Och 等人在 IBM 模型的基础上,提出了基于最大熵的统计机器翻译方法。

在信息检索领域,1998 年,Pnoet 和 Corft 首次将统计语言模型应用到信息检索中,他们基于统计语言模型的方法得到的效果比标准的 TF-IDF 方法在两个不同语料集的查询中都有很显著的提高。同年,Miller 和 Leek 在 TREC7 中指出,其语言模型的简单实现在 TREC6 和 TREC7 的信息检索任务中比 TF-IDF 检索的结果要好得多。在此之后,有很多专家在基于语言模型的信息检索算法上进行改进。

综上所述,统计语言模型在自然语言处理的各个领域都发挥着重大的作用。而对于统计语言模型的具体实现,统计方法不需先验知识,关键是语料库中是否有足够的信息量,以确保在学习过程中模型能够学习到足够的知识。统计语言模型首先要进行训练,当达到一定要求后便可应用。具体来说,大致经过这样几个步骤:首先,要建立大容量的语料库,并对语料进行不同深度的标注;然后,设计模型和学习算法,根据不同的目的,选择不同的语言特征集,用设计的模型和算法学习和表达这些特征;进行模型训练,根据学习的效果对模型和算法进行必要的调整,并重新学习,直至得到预期的结果;将得到的模型植入应用系统,进行具体应用。典型的统计模型主要有:N-Gram 语言模型、指数语言模型(包括:最大熵模型、条件随机域模型和最大熵马尔科夫模型等)、支持向量机语言模型和神经网络语言模型。[1]

本章接下来将针对涉及统计语言模型的构建、训练、优化、评价等方面的相关专利进行分析。

6.1 全球申请趋势分析

6.1.1 全球专利申请趋势分析

在本次研究中,截至 2018 年 11 月 7 日,在 DWPI 数据库中检索到涉及语言模型技术的专利申请共 3074 项,下面在这一数据基础上从总体发展趋势的角度对该领域的专利技术进行分析。

如图 6-1-1 所示,虽然统计模型早在 20 世纪 80 年代就于语音识别领域取得了出色的成果,然而早期在其他自然语言处理方面的应用并未能取得好的效果。1990 年,

---

[1] 张仰森,徐波,曹元大. 自然语言处理中的语言模型及其比较研究 [J]. 广西师范大学学报. 2003, 21 (1): 16-23.

IBM 采用 N-gram 统计语言模型实现了文本翻译工作性能的提升，统计语言模型技术的研究才逐渐受到重视，申请量从 1992 年开始略微上扬。直到 2000 年，随着统计语言模型技术在机器翻译、信息检索、文字识别等应用领域的逐渐成熟，申请量保持稳步增长。而 2010 年之后，计算机性能不断提升、自动问答等多种新应用领域的发展，及神经网络新算法的出现等多种因素促使统计语言模型相关基础技术专利申请量进入快速增长期，由一开始的不足 100 项达到 2017 年（数据不完整）的 300 余项，可见创新主体对这一技术的重视。

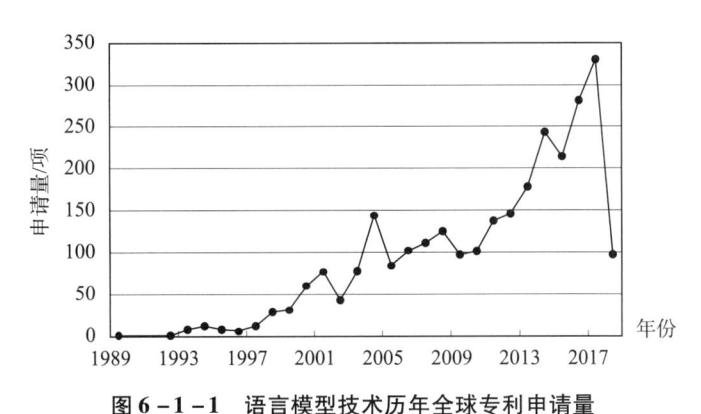

图 6-1-1 语言模型技术历年全球专利申请量

6.1.2 专利申请来源地与目标地分析

如图 6-1-2 所示，中国、美国分别以 40% 和 39% 共占据全球专利申请总量的近 80%，是语言模型专利技术全球最大的两个布局地区，这与两国重视人工智能发展战略密不可分。排名前三至五的国家或地区依次为日本、欧洲和韩国，目标国家或地区申请的占比分别为 11%、5% 以及 5%。

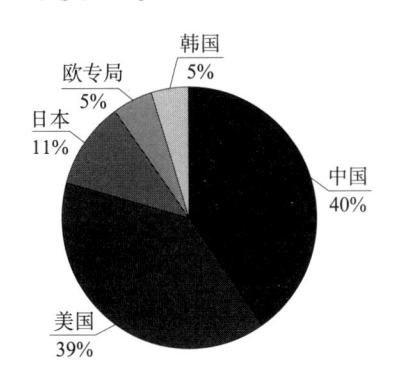

图 6-1-2 语言模型技术主要申请目标国家或地区占比

如图 6-1-3 所示，从主要国家或地区历年申请量看，美国和日本发展较早，但是美国增长速度超过日本；中国申请量从 2005 年开始逐步增长，到 2015 年开始呈指数型增长，恰好在人工智能发展战略提出的时间节点；日本、韩国、欧洲近年来虽然申请量较小，但专利申请趋势也保持活跃。

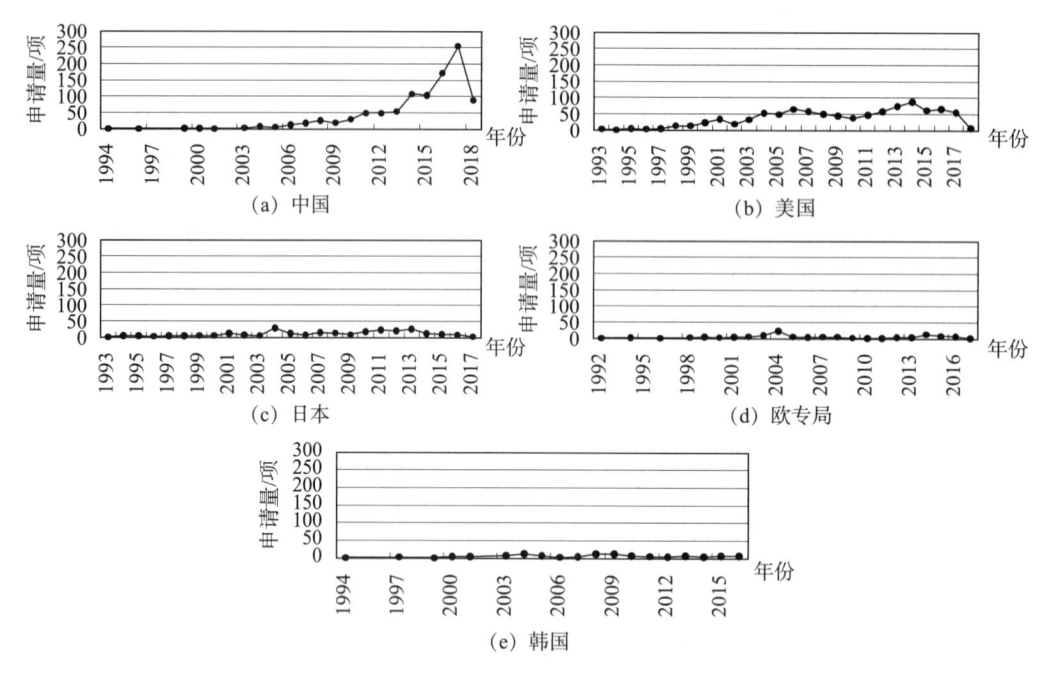

图 6-1-3 语言模型技术主要国家或地区历年申请量

从图 6-1-4 所示的申请来源国家或地区来看,中国的占比略微下降,由目标国家或地区占比的 40% 下降到 37%,但仍旧占据了技术来源国家或地区第二的位置。相反,美国的占比有较大的上升,美国由目标国家或地区的近 39% 上升到近 48%,其他国家或地区占比均有所下降。由此可见,美国比较注重自主研发,并积极布局海外市场。

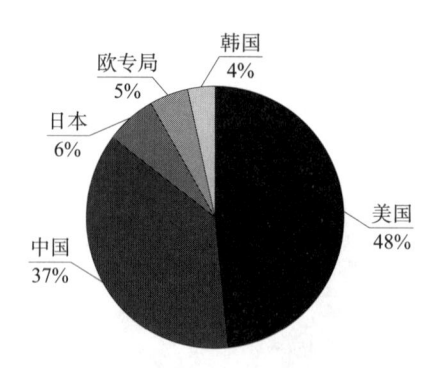

图 6-1-4 语言模型技术申请来源国家或地区占比

从图 6-1-1-5 的技术来源国家或地区历年申请量来看,中国、美国、韩国、日本四国专利增长势头良好,而欧洲在 2004 年经历了一次波动增长之后专利申请量一直较少。这也与欧洲地区对自然语言相关技术一直缺少发展驱动力有关。

统计语言模型技术主要国家或地区的申请量流向分布,如表 6-1-1 所示。可以看出,中国的外来专利中美国排名第一,占据 48 项,而中国仅有 17 项专利进入美国。欧洲申请量虽然不大，但近一半的专利分别流向了美国、日本和中国，体现了欧洲创新主体具有较强的专利控制市场的意识。美国在全球主要市场均有一定量的专利布局，尤其在欧洲和日本的专利申请量分别达到了 88 项和 84 项；同时美国本土也是其他国家或地区的专利主要流向地区。相比而言，中国的绝大多数申请均聚集在国内，仅有极少量的专利进行海外申请，可能会为企业今后的外向型发展埋下隐患。

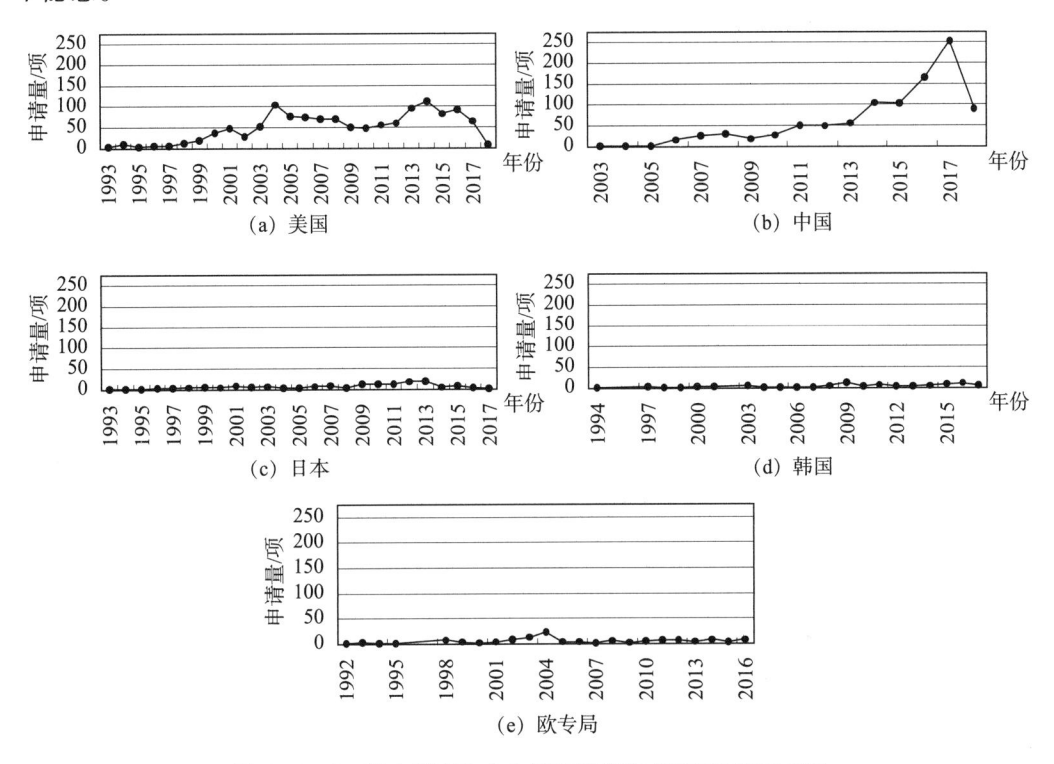

图 6-1-5 语言模型技术申请来源国家或地区历年申请量

表 6-1-1 语言模型技术主要国家或地区申请量流向分布　　　　　单位：项

技术来源国家或地区	技术目标国家或地区				
	中国	欧专局	日本	韩国	美国
美国	48	88	84	38	878
中国	948	—	13	1	17
日本	1	2	147	1	8
韩国	2	2	2	73	10
欧专局	4	43	20	—	26

6.1.3　全球主要申请人分析

在语言模型技术全球主要申请人排名中（见图 6-1-6），微软在申请量方面以较大的优势排名第一位，体现了微软在自然语言处理语言模型技术领域的积累实力雄厚。排名第二位的为美国的软件巨头IBM，事实上IBM在统计语言模型基础研究中作出了开拓性的工作，然而在应用需求及大数据等方面不如微软的驱动力强盛。排名靠前的申请人还有谷歌、日本NTT通信和百度，均为在互联网大数据处理、算法模型等方面有一定技术积累，并且致力于人工智能技术发展的公司。

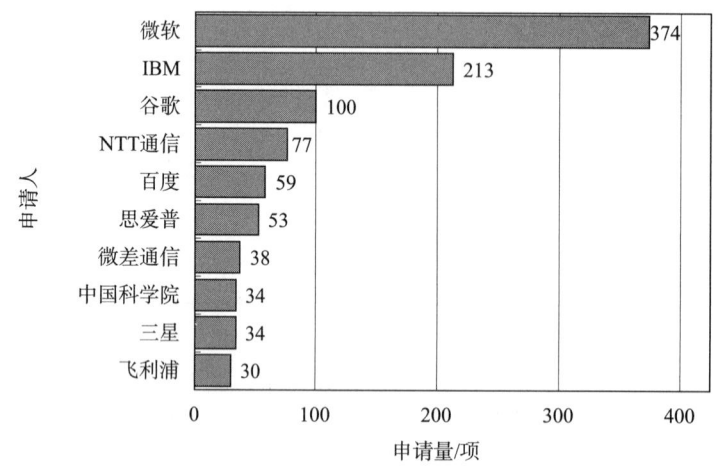

申请人	申请量/项
微软	374
IBM	213
谷歌	100
NTT通信	77
百度	59
思爱普	53
微差通信	38
中国科学院	34
三星	34
飞利浦	30

图6-1-6 语言模型技术全球主要申请人专利申请量排名

微软对自然语言处理语言模型技术的研究要追溯到1994年前后投入机器翻译应用领域时期，相关研究为其庞大的应用软件体系提供自然语言处理服务；先后推出自己成熟化应用产品，如微软机器翻译、知识图谱、Bot Framework、必应搜索、微软小娜和微软小冰等智能客服等产品。如图6-1-7及图6-1-8所示，通过对申请量排名第一的微软进行发明人分析，发现主要呈现两个大的发明人团队，一个是以高晓峰、何晓东、李开复为核心的微软亚洲研究院研发团队，另一个发明人团队是美国的Acero Alejandro、Chelba Ciprian以及Wang Ye-Yi等。

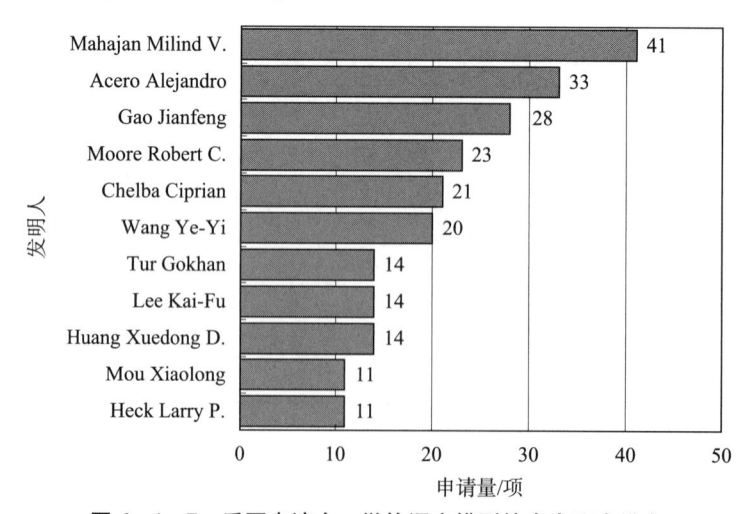

发明人	申请量/项
Mahajan Milind V.	41
Acero Alejandro	33
Gao Jianfeng	28
Moore Robert C.	23
Chelba Ciprian	21
Wang Ye-Yi	20
Tur Gokhan	14
Lee Kai-Fu	14
Huang Xuedong D.	14
Mou Xiaolong	11
Heck Larry P.	11

图6-1-7 重要申请人－微软语言模型技术发明人排名

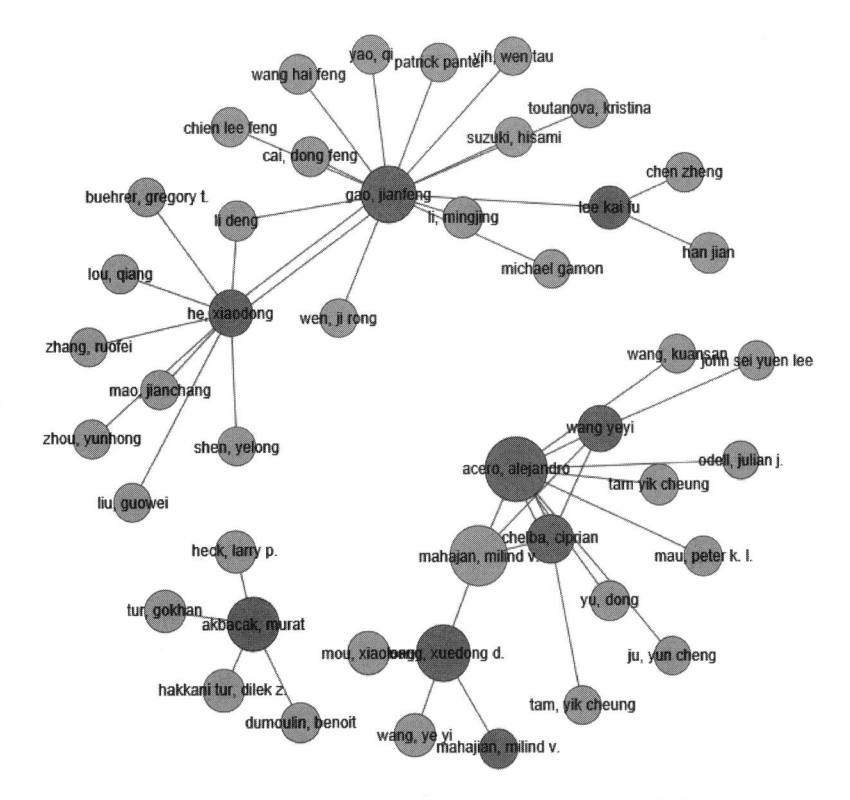

图 6-1-8 重要申请人——微软语言模型技术发明人关系图

6.2 中国申请趋势分析

6.2.1 中国申请趋势分析

从图 6-2-1 可以看出，中国语言模型技术历年申请量开始阶段晚于全球趋势，2005 年之后与全球类似，尤其在 2015 年人工智能技术在统计语言模型技术领域取得成功应用之后申请量逐渐攀升，近年来达到高峰，2017 年占据全球申请量的近 77%。

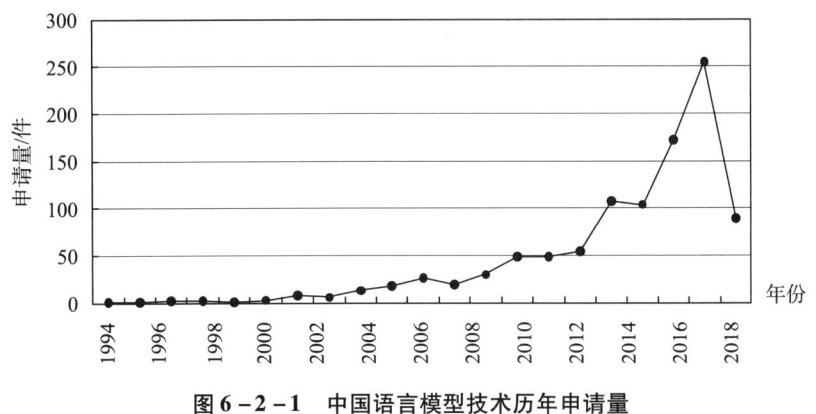

图 6-2-1 中国语言模型技术历年申请量

6.2.2 中国主要申请人分析

中国主要申请人专利申请量排名如图 6-2-2 所示，计量对象为专利申请国为中国的专利。国内各申请人的专利申请数量并不多，排名第一的申请人为百度，并且具有较大的优势；其次是中国科学院，主要来自中国科学院计算机所和自动化所的相关申请；排名前十的公司申请人还包括微软和腾讯。可见虽然中国已多年位居专利申请量第一，但在语言模型技术这样关键性的高新技术领域仍显得专利布局数量不足。

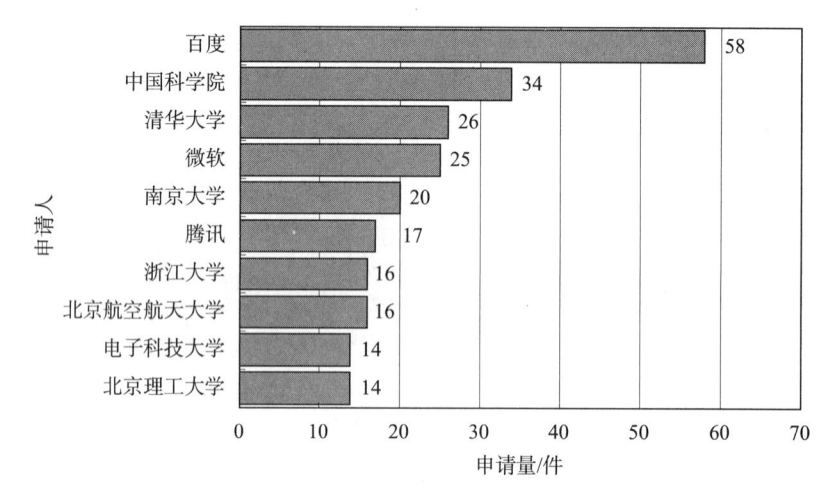

申请人	申请量/件
百度	58
中国科学院	34
清华大学	26
微软	25
南京大学	20
腾讯	17
浙江大学	16
北京航空航天大学	16
电子科技大学	14
北京理工大学	14

图 6-2-2 语言模型技术中国主要申请人专利申请量排名

国内主要创新主体专利申请量排名如图 6-2-3 所示，计量对象为专利优先权国在中国的专利。这部分申请人均为中国创新主体，专利布局数量均不多。百度位居第一，大多数席位被高校、研究院所占据，较有优势的企业仅百度、腾讯和华为。从总体申请量上来说中国正在紧追美国的步伐，快步前进，然而从单个创新主体的对比来说，中国语言模型技术仍有很长的一段路要走。

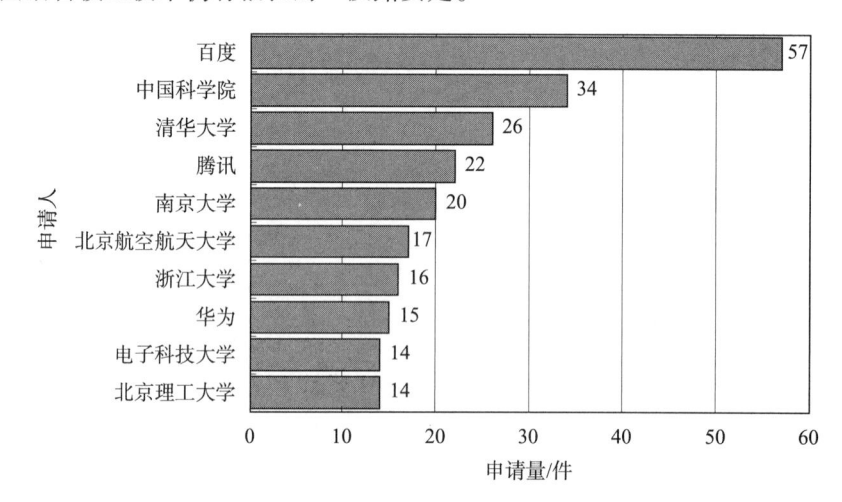

申请人	申请量/件
百度	57
中国科学院	34
清华大学	26
腾讯	22
南京大学	20
北京航空航天大学	17
浙江大学	16
华为	15
电子科技大学	14
北京理工大学	14

图 6-2-3 语言模型技术国内主要创新主体专利申请量排名

6.2.3 国内前十名省份专利申请情况

国内前十名省份专利布局情况如图6-2-4所示。北京以较大的优势占比排名第一位，这与北京在高科技领域公司数量优势有关；广东、江苏分列第二位和第三位，这两省在高等院校资源及高科技企业方面较其他省份也具备一定优势。但总体而言，各省份在专利布局数量上依旧偏少，加强研发，从而带动专利布局成为目前的主要工作之一。

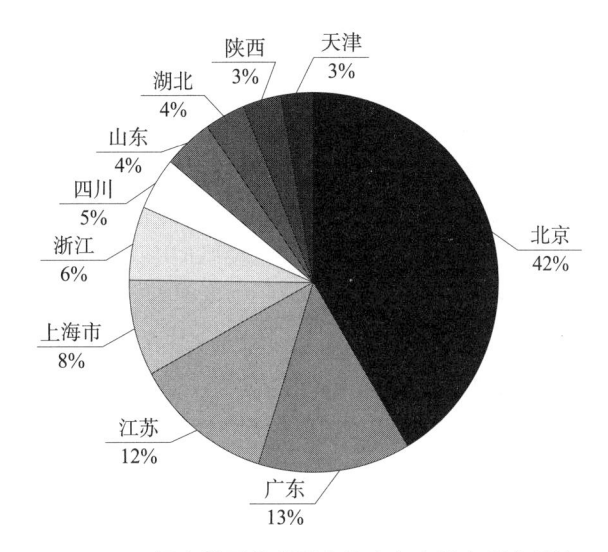

图6-2-4 语言模型技术国内前十名省份专利布局情况

6.3 小　结

通过上述分析，我们可以初步得出以下结论：

（1）自然语言处理语言模型技术的发展对推动自然语言处理应用技术的发展具有重大作用。近年来随着算法技术成熟和应用多样化，相关专利申请量呈持续快速增长趋势。

（2）语言模型技术的特点决定了针对不同领域的应用，如在机器翻译、信息抽提、自动问答等领域分别发展出处理不同任务的专有模型，如最大熵模型和支持向量模型，然而最近的研究趋势是向适用领域更广的混合模型及能处理多模态任务的神经网络模型发展。

（3）国内相关专利技术发展虽然起步较晚，但是近年来增长非常迅速，尤其是国内创新主体除了百度、腾讯，排名靠前的大部分是高等院校。如何实现高效专利资源产业化，促进国内相关领域基础技术应用、发展，是应当重点关注的问题。

第 7 章　知识图谱专利技术分析

7.1　知识图谱概述

知识图谱（Knowledge Graph）以结构化的形式描述客观世界中概念、实体及其关系，将互联网的信息表达成更接近人类认知世界的形式，提供了一种更好地组织、管理和理解互联网海量信息的能力。知识图谱给互联网语义搜索带来了活力，同时也在智能问答中显示出强大威力，已经成为互联网知识驱动的智能应用的基础设施。知识图谱与大数据和深度学习一起，成为推动互联网和人工智能发展的核心驱动力之一。

知识图谱技术是指知识图谱建立和应用的技术，是融合认知计算、知识表示与推理、信息检索与抽取、自然语言处理与语义 Web、数据挖掘与机器学习等方向的交叉研究。知识图谱于 2012 年由谷歌提出并成功应用于搜索引擎。知识图谱属于人工智能重要研究领域——知识工程的研究范畴，是利用知识工程建立大规模知识资源的一个杀手锏应用。知识图谱本质上是一种叫作语义网络（Semantic Network）的知识库，即具有有向图结构的一个知识库，其中图的结点代表实体（Entity）或者概念（Concept），而图的边代表实体/概念之间的各种语义关系，比如说两个实体之间的相似关系。语义网络是 20 世纪 50 年代末 60 年代初提出，代表性人物有 M. Ross Quillian 和 Robert F. Simmons。语义网络可以看成一种用于存储知识的数据结构，即基于图的数据结构。这里的图可以是有向图，也可以是无向图。使用语义网络，可以很方便地将自然语言的句子用图来表达和存储，用于机器翻译、问答系统和自然语言理解。跟早期的语义网络相比，知识图谱具有自己的特点。首先，知识图谱强调的是实体之间的关联，以及实体的属性值，虽然知识图谱中也可以有概念的层次关系，这些关系的数量相比实体之间的关系的数量要少很多，而早期的语义网络主要用于对自然语言的句子作表示；其次，知识图谱的一个重要来源是百科，特别是百科中半结构化的数据抽取得到，这跟早期语义网络主要靠人工构建不一样，通过百科获取高质量知识作为种子知识，然后通过知识挖掘技术可以快速构建大规模、高质量知识图谱；最后，知识图谱的构建强调不同来源知识的融合以及知识的清洗技术，而这些不是早期语义网络关注的重点。

1994 年图灵奖获得者、知识工程的建立者费根鲍姆给出的知识工程定义——将知识集成到计算机系统从而完成只有特定领域专家才能完成的复杂任务。在大数据时代，知识工程是从大数据中自动或半自动获取知识，建立基于知识的系统，以提供互联网智能知识服务。大数据对智能服务的需求,已经从单纯的搜集获取信息,转变为自动化的知识服务。我们需要利用知识工程为大数据添加语义/知识,使数据产生智慧(Smart Data),完成从数据到信息到知识,最终到智能应用的转变过程,从而实现对大数据的洞察、提供用户关心问题的答案、为决策提供支持、改进用户体验等目标。知识图谱在下面应用中已经凸显出越来越重要的应用价值:

(1) 知识融合:当前互联网大数据具有分布异构的特点,通过知识图谱可以对这些数据资源进行语义标注和链接,建立以知识为中心的资源语义集成服务;

(2) 语义搜索和推荐:知识图谱可以将用户搜索输入的关键词,映射为知识图谱中客观世界的概念和实体,搜索结果直接显示出满足用户需求的结构化信息内容,而不是互联网网页;

(3) 问答和对话系统:基于知识的问答系统将知识图谱看成一个大规模知识库,通过理解将用户的问题转化为对知识图谱的查询,直接得到用户关心问题的答案;

(4) 大数据分析与决策:知识图谱通过语义链接可以帮助理解大数据,获得对大数据的洞察,提供决策支持。[1]

7.2 全球申请趋势分析

7.2.1 全球专利申请趋势分析

知识图谱的概念由谷歌于2012年正式提出,在这一概念提出之前,对知识表示和实体关系等内容也进行了一系列研究。[2] 由图7-2-1知识图谱历年申请量可知,2000年之后知识图谱才有相关技术的萌芽,并在2000~2010年经历了稳步的发展;但2012年左右随着知识图谱这一概念的正式提出,知识图谱迎来了发展的重要转折点,2012年之后,申请量从2012年的197项增加到2017年的600余项,增长了2倍多,增长速度喜人。这与知识图谱在搜索、自动问答的广泛应用密切相关,同时也表明这一技术越来越得到各创新主体的重视。

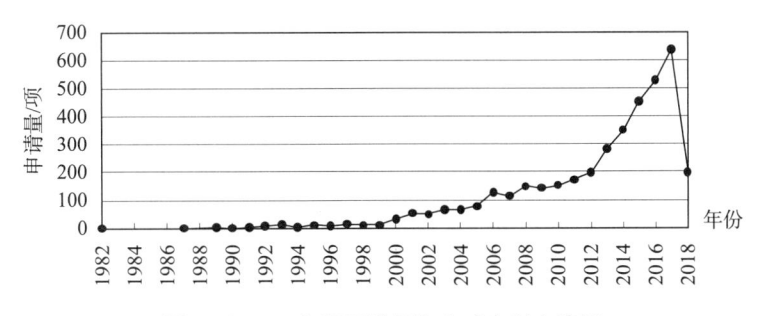

图7-2-1 知识图谱历年全球专利申请量

---

[1] 参考中国中文信息学会语言与知识计算专业委员会发布的《知识图谱发展报告(2018)》。
[2] 漆桂林. 知识图谱研究进展[J]. 情报工程, 2017, 3(1): 4-25.

7.2.2 专利申请来源地与目标地分析

由图7-2-2目标国家或地区占比可知，中国是知识图谱专利布局第一大国，占比达46%，超过位居第二的美国10个百分点；日本、欧洲、韩国占比较小，排在第三位至第五位。由此可知，中美两国在知识图谱的布局数量占据绝对优势，各创新主体除中美两国布局外，还应加强其他国家或地区的布局，为开拓未来市场做好准备。

从图7-2-3可以看出，中国在2005年之前有关知识图谱的专利申请非常少，2005~2010年才经历了一个缓慢发展期，但2012年之后开始迅猛发展，并于2014年左右布局量超过美国，成为第一大布局地，并且经过5年左右的发展申请量远远地将美国甩在了后面；日本、韩国两国申请量波动频繁，发展规律性不强，而欧洲在2012年之后申请量也进入了快速上升期。

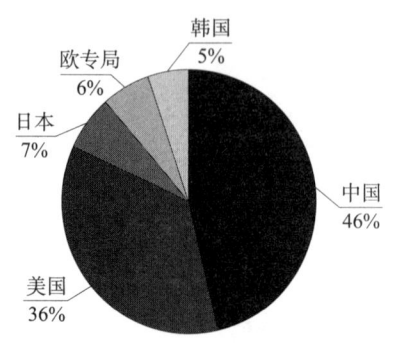

图7-2-2 知识图谱目标国家或地区申请占比

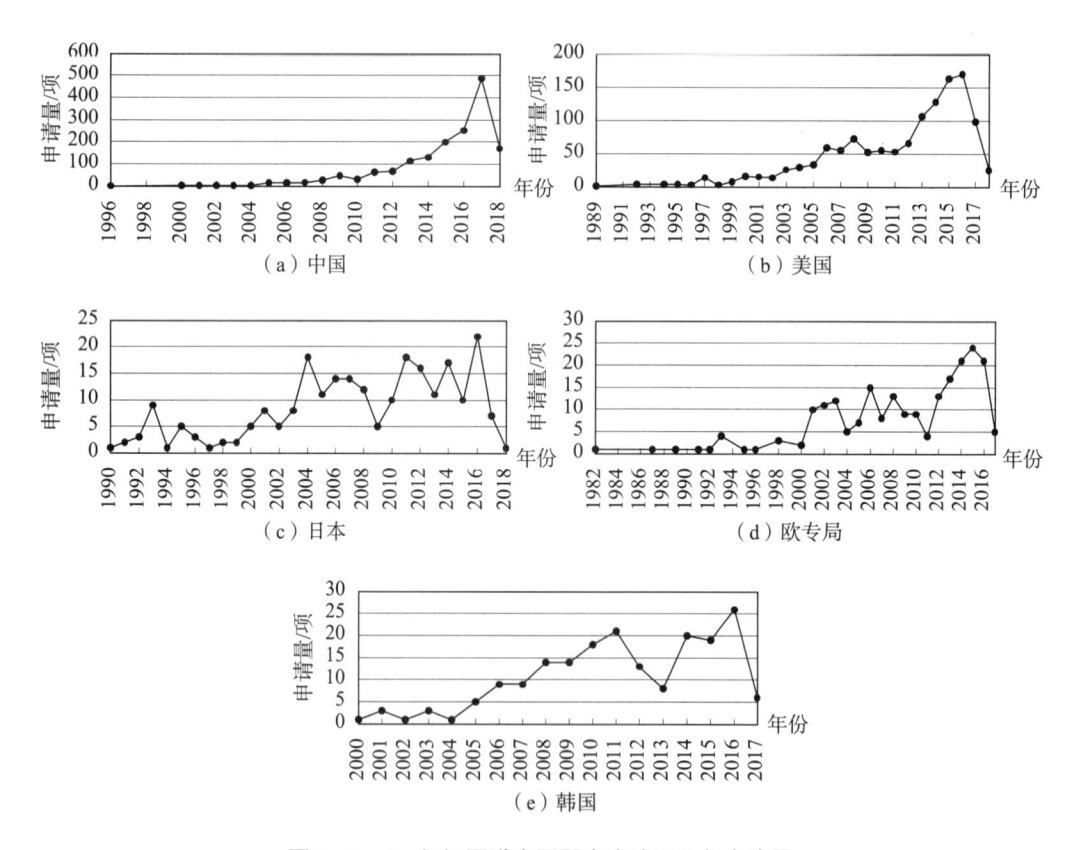

图7-2-3 知识图谱主要国家或地区历年申请量

从图7-2-4来看，中国仍占据第一位，美国由目标国的36%上升到42%，占比上升6个百分点。由此可知,美国知识图谱技术除在本国布局外有大量专利在国外布局,是最大的技术输出国,中国创新主体应向美国学习,进一步加大技术输出,布局全球市场。

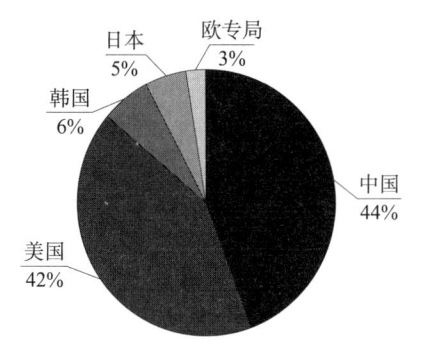

图 7-2-4 知识图谱来源国家或地区申请占比

从图 7-2-5 来看,中国、美国、欧洲近年来专利增长势头良好,日本波动较大,该领域的形势不太明朗,而韩国则呈现下降趋势。

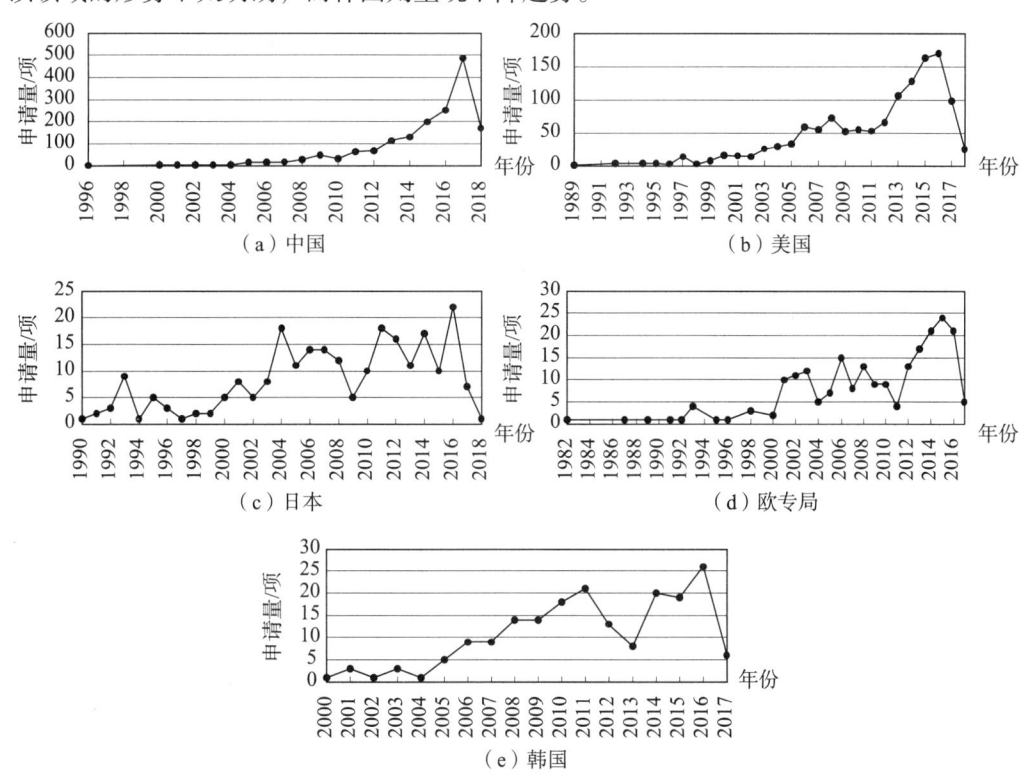

图 7-2-5 知识图谱申请来源国家或地区历年申请量

从表 7-2-1 可以看出,在中国的外来专利中美国排名第一位,为82项,中国的输出专利也主要流入美国,其次是以 PCT 的方式进行的申请,流入欧洲、日本、韩国的数量很少;欧洲是美国的第一海外布局市场,布局量达到118项,另外在日本、韩国也有相应的布局,布局较全面;韩国申请量相对中美两国虽不大,但却拥有超过1/4

的海外布局，由此可见韩国十分重视其他市场的开拓；来自欧洲的申请在美国布局较多，接近本地区的布局数量，较为重视美国市场。对中国而言，在申请大体量的情况下，更应重视海外布局，为进一步打开国外市场做好铺垫。

表 7-2-1 知识图谱主要国家或地区申请量流向分布　　　　　　　单位：项

技术来源国家或地区	技术目标国家或地区					
	中国	欧专局	日本	韩国	美国	总计
中国	1536	7	9	2	30	1584
美国	82	118	57	25	1080	1362
韩国	1	7	6	157	30	201
日本	10	6	142	0	22	180
欧专局	9	34	7	2	27	79

7.2.3 全球主要申请人分析

由图 7-2-6 全球申请人排名可知，IBM 和微软在申请量方面优势较大，分别位居第一和第二，属于第一阵营；其余申请人申请量相对较少，属于第二阵营。IBM 申请量体量较大，是谷歌、百度申请量的 3 倍有余，这与 IBM 在该领域长期的深耕分不开；谷歌作为知识图谱概念的提出者，知识图谱技术在谷歌搜索引擎中得到了较为深入的应用，但申请量相对 IBM、微软却仍有较大差距；百度作为来自中国的第一大申

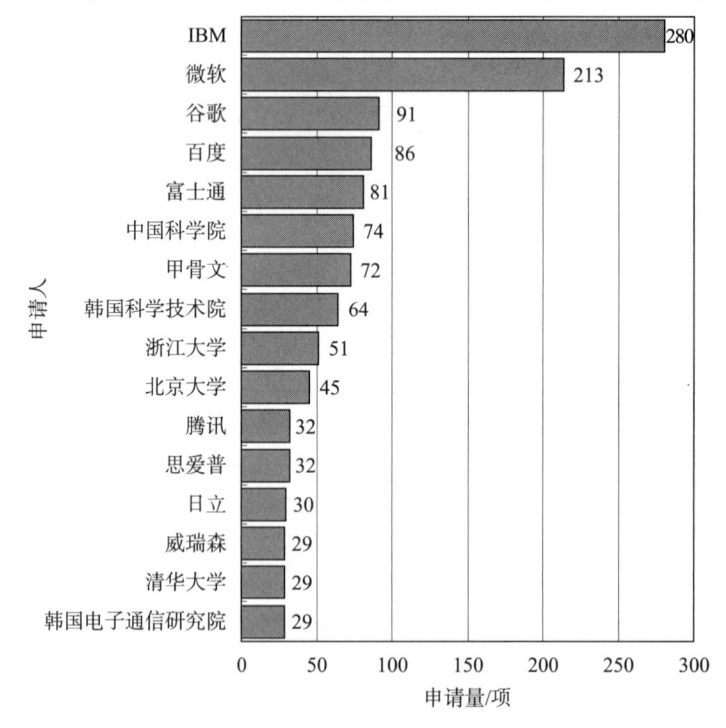

申请人	申请量/项
IBM	280
微软	213
谷歌	91
百度	86
富士通	81
中国科学院	74
甲骨文	72
韩国科学技术院	64
浙江大学	51
北京大学	45
腾讯	32
思爱普	32
日立	30
威瑞森	29
清华大学	29
韩国电子通信研究院	29

图 7-2-6 知识图谱全球主要申请人专利申请量排名

请人，申请量与谷歌比肩，百度搜索中也广泛采用了知识图谱技术。排名前五位的申请人中，美国申请人占据3席，美国的申请量少于中国，但是技术较为集中，核心申请人的优势明显。来自日本的富士通位居第五，是前十申请人中唯一的日本申请人，日本在该领域与中美两国差距较大。

在排名前15的申请人中，来自中国的申请人还有中国科学院、浙江大学、北京大学、腾讯、清华大学；前15申请人中国占据近一半，但与第一阵营的申请人均存在较大差距。百度应继续加强领域的引领作用，通过在搜索引擎、自动问答等领域的优势，助推知识图谱技术的持续深入发展。

7.3 中国申请趋势分析

7.3.1 中国申请趋势分析

中国知识图谱历年申请量（见图7-3-1）与全球类似，在2010年以前申请量较少，从2012年知识图谱概念提出以后领域申请量呈指数增长，发展速度十分迅猛。

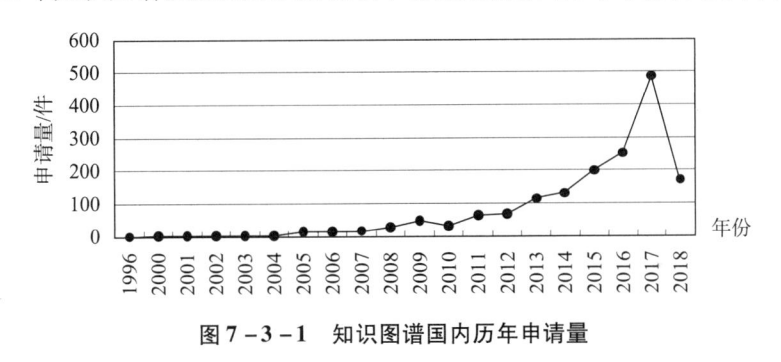

图7-3-1 知识图谱国内历年申请量

7.3.2 中国主要申请人分析

中国主要申请人专利申请量排名如图7-3-2所示，计量对象为申请权在中国的专利申请。中国科学院的申请量与百度接近，前五名申请人中除百度外其余均为高校、科研院所；而IBM和微软则较为重视中国市场，布局量分别为27项、22项。整体而言，各主要申请人大部分申请量不多，可见中国申请量虽然位居第一，但在知识图谱关键技术方面仍然显得布局不足，与美国有较大差距。

国内主要创新主体专利申请量排名如图7-3-3所示，计量对象为专利优先权国是中国的专利。百度以81项的申请量位居第一，中国科学院（73项）和浙江大学（51项）分别位居第二、第三，且大多数席位被高校、科研院所占据，较有优势的企业仅百度一家。在知识图谱方面，中国的专利总量虽然多于其他国家，但专利分布过于分散，前十创新主体所拥有的专利数量并不多。百度应在知识图谱方面起到引领作用，与科研院所加强合作，同其他国内重要申请人并肩同行，在知识图谱的基础研究方面加大投入和研究力度。

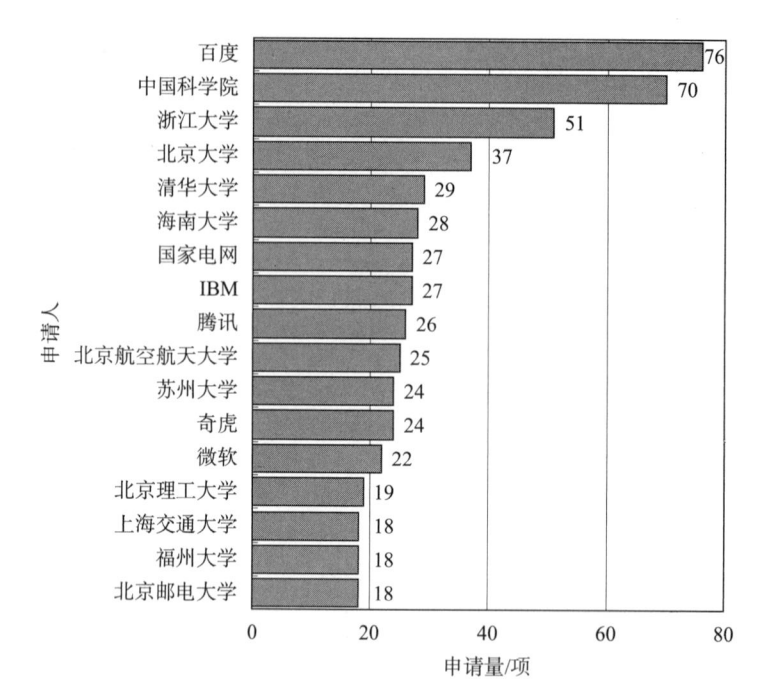

图 7-3-2 知识图谱中国主要申请人专利申请量排名

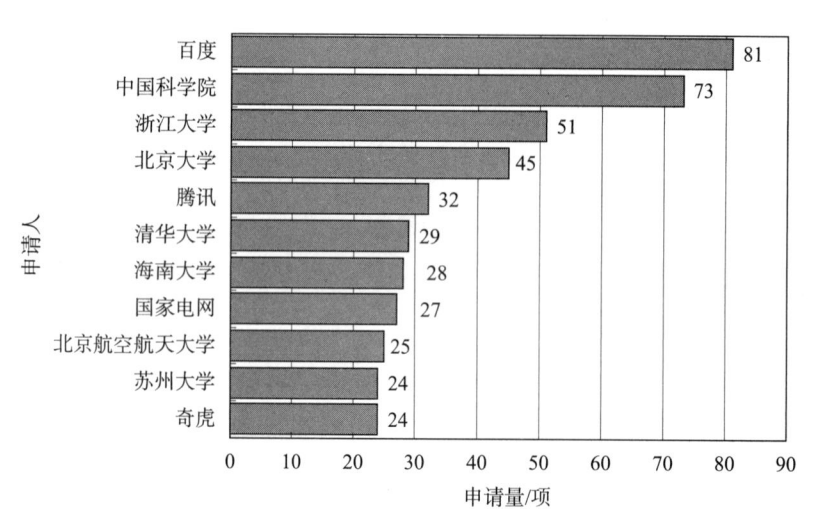

图 7-3-3 知识图谱中国主要创新主体专利申请量排名

7.3.3 国内主要省份专利布局情况

国内主要省份专利布局情况如图 7-3-4 所示，北京、广东、江苏分列第一、第二、第三名，北京占有绝对优势，江苏和广东较为接近，国内各主要创新主体分布在北京的居多，带动了该区域知识图谱技术的发展。但总体而言，除北京外，各省/市在专利布局数量上依旧较少，加强合作，促进各区域在该领域的共同发展是今后的重要工作。

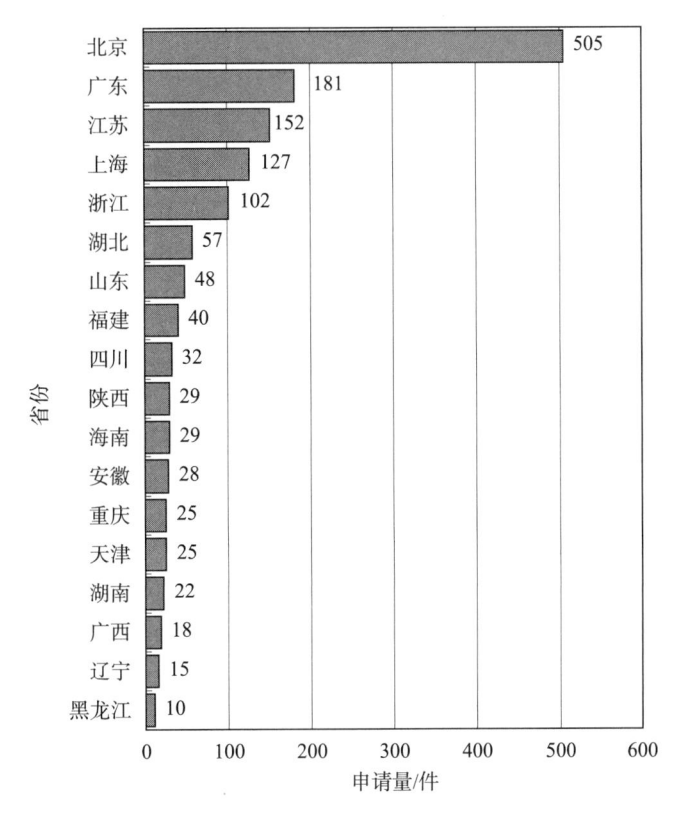

图 7-3-4　知识图谱国内主要省份专利布局情况

7.4 小　结

通过上述分析，我们可以初步得出以下结论：

（1）知识图谱是自然语言处理的一项重要的基础技术，近年来得到了广泛的认可和重视，且专利申请量也获得了快速的增长，发展前景良好。在该领域申请量虽位居第一，但仍存在技术分散、布局不够等问题，在该领域应继续加大研发，为搜索、自动问答等应用技术的发展提供有力支撑。

（2）中国的专利布局多在国内，国外布局较少，而美国则十分注重国外市场的布局。中国各创新主体应勇于"走出去"，在其他主要市场加大布局，为今后占领国外市场做好准备。

（3）国内主要创新主体大多数为高校、科研院所，企业较少，这与知识图谱理论性较强有关，各主要企业应主动寻求与高校、科研院所的合作，以产业需求带动知识图谱技术的发展。同时，百度应充分利用好数据资源优势，不断改进知识图谱的知识库，为知识图谱的有效运用打下良好基础。

（4）充分利用好深度学习、专家系统等人工智能技术，将其有效应用到知识图谱中，用于知识库构建、实体关系学习等，不断优化知识图谱的有效性和准确性。

第 8 章 自动问答系统专利技术分析

8.1 自动问答系统发展概况

自动问答系统（Question Answering，QA）是指利用计算机自动回答用户所提出的问题以满足用户知识需求的任务。不同于现有搜索引擎，问答系统是信息服务的一种高级形式，系统返回用户的不再是基于关键词匹配排序的文档列表，而是精准的自然语言答案。❶自动问答系统已成为自然语言处理技术的一个重要应用方向。近年来，随着人工智能的飞速发展，自动问答系统已经成为倍受关注且发展前景广泛的研究方向。

8.1.1 技术发展概述❷

自 20 世纪 50 年代人工智能先驱阿兰·图灵提出"图灵测试"以来，人类对于自动问答系统的追求和探索便一直没有间断过。由于技术条件的限制，问答系统曾一直被限定在特殊的专家系统领域。早期的自动问答系统依赖程序式的编程或模式匹配来实现，例如 BASEBALL 系统使用编程语言中的列表来进行数据的查询。Weizenbaum 在 1966 年实现的"Eliza"，被认为是第一个真正意义上的问答系统。这个自动问答系统的工作领域是医疗领域，通过这个系统可以引导精神病人来与系统进行交互，来使病人不断地表达自己的观点，从而获取治疗需要的信息。这个系统在一定程度上代替心理学家的作用，能在医疗领域对精神病人进行辅助治疗。近二三十年以来，随着机器学习和自然语言理解技术的进步，越来越多问答系统的相关研究集中在如何让计算机更好地理解人类以自然语言发出的提问（如 LASSO）、如何更有效地存储和检索大规模知识库（如 IBM Waston）以及如何让问答系统更好地融入人们的生活和生产中。Start 是美国麻省理工学院在 1993 年开发的第一个面向互联网的智能问答系统。1995 年美国宾夕法尼亚州 Lehigh 大学的 Richard S. Wallac 开发设计第一个聊天机器人 Alice。Alice 在 2000 年度至 2002 年度的"Loebner Prize"比赛中 3 次获得冠军。2011 年 IBM 的 Watson 机器人在智力节目《危险边缘》中战胜人类。大量网络上的问答社区比如知乎、SegmentFault 等网站的出现，极大地丰富了问答系统研究的语料，为问答系统提供稳定

---

❶ 参见中国中文信息学会发布的《中文信息处理发展报告（2016）》。
❷ 曹东岩. 基于强化学习的开放领域聊天机器人对话生成算法 [D]. 黑龙江：哈尔滨工业大学，2017.

可靠的数据来源。而随着微软小冰、苹果Siri等基于深度学习聊天机器人的问世，自动问答系统进入智能交互式问答阶段。如今的自动问答系统研究主要集中于聊天机器人以及各个领域商用的客服机器人等方面。

相对于国外的研究来说，国内自动问答系统的研究起步较晚，并且由于中文的特殊性，比如说没有英文天然的分词等，研究起来困难也较多。但依然有很多企业和科研机构在这个方向上进行努力耕耘，比如说复旦大学、哈尔滨工程大学、中国科学研究院等高等院校，还有像百度、中国移动、腾讯、阿里巴巴以及京东等企业。它们的研究已经有了一定成果，比如说中国科学院在中文分词等领域作出了卓越的贡献，分词系统被应用在了多个领域中。在企业方向，现有的应用已经可以满足用户的部分需求，比如说中国移动的智能客服就可以支持用户通过自然语言的方式来进行提问，并且交互方式是从早期的短信交互到现在的语音交互，能够回答的问题也在逐渐增多。腾讯的聊天机器人也可以实现模拟人与用户进行交互。京东的JIMI机器人不但能够实现交互式售后以及售前服务，还可以充当聊天机器人陪用户聊天。百度的小度机器人一举拿下"最强大脑"2017年度脑王称号，并且转型成度秘服务型机器人陪伴人类。国内的自动问答系统的研究正在如火如荼开展中。

8.1.2　技术分类及构成[1]

自动问答系统的分类方式有多种方式，如按照用户问题所属数据域的功能领域分类、按照答案的生成反馈方式的生成方式分类、按照答案的数据来源分类以及按照信息检索阶段所用方法分类等。目前常用的分类方式主要分为两种，一种是按照用户问题所属数据域的功能领域分类，另一种是按照答案的生成反馈方式的生成方式分类。

按照功能领域分类，主要分为限定领域型自动问答系统和开放领域型自动问答系统。限定领域型自动问答系统也称任务型自动问答系统或者垂直领域自动问答系统，包括实现购物、交通、生活的各类服务型机器人，以及一些私人助理，有一定领域限制；服务型机器人包括实现购物服务的京东JIMI、阿里巴巴淘宝机器人，以及实现图书馆自助服务的方正图书馆服务机器人等，私人助理包括微软小娜、IBM的Watson、百度的度秘以及苹果的Siri等。开放领域型自动问答系统也称非限定领域型自动问答系统或者开放领域自动问答系统，主要用于聊天娱乐、情感陪伴，没有领域限制，比如微软的中文版小冰与英文版小冰，Simsimi的小黄鸡以及腾讯的QQ聊天机器人等。此外，现有的很多私人助理类的应用可以同时实现任务型的进程操作以及娱乐聊天等功能。

按照生成方式分类可以分为检索式自动问答系统和生成式自动问答系统。检索式自动问答系统是自动将用户的自然语言问句转化为查询请求并从一系列候选文档查询的复杂检索系统，其优点是回答多来自知识图谱或数据库，语法错误少，缺点是无法

---

[1] 蒋成伟. 无人机信息领域智能问答系统的研究与实现［D］. 北京：北京邮电大学，2018.

对事先未定义问句进行有效回答；其主要应用为限定领域型自动问答系统和开放领域型自动问答系统，用于帮助用户检索到基于提问的可靠的答案。生成式自动问答系统基于用户的问句中的每一个词依次生成答句，主要通过端对端的编码解码方式来实现，体现为人工智能的表现形式；其优点是感觉像和人在对话，更智能，缺点是容易产生语法错误，主要应用为开放领域型自动问答系统，用于帮助基于用户的提问自动生成相关答案。

自动问答系统常规的技术结构可以分为问句理解、信息检索和答案生成3个大的部分。其中，问句理解主要实现对用户输入问题的自然语言理解，包括对问题进行分类，以及对问题进行关键词提取和扩展等词法分析、句法分析步骤；信息检索主要是在对问句理解之后基于规则在知识库或者规则模板中进行信息检索；在检索到结果之后进入答案抽取和回复生成部分，通过查找候选答案，并且根据权重排序，最后返回最佳答案。此外，在信息检索阶段还包括对于知识库的构建等相关内容，用于构建全面、精准的数据知识库。在完成整个自动问答系统之后，还可以选择通过测评步骤对整个自动问答系统进行测试，来保证系统的精准性和完整性。这类技术结构主要应用于检索式的自动问答系统，对于生成式的自动问答系统，由于其是根据用户提问直接生成答案，所以仅缺少了信息检索部分，但是其他结构依然存在。

8.2 自动问答系统专利申请总体态势

8.2.1 全球专利申请概述

8.2.1.1 全球专利申请趋势分析

在本次研究中，截至2018年9月12日，在DWPI数据库中检索到涉及自动问答系统技术的专利申请共4581项。下面在这一数据基础上从总体发展趋势、各技术主题发展趋势的角度对该领域的专利技术进行分析（参见图8-2-1）。

图8-2-1 自动问答系统全球专利申请趋势

自动问答系统整体专利申请趋势整体发展良好，呈现出一个递增的趋势。在2000年以前，自动问答系统技术整体都处于一个缓慢发展期的阶段，市面上虽然有一定自动问答的产品，但是整体技术没有得到重大突破。而随着Alice在2000年度至2002年度的"Loebner Prize"比赛中3次获得冠军，自动问答系统迎来研究阶段的第一个高峰期，整体专利技术得到一个较高的增长。但是在2002年以后，由于自动问答系统没有产生突破性的效果，所以专利申请趋势出现一定下滑趋势，但是整体保持平稳。直到2011年，随着IBM的Watson机器人在智力节目《危险边缘》中战胜人类，自动问答系统再次引起人们高度的关注。伴随着深度学习技术的应用，以IBM、微软、百度、谷歌等大型科技型企业积极布局自动问答系统，进行大量专利申请，自动问答系统整体呈现出飞跃式的增长，截至2016年全年专利申请已达到607项，由于2017年的专利数据还未全部公开，目前已经公开的专利数据也已达到了499项，目前自动问答系统的发展正在进入一个空前的高速发展期。

8.2.1.2 专利申请来源地与目标地

如图8-2-2所示，通过对专利申请的来源国家或地区进行分析可知，美国是目前自动问答系统技术来源最多国家，其技术来源的专利申请占比达到了39%，拥有像IBM、微软、谷歌以及Facebook等一批优秀的科技型企业。中国的自动问答技术专利申请占比排到了全球第二的位置，中国也涌现出一批优秀的科技型企业在自动问答领域进行技术研究，诸如百度、腾讯、阿里巴巴等，此外，还有一批非巨头的科技型企业和高校及科研院所也在自动问答领域进行积极研究。除了中美两国之外，日本、韩国也有一定的技术研发量，专利申请的原创数量占比分别达到了19%和9%。

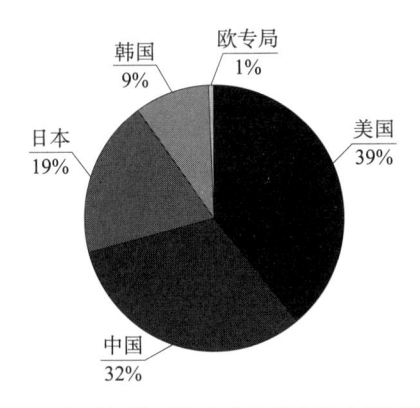

图8-2-2 自动问答系统全球专利申请来源国家或地区

通过图8-2-3可以发现，美国自动问答专利技术研发的整体趋势和全球专利申请趋势相当，在2000~2002年有一个研发的小高峰，随后逐渐趋于平稳，在2011年之后呈现快速增长阶段。这也体现为美国的总体专利申请数量巨大，技术研发实力雄厚。中国则在2011年以前一直处于一个缓慢研发的阶段，在2011年以后，以百度为代表的企业及科研机构逐步致力于自动问答系统的研究，使得该项技术迅速发展。日本和韩国的整体发展趋势类似，都是在2000~2002年有一定的专利研究，但是随后整体技术得不到突破，专利申请较少，直到近几年又稍有增长。欧洲在自动问答领域整体研究较少。

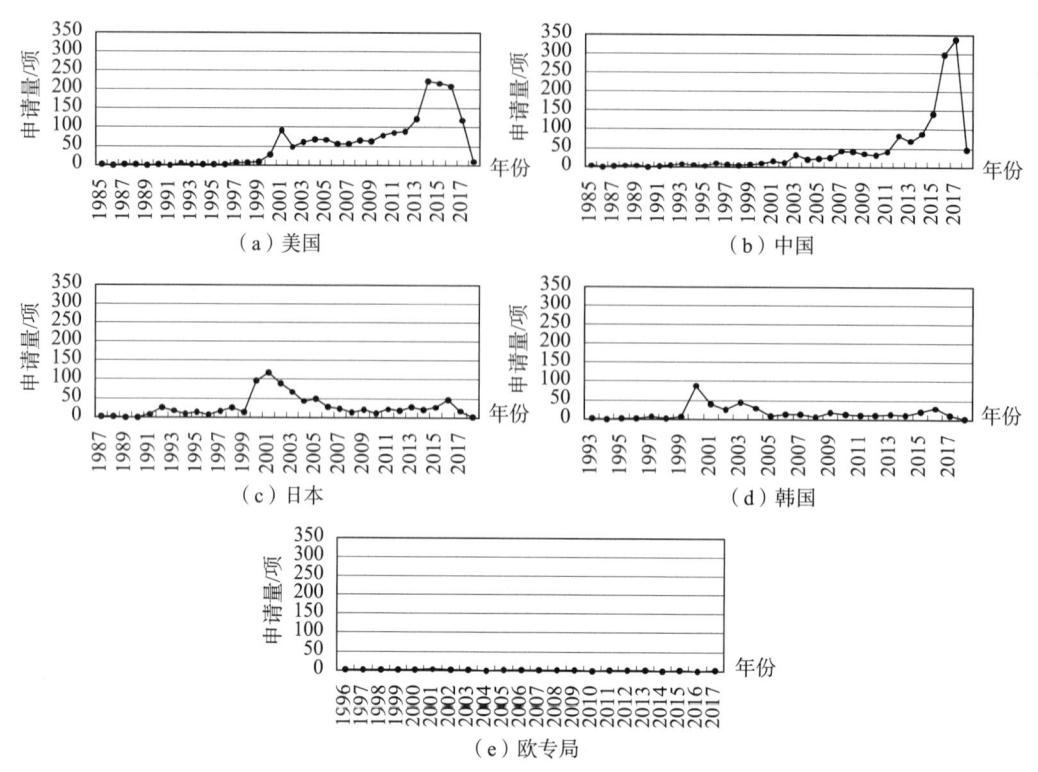

图 8-2-3 自动问答系统专利申请来源国家或地区专利申请趋势

如图 8-2-4 所示，与自动问答系统目标来源国家或地区略有不同的是，中国是自动问答系统技术布局的第一大国，专利申请占有率达到了 37%。这在一方面体现为中国是自动问答系统的重要市场，但是另一方面，中国的原创技术位列全球第二但是进入中国专利申请位列第一，说明其他国家或地区的申请人也在中国积极进行专利申请和布局，这也一定程度增加了中国申请人在本国的专利侵权风险。专利申请的目标国排名第二为美国，专利申请布局占有率达到了 32%，说明美国也是自动问答技术布局的重要国家；美国本土拥有诸如 IBM、微软、谷歌等大型科技型企业，其原创技术排名全球第一，说明还有很多技术是在其他国家或地区进行布局。这也说明美国在其他国家或地区进行积极布局，体现出其技术实力和强烈的海外布局策略。除此之外，日本、韩国和欧洲也是该项技术的重要布局国家或地区。

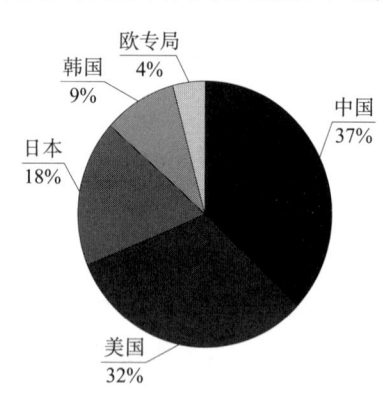

图 8-2-4 自动问答系统专利申请目标国家或地区

如图 8-2-5 所示，进一步对自动问答系统技术目标国家或地区的专利申请趋势进行对比可知，美国专利申请布局和中国专利申请布局一直处于稳步增长的趋势，这和中美两国本土聚集优势企业以及处于技术市场热衷布局有一定关系。自 2016 年起，在中国专利申请超过300项,并且远超美国,这也体现出自动问答系统领域对于中国市场的重视。此外,日本、韩国以及欧洲都有一定的专利布局市场。

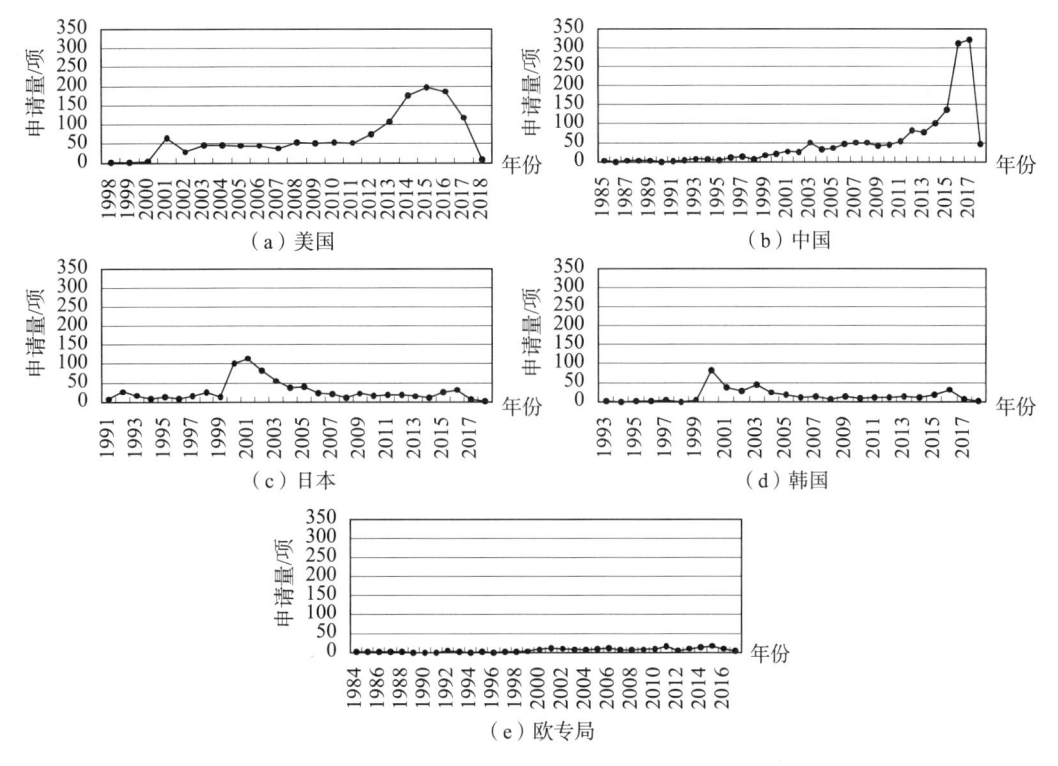

图 8-2-5 自动问答系统专利申请目标国家或地区专利申请趋势

为了进一步分析自动问答系统专利技术的流向情况,通过表8-2-1分析可知,各国家或地区的原创技术主要在本地进行布局。此外,美国和中国成为各国海外布局的第二市场。美国原创技术在中国的布局量达到了163项,在其他国家或地区的布局最多为在日本的33项,所以美国申请人非常注重中国市场,中国申请人也要注意美国的相关申请,规避风险。中国也在海外进行专利布局,但是数量并不大,在美国布局了37项专利技术,和美国在中国的布局量相差较大,在其他国家或地区专利布局不超过10项。这体现出国内申请人的海外布局意识不够强烈,同时也为以后进一步布局海外市场埋下了隐患。

表 8-2-1 自动问答系统主要国家或地区申请量流向分布　　　　　　单位:项

技术来源国家或地区	技术目标国家或地区				
	中国	欧专局	日本	韩国	美国
美国	163	113	49	42	1195
中国	1362	9	6	2	37
日本	33	20	715	11	73
韩国	13	4	8	350	27
欧专局	10	8	1	0	7

8.2.1.3 全球重要申请人分析

如图8-2-6所示，通过对自动问答系统的全球专利申请的申请人排名进行分析可知，美国 IBM 一枝独秀，申请量远远超前，达到了584项，这和该公司以 Watson 为核心进行大量专利布局有关。美国微软专利申请排名第二位，该公司拥有微软小娜、微软小冰以及英文版小冰等诸多自动问答产品。中国百度排名第三位，百度有小度机器人和度秘相关产品。此外，腾讯也进入全球排名的前十位，其拥有诸如 QQ 聊天机器人等产品。在前十排名中，日本企业达到了一半，但是根据上节的专利申请趋势可知，相关企业都是在2002年以前专利申请较多，后续专利申请量下降比较厉害。

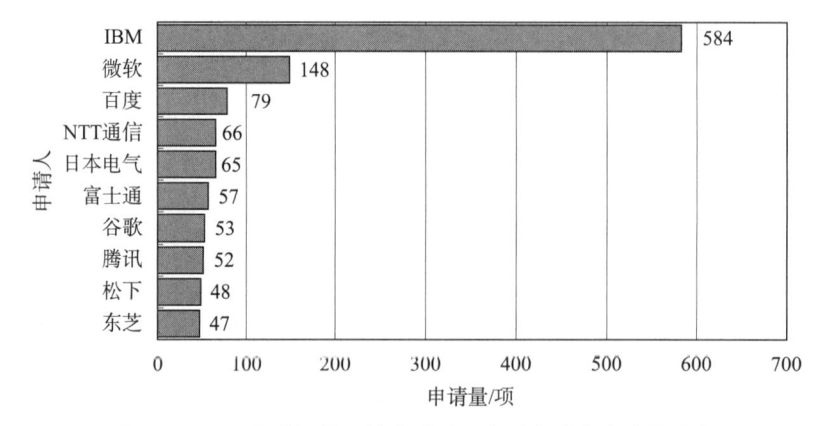

申请人	申请量/项
IBM	584
微软	148
百度	79
NTT通信	66
日本电气	65
富士通	57
谷歌	53
腾讯	52
松下	48
东芝	47

图8-2-6 自动问答系统全球重要专利申请人申请量排名

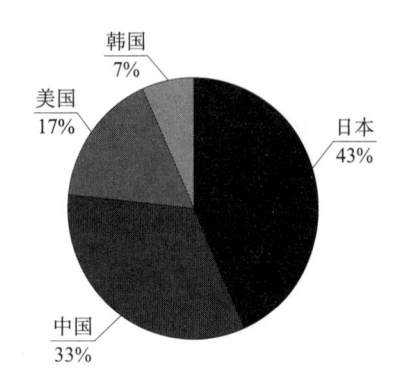

图8-2-7 自动问答系统全球前30重要专利申请人国别分布

- 日本 43%
- 中国 33%
- 美国 17%
- 韩国 7%

如图8-2-7所示，进一步对全球前30名申请人所分布的国家进行占比分析可知，在自动问答系统重要申请人排名前30的企业国家占比中，美国占比小，仅有5家入围前30名，但是美国的专利申请量巨大，这也体现出美国科技巨头企业实力非常雄厚，技术和市场被龙头型企业控制，但是其他小型企业及科研机构研发实力不足。日本占比多，在前30名中占了13名，但是日本整体申请总量不大，说明日本各企业的研发实力比较均衡。中国专利申请量和申请人个数都靠前，前30名中近1/3的中国企业上榜，说明中国在自动问答系统领域拥有一定技术实力的企业。

8.2.2 在华专利申请概述

8.2.2.1 在华专利申请趋势分析

截至2018年9月12日，CNABS 数据库中检索到涉及自动问答系统技术的专利申请共1638件。下面在这一数据基础上从专利申请发展趋势、中国和国外来华专利分布、各技术主题占比的角度对该领域的专利技术进行分析。图8-2-8显示了自动问

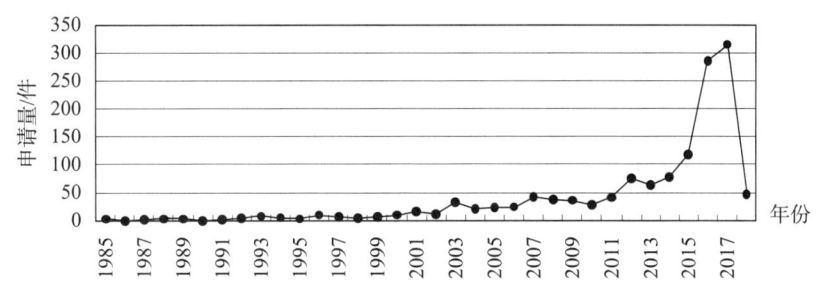

图 8-2-8　自动问答系统在华专利申请趋势

答系统在华专利历年申请量。

如图 8-2-8 所示，自动问答系统在华专利申请趋势整体发展良好，呈现出一个递增的趋势。在 2011 年以前，在华自动问答技术整体都处于一个缓慢发展期的阶段。从 2011 年开始，伴随着 IBM 的 Watson 机器人在智力节目《危险边缘》中战胜人类的影响力，自动问答系统受到了空前关注，并有一批重点企业和科研院所进行大量技术研发和专利布局，国内百度、腾讯、阿里巴巴以及京东等科技型企业，还有清华大学、北京大学、苏州大学等一批科研院所都在积极研发自动问答技术，目前自动问答系统的发展正在进入一个空前的高速发展期。

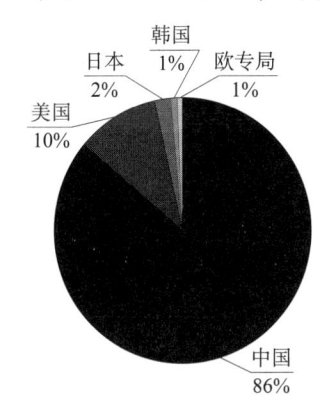

图 8-2-9　自动问答系统在华专利申请技术来源国家或地区

如图 8-2-9 所示，进一步对自动问答系统在华申请的优先权国家或地区进行占比分析可知，有 86% 的专利申请都是中国本国申请人提出的，说明国内申请人非常注重在本国的专利布局。在国外主要申请人中，美国在中国的专利布局占比最大，达到了在华专利申请的 10%，说明美国非常注重中国市场。

8.2.2.2　中国主要申请人分析

通过对自动问答系统在华重要申请人排名可知，百度在中国的专利申请排名为第一位，达到了 48 件，但是其全球专利申请达到了 79 项，可见百度拥有比较好的全球专利布局视野。排名第二位的申请人为上海智臻智能，拥有 42 件专利申请。在前十申请人中，还有腾讯、阿里巴巴等大型科技型企业，以及科研院所中国科学院。此外，IBM 和微软作为两大科技巨头，也在中国积极布局，并且，拥有比较可观的专利申请量，分别达到 32 件和 22 件（参见图 8-2-10）。

为了更好地分析国内本土申请人的技术研发实力，进一步对国内本土申请人进行专利排名分析可见，如图 8-2-11 所示，再次入围前十的企业为中兴和京东，其专利申请分别为 19 件和 17 件。百度在国内申请为 44 件，和在华申请为 48 件存在 4 件的差距，是因为这 4 件百度专利申请是以优先权为美国提交的专利申请。这充分体现出百度相比于国内其他公司较高的专利技术研究的实力和较好的国际布局视野。

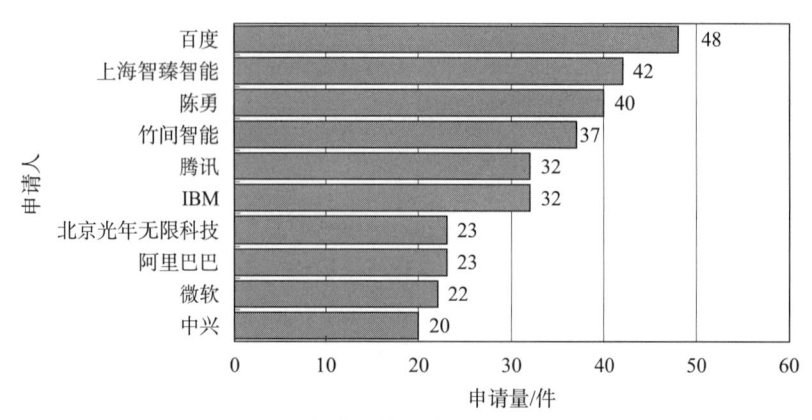

图 8-2-10　自动问答系统在华重要申请人排名

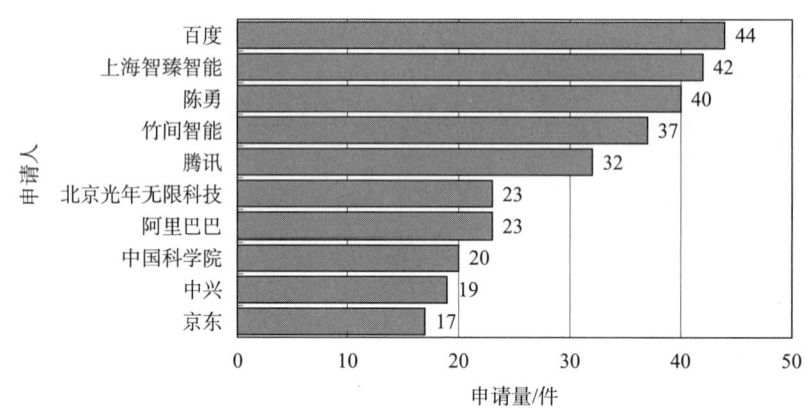

图 8-2-11　自动问答系统国内重要申请人排名

8.2.2.3　主要省份专利申请排名

通过对各省份进行自动问答系统的排名分析可知，北京、广东和上海专利申请排名国内前三位，申请量分别为 326 件、226 件和 192 件。这也和百度、京东、腾讯等大型科技型企业在上述区域聚集有关。此外，仅有江苏的专利申请超过了 100 件，达到了 109 件。其他省份专利申请总量不大（参见图 8-2-12）。

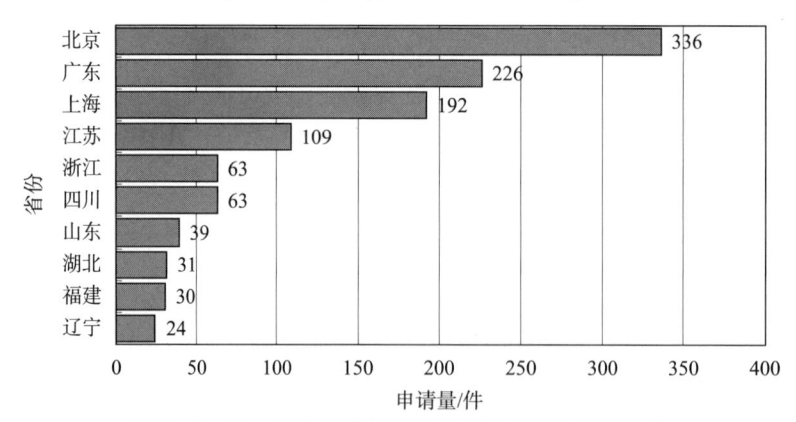

图 8-2-12　自动问答系统主要省份专利申请量排名

为了进一步分析排名靠前省市的专利申请情况，对国内排名靠前的3个省市北京、广东以及上海进行历年专利申请的趋势分析可知，3个省市的整体申请趋势类似，但是北京的申请起始年份最早，从1985年就有专利布局申请，而上海起步最晚，从2000年才开始布局自动问答系统（参见图8-2-13）。

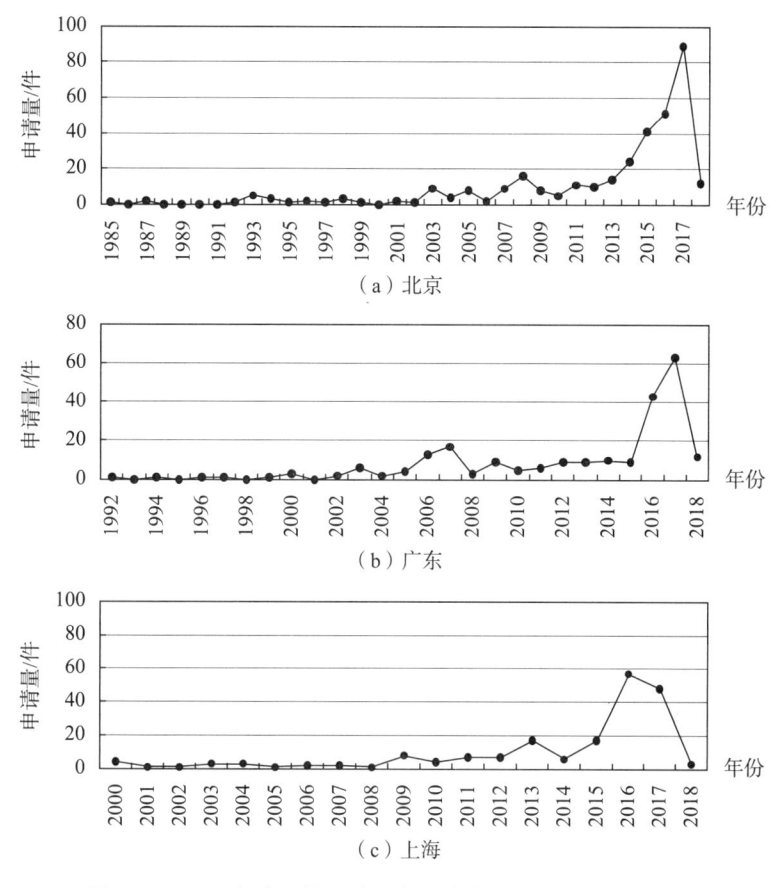

图8-2-13 自动问答系统北京、广东、上海专利申请趋势

8.3 自动问答系统国内外重点企业专利技术分析

通过对自动问答系统的全球重要申请人分析可知，全球申请人排名前三位的分别是两家美国企业IBM、微软和一家中国企业百度，并且百度是排名国内申请第一位，IBM和微软也进入了在华申请人排名的前十位。可见这三家企业都拥有较强的技术实力，围绕自己的自动问答系统的相关技术生产了相关产品，并且相关产品都具有一定的影响力。因此，本节将重点对3个重要申请人进行分析。

8.3.1 技术主题分类与标引

为了更好地对3个重点企业进行专利分析，结合第一节介绍自动问答系统的技术分类集构成的相关分析，对三大重点企业从分类方式、技术构成以及技术效果共三大方面四个方向进行分类标引。标引结构如表 8-3-1 所示。

表 8-3-1　自动问答系统分类方式标引表

	一级分支	二级分支
分类方式	按生成方式分类	限定领域
		开放领域
	按生成方式分类	检索式
		生成式

如表 8-3-2 所示，通过自动问答系统的技术构成分类和技术效果分类进行梳理。技术构成分为综合系统、问句理解、信息检索、回复生成、知识库构建以及评测系统 6 个部分。其中，问句理解主要实现对用于输入问题的自然语言理解，包括对问题进行分类，以及对问题进行关键词提取以及扩展等词法分析、句法分析等步骤；信息检索主要是在对问句理解之后基于规则在知识库或者规则模板等中进行信息检索；回复生成则是在检索到结果之后对结果进行处理用于反馈给提问者，或者直接根据用户的提问生成结果返回给提问者；知识库构建侧重于对于检索的知识库或者学习的知识库的构建与丰富；评测系统是对整个自动问答系统进行测试，保证系统设计的可靠性；而综合系统则是专利技术中心并未强调其核心在于哪个部分的改进，将重点放到了整个系统的综合介绍方面。

表 8-3-2　自动问答系统技术构成与技术效果标引表

	一级分类	二级分支
技术构成与效果	技术构成	综合系统
		问句理解
		信息检索
		评测系统
		知识库构建
		回复生成
	技术效果	提升精度
		提升效率
		情感交互

自动问答系统专利标引的技术效果主要分为提升精度、提升效率和情感交互。精准性的效果要求主要体现为自动问答系统能够准确识别用户的问题，并且准确通过检索和/或生成来产生用于期望的答案，尽量避免错误答案或者安全性回复。高效性的效

果要求主要体现为自动问答系统能够快速、高效完成对用于问题的理解、信息检索以及答案生成等步骤。而情感交互性则表现为自动问答系统能够在与用户交互过程中表现得更像一个正常的人类，带有感情与人交流，保证对话的质量和多轮性。

8.3.2　IBM专利申请概述

8.3.2.1　IBM自动问答系统简介

IBM中文名叫国际商业机器公司。该公司于1911年托马斯·沃森（Thomas Watson）创立于美国，是全球最大的信息技术和业务解决方案公司，拥有全球雇员30多万人，业务遍及160多个国家和地区。在自动问答领域，IBM最为轰动性的事件是在2011年，通过超级电脑Watson在知识竞答节目中击败人类，这在当年绝对是轰动性新闻。也正因为这次事件，让人们重新认识了本来不太火热的自动问答系统，将自动问答系统的发展推向了一个新的阶段。

随后IBM宣布"答题明星"Watson转战医疗领域，将研究重点投入医疗领域中，为医生提供癌症的解决方案。Watson凭借"癌症专家"又火了一次，并且摇身成为人工智能医疗的领军者。现在，Watson的合作方向涉及生活中的方方面面，包括健康医疗、金融、互联网、教育、汽车、零售、保险、娱乐等诸多领域。Watson目前能够支持的方面包括但不限于理解自然语言，大数据的理解和分析，动态分析各类假设和问题，精细的个性化分析能力，在相关数据的基础上优化问题解答，在短时间内提炼洞察、发现新的运行模式，在迭代中学习，探索优化的解决方案。IBM为其核心自动问答产品Watson贴上的核心标签为"理解、推理、学习、交互"，其中，理解是指通过自然语言理解（Natural Language Understanding）技术，分析所有类型的数据，包括文本、音频、视频和图像等非结构化数据。推理是指通过假设生成（Hypothesis Generation），透过数据揭示洞察、模式和关系，将散落在各处的知识片段连接起来，进行推理、分析、对比、归纳、总结和论证，获取深入的洞察以及决策的证据。学习是指通过以证据为基础的学习能力（Evidence based Learning），能够从大数据中快速提取关键信息，像人类一样进行学习和认知。并可以通过专家训练，在交互中通过经验学习来获取反馈，优化模型，不断进步。而交互是指通过自然语言理解技术，获得其中的语义、情绪等信息，以自然的方式与人互动交流。

8.3.2.2　IBM自动问答系统专利申请态势分析

如图8-3-1所示，通过对IBM的自动问答系统的专利申请的全球趋势分析可知，IBM开始布局自动问答系统的时间很早，早在1987年就已经布局自动问答系统，但是直到2011年以前，IBM的自动问答技术都是处于一个缓慢发展的阶段，单年专利增长量非常有限。虽然IBM从2007年开始正式研究Watson系统，也对此进行了专利申请，但是Watson技术的真正突破时间从Watson在《危险边缘》节目中击败人类的2011年起。短短几年间，IBM进行了大量的专利布局申请，仅2011～2018年（还包括近2年还未完全公开的专利），IBM在自动问答领域就申请了就达到了536项，自Watson在2011年引起全球轰动起，IBM在自动问答领域的专利布局就占到其总专利申请量的

91.6%，而这8年间IBM申请的536项比微软、百度等大公司加起来还多。实际上，考虑到专利公开时间，即IBM可能提前2年为Watson进行专利布局，所以实际的占比可能比91.6%还要大，由此可以知道基于Watson的自动问答技术研发的重要程度。

图8-3-1 IBM自动问答系统专利申请全球趋势

为了进一步分析IBM的专利布局视野和布局趋势，我们对其从2009年开始的专利申请全球布局情况进行分析。如图8-3-2所示，可知，IBM基于自动问答系统的全球专利布局视野非常好，专利申请主要集中在美国，专利申请占比达到了91%。此外，IBM基本上在各大国家或地区都有专利布局。在中国的专利布局最多，共布局了33项专利申请，占比达到6%，而近十年共布局了18项专利申请。2014年是IBM国际布局最为全面的一年，除了在美国本土提交了121项专利申请以外，还分别在国际局、中国国家知识产权局以及德国专利局提交了11项、9项和3项专利申请。但是随后，IBM削弱了其国际专利布局的范围，尽在

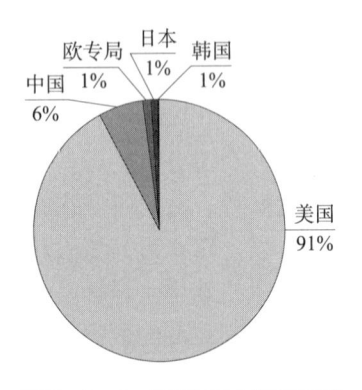

图8-3-2 IBM自动问答系统全球专利申请布局

2015年向国际局提交了2项专利申请，以及在2016年分别向中国国家知识产权局及日本特许局提交了3项和1项专利申请。

8.3.2.3 IBM自动问答系统专利申请技术分类与构成

基于专利技术标引进行分类，对IBM公司的自动问答系统的分类方式与技术构成和技术效果之间的关系进行分析。

如图8-3-3及图8-3-4所示，通过对IBM自动问答系统按照功能领域分类的占比和申请趋势分析，可知，IBM的自动问答系统的功能领域主要放在开放式领域上，达到了449项申请（占比为77%），结合Watson在答题过程中不会局限于一个领域可知，其功能也会更加偏向于开放领域。此外，开放领域的专利申请自2011年起呈现出快速增长的态势。这和IBM公司以Watson为核心进行

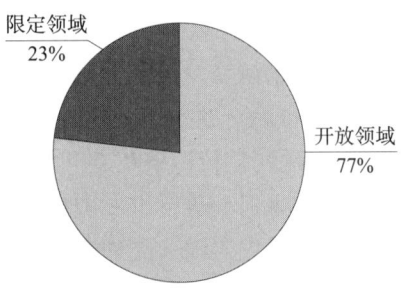

图8-3-3 IBM自动问答系统功能领域分类占比

自动问答领域及结合深入到各行各业的决策思想有关。而在限定领域专利申请为135项，这和IBM宣布重点将Watson具体应用于健康医疗等领域有关，由于其需要根据患者的情况作出精准的判断，所以主要应用于限定领域，并且其增长趋势和开放领域的问答系统增长趋势相似，在接下来几年也呈现出较好的增长态势。

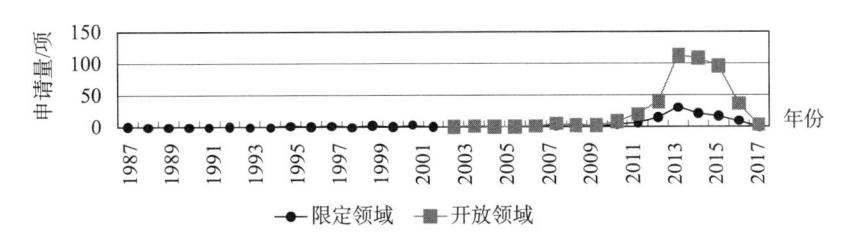

图8-3-4　IBM自动问答系统功能领域分类申请趋势

如图8-3-5及图8-3-6所示，通过进一步对IBM自动问答系统按照回复生成方式分类的占比和申请趋势分析可知，检索式问答系统一直都是IBM技术研究的核心，共有502项专利申请，达到了总申请量的86%，并且申请态势也从2011年起发展迅猛。由于IBM的Watson系统不管是在知识问答环节，还是在医疗等领域应用环节，都需要精准高效地回答用户或者提问者的问题，所以产生结果更为准确的检索式问答系统是IBM的Watson系统商业化推广的研发核心。对于生成式的自动问答系统的研究共有82项专利申请，占比为14%，

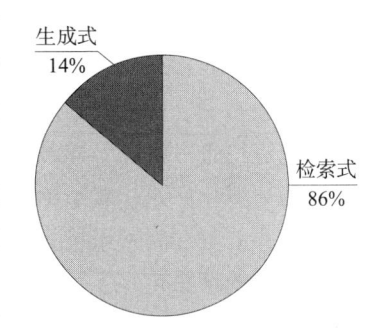

图8-3-5　IBM自动问答系统回复生成方式分类占比

相比于IBM检索式问答系统的研究不是研究的重点。但是考虑到IBM公司自动问答系统的专利申请总量巨大，所以其基于生成式的自动问答系统的申请总量也比较大。另外，结合生成式自动问答系统的专利申请趋势可知，随着深度学习技术快速运用于自动问答系统，其专利申请自提出就处于逐年递增的态势，IBM在生成式自动问答领域的研究也是呈现出积极的态度。

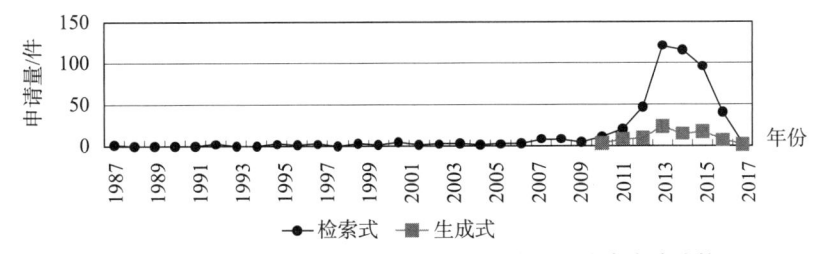

图8-3-6　IBM自动问答系统回复生成方式分类申请趋势

通过对功能类型分类方式和回复生成方式的矩阵表（表8-3-3）进行分析可知，限定领域的自动问答系统主要通过检索式回复方式进行回复，达到了132项专利申请，因为限定领域的问答系统首要解决的问题是准确高效回答使用者的问题，而IBM的Watson系统定位主要用于各个领域的知识检索及回答的服务系统。但是在

开放领域中，检索式回复和生成式回复的专利申请件数分别是 370 项和 79 项，生成式的回复方式的占比明显提升。由此可见，在开放领域中，自动问答产品不仅要准确地回复使用者提出的问题，而且还注重与人的交互，保证对话过程与人交互的情感性和多轮对话效果。

表 8-3-3 IBM 自动问答系统分类方式矩阵表　　　　　　　　　单位：项

分类方式	检索式	生成式
限定领域	132	3
开放领域	370	79

如表 8-3-4 及表 8-3-5 所示，进一步对 IBM 自动问答系统的两种分类方式对应的技术效果进行分析可知，不管是功能领域的分类方式，还是回复生成方式的分类方式，IBM 的自动问答系统最关心的一项技术效果是提升系统的精度，即相关自动问答系统能够准确实现对使用者问句的理解和回复。这也和 IBM 的自动问答产品 Watson 的商业定位是一致的。此外，IBM 也比较注重在系统工作过程中的效率和与人交互过程中的情感化问题。对于检索式的自动问答系统，会更多注重精度和效率问题。而对于生成式的自动问答系统，除了提升问答过程的精度外，相比于效率提高，更偏重于与人交互的情感化。

表 8-3-4 IBM 自动问答系统功能领域分类方式矩阵表　　　　　　单位：项

技术效果	提升精度	提高效率	情感交互
限定领域	120	12	3
开放领域	392	32	25

表 8-3-5 IBM 自动问答系统回复生成方式分类方式矩阵表　　　　单位：项

技术效果	提升精度	提高效率	情感交互
检索式	445	39	18
生成式	67	5	10

为了深入了解不同类型的自动问答系统对应的技术结构侧重方向，我们对 IBM 自动问答系统的所有专利进行了分类类型和技术方向的矩阵表分析。

如表 8-3-6 及表 8-3-7 所示，通过 IBM 自动问答系统两种不同的回复生成方式与技术结构的矩阵表分析可知，限定领域的自动问答系统比较注重对整个自动问答的综合系统进行保护，有 85 项专利申请进行了综合系统的申请保护。此外，对于问句理解、信息检索和回复生成 3 个重要的子结构，IBM 同等看重，3 个结构方向的专利申请量基本一致。而开放领域的问答系统除了对于综合系统的保护之外，还比较注重回复生成这一技术方向上，449 项专利申请中有 130 项偏重于对用于回复的生成过程上面。此外，检索式的问答系统，同样注重综合系统的保护，其次比较注重回复生成这一结构,因为 IBM 的 Watson 系统在根据用户的提问检索到信息后,会对检索到的答案进行比较排序,精选出语义排序最高的答案反馈给用户。此外,对于信息检索、问句理解和知识库构建也比较重视。而对于生成式的自动问答系统,82 项专利申请中有 61 项研发重点在回复生成方向上,而没有对信息检索进行研究。这也充分说明生成式的自动问答系统非常注重对用户问题的答复方向上,而不再关心对相关信息进行检索。

表 8-3-6 IBM 自动问答系统功能领域与技术结构矩阵表　　　　　单位:项

技术构成	综合系统	问句理解	信息检索	评测系统	知识库构建	回复生成
限定领域	85	14	15	1	3	17
开放领域	177	50	44	8	40	130

表 8-3-7 IBM 自动问答系统回复生成方式与技术结构矩阵表　　　　　单位:项

技术构成	综合系统	问句理解	信息检索	评测系统	知识库构建	回复生成
检索式	255	55	59	9	38	86
生成式	7	9	0	0	5	61

进一步结合 IBM 自动问答系统的技术方向和技术效果的功效表(表 8-3-8)分析可知,综合系统的构建是 IBM 的重要研发保护方向,专利申请倾向于对整体系统保护,想要达到的技术效果就是提升精度,262 项专利申请中有 231 项涉及提升精度。此外,还有 20 项专利申请要保护提升整体系统的效率,与用户交互的情感化问题也达到了 11 项专利申请。此外,对于回复生成的技术结构也是 IBM 非常关心的一个技术方向,这是因为检索式的自动问答系统需要对检索的结果进行排序保护,生成式的自动问答系统直接基于用户的提问进行回复生成。其中,在回复生成方向上,提升精度是首要关心的问题,147 项专利申请中有 127 项专利侧重于提升系统精度。此外,还注重与用户交互的情感化问题。

表 8-3-8 IBM 自动问答系统技术方向与技术效果功效表　　　　　单位:项

技术效果	提升精度	提高效率	情感交互
综合系统	231	20	11
问句理解	54	9	1
信息检索	55	3	1
评测系统	8	1	0
知识库构建	37	5	1
回复生成	127	6	14

8.3.2.4 IBM 自动问答系统产品与专利分析

在前述章节中已经分析,IBM 涉及自动问答的产品核心是 Watson,并且 IBM 给

Watson 定位的标签就是认知能力强劲的多面手，基于深度开发领域问答系统工程来实现认知。作为"Watson"超级电脑基础的 DeepQA 技术可以读取数百万页文本数据，利用深度自然语言处理技术产生候选答案，根据诸多不同尺度评估那些问题。IBM 研发团队为"Watson"开发的 100 多套算法可以在 3 秒内解析问题，检索数百万条信息，然后再筛选还原成"答案"输出成人类语言。它必须要解码复杂的英语，穷尽所有可能的答案，并选择其中一个，最终判定它是否足够符合要求。

Watson 由 90 台 IBM 服务器、360 个计算机芯片驱动组成，是一个有 10 台普通冰箱那么大的计算机系统。它拥有 15TB 内存、2880 个处理器，每秒可进行 80 万亿次运算。IBM 为 Watson 配置的处理器是 Power 7 系列处理器，这是当前 RISC（精简指令集计算机）架构中最强的处理器。Watson 存储了大量图书、新闻和电影剧本资料、辞海、文选和《世界图书百科全书》等数百万份资料。每当读完问题的提示后，Watson 就在不到 3 秒钟的时间里对自己长达 2 亿页的材料里展开搜索。Watson 是基于 IBM"DeepQA"（深度开放域问答系统工程）技术开发的，DeepQA 技术可以读取数百万页文本数据，利用深度自然语言处理技术产生候选答案，根据诸多不同尺度评估那些问题。

IBM 公司自 2006 年开始宣布研发 Watson，并在 2011 年 2 月的《危险边缘》智力抢答游戏中一战成名后，其商业化应用有清晰的脉络。当 Watson 取得比赛胜利后，全球知名的 MSKCC 癌症中心找到 IBM，希望在医疗行业作一些拓展。2011 年 8 月 Watson 开始应用于医疗领域，1 年之后，Watson 通过了美国职业医师资格考试，这也奠定了 Watson 的第一个也是最重要的一个商用方向——医疗。2014 年 1 月，IBM 宣布斥资 10 亿美元为 Watson 组建新的业务部门——Watson 事业部，集中精力帮助外围开发者以及其他公司为 Watson 开发应用。这是 IBM 公司历史 100 多年来第四次单独组建一个新的事业部，历史上每一次组建都是 IBM 决策的重大转型点。2015 年 7 月 Watson 正式在医疗领域开始商用。在医疗领域，Watson 已收录了肿瘤学研究领域的超过 42 种医学期刊、临床试验的 60 多万条医疗证据和 200 万页文本资料。Watson 能够在几秒之内筛选数十年癌症治疗历史中的 150 万份患者记录，包括病历和患者治疗结果，并为医生提供可供选择的循证治疗方案。目前癌症治疗领域排名前三的医院都在运行 Watson。研究表明，医疗信息数据正以每 5 年翻番的高速度增长。这为将下一代认知计算系统运用于医疗行业以改善医学的教学、实践和支付模式提供了史无前例的商机。IBM 资深副总裁 John Kelly 透露，Watson 其他医疗产品还包括健康照护企业的工作流程管理系统和健康软件。目前癌症相关产品约有 8.4 万病患使用，而且也获得 230 家机构采用。2017 年 IBM 首席执行官 Ginni Rometty 曾表示，Watson 能够诊断约 80% 的癌症。

此外，除了一枝独秀的医疗领域，自 2012 年起，IBM 还为 Watson 拓展了很多业务方向，比如金融、互联网、教育、汽车、零售、保险、娱乐等诸多领域。

具体围绕 Watson 系统以及其核心的 Watson 医疗领域方向，IBM 公司作了一系列的专利申请的布局。IBM 对外正式宣布其研究 Watson 系统的时间是 2006 年，而早在 2005

年，IBM 就已经布局了 1 件与 Watson 系统基本工作原理非常接近的专利申请，公开号为US20050137723A1，名称为一种实现自动问答的方法。该方法主要通过检索实现各类问答服务。随后，从 2006 年开始到 Watson 系统在电视节目击败人类而大热的 2011 年，IBM 围绕 Watson 系统进行了全方位的多面布局，比如，继续在 2008 年申请了公开号为 US20080201132A1 的专利申请，从综合系统的角度保护寻找自然语言问题最可能答案的系统和方法。同时，在侧重信息检索方面，先后在 2009 年和 2010 年申请了公开号为 US20110055230A1 的专利申请，名称为一种基于智能社区的知识共享方法专利，和公开号为 US20110125734A1 的专利申请，名称为基于语料库产生问题答案对的系统的专利。上述检索式的 Watson 系统问答系统的布局也为 Watson 在 2011 年能够快速检索到问题答案提供了有效的基础。此外，在回复生成方面，IBM 还在 2009 年申请了公开号为 US20110066587A1 的专利申请的一种基于问题回答的证据评估方法，用于帮助 Watson 系统根据检索到的信息进行评估，以获取最佳答案。而在 Watson 系统大热的 2011 年，IBM 又先后从公开号为 US20120078902A1 的专利申请，名称为一种用于自动生成问题答案的计算机实现的方法以及公开号为 US20130066886A1 的专利申请名称为对问题输入提供决策支持的方法的专利申请从综合系统以及回复生成等角度进行完善布局。

随后，在 Watson 系统快速发展到 2014 年 IBM 斥资 10 亿美元单独成立 Watson 事业部的 3 年间，IBM 基于 Watson 系统开始了全面且大量的专利布局。在综合系统方向，IBM 先后申请了公开号为 US20130185050A1、US20140280087A1 以及 US20160048514A1 等专利，从实现自然语言输出的自动问答系统、问答系统综合系统实现回答问题以及基于信息源处理的自动问答综合系统等多角度对综合系统进行保护。而在问句理解方向，先后申请了公开号为 WO2012122196A1、US20140172139A1 以及 US20150310013A1 等专利申请，从基于问答系统的医学辨证处理决策支持系统及应用、深度问答系统中的问题分类与特征映射以及对问答系统中的提问进行管理等角度进行问句理解方向的布局。而公开号为 WO2012122196A1 的基于问答系统的医学辨证处理决策支持系统及应用的专利申请也使 IBM 的 Watson 系统在医疗领域快速发展迈出了重要的一步。

此外，在信息检索方面和回复生成方面，该公司也通过公开号为 US20140365502A1 和 US20150278264A1 的专利申请从通过检索语料库的信息值实现自动问答和根据问题变化更新检索角度，以及公开号为 US20140172883A1 和 US20150293917A1 的专利申请从深度问答系统中并行处理回复角度和基于时间语义的答案置信排序角度加强了对 Watson 问答系统信息检索方面和回复生成方面的布局。在知识库构建方面，IBM 也作了很多努力，并且通过公开号为 US20130035931A1 以及公开号为 US20150193429A1 的专利申请从开放域问答系统中词汇答案类型的预测以及会话文本自动生成问答对用于构建语料库等角度进行布局保护。在 IBM 斥资历史上第四次成立独立部门 Watson 事业部之后，从 2015 年开始，除了在先技术的改良和继续研发外，随着人工智能、深度学习技术在自然语言处理中快速应用之后，IBM 也逐渐重视起人工智能技术与 Watson 系统的结合，并且先后在 2015～2017 年通过自主技术研发、成立 AI 联盟以及与 AI 院校合作等角度来加强其技术研发能力，并且重点从综合系统、问句理解以及回复生成角度深入开发 Watson 系统。比如，在综合系统方向，先后通过公开号为 US20160232222A1、US20160179928 以及 US20180025127A1 的专利申请等技术从基于问题分类的问答系统使用报告生成、基于提出的问题、答案和支持证据的相似性对用户进行分类以及基于用户输入文本通过自然语言处理自动对话的聊天机器人多角度布局 Watson 的综合系统。而在问句理解方向，先后通过专利申请 US20160090792A1 基于问题抽取和领域词典的问题优先级动态分配的方法，再通过专利申请 US20180137433A1 的基于问题轮廓的问答系统自训练，和专利申请 US20180204106A1 的基于个性化文本深度分析的自动问答系统与方法来逐渐加强对于输入问题的理解能力。在理解问题之后，再通过公开号为 US20160196497A1、US20160217200A1 和 US20170109342A1 的专利申请从便于回答问题的众源推理过程、依据语料库利用自动问答系统动态创建回复和基于变化的问句的回复预测的自动问答系统来逐步精确和完善其问答能力。具体 Watson 系统和 Watson 医疗辅助系统的重要专利路线可参见图 8-3-7（见文前彩色插图第 4 页）。

除了 Watson 系统之外，Watson 医疗方向是 IBM 为 Watson 布局的一大重要方向，并且为 Watson 在医疗领域深入发展进行了全方位的专利布局。从 2011 年 IBM 的 Watson 系统大热之后，同年，全球知名的 MSKCC 癌症中心找到 IBM，希望在医疗行业作一些拓展。随后，在 2012 年，Watson 就通过美国执业医师资格测试，并且同年申请了公开号为 WO2012122196A1 的专利，名称为基于问答系统的医学辨证处理决策支持系统及应用。随后，在 2013 年，IBM 与顶级肿瘤治疗机构 MD 安德森合作，用 Watson 辅助医生开展抗癌药物临床测试。2013 年，IBM 申请了公开号为 US20140058986A1 的专利申请，名称为医疗环境中的增强型深度问答系统，主要用于研究一组患者状况的潜在原因，包括关于患者的线索、事实和事实。此后，在 2014 年，Watson 开始结合实际病例指标实现训练，并且申请了公开号为 US20150370979A1 的基于问答系统的电子病历汇总与呈现的相关专利。从 2015 年开始，IBM Watson 已经能够正式实现在医疗领域商用，这个进步离不开该公司专利技术的支持。比如在 2014 年 9 月提前申请的公开号为 US20160078182A1，名称为使用问答系统基于毒性水平的治疗推荐方案的申请，来使得 Watson 帮助实现医疗治疗。在 2016 年，IBM 收购了著名医疗数据公司 Truven，来试图通过大量的医疗病历数据训练样本集，同年，IBM 就为 Watson 申请了公开号为 US20170235895A1 的专利申请，通过患者的医疗记录对患者进行诊疗评估。IBM 的 Watson 医疗系统的成功使得它影响力逐渐增大，并且被越来越多的国家和医疗机构所接受。比如 2016 年 8 月 Watson 就来到中国，将帮助医生建立个性化询证癌症诊疗方案，而在 2017 年 9 月，仁济医院乳腺疾病中心成为国内第一家将 Watson 医生引入 MDT 多学科讨论的科室。但是 IBM 基于 Watson 医疗的研究的决心并未停止，仍然在坚持为自己技术申请延续性的专利保护，比如继续在 2017 年申请公开号为 US20180025127A1 的专利申请基于问答系统的医学诊疗决策支持系统及应用，来保护自己 Watson 医疗系统。

总的来说，IBM 基于其核心产品 Watson 系统进行了全方位的技术研究和专利布局。围绕 Watson 自动问答系统，IBM 从综合系统、问句理解、信息检索、回复生成以及知识库构建等多个方面进行技术研发和专利保护。随着 Watson 系统影响力的逐步扩大，其技术研发和专利布局的决心愈来愈强烈，全面性也越来越好，IBM 还以 Watson 系统单独成立了独立的事业部门。在人工智能与深度学习应用于自动问答系统的大环境下，IBM 也非常重视人工智能技术在自动问答系统中的应用，先后开展了人工智能方向的多方合作，并且进行相关的专利技术布局。而在 Watson 应用方向，尤其在医疗领域的重要应用方向，IBM 开展了一系列的商业动作和专利布局，取得了不错的成绩。

8.3.2.5 IBM 发明人团队分析

如图 8-3-8 所示，在 IBM 自动问答系统中，发明人排名第一位的是 Allen Corville O，其在自动问答领域作为发明人共申请了 86 项专利申请，技术实力非常强。其次是 Byron Donna K 和 Freed Andrew R，两人都作为发明人申请人分别申请了 45 项专利。在 IBM 自动问答领域重要发明人的前十位中，都至少有 19 项发明专利申请，可以见得 IBM 公司的整体技术研发质量非常高。

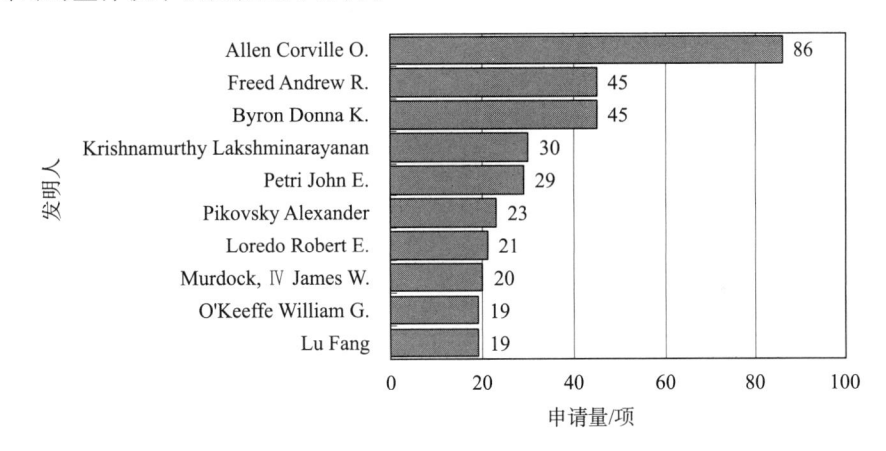

图 8-3-8　IBM 发明人专利申请量排名

如表 8-3-9、表 8-3-10 及表 8-3-11 所示，进一步对 IBM 公司申请排名前十名的发明人从自动问答研究功能领域、回复生成方式和技术研究方向 3 个方向就行矩阵分析可知，Allen Corville O 作为 IBM 自动问答领域专利申请第一的发明人，其主要侧重于开放领域的检索式问答系统的研究，并且其研究的技术重点偏向于对于综合系统的总体设计以及对于答案回复生成的构建上。这个 IBM 的整体研发趋势是类似的。

表 8-3-9　IBM 发明人研究功能领域专利申请技术分布　　　　　　　　　　单位：项

研究方向	限定领域	开放领域
Allen Corville O.	13	73
Byron Donna K.	9	36
Freed Andrew R.	9	36

续表

研究方向	限定领域	开放领域
Krishnamurthy Lakshminarayanan	3	27
Petri John E.	1	28
Pikovsky Alexander	3	20
Loredo Robert E.	2	19
Murdock，Ⅳ James W.	2	18
O'Keeffe William G.	4	15
Lu Fang	3	16

表8－3－10　IBM发明人研究回复生成专利申请技术分布　　单位：项

研究方向	检索式	生成式
Allen Corville O.	70	16
Byron Donna K.	39	6
Freed Andrew R.	37	8
Krishnamurthy Lakshminarayanan	29	1
Petri John E.	21	8
Pikovsky Alexander	16	7
Loredo Robert E.	21	0
Murdock，Ⅳ James W.	16	4
O'Keeffe William G.	17	2
Lu Fang	19	0

表8－3－11　IBM发明人技术方向专利申请技术分布　　单位：项

研究方向	综合系统	问句理解	信息检索	评测系统	知识库构建	回复生成
Allen Corville O.	32	9	6	1	7	31
Byron Donna K.	21	2	5	1	5	11
Freed Andrew R.	15	6	0	2	8	14
Krishnamurthy Lakshminarayanan	18	3	6	0	2	1
Petri John E.	10	2	2	0	1	14
Pikovsky Alexander	10	1	0	1	2	9
Loredo Robert E.	12	1	5	0	0	3
Murdock，Ⅳ James W.	8	2	4	0	0	6
O'Keeffe William G.	10	0	2	0	2	5
Lu Fang	10	2	5	0	0	2

通过对 IBM 的发明团队的关系进行分析可知，Allen Corville O 依然是 IBM 自动问答领域专利申请非常重要的发明人，他作为第一发明人构成了强大的研发团队。此外，以 Byron Donna K 为核心的另一发明人形成了比较大的发明人团队。另外，和 Ferrucci David A 合作的 Gliozzo Alfio M 虽然没有作为第一发明人，但是其作为合作发明人的专利申请依然占据了很大的数量，可见在 Ferrucci David A 团队中，其二人拥有较强的技术研发实力。

8.3.3 微软专利申请概述

8.3.3.1 微软自动问答系统简介

微软是一家美国跨国科技公司，也是全球个人计算机软件开发的先导，由比尔·盖茨与保罗·艾伦创办于 1975 年，公司总部设立在美国华盛顿州的雷德蒙德（Redmond，邻近西雅图），以研发、制造、授权和提供广泛的电脑软件服务业务为主。在自然语言处理方向，微软亚洲研究院 1998 年成立自然语言计算组，研究内容包括多国语言文本分析、机器翻译、跨语言信息检索和自动问答系统等。对于自动问答系统，微软最著名的产品就是先后在 2014 年 5 月和 2014 年 7 月推出的"小冰"和"小娜"。小冰和小娜不是一个团队开发的，小娜是美国团队开发，属于系统集成；小冰由中国团队开发，后逐渐在美国、日本等地发展推广，偏重于社交平台。

8.3.3.2 微软自动问答系统专利申请态势分析

如图 8-3-9 所示，通过自动问答系统的专利申请的全球趋势分析可知，微软从 2002 年开始布局自动问答系统，但是从整体趋势来看，在自动问答方向申请趋势变动比较大。从 2004 年开始，微软比较注重对问答系统的初步探索，那时的专利申请方向主要应用于在特定领域基于用户的询问进行查询后回答。随后，微软进入一个技术平淡期。进入 2011 年后，微软的专利申请量开始呈现出快速增长的趋势，这可能和 IBM 的 Watson 系统在全球引起了巨大轰动有关。而从微软在 2014 年先后推出微软小冰和微软小娜之后，其专利申请趋势也增长明显。

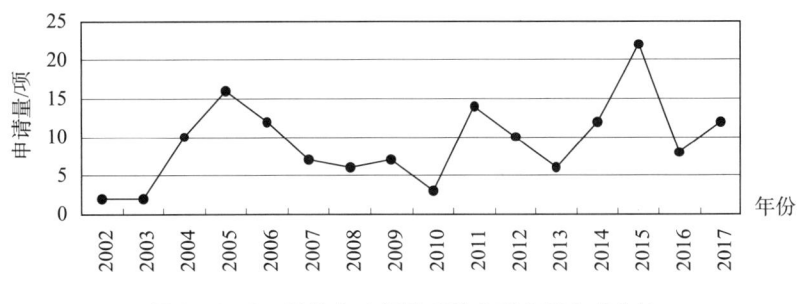

图 8-3-9 微软自动问答系统专利申请全球趋势

为了进一步分析微软的专利布局范围，我们对微软的专利申请全球布局情况进行分析。

通过对微软自动问答系统的全球专利布局占比分析可知，参见图8-3-10，微软基于自动问答系统的全球专利布局视野非常全面，基本上在各大国家或地区都有专利布局。在美国布局了68项专利申请，占比达到54%。而在其他国家或区域中，中国、欧洲和国际局都布局超过了20项申请，韩国布局了11项申请，日本布局了4项申请。在海外布局占比与国内布局占比相当，充分体现了微软全面国际化布局思维。

8.3.3.3 微软自动问答系统专利申请技术分类与构成

基于专利技术标引进行分类，对微软的自动问答系统的分类方式与技术构成和技术效果之间的关系进行分析。

如图8-3-11与图8-3-12所示，通过对微软自动问答系统按照功能领域分类的占比和申请趋势分析可知，限定领域的申请量占比达到64%，高于开放领域的申请量占比。但是进一步通过2个领域的专利申请历年趋势进行对比可知，随着微软在2014年推出小冰和小娜的计划，从2012年微软在开放领域问答系统开始布局以外，其专利申请趋势逐年递增，并且迅速超过在限定领域的布局，进一步结合微软小冰聊天机器人以及小娜私人助理的定位可以发现，专利申请趋势符合上述定位。

图8-3-10 微软自动问答系统全球专利申请布局

图8-3-11 微软自动问答系统功能领域分类占比

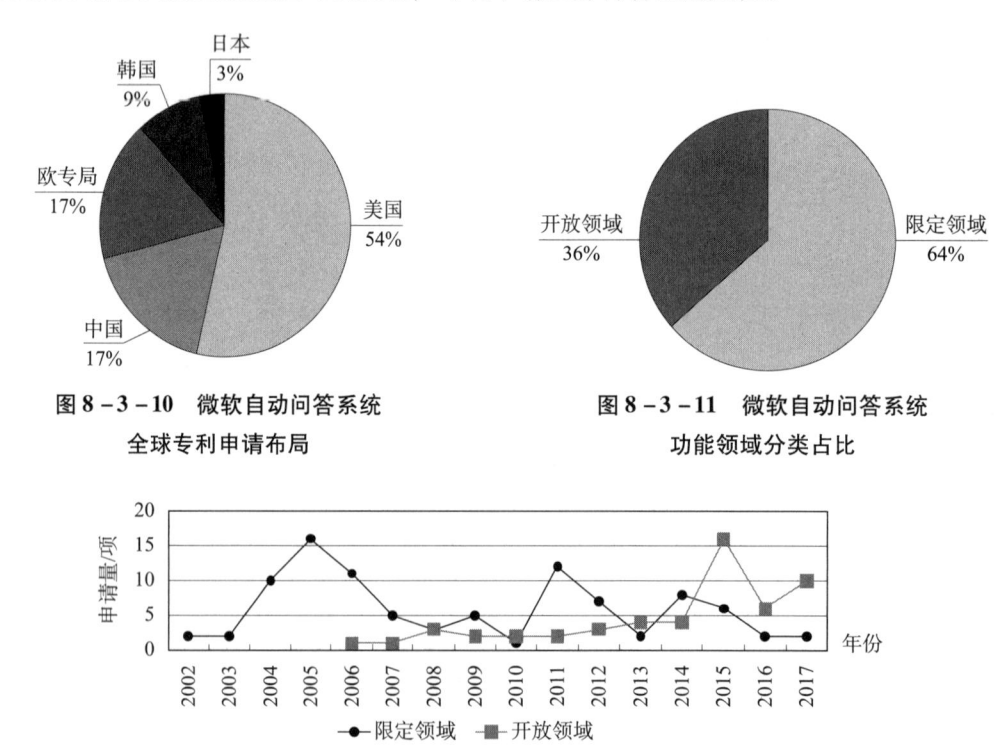

图8-3-12 微软自动问答系统功能领域分类申请趋势

通过对微软自动问答系统按照回复生成方式分类的占比和申请趋势分析可知，如图8-3-13及图8-3-14所示，检索式问答系统一直都是研究的热点，因为不论是前期微软在自动问答领域的布局，还是微软小冰和微软小娜的早期工作原理都是基于问题查询进行检索来获取回复和操作。但是随着信息化的快速发展，以及使用者问题的多样化，很难所有问题都在预料库中检索到正确的答案。如果总是返回检索不到正确答案，或者总是给使用者反馈一些没有实质内容的安全性回答，就会使使用者感到厌烦，从而人机交互的质量会大大下降。而微软小冰的设计初衷就是使得用户交互多轮对话，所以生成式的问答系统逐渐成为研究的重点，结合趋势图可知，从2011年第一次申请生成式的自动问答系统专利开始，微软的生成式自动问答系统一直处于较好的申请态势，这也为更好更人性化地服务人类提供了有力的技术保证。

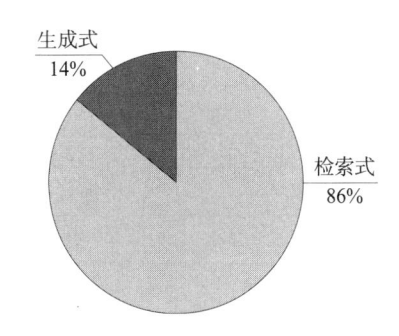

图8-3-13 微软自动问答系统回复生成方式分类占比

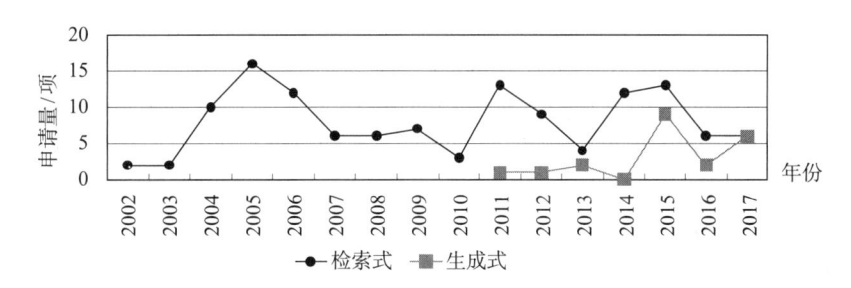

图8-3-14 微软自动问答系统回复生成方式分类申请趋势

如表8-3-12所示，通过对功能类型分类方式和回复生成方式的矩阵图进行分析可知，限定领域的自动问答系统全部通过检索式回复方式进行回复，因为限定领域的问答系统首要解决的问题是准确高效地回答使用者的问题。但是在开放领域中，检索式回复和生成式回复的专利申请件数分别是33项和21项，由此可见，在开放领域中，自动问答产品不仅要准确地回复使用者提出的问题，而且还注重与人的交互，保证对话过程与人交互的情感性和多轮对话效果。

表8-3-12 微软自动问答系统分类方式矩阵表　　　　　　　　单位：项

分类方式	检索式	生成式
限定领域	94	0
开放领域	33	21

进一步对两种分类方式对应的技术效果进行分析可知，参见表8-3-13及表8-3-14，不管是功能领域的分类方式还是回复生成方式的分类方式，最关心的一项技术效果是

提升系统的精度，即相关自动问答系统能够准确实现对使用者问句的理解和回复。围绕着微软对于微软小冰的定位为情感型聊天机器人，所以对于与用户的情感化交互问题也是其考虑的一个重要方向。

表8-3-13 微软自动问答系统功能领域分类方式矩阵表 单位：项

技术效果	提升精度	提高效率	情感交互
限定领域	66	17	11
开放领域	36	6	12

表8-3-14 微软自动问答系统回复生成方式分类方式矩阵表 单位：项

技术效果	提升精度	提高效率	情感交互
检索式	88	23	16
生成式	14	0	7

为了深入了解不同类型的自动问答系统对应的技术结构侧重方向，我们对微软自动问答系统的所有专利进行了分类类型和技术方向的矩阵表分析。

通过微软自动问答系统两种不同的回复生成方式与技术结构的矩阵表可知，参见表8-3-15及表8-3-16，限定领域的自动问答系统比较注重对整个自动问答系统进行保护，在94项申请中达到了44项；同时还注重对信息检索的研究，有30项申请和信息检索相关。而开放领域的问答系统则比较注重回复生成这一技术方向上，54项专利申请中有25项偏重于对用于回复的生成过程上面。此外，检索式的问答系统，同样注重综合系统的保护和信息检索的研究，还对于问句理解和回复生成也比较重视。而对于生成式的自动问答系统，21项专利申请中有17项研发重点在回复生成方向上，而没有对信息检索进行研究。这也充分说明生成式的自动问答系统非常注重对用户的问题的答复方向上，而不再需要对相关信息进行检索。

表8-3-15 微软自动问答系统功能领域与技术结构矩阵表 单位：项

技术构成	综合系统	问句理解	信息检索	评测系统	知识库构建	回复生成
限定领域	44	9	24	0	5	12
开放领域	15	7	6	0	1	25

表8-3-16 微软自动问答系统回复生成方式与技术结构矩阵表 单位：项

技术构成	综合系统	问句理解	信息检索	评测系统	知识库构建	回复生成
检索式	58	13	30	0	6	20
生成式	1	3	0	0	0	17

进一步结合微软自动问答系统的技术方向和技术效果的功效表（表8-3-17）分

析可知，回复生成方式、综合系统以及信息检索是微软自动问答产品的重要研发方向。其中，在各个技术方向上，提升精度都是问答系统的重要考虑效果。此外，对于综合系统以及回复生成等方向，还注重与用户交互的情感化问题，这个与微软对于小冰聊天机器人的情感聊天伙伴的定位是高度吻合的。

表 8-3-17 微软自动问答系统技术方向与技术效果功效表　　　单位：项

技术效果	提升精度	提高效率	情感交互
综合系统	33	13	13
问句理解	13	3	0
信息检索	25	5	0
评测系统	0	0	0
知识库构建	5	0	1
回复生成	26	2	9

8.3.3.4 微软自动问答系统产品与专利分析

在前述章节中已经分析，微软涉及自动问答的产品主要有私人助理小娜和聊天机器人两款产品。两者的自动问答实现原理类似，就是小冰的定位的社交聊天型机器人，而小娜定位是私人助理。小冰是唯一一个有自己性格的产品，她跟你聊天，你能明显感觉到她更像一个"人"。那么作为一个"人"，她就会有一些标签：年龄、性别、性格等。而小冰的标签是：年龄——17 岁，性别——女，星座——处女座，性格——傲娇、爱撒娇等。相比之下，小娜的性格表现比较中规中矩，因为小娜主要用于为用户提供进程管理。微软小娜是微软发布的全球第一款个人智能助理。她"能够了解用户的喜好和习惯"，"帮助用户进行日程安排、问题回答等"。小娜可以说是微软在机器学习和人工智能领域方面的尝试。微软想实现的事情是，手机用户与小娜的智能交互，不是简单地基于存储式的问答，而是对话。她会记录用户的行为和使用习惯，利用云计算、搜索引擎和"非结构化数据"分析，读取和"学习"包括手机中的文本文件、电子邮件、图片、视频等数据，来理解用户的语义和语境，从而实现人机交互。一个很简单的例子就是，假如手机中记录的日程显示将要参加会议，那么不需任何操作，小娜到时就会自动将手机调至会议状态。这也是微软的研究，从个人计算机（Personal Computer）走向个人计算（Personal Computing）的开始。业界上对于小冰和小娜的差异叫法是，小娜 IQ 高，小冰 EQ 高。但是，随着时间的推移和用户需求的提升，小娜和小冰的功能也在逐渐丰富，小娜增加了交互聊天过程的个性化，而小冰也被用于接入各行各业，在聊天的同时为用户解答专业的问题。

由于微软小娜的私人助理定位和百度的度秘定位比较相似，并且其对应的技术结构类型与度秘、Watson 的基本技术结构一致，同时微软小娜和小冰都是以情感化的多轮聊天为设计初衷。初代小冰于 2014 年 5 月推出，只有群聊功能；同年 8 月，立即推出 2 代小冰，用于实现一对一聊天，并且对用户有专属私聊库。2015 年 8 月，微软推出第 3 代小冰，具有语音输出功能，并且增加了情感计算框架。2016 年 8 月，微软推出第 4 代小冰，能实现实时情感聊天的对话计算。2017 年 8 月，微软推出第 5 代小冰，小冰开始具有主动情绪对话功能，能够主动引导用户聊天。2018 年 7 月，微软推出第 6 代小冰，重点升级了其情感计算框架。由此可见，第 2 代小冰的专属私聊库就已经从技术上具有情感功能。还没完全达到识别情感。从 3 代小冰开始，与人交互的情感化问题就变成了重点研发方向，重点对微软小冰的情感化设计方向进行专利技术分析。

在微软申请的涉及自动问答相关专利中，有 23 项涉及情感化的相关专利。其中，在微软推出小冰的 2014 年以前，在微软的自动问答技术方向上，已经在 2009 年申请了公开号为 US20100235343A1 的社区问答中问题兴趣度的预测的专利。虽然该申请是为早期社区问答系统的自动问答产品研发，但是也为微软自动产品的情感化研究提供了良好的基础。随后，推出小冰 1 代和 2 代的 2014 年，微软申请了公开号为 CN105378708A 的专利申请环境感知对话策略和响应生成，能够基于当轮对话的环境管理对话系统，再反馈回复给用户。此后，在 3 代小冰推出的 2015 年申请了公开号为CN107003997A的专利申请基于用户声明的个性化推荐的用于交互式对话系统的专利申请情绪类型分类，以及公开号为 CN106910513A 的情绪智能聊天引擎，从充分考虑用户情绪的角度来实现自动问答。随后，在 2016 年，微软继续为小冰的情感交互进行充分的完善，申请了公开号为 US20180174020A1 的专利申请一种情感智能聊天机器人的系统和方法，并且明确提出利用人工智能技术实现基于用户聊天历史和情感来提供情感化智能聊天。在 2017 年，微软有申请了公开号为 US20180005646A1 的专利申请交互式对话系统的情感类型分类，通过机器学习进行情感分类。这也体现出微软的智能小冰也十分注重人工智能技术在自动问答系统中的应用，小冰的与人交互也会更加舒心（参见图 8 - 3 - 15）。

8.3.3.5 微软发明人团队分析

如图 8 - 3 - 16 所示，在微软自动问答系统中，发明人排名第一位的是 Lin Chin-Yew，但是和 IBM 不同的是，其作为发明人也仅有 7 项专利申请。排名第二位的 Nicholas Caldwell 和 Saliha Azzam 作为发明人仅有 5 项专利申请，其他发明人都是有 4 项专利申请。整体而言，微软自动问答系统的发明人比较分散。

进一步对微软的发明人关系进行分析可知，在微软的前十几位发明人中，以第一发明人为核心研发的发明人团队中形成了两大团队：以 Venkat Pradeep Chilakamarri 作为第一发明人拥有强大的发明研究团队。此外，以 Lin Chin Yew 和 Cao Yun Bo 和 Meyerzon Dmitriy 为代表的有华人背景的代表团队也拥有一定的团队研发基础。

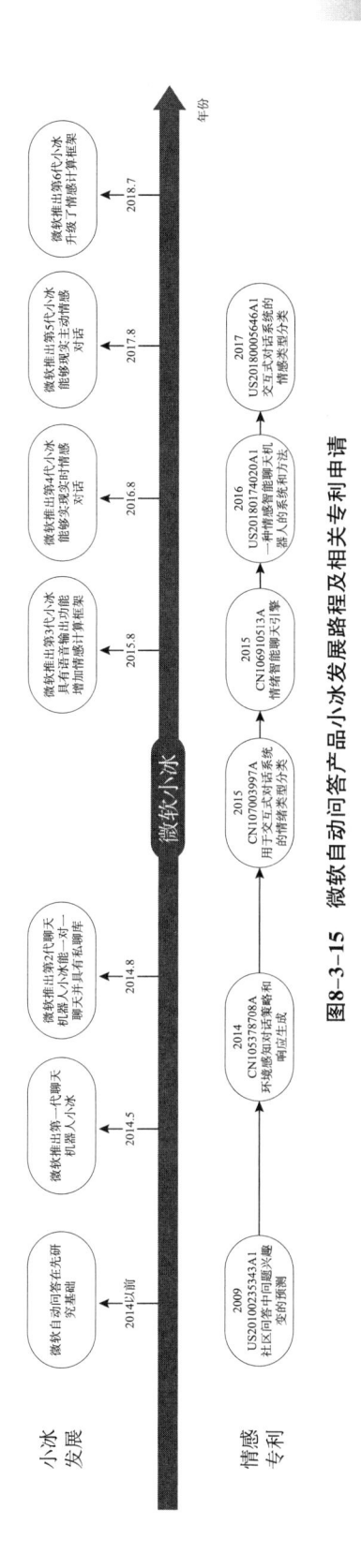

图8-3-15 微软自动问答产品小冰发展路程及相关专利申请

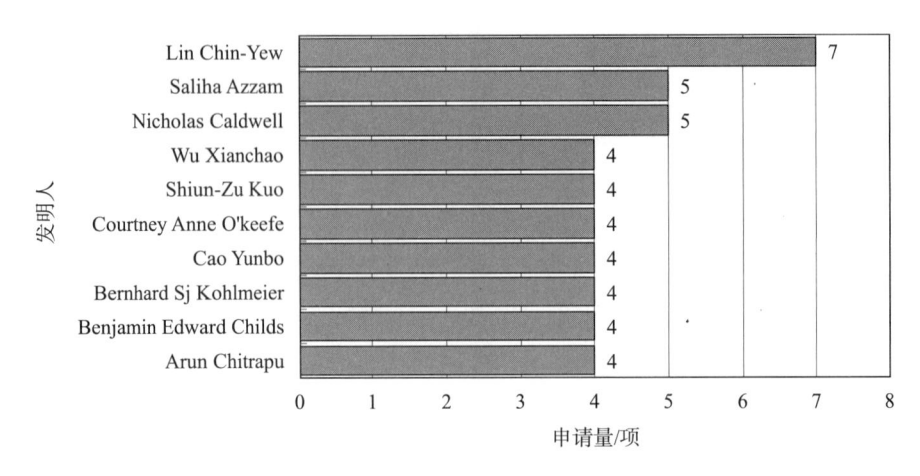

```
发明人
Lin Chin-Yew          7
Saliha Azzam          5
Nicholas Caldwell     5
Wu Xianchao           4
Shiun-Zu Kuo          4
Courtney Anne O'keefe 4
Cao Yunbo             4
Bernhard Sj Kohlmeier 4
Benjamin Edward Childs 4
Arun Chitrapu         4
          0  1  2  3  4  5  6  7  8
              申请量/项
```

图 8–3–16　微软自动问答系统技术发明人专利申请量排名

8.3.4　百度专利申请概述

8.3.4.1　百度自动问答系统简介

百度公司是做搜索引擎出身，所以其十分注重自然语言处理技术的发展。自百度诞生之日起，NLP 技术就在其中起到了至关重要的作用。从百度为第一个用户搜索第一条结果开始，中文分词这样的基础 NLP 技术便是整个搜索引擎必不可少的组成部分。而伴随着百度的快速发展，百度 NLP 也在同步地、甚至更快地发展。这个发展的加速度始于 2010 年春，随着国际顶级自然语言处理专家王海峰博士加盟百度，百度 NLP 的工作进行了重新梳理与规划，除传统分词、专名识别、Query 需求分析、Query 改写等技术方向得到加强外，也拓展了机器翻译、机器学习、语义搜索、语义理解、智能交互、深度问答、篇章理解等新的技术方向。在他的带领下，NLP 团队已经由当初仅 10 余人发展成为今天超过 200 人规模的团队，团队成员包含算法开发、系统实现、学术研究、语言学、产品设计和架构、前端、客户端工程开发等多元化人才，全面支持百度各种产品应用。

为了更好地开发百度自然语言处理的相关产品，百度特别成立了自然语言处理事业部。而基于自动问答的深度问答系统也是百度非常注重研发的相关产品。前期自动问答系统主要应用于百度知道，随着深度学习技术等人工智能技术的深度发展，百度先后设计提出了小度机器人和度秘等相关产品。深度问答依托海量互联网数据资源，对用户需求进行深度语义解析，进而将答案直接定位并精准抽取、提炼出来呈现给用户，提升用户获取信息的效率。百度 NLP 在深度问答方向经过多年打磨，积累了问句理解、答案抽取、观点分析与聚合等方面的一整套技术方案，目前已在搜索、度秘等多个重量级产品中深度应用，为亿万用户提供高质量问答服务。

小度机器人是诞生在百度大家庭的智能实体机器人，家族成员包括小度机器人（公众版）与小度机器人（桌面版）。依托百度强大的 AI 技术积累，集成自然语言理解、对话交互、机器翻译等多种 AI 技术，能以自然的方式与用户进行信息、服务、情感的交流。小度机器人会学习，会成长，不断提升各种技能。而度秘定位为个人助理，是百度出品的对话式人工智能秘书，在 2015 年 9 月由百度董事长兼首席执行官李彦宏（Robin）在百度世界大会中推出。基于 DuerOS 对话式人工智能系统，通过语音识别、自然语言处理和机器学习，用户可以使用语音、文字或图片，以一对一的形式与度秘进行沟通。依托于百度强大的搜索及智能交互技术，度秘可以在对话中清晰地理解用户的多种需求，进而在广泛索引真实世界的服务和信息的基础上，为用户提供各种优质服务。

8.3.4.2 百度自动问答系统专利申请态势分析

通过对百度的自动问答系统的专利申请的全球趋势分析可知，参见图 8-3-17，百度从 2010 年开始布局自动问答系统，这也和百度从 2010 年开始加速发展自然语言处理相关产品的规划是吻合的。2010～2014 年，百度的自动问答系统的专利技术申请处于一个较为平稳的申请态势，总量并不大。在 2014 年百度研发的小度机器人首次亮相并且获得极高的关注度。依托于百度强大的人工智能，集成了自然语言处理、对话系统、语音视觉等技术，小度机器人能够自然流畅地与用户进行信息、服务、情感等多方面的交流。从 2015 年起，百度的自动问答系统专利申请开始加速增长。同一年，百度推出了自动问答系统的核心产品——度秘。此后，围绕度秘，百度进行了大量的专利布局，在已经公开的 2017 年自动问答专利申请量已经达到 30 项，整个自动问答系统呈现出非常好的专利申请增长态势。

图 8-3-17 百度自动问答系统专利申请全球趋势

在国内专利申请态势分析章节中提到，百度的全球专利申请达到 79 项，但是在华申请只有 48 件，也是位于国内申请人首位的。除此之外，百度还有 31 项自动问答系统相关的专利技术是在海外进行布局的，这也体现出百度非常强的专利国际布局视野。为了进一步分析百度的专利布局范围，我们对其专利申请全球布局情况进行分析。

如图 8-3-18 所示，通过对百度自动问答系统的全球专利布局占比图分析可知，百度基于自动问答系统的全球专利布局视野非常好，基本上在各大国家或地区都有专利布局。在美国布局了 17 项专利申请，占比达到 24%，并且还有 7 项国际专利申请，在欧洲也有 6 项专利申请布局，在日本布局 1 项专利申请。此外，百度从 2015 年起增大了在各个国家或地区的专利布局数，2015 年在中国、欧洲、日本、美国和国际局都进行专利申请，这也体现出百度在 2015 年

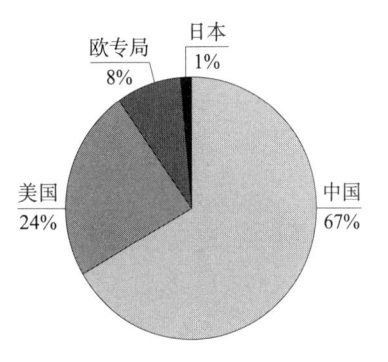

图 8-3-18 百度自动问答系统全球专利申请布局

推广度秘的决心。随后的 2016 年和 2017 年，百度有针对性地选择了要布局的国家或区域，逐渐以美国市场为布局核心。并且随着年份的增加，百度在美国的专利申请逐年增加，2014～2017 年，百度在美国的专利申请数分别为 2 项、2 项、5 项和 8 项。这充分说明了百度对于进入美国自动问答系统市场的决心，同时也为度秘进入美国市场提供了知识产权保护。

8.3.4.3 百度自动问答系统专利申请技术分类与构成

基于专利技术标引进行分类，对百度的自动问答系统的分类方式与技术构成和技术效果之间的关系进行分析。

如图 8-3-19 及图 8-3-20 所示，通过对百度自动问答系统按照功能领域分类的占比和申请趋势分析可知，限定领域的专利申请和开放领域的专利申请总量基本一致，其中限定领域的自动问答系统申请占比 49%，开放领域的自动问答系统申请占比 51%。但是通过两个领域的专利申请历年趋势进行对比可知，在 2015 年及以前，百度研发重点放在限定领域的自动问答系统中。但是从 2012 年开始，百度致力于布局开放领域的自动问答系统，不再局限于对某个特定领域进行自动问答研究，而是放在更为开放、领域更强的综合性自动问答系统中。在 2016 年以后，开放领域的自动问答系统专利布局已经超过限定领域自动问答系统布局。这体现出度秘是一个全方位的私人助理，而不是仅仅局限于在某个领域服务于人类。

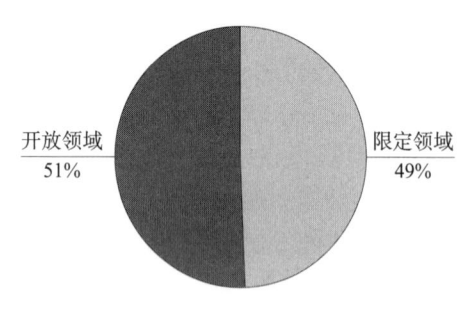

图 8-3-19 百度自动问答系统功能领域分类占比

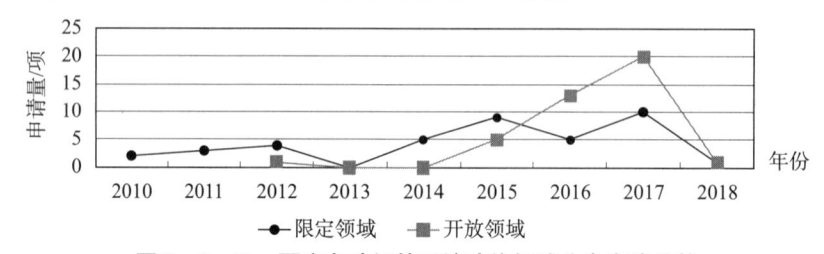

图 8-3-20 百度自动问答系统功能领域分类申请趋势

如图 8-3-21 及图 8-3-22 所示，通过对百度自动问答系统按照回复生成方式分类的占比和申请趋势分析可知，检索式问答系统一直都是研究的热点，专利申请量基本处于稳定上升的趋势。这是因为问答系统的初衷是快速且准确回答使用者想要了解的问题，所以系统需要在理解使用者问题的基础上去通过检索来获取精确可靠的答案。但是随着信息化的快速发展，以及使用者问题的多样化，很难所有问题都在知识库中检索到正确的答案。如果

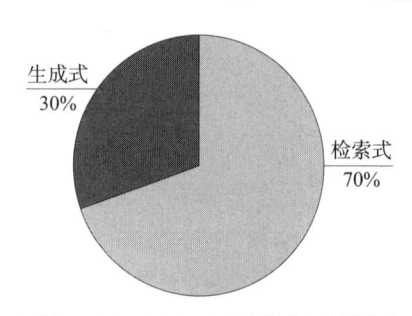

图 8-3-21 百度自动问答系统回复生成方式分类占比

总是返回检索不到正确答案,或者总是给使用者反馈一些没有实质内容的安全性回答,就会使使用者感到厌烦,从而人机交互的质量会大大下降。所以生成式的问答系统逐渐成为研究的重点,结合趋势图可知,从2015年第一次申请生成式的自动问答系统开始,百度的生成式自动问答系统一直处于较好的申请态势,这也为更好更人性化地服务人类提供了有力的技术保证。

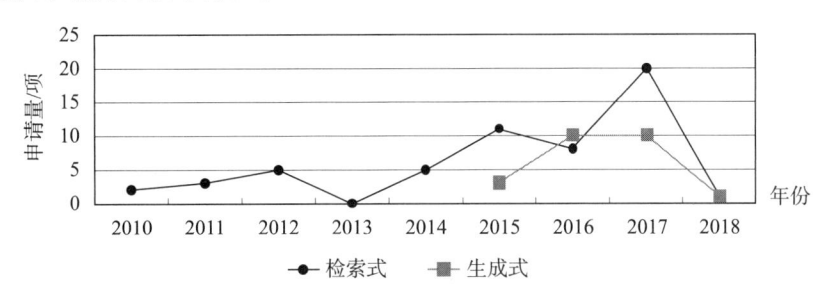

图8-3-22 百度自动问答系统回复生成方式分类申请趋势

通过对功能类型分类方式和回复生成方式的矩阵表(表8-3-18)进行分析可知,限定领域的自动问答系统主要通过检索式回复方式进行回复,达到了37项专利申请,因为限定领域的问答系统首要解决的问题是准确高效地回答使用者的问题。但是在开放领域中,检索式回复和生成式回复的专利申请数分别是18项和22项。由此可见,在开放领域中,自动问答产品不仅要准确地回复使用者提出的问题,而且还注重与人的交互,保证对话过程与人交互的情感性和多轮对话效果。

表8-3-18 百度自动问答系统分类方式矩阵表　　　　　　　　　单位:项

分类方式	检索式	生成式
限定领域	37	2
开放领域	18	22

如表8-3-19及表8-3-20所示,进一步对两种分类方式对应的技术效果进行分析可知,不管是功能领域的分类方式,还是回复生成方式的分类方式,最关心的一项技术效果是提升系统的精度,即相关自动问答系统能够准确实现对使用者问句的理解和回复。此外,也非常注重在系统工作过程中的效率和与人交互过程中的情感化问题。对于检索式的自动问答系统,会更多注重精度和效率问题;而对于生成式的自动问答系统,除了提升问答过程的精度外,相比于效率提高,更偏重于与人交互的情感化。

表8-3-19 百度自动问答系统功能领域分类方式矩阵表　　　　　　单位:项

技术构成	提升精度	提高效率	情感交互
限定领域	18	11	10
开放领域	24	7	9

表8-3-20　百度自动问答系统回复生成方式分类方式矩阵表　　　　单位：项

技术构成	提升精度	提高效率	情感交互
检索式	27	15	13
生成式	15	3	6

为了深入了解不同类型的自动问答系统对应的技术结构侧重方向，我们对百度自动问答系统的所有专利进行了分类类型和技术方向的矩阵表分析。

通过百度自动问答系统两种不同的回复生成方式与技术结构的矩阵表（表8-3-21及表8-3-22）可知，限定领域的自动问答系统，比较注重对整个自动问答综合系统进行保护，在39件申请中达到了18件，同时还注重对问句的理解，只有保证了正确理解用户问题的基础上才能检索到有用答案。而从相对比例来看，开放领域相对于限定领域，在信息检索和回复生成等方向占比更高，说明开放领域更加注重信息检索和回复生成。此外，检索式的问答系统，同样注重综合系统的保护和问句理解，此外对于信息检索和回复生成也比较重视。而对于生成式的自动问答系统，24件专利申请中有18件研发重点在回复生成方向上，而没有对信息检索进行研究。这也充分说明生成式的自动问答系统非常注重对用户的问题的答复方向上，而不再需要对相关信息进行检索。

表8-3-21　百度自动问答系统功能领域与技术结构矩阵表　　　　单位：件

技术构成	综合系统	问句理解	信息检索	评测系统	知识库构建	回复生成
限定领域	18	11	3	1	3	3
开放领域	4	7	4	1	1	3

表8-3-22　百度自动问答系统回复生成方式与技术结构矩阵表　　　　单位：件

技术构成	综合系统	问句理解	信息检索	评测系统	知识库构建	回复生成
检索式	20	15	7	1	4	7
生成式	2	3	0	1	0	18

进一步结合百度自动问答系统的技术方向和技术效果的功效表（表8-3-23）分析可知，回复生成方式、综合系统以及问句理解是百度自动问答产品的重要研发方向。其中，在回复生成方向上，提升精度是首要关心的问题，26项专利申请中有20项专利侧重于提升系统精度。此外，还注重与用户交互的情感化问题。而在综合系统和问句理解保护方面，对于精度、效率和情感化交互都比较侧重，研究侧重效果比较平均。

表8-3-23 百度自动问答系统技术方向与技术效果功效表　　　　单位：项

技术效果	提升精度	提高效率	情感交互
综合系统	6	6	10
问句理解	7	6	5
信息检索	5	2	0
评测系统	1	1	0
知识库构建	3	1	0
回复生成	20	2	4

8.3.4.4 百度自动问答系统产品与专利分析

在前述章节中已经分析，百度涉及自动问答的产品主要有小度机器人和度秘两款产品，其中度秘是专门基于深度问答开发的私人助理服务机器人。与市面上其他的萌宠网络机器人不同，度秘的定位是专业、实用、功能强大。李彦宏透露，"三大基石"炼成度秘超级秘书。百度已经通过自营、合作、开放3种方式，广泛接入了餐饮、出行、旅游、电影、教育、医疗等各类服务，覆盖了吃、住、行、玩的方方面面。百度的人工智能、多模交互，自然语言处理等技术都处于行业顶尖水平，这让度秘能够更自然地交互、更智能地理解用户需求。广泛的服务接入、超强的服务索引、智能的服务满足，三者合一，构造成一个强大的度秘。

2016年4月，度秘以机器人员工的形式入驻KFC，用户可以通过度秘完成点餐操作。2016年6月，度秘推出高考一站式服务，其间响应考生的请求超过3000万次。2016年12月21日，度秘联合中信国安广视推出可以提供语音交互功能的智能高清机顶盒。"度秘"希望通过电视这一媒介，培养用户语音交互的使用习惯，将秘书化服务渗透到人们的日常生活中。2017年1月5日，2017国际消费类电子展（CES）上，百度宣布了具有划时代意义的对话式人工智能操作系统DuerOS。2017年1月15日，在极客公园创新大会颁奖礼上，DuerOS——对话式人工智能操作系统获得"2017年最具潜力产品"奖。2017年1月25日，度秘APP发布V3.0版本，成为"全球首个对话式机器人开放平台"，打造对话式机器人生态。2017年2月16日，百度集团总裁兼COO陆奇发出宣布，自即日起将原度秘团队升级为度秘事业部，直接向其汇报，以加速人工智能布局及其产品化和市场化。2017年12月20日，度秘深入教育领域，DuerOS合作一说宝宝推出可对话儿童故事机，故事机不仅可以为儿童"讲"故事，更可以"听"需求，让"陪伴"更加有温度。2018年2月8日，DuerOS朋友圈新成员：苏宁小Biu智能音箱正式发货，通过DuerOS DCS协议，接入DuerOS开放平台强大的智能语音交互功能与内容生态，为用户带来"更聪明"的智能生活。2018年3月9日，DuerOS赋能GGMM E2智能音箱正式发布，荣获iF设计大奖。

具体围绕度秘，百度作了一系列的专利申请的布局。如图8-3-23（见文前彩色插图第5页）所示，百度围绕度秘产品的专利布局可以分为3个阶段，第一个阶段是早期基础技术探索阶段，时间为2010~2013年，该阶段主要是对自动问答系统技术的基础性探索。比如百度在 2010 年申请了基于公开号为 CN 102004794A，名称为一种形成提问的方法、装置和知识问答系统的服务器端的发明专利，是该公司在国内最早申请的专利申请基于自动问答技术的专利；随后在 2011 年申请了公开号为 CN102637170A 名称为基于用户提问与回答兴趣模型的发明专利申请，开始注重基于用的兴趣进行研发，这也为后续度秘的私人助理的定位奠定了一定的基础。随后，2014 年，百度提出了公开号为 CN103853842A 的专利技术申请，主旨为基于场景关联的自动问答系统，将自动问答系统深入运用到各类场景中，而不是脱离实际环境回答问题，这也为度秘后续结合智慧家庭、教育、交通等各个领域发挥重要作用；在度秘被正式推出的 2015 年，百度在自动问答领域进行大量技术布局，比如公开号 EP3109800A1 的欧洲专利申请中提出通过自动问答系统实现基于多模态输入的人工智能交互；公开号 EP3096246A1 的专利申请提出在自动问答系统中要基于语义关系挖掘系统的信息检索等。随后，从 2016 年起，百度基于自动问答系统的研究更加多元化和人工智能化，比如在 2016 年提出了公开号为 WO2016112679A1 的专利申请，用于综合实现自动问答的系统和方法，而在 2017 年提出公开号为 WO20180405011A1 的专利申请从综合系统的角度实现基于人工智能的人机交互，用于帮助度秘更加智能化。同年，还提出公开号为 CN107273487A 的专利申请基于上下文和用户兴趣生成回复目标词汇，用于帮助度秘像人一样与人交流。在 2018 年还提出 CN108415939A 的专利申请，利用深度理解对输入意图和参数进行理解，对输出意图和参数生成来帮助度秘更好地理解人类，从而更好地位人类服务，实现贴心的私人秘书的功能。

通过百度自动问答系统围绕度秘的专利技术路线图可以更好地结合百度专利申请进行度秘核心技术演进方向的分析。通过对自动问答技术几大技术结构方向进行技术路线图归纳可以发现，百度基于度秘产品的自动问答系统，综合系统和问句理解是一直以来的研究热点，回复生成的技术攻克成为近几年的重要研究方向。其中，综合系统逐渐向人工智能方向发展，问句理解从最开始的疑难字理解逐渐向综合多模态输入以及会话标记方向发展，信息检索从语义开始逐渐向图片库检索方向发展。而回复生成从基于检索的回复排序到引入端对端模型，再到后面实现情感化以及通过深度学习来实现回复方向发展。上述多个方向的发展，充分保证了度秘能够在各个领域更好地理解人，更精准快捷地回答人，并且与人交互过程中充分考虑用户的情感，展示出贴心的一面。

8.3.4.5 百度发明人团队分析

如图 8-3-24 所示，在百度自动问答系统中，吴华共有 10 项发明专利申请，而她也是百度自然语言处理部首席科学家，在自然语言处理领域拥有非常高的地位。此外，王海峰，作为百度自然语言处理部的创建人，也有 9 项自动问答相关的专利申请。从百度自动问答领域专利申请排名前十的发明人来看，很多都是该领域的技术专家，拥有非常丰富的自然语言处理以及自动问答相关的经验，比如百度科学家徐伟、自然语言处理部高级研究员赵世奇、马艳军等。

此外，通过对百度自动问答系统的发明人关系进行分析可知，马艳军和赵世奇作

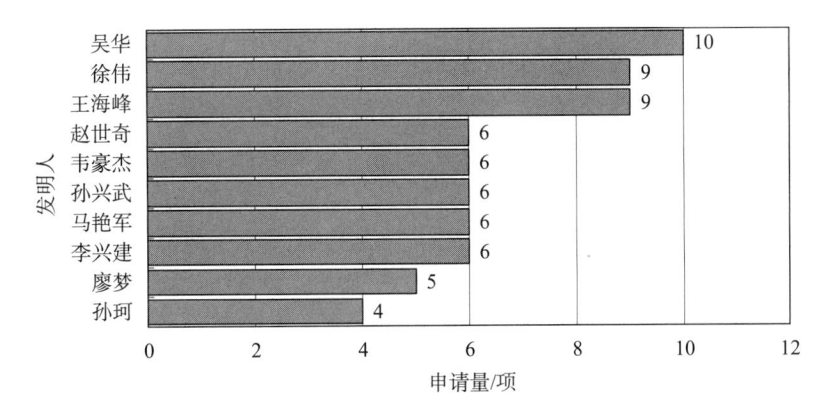

图 8-3-24 百度自动问答系统发明人专利申请量排名

为百度自然语言处理部的两位高级研究员，处于技术发明核心的地位。百度自动问答产品围绕这两位第一发明人进行了很多联合申请。此外，王海峰作为百度自然语言处理部的创建人，也拥有非常强的技术实力，作为第一发明人也有自动问答产品的相关申请。吴华没有作为第一发明人的申请，可见吴华在百度自然语言处理部门主要的工作重点不在于技术方向。

8.4 小　结

关于发展趋势，自动问答系统整体发展处于上升趋势，尤其是自 2011 年 IBM 的 Watson 系统在电视节目中击败人类后，开启了自动问答系统发展的新高潮。各大公司开始积极布局自动问答领域，并且成立相关产品和研发部门。比如 IBM 开拓自动问答产品 Watson 并且专门成立 Watson 事业部，百度专门开发自动问答产品度秘，并且成立度秘事业部等，微软也推出了专属自动问答产品微软小冰和微软小娜等。

在分类方式上，从功能领域主要分为限定领域问答系统和开放领域问答系统；前者主要为各个领域的客服机器人，后者主要用于聊天机器人。从回复生成方式分主要分为检索式问答系统和生成式问答系统；检索式问答系统主要基于用户的问题经过检索获取准确的回复结果，结果精准但是可能无检索结果，生成式问答系统基于用于提问直接生成回复，具备情感化但是可能并不准确。随着技术的不断发展和用户综合性需求的不断提升，越来越多的产品开始同时朝集成化、多功能化方向发展，在能够用于情感聊天的同时也能用于特定领域的检索问答。

从技术结构上，问答系统主要分为问句理解、信息检索和回复生成三大方向。检索式的问答系统可能还有对于检索的知识库的构建部分，而生成式问答系统则没有信息检索部分。整个问答系统还包括对系统的测试部分。检索式问答系统，除了对整体系统的保护外，比较注重问句理解、信息检索和回复生成部分；生成式问答系统，除了综合系统保护外，非常注重回复生成部分。随着人工智能的快速发展，其越来越多被用于自动问答系统的问句理解尤其是回复生成的方向，来保证准确快速理解用户提问并且精准情感化回复。

从技术效果来看，问答系统要解决的效果主要为提升精度、提升效率以及交互情感化三大方向。提升精度主要使自动问答系统能够准确识别用户的问题，并且准确通过检索和/或生成来产生用于期望的答案，尽量避免错误答案或者安全性回复。高效性的效果要求主要体现为自动问答系统能够快速、高效完成对用于问题的理解、信息检索以及答案生成等步骤。而情感交互性则表现为自动问答系统能够在与用户交互过程中表现得更像一个正常的人类，带有感情与人交流，保证对话的质量和多轮性。

通过对自动问答系统，结合各大公司相关产品从发展趋势、系统分类、技术架构以及技术效果多维度分析，总结出自动问答系统相关产品的研发发展方向如下：

（1）研发综合性能的自动问答产品。随着技术的发展和用户需求综合性的提升，单一功能的问答产品难以满足要求，检索式+生成式结合的自动问答产品已经成为发展的趋势。相关自动问答产品应该同时具备在特定领域实现根据用户需求精准检索提供服务的同时，还能够在用户需要陪伴时为用户提供聊天支持。现有很多产品如IBM的Watson、微软的小娜和小冰、百度的度秘、京东的JIMI等。

（2）提升自动问答产品对话的情感性。自动问答主要用于基于人的提问来回答，其服务对象是人类，所以就需要在与人交互中注意分析用户情感，注重情感交流，而不是死板、生硬与用户进行回答。但是为了与人交互过程中能够长久多轮性，单一地讨好人类，以及被动地受人类的情感的制约并不能起到多轮长久对话的效果，所以如何正确看待自动问答产品与人交互过程中的相互定位是需要深入探讨和研究的问题。

（3）注重人工智能技术的应用。随着深度学习、机器学习等人工智能技术的快速发展，自动问答技术也需要利用相关技术更好地提升产品的精确性、情感性等相关性能，比如，将人工智能技术用于问句理解中来帮助快速且理解用户意图，或者将人工智能技术用于回复生成中来保证与人交互的精准和舒适性等。

第9章 机器翻译专利技术分析

相对于其他应用门类来说,机器翻译是自然语言处理目前产业化程度最高、应用最广泛的技术。在该技术领域中,机器翻译系统是其最重要的核心技术。因此,本章将基于机器翻译系统的专利分析对机器翻译产业、专利发展脉络进行简单梳理,并以微软、谷歌、百度三家公司为视角,分析机器翻译领域专利技术产品落地情况及技术发展趋势。

9.1 机器翻译发展概述

机器翻译(Mchine Translation,MT),又称自动翻译,是用计算机将一种自然语言(源语言)转换为另一种自然语言(目标语言)的技术。机器翻译是 AI 应用的明星技术,是实现不同民族、不同语言人群无障碍交流的最有力助手。机器翻译的准确度、速度、可读性等主要技术指标很大程度取决于所采用的机器翻译系统实现方法。自 1949 年 Warren Weaver 提出用计算机自动进行翻译的设想起,几十年来产生了多种机器翻译系统框架。

如表 9 - 1 - 1 所示,总体上,机器翻译系统可以分为基于规则的方法、基于实例的方法、基于统计的方法和基于深度神经网络的方法几大类。❶

表 9 - 1 - 1 机器翻译系统技术分支

一级分支	二级分支	三级分支
基于规则(RBMT)	直接翻译法	—
	转换翻译法	—
	中间语言法	—
基于实例(EBMT)	—	—
基于统计(SMT)	基于词的 SMT	—
	基于短语的 SMT	—
	基于语法的 SMT	—
基于神经网络(NMT)	神经网络语言模型	—
	基于深度学习的端到端神经网络模型	基于回归神经网络结构
		基于卷积神经网络结构
		基于注意力机制神经网络结构

---

❶ 人工智能之机器翻译研究报告 [R/OL]. (2018 - 05 - 31) [2018 - 09 - 30] http://www.199it.com/archives/755923.html。

（1）基于规则的机器翻译方法（Rule-based Machine Translation，RBMT）的基本思想是，一种由无限词句组成的语言可以由有限的规则推导出来，依据语言规则对文本进行分析，再借助计算机程序进行翻译。基于规则的机器翻译系统依靠人工编纂的双语词典和专家总结的各种形式的翻译转化规则，使用计算机对词典和翻译规则进行解码，将源语言句子翻译为目标语言。机器翻译转换流程如图9-1-1所示。

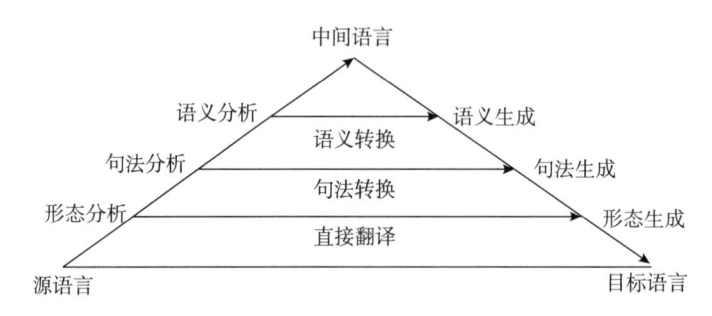

图 9-1-1　基于规则的机器翻译流程

基于规则的机器翻译系统中，主要包括词法、句法、短语规则和转换生成语法规则，通过3个连续的阶段实现分析、转换、生成。基于规则的方法比较直观，保持原文结构，对于语言现象已知或者结构规范的源语言效果较好。其缺点是需要人工编写规则，工作量大，开发成本高；其次是主观因素影响较大，难以保障翻译的一致性；规则的覆盖性比较差，特别是细颗粒度的规则很难总结得比较全面，无法解决不规范语言翻译；规则之间的冲突没有好的解决办法，不利于系统扩充。

（2）基于实例的机器翻译方法（Example-based Machine Translation，EBMT）的基本思想是模仿人类外语翻译过程，即首先将源语句分解为短语片段（单词、短语、句子等），并在一个实例库的基础上对其进行匹配；确定这些短语片段所对应的目标语言的短语片段；将翻译好的目标语言的短语片段进行排序重组。在基于实例的机器翻译系统中，系统的主要知识源是双语对照的翻译实例库，找出与源语言句子 S 最相似的句子 S'，再模拟 S' 的译文 T' 构成 S 的译文 T。这种方法从已有的翻译经验知识出发，通过类比等原理对于新的源语言句子进行翻译。基于实例的翻译系统的主要任务是通过对已有翻译资源进行自动总结，得出双语对照的实例库，并设计规则处理双语对照实例库中的歧义性等问题。该方法对领域背景知识程度要求较高。

（3）基于统计的翻译方法（Statistic-based Machine Translation，SMT）的基本思想是将源语言和目标语言之间的对应看成一个概率问题。其工作方式是使用非常庞大的平行文本（源文本及其翻译）以及单语语料库训练翻译引擎，系统会寻找源文本和译文（针对整个句子、句段内的较小的短语或 N-grams）之间的统计相关性，然后对源语言句子，去查找概率最大的译文。翻译引擎本身没有规则或语法概念。

基于统计的机器翻译系统在鲁棒性和可扩展性方面具有明显优势，能够自然地处理语言的歧义性，能从现有语料库中快速构建高性能的翻译系统，并在语料增加时能够自动地提升翻译性能。

（4）深度学习神经网络被引入机器翻译领域，大致可以分为两种类型，一是利用深度学习改进统计机器翻译中的相关模块，如语言模型、翻译模型等；二是直接利用神经网络实现源语言到目标语言的映射，即端到端的神经机器翻译系统。端到端神经机器翻译（Seq-to-Seq Neural Machine Translation）是一种全新的机器翻译方法，通过神经网络直接将源语言文本映射成目标语言文本。这种方法仅通过非线性的神经网络便能直接实现自然语言文本的转换，不再需要由人工设计词语对齐、短语切分、句法树等隐结构，也不需要人工设计特征。

9.1.1 产业链和专利脉络

本节将分别梳理该技术领域的产业技术发展脉络以及专利技术发展脉络，以分析产业发展对于技术发展在不同维度上的影响。

9.1.1.1 产业技术发展脉络

1946 年，第一台现代电子计算机 ENIAC 诞生，随后不久，信息论的先驱、美国科学家 W. Weaver 和英国工程师 A. D. Booth 在讨论电子计算机的应用范围时，于 1947 年提出了利用计算机进行语言自动翻译的想法。1949 年，W. Weaver 发表《翻译备忘录》，正式提出机器翻译的思想。

1954 年，美国乔治敦大学（Georgetown University）在 IBM 协同下，用 IBM-701 型计算机首次完成了英俄机器翻译试验，向公众和科学界展示了机器翻译的可行性，从而拉开了机器翻译研究的序幕。乔治敦大学的 Peter Toma 当时恰好在美国乔治敦大学为美国政府的一个机器翻译项目工作，这个项目主要是为冷战时期（Cold war）美国空军将大量俄语的科技文档翻译成英语的需要服务的，之后他以美国乔治敦大学机器翻译系统研发小组为班底，于 1968 年创办 Systran 机器翻译公司。Systran 是机器翻译行业最早的开发者和软件提供商。

1966 年，美国科学院语言自动处理咨询委员会公布了一个题为《语言与机器》的报告（简称"ALPAC 报告"）。该报告全面否定了机器翻译的可行性，并建议停止对机器翻译项目的资金支持。这一报告的发表给了正在蓬勃发展的机器翻译当头一棒，机器翻译研究陷入了近乎停滞的僵局。

20 世纪 70 年代以后，由于计算机科学、语言学研究的发展，特别是计算机硬件技术的大幅度提高，从技术层面推动了机器翻译研究的复苏，机器翻译项目又开始发展起来，各种实用的以及实验的系统被先后推出，例如 TAUM-METEO 系统、1979 年加拿大推出的 weinder 系统和欧共体研究的 EURPOTRA 多国语翻译系统等。其中于 1976 年由加拿大蒙特利尔大学与加拿大联邦政府翻译局联合开发的实用性机器翻译系统 TAUM-METEO，正式提供天气预报服务，是机器翻译发展史上的一个里程碑，标志着机器翻译由复苏走向繁荣。同一时期，我国的"784"工程也给予了机器翻译研究足够的重视，20 世纪 80 年代中期以后，首先研制成功了 KY-1 和 MT/EC863 两个英汉机器翻译系统。

1984年，京都大学的长尾真提出基于实例的机器翻译方法，使得基于语料库的机器翻译系统前进了一大步，然而基于实例的机器翻译还没有独立的商业化产品或服务，影响较大的有开源研发项目 Cunei 和 Marclator。

从1990年至今，随着互联网的出现和普及，机器翻译系统技术得到迅猛发展，有几个重要的发展趋势：❶

首先是大数据驱动统计机器翻译方法的发展。早在20世纪70年代，IBM 沃森实验室的贾里尼克就提出了统计语音识别的理论框架，大大提高了对语音和语言处理的性能，从此，自然语言处理开始走上统计方法之路。然而他的同事彼得·布朗最初将这种基于统计的方法应用于机器翻译时，由于缺乏数据，翻译结果并不令人满意。不过，随着互联网的普及，大规模语料库逐步建成，基于统计的机器翻译系统性能逐步提升。Kevin Knight 领导的美国南加州大学信息科学研究所，于2002年创建了世界上第一个把统计机器翻译软件成功商品化的公司 Language Weaver。

其次是算法的快速成熟。从1993年 IBM 的 Brown 和 Della Pietra 等人提出的基于词对齐的翻译模型；到2000年 Och 提出的基于最大熵模型的区分性训练方法得到的短语对齐翻译模型，使统计机器翻译的性能极大提高；再到2002年约翰霍普金斯大学的 Jason Eisner 使用期望极大化算法实现树对齐模型，减少了语法错误。快速迭代的统计机器翻译系统最大化利用了计算机性能，加快了机器翻译产业化步伐。截至2016年，市场上涌现了 Google 翻译、Yandex（一家俄罗斯互联网企业，旗下的搜索引擎在俄国内拥有逾60%的市场占有率）、Bing（一款由微软推出的网络搜索引擎）、百度翻译以及 SDL BeGlobal 等成熟的在线翻译产品。

最后，还有影响巨大的深度学习神经网络技术。2013年，英国牛津大学的 Nal Kalchbrenner 和 Phil Blunsom 提出了一种用于机器翻译的新型端到端编码器-解码器结构。该模型可以使用卷积神经网络（Convolutional Neural Network，CNN）将给定的一段源文本编码成一个连续的向量，然后再使用循环神经网络（Recurrent Neural Network，RNN）作为解码器将该状态向量转换成目标语言。他们的研究成果可以说是神经网络机器翻译的诞生。神经神经网络机器翻译是一种使用深度学习神经网络获取自然语言之间的映射关系的方法。2015年，百度上线了全球第一款基于神经网络的机器翻译系统，融合统计和深度学习方法的在线翻译系统；谷歌在此方面开展了深入研究，并于2016年推出基于长短期记忆（Long short-Term Memory）-RNN 架构的谷歌神经机器翻译（Google Neural Machine Translation，GNMT）系统，较其2006年发布的基于短语的机器翻译系统错误率降低了50%。之后还不到一年时间（2017年），Facebook 人工智能研究院（FAIR）就宣布了它们使用 CNN 实现 NMT 的方法，其可以实现与基于 RNN 的 NMT 近似的表现水平，但速度却快9倍。2017年谷歌又发布了翻译性能更佳的 Transformer 系统，这个机器翻译系统既没有使用 CNN，也没有使用 RNN，而是完全基于注

---

❶ 杨南. 基于神经网络学习的统计机器翻译研究 [D]. 合肥：中国科学技术大学，2014（10）：5-37.

意力机制。❶

9.1.1.2 专利脉络路线及分析

通过对全球专利数据样本进行分析,并结合产业发展状况,本节选出了机器翻译系统发展历程中具有代表性的20项专利,梳理了机器翻译系统技术的发展路线。

早期机器翻译技术围绕基于规则的方法进行了大量研究。1963年12月18日,美国IBM提出了采用词典查找方式进行自动语言翻译的处理器(GB1018330),该专利是最早的基于规则的机器翻译系统。1971年8月31日,Systran公司的Toma Peter提出了奠定其Systran系统的核心技术专利(US4706212),在该专利申请中,建立了可更新的由主要词典、成语词典、高频词典和复合词典组成的模块化词典系统,是词汇型机器翻译系统的集大成之作。1989年3月6日,IBM提出了一种基于中间语态的翻译方法(US5477451),在该专利申请中,在不同的语言之间建立一个通用的模式表达,整个翻译过程分为"分析"和"生成"两个阶段,模式本身与语言无关,这种思想一直到现在的端到端翻译模型还在沿用。1999年9月23日,施乐提出了一种通过中间语态排行来提高翻译速度和准确度的方法(US6393389),在该专利申请中,利用庞大的语义知识库,把源文转化为中间语义表示,并利用专业知识和日常知识对其加以精练,从而对翻译选择进行排名输出,这是一种具有代表性的知识型机器翻译系统。

自1984年京都大学的长尾真提出基于实例的机器翻译方法,为当时徘徊不前的机器翻译指出了一条崭新的道路,许多日本企业相继投入研究。最早的是1984年7月31日,日立所提出的关于建立双语语料库的机器翻译系统的专利申请(US4661924),在该专利申请中,通过记忆库中的消歧规则辅助双语语料对齐,实现了源语言片段到目标语言片段的对齐关系的建立。其后,对于关系到实例检索和匹配质量的短语片段粒度划分问题,1995年6月13日,富士康提出通过单词间的语义距离判断单词间的相似度(US6154720);1996年5月2日,索尼提出了通过句子结构树相似度的判断方法(US6393388);1998年12月25日,日本电气提出以字符串长度作为判别标准(US6523000)。2012年3月7日,日本放送协会提出了关于将基于实例的机器翻译方法和基于规则的翻译方法结合起来,对源语言进行一定深度的语法分析,以获取必要的目标语句重组信息(JP2013186673)。

相比于基于实例的机器翻译系统,同时期兴起的基于统计的机器翻译系统受到了更多的关注。1991年7月25日,IBM提出了首件关于统计机器翻译系统的专利申请(US5477451),在该专利申请中,结合了基于概率选择的语言模型和翻译模型来实现脱离人工撰写规则的机器翻译系统。1993年10月28日,IBM的Brown等人进一步采用隐马尔科夫模型优化了上述模型的概率计算(US5510981),并于1994年运用该方法设计开发了Candide统计机器翻译系统。2004年4月16日,Och提出将对数线性模型应用于统计机器翻译系统的专利申请(US20060015320),在该专利申请中,采用了基于

---

❶ VASWANIA, SHAZER N, PARMAR N, et al. Attention is all you need [R/OL]. [2018-11-12]. https://arxiv.org/pdf/1706.03762.pdf.

后验概率的直接最大熵马尔科夫模型来实现在翻译过程中整合进语法结构的相关知识，解决线性模型学习的局限性问题。2004年11月4日，微软提出了基于树对齐的统计语言模型（US20060095248），该方法使句子的结构信息在翻译中得到更完整的体现。2006年2月17日，加入了谷歌公司的Och提出了一种分布式的机器翻译系统（US20080262828），该专利申请是为谷歌2006年上线的Google Translate在线翻译系统做准备，谷歌希望通过海量的数据存储空间以及高效的运算能力来实现机器翻译性能的提升，而谷歌拥有GoogleMapReduce（分布式计算系统）和BigTable（分布式存储系统），配合分布式的机器翻译系统能更充分地利用上述资源。

深度学习神经网络在机器翻译领域的应用是近年来的行业热点。2013年2月10日，微软提出利用深度学习改进统计机器翻译中的语言模型得到一种递归神经网络语言模型（US20140229158），属于对统计机器翻译系统模块改进。2014年10月24日，谷歌提出了一种基于长短程记忆（LSTM）－递归神经网络（RNN）的序列——序列机器翻译模型（US20160117316），真正区别于原来的统计机器翻译系统框架。随后谷歌和百度还分别提出引入注意力机制降低数据维度（WO2018098442，2016年11月28日）、引入门控递归单元简化LSTM模型结构（US2018225572，2017年2月3日）。IBM提出了基于纯卷积神经网络（CNN）的机器翻译模型（US9659248），卷积神经网络并行计算的特点充分利用了GPU运算性能，从而提高翻译速度。

2017年9月26日，谷歌提出了全新的基于自注意力机制的端到端神经网络机器翻译系统（GB2556674），在该专利申请中，在编码器和解码器中都使用了多头自注意力Self-attention来学习文本的表示，每层网络的复杂度更低，可以并行运算（优于RNN），长距离依赖学习上可以捕获长距离依赖关系（优于CNN）。

9.1.1.3 产业现状与专利脉络的比较

图9-1-2（见文前彩色插图第6页）显示了机器翻译系统产业及专利发展的脉络。结合图9-1-2的内容，进一步对机器翻译系统的产业发展进程和专利发展脉络进行具体分析说明。

20世纪40~50年代，机器翻译相关技术处于理论研究阶段，计算机的发明和信息论的研究为机器翻译奠定了理论基础，这段时期并没有相关专利申请提出。

20世纪60年代开始，进入基于规则的机器翻译系统时代。相关的专利开始零星地出现，其中IBM作为计算机领域开拓者在这一时期扮演了非常重要的角色，并且积累了大量规则机器翻译系统方面的基础专利。除此之外，大学、政府研究机构是这一时期的重要组成，类似Systran系统的机器翻译产品，诞生于大学实验室，并通过政府项目合作而存活并发展。

20世纪80~90年代，是机器翻译系统逐渐成熟并走向市场的阶段。这一时期专利申请量开始爆发，并主要来自企业。而21世纪以来则显现出互联网企业在这一领域的优势，庞大的互联网语料库及算法积累，使得谷歌、微软、百度等互联网公司超越了IBM、东芝等老牌企业，尤其是近些年来深度学习带来了技术革命，数据资源的重要性开始大大降低。可以看出，具有革命性的技术近年来都来自对系统算法框架的创新。

9.1.2 全球申请趋势分析

本小节将通过分析全球专利申请趋势、技术来源国与目标国、全球主要申请人及技术主题分布，来进一步讨论机器翻译系统技术的创新态势情况和创新区域情况。

9.1.2.1 全球专利申请趋势分析

在本次研究中，截至2018年9月12日，在DWPI数据库中检索到涉及机器翻译系统技术的专利申请共6933项。下面在这一数据基础上从总体发展趋势、各技术主题发展趋势的角度对该领域的专利技术进行分析。

为研究机器翻译系统技术发展情况，我们对所采集的数据按时间序列进行了统计分析，机器翻译系统技术专利申请总体上呈现不断发展的趋势。从图9-1-3可以看出，机器翻译系统专利技术总共经历了3个发展阶段。

第一个阶段是1985年以前的起步阶段。这一阶段的申请量很少或没有专利申请，尤其在整个20世纪70年代，经历了ALPAC报告的沉重打击，整个行业的发展陷入沉寂。

第二个阶段是1986~2000年，进入初步发展阶段。申请量在各个年份间波动，缓慢增长，从1986年的40余项增加到2000年的121项。

第三个阶段是2001年至今。这一阶段专利申请量陡然突破每年200多项，并维持在较高的水平，其中，2016年达到了历年申请量的高峰。需要注意的是，许多2017年以后的专利申请还处于未公开阶段或还未进入国家阶段，因此近2年深度神经网络机器翻译系统的研究热潮并未真实地从申请量数据趋势中反映出来。

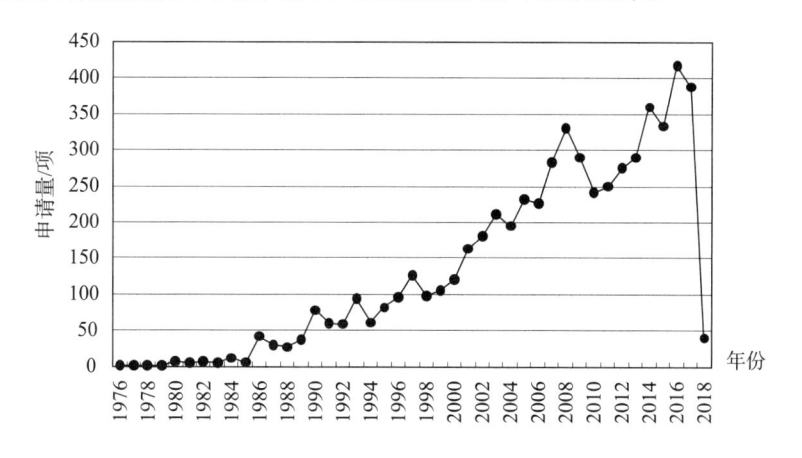

图9-1-3 机器翻译系统技术全球历年申请量趋势

数据表明：自20世纪90年代后开始，机器翻译系统技术已经开始注重以专利的形式进行公开和保护，在经历十余年的发展和变革后，迅速发展壮大，并在2000年之后出现了高速发展趋势，逐渐走向稳定成熟的阶段。

9.1.2.2 专利申请来源地与目标地分析

各个国家或地区申请量占全球总申请量的百分比如图 9-1-4 所示，其中处于第一梯队的美国占比 36%，中国占比 30%，日本占比 24%；第二梯队的韩国占比 6%，欧洲占比 4%。综合来看，美国、中国和日本是国际贸易最繁荣的国家，机器翻译市场需求最大，因而成为该领域最重要的布局区域。

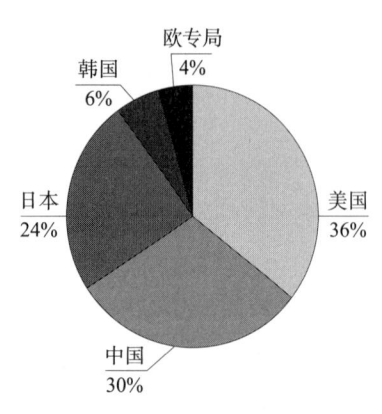

图 9-1-4 机器翻译系统技术申请目标国家或地区占比情况

进一步地对申请量占比排前五位的国家或地区的专利申请状况进行分析，如图 9-1-5 所示。可以看出，美国和日本发展较早，且在 2000 年以前日本市场专利布局更激烈，专利申请量压过美国，这与日本作为全球重要的经济体及日语的小语种环境密不可分。2000 年之后，美国和中国的专利申请量均呈现了较高的增长趋势，超过了日本；且 2013 年以来，中国将人工智能列为国家战略，相关技术领域的专利申请量呈爆发式增长。

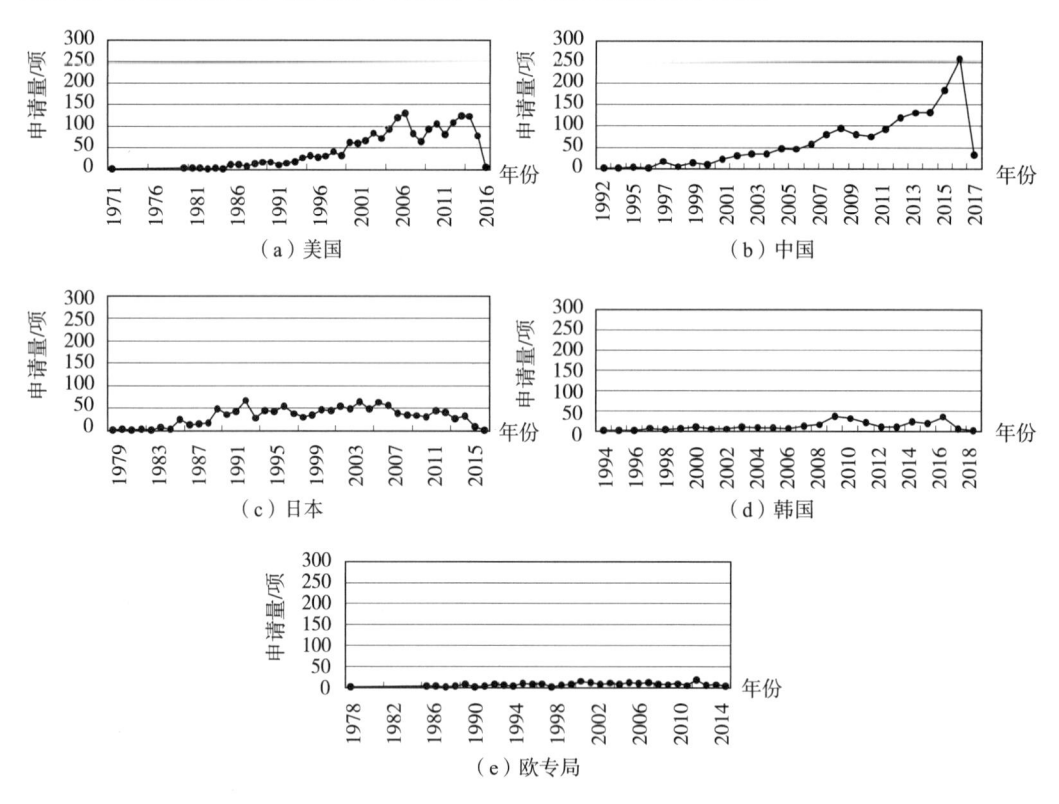

图 9-1-5 机器翻译系统技术主要国家或地区历年申请量

如图 9-1-6 所示，从申请来源国家或地区申请量占比来看，中国的占比有所下降，由目标国占比的 30% 下降到 26%；相反，美国和日本的占比有所上升，美国由目标国的36%上升到37%，日本由目标国的24%上升到28%。由此可见，美国、日本两国比较注重自主研发，而中国技术输出则较少。

图9-1-7示出了机器翻译系统主要技术来源国家或地区历年专利申请量趋势。早在20世纪70年代国外已经出现机器翻译的专利申请，而在1996年之前国内还极少有机器翻译的专利申请，说明国内专利技术发展较为滞后。一直到2008年之前，机器翻译系统技术专利的国内和国外申请量相差很大，但是国内申请量保持着持续高速增长，说明在此期间国内申请人持续增加研发投入，并逐步跟上国际发展节奏；从2008年以后，不同国家或地区的

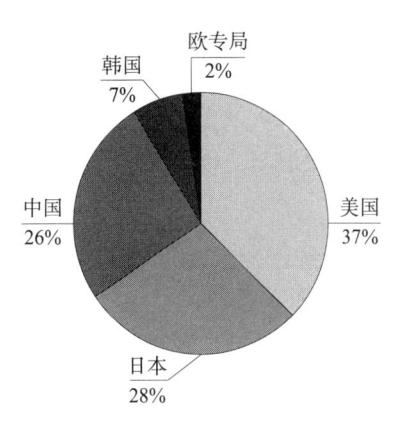

图9-1-6 机器翻译系统技术申请来源国家或地区占比

专利申请量呈现分化现象：美国、韩国的专利申请量持续增长，欧洲的专利申请基本维持稳定，而日本的专利申请量下降明显。2010年后伴随着深度学习神经网络算法在机器翻译系统方面的应用，全球范围内除日本以外的专利申请均呈现增长态势，其中中国申请量的增长已经超越美国。

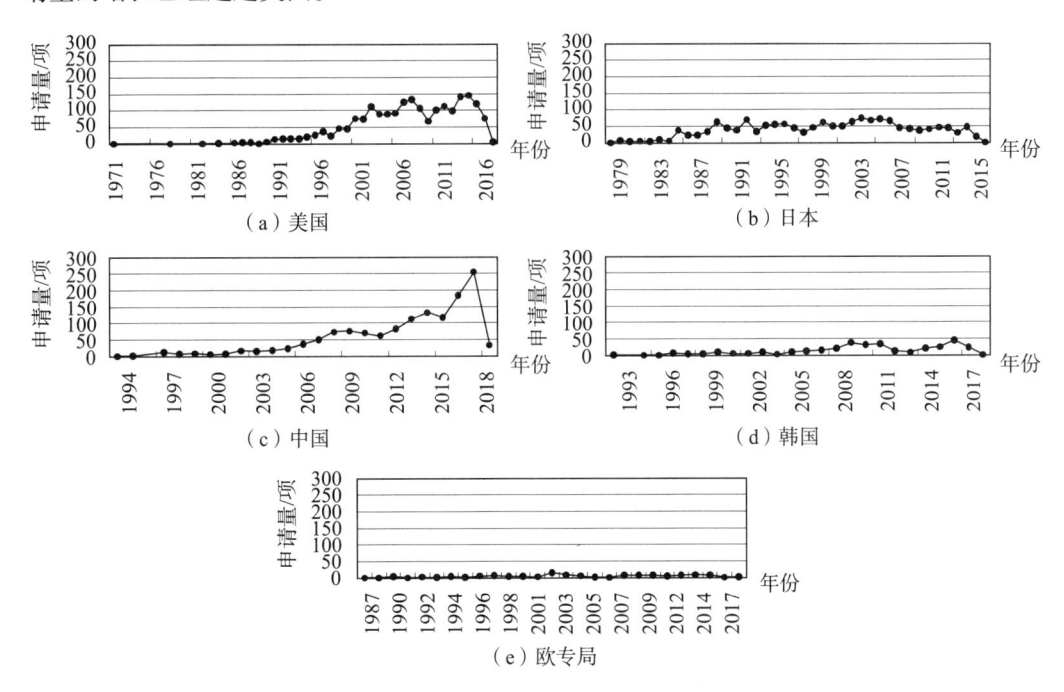

图9-1-7 机器翻译系统技术主要技术来源国家或地区历年申请量趋势

对机器翻译系统技术主要国家或地区的申请量流向分布进行统计，如表9-1-2所示。数据表明：①技术来源国排名前三位的国家美国、中国和日本，既是主要的技术研发企业所在国，也是重要的专利布局市场；②中国的外来专利中美国排名第一位；③美国的专利目标流向国家或地区排名依次为日本、韩国、中国、欧洲；④中国、日

本、韩国的第一专利目标流向国均为美国；⑤欧专局申请量虽然不大，但近3/4的专利流向了美国，体现了欧洲国家申请人具有较强的专利控制市场的意识。相比而言，中国的绝大多数申请聚集在国内，仅有极少量的专利进行海外申请，这为企业今后的外向型发展埋下了隐患。

表9-1-2 机器翻译系统技术主要国家或地区申请量流向分布　　　单位：项

技术来源国家或地区	技术目标国家或地区				
	中国	欧专局	日本	韩国	美国
美国	156	134	124	43	1357
中国	1282	2	30	6	53
日本	99	33	1087	11	294
韩国	26	3	9	229	67
欧专局	6	81	4	2	17

9.1.2.3 全球主要申请人分析

图9-1-8示出了机器翻译系统技术全球专利申请量排名前16名的申请人申请量份额情况。从整体看，虽然中国申请总量占比达到26%，却只有武汉传神一家中国企业上榜。这一方面是因为申请量排名前十位的申请人申请量约占总申请量的1/4，显示了一定程度的优势与集中；另一方面是中国在相关技术领域起步较晚，创新主体中包括大量中小企业及研究院所，申请较为分散。日本申请人占据半壁江山，主要源于早期发展阶段东芝、NTT通信等日本企业对基于规则的机器翻译系统进行了大量布局。

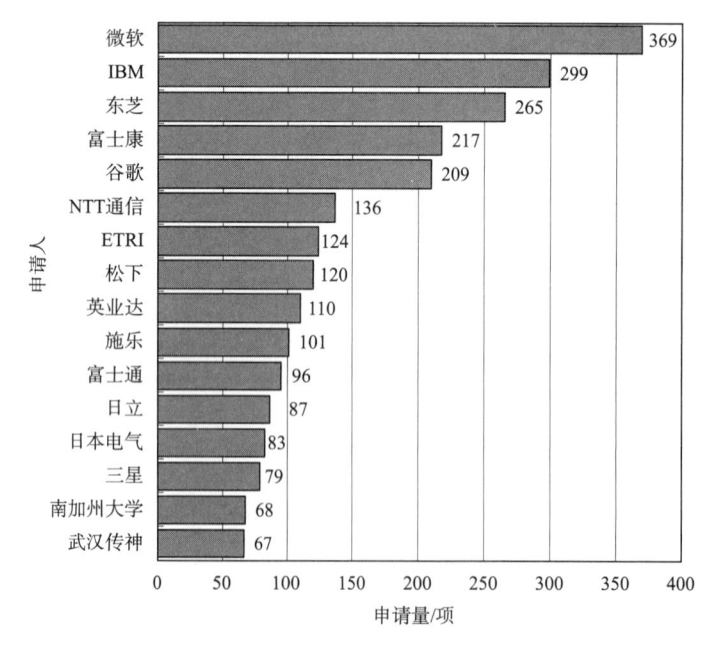

申请人	申请量/项
微软	369
IBM	299
东芝	265
富士康	217
谷歌	209
NTT通信	136
ETRI	124
松下	120
英业达	110
施乐	101
富士通	96
日立	87
日本电气	83
三星	79
南加州大学	68
武汉传神	67

图9-1-8 机器翻译系统技术全球主要申请人专利申请量排名

在全球主要申请人排名中,美国公司微软、IBM、谷歌均处于第一梯队,其中 IBM 是机器翻译领域的开拓者,一直引领着规则机器翻译系统时代,而微软和谷歌则伴随着互联网发展而崛起,为 20 世纪 90 年代以来机器翻译系统真正走向成熟实用化作出了巨大贡献,在统计机器翻译系统方面有相当的技术积累。

9.1.2.4 技术主题分布

图 9-1-9 示出了机器翻译系统各技术主题下的历年专利申请量趋势。对照图 9-1-9 可以发现,在机器翻译系统的起步和初期发展阶段,基于规则的机器翻译系统专利申请占主要部分。直到 20 世纪 90 年代后期,基于统计方法的机器翻译系统技术成为主要技术发展方向,相关专利申请量开始突增,超过基于规则的机器翻译系统专利申请量,为 2000 年之后的申请量增长作出了主要贡献。

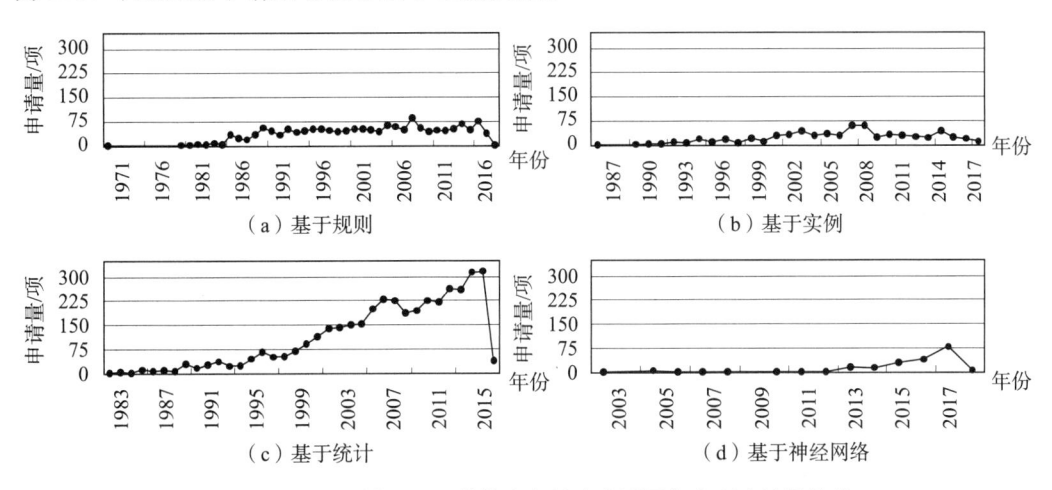

图 9-1-9 机器翻译系统技术各技术主题历年专利申请量趋势

机器翻译系统技术各技术主题全球专利申请量占比如图 9-1-10 中所示,可以看出,虽然基于规则的机器翻译系统发展时间更长,但是早期技术发展并不成熟,产业界投入相对较少,申请总量只占到 25%;基于统计的机器翻译系统是最早实现商业化的技术,经历了自 20 世纪 90 年代以来 20 多年的发展,最受产业界重视,以 61% 的占比占据第一位;基于实例的机器翻译系统也是语料库机器翻译时代的重要技术方向,在专业领域的计算机辅助翻译中应用较广,但是基于实例的机器翻译系统在短语片段的划分、对齐、匹配及重组等问题上难以突破,因而申请量占比仅 11%;基于深度神经网络的机器翻译系统是学术、产业界最新的研究热点,使得机器翻译性能出现革新,然而发展时间较短,2017 年之后的申请很多还处于

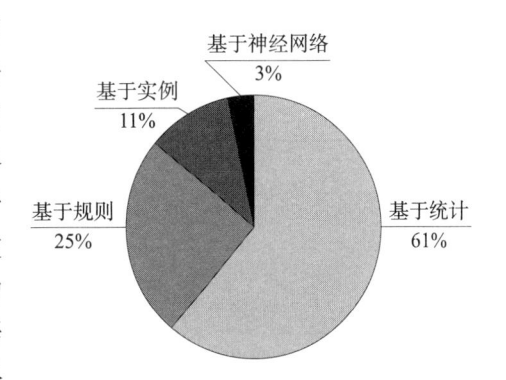

图 9-1-10 机器翻译系统技术各技术主题全球专利申请量占比

未公开状态,因而从申请量趋势和占比上不能反映出其实际发展态势。

主要国家或地区在机器翻译系统各技术分支的专利布局情况如表9-1-3所示。总体上,美国和日本在各技术方向上的专利积累量较为深厚,尤其美国在基于统计方法的机器翻译系统方面掌握了很多核心技术专利。中国起步较晚,在传统机器翻译技术方向比较落后,但是近年来专利申请量呈现爆发性增长趋势,主要落脚于商业化较成熟的统计机器翻译技术和与人工智能相关的深度神经网络机器翻译技术。这说明我们国家虽然相关专利技术起步晚,但是跟上了前沿技术的发展脚步。

表9-1-3 机器翻译系统技术主要国家或地区布局情况　　　　单位:项

申请来源国家或地区	机器翻译系统技术分支			
	基于规则	基于实例	基于统计	基于神经网络
美国	589	309	1399	66
中国	138	21	1269	80
日本	636	259	761	17
韩国	63	35	249	27
欧专局	35	30	64	6

对全球主要申请人在各技术分支的布局进行统计,如表9-1-4所示。IBM作为行业领先者在基于规则和基于统计的机器翻译系统2个分支均具备一定优势,特别是在前文提到IBM提出了5种词对齐统计翻译模型,奠定了统计机器翻译系统技术研究基础。

表9-1-4 全球主要申请人机器翻译系统技术布局情况　　　　单位:项

全球主要申请人	机器翻译系统技术分支			
	基于规则	基于实例	基于统计	基于神经网络
微软	42	85	310	6
IBM	120	22	192	0
东芝	98	54	120	1
富士康	138	30	95	0
谷歌	19	29	162	22
NTT通信	26	9	104	0
韩国电子通信研究院	28	10	94	4
松下	62	16	45	5
英业达	21	1	88	0

续表

全球主要申请人	机器翻译系统技术分支			
	基于规则	基于实例	基于统计	基于神经网络
施乐	25	21	75	0
富士通	36	28	35	3
日立	45	13	32	7
日本电气	32	20	33	0
三星	6	11	49	22
南加州大学	9	13	63	0
武汉传神	7	61	0	0

微软作为一个互联网巨头企业在各领域专利布局方面表现不俗。微软具有许多需要机器翻译系统的应用产品，包括免费在线翻译词典 Bing、为企业级用户提供定制化服务的 Microsoft Translator 以及着重于实现语音实时翻译的 Skype。这些产品需求使得微软在机器翻译系统领域投入了大量研发，并在基于实例和基于统计方法的机器翻译系统方面积累了雄厚的专利基础。

谷歌在该领域起步较晚，在 2007 年 10 月之前一直使用 Systran 的机器翻译技术，但是作为一家作搜索引擎起家的公司，在网络入口上存在巨大的机器翻译需求，因而在 2007 年下半年开始推出自己的谷歌翻译，成功将当前主流的语料库驱动的统计机器翻译系统推上前台，并深耕统计机器翻译系统算法性能的改进研究。

值得关注的是，三星作为后起之秀，在手机系统中着重推出了自己的翻译软件 app-Bixby，并和谷歌一样在深度学习神经网络机器翻译系统方向投入了大量精力。

中国企业虽然推出了不少英汉机器翻译系统软件产品，如百度 - 百度机器翻译、腾讯 - 翻译君、阿里巴巴 - 阿里机器翻译、搜狗 - 翻译宝、科大讯飞 - 晓译翻译机、网易 - 有道翻译和小牛翻译等，但由于起步较晚，专利数量较分散，单独申请人的技术积累仍显不足。国内主要申请人武汉传神是一家深耕翻译领域的公司，其搭建语联网平台，专注于人机互译机器翻译领域，为专业翻译人员提供辅助机器翻译系统。

9.1.3 中国申请趋势分析

9.1.3.1 中国专利申请趋势分析

截至 2018 年 9 月 12 日，CNABS 数据库中检索到涉及机器翻译系统技术的专利申请共 1893 件。下面在这一数据基础上从专利申请发展趋势、中国和国外来华专利分布、各技术主题占比的角度对该领域的专利技术进行分析。图 9 - 1 - 11 显示了机器翻译系统中国专利历年申请量。

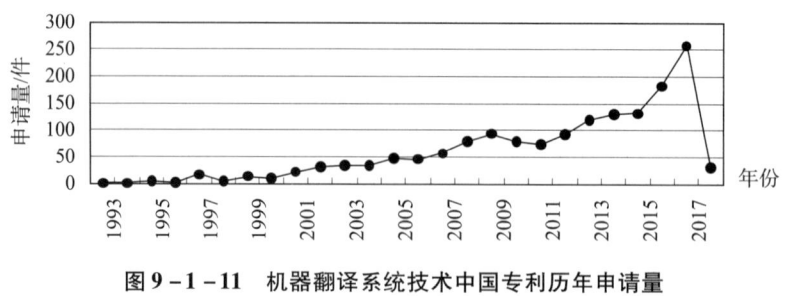

图 9-1-11　机器翻译系统技术中国专利历年申请量

从图 9-1-11 可以看出，机器翻译系统在中国的专利申请从 20 世纪 90 年代开始出现，总共经历了 3 个阶段。

第一阶段是 2000 年以前的起步阶段。这一阶段的专利申请量维持在 20 件以下，相比国外发展滞后近 15 年，同时期国外的机器翻译市场已经伴随着互联网起步发展，而国内当时互联网尚处在引入阶段。

第二阶段（2001~2015 年）是初步发展阶段。专利申请量逐步增长，在全球总体专利申请量中的占比也是逐步增加。

第三阶段是 2016 年至今，国内近 2 年的专利申请呈现爆发式增长。

数据表明：在国内，机器翻译系统的专利技术研究从 20 世纪 90 年代初起步，在 2001 年之后有所发展，日趋活跃，并于 2016 年迎来爆发式增长的新阶段。

图 9-1-12 显示了机器翻译系统技术领域国内和国外来华历年专利申请量趋势。可以看出，2000 年前，国外来华和国内申请的申请量整体趋势基本相同，其申请量都较低，这与国内互联网市场尚未成熟，国内市场未得到重视的基本情况是相符合的；在 2001~2005 年，国外来华和国内申请的申请量均缓慢增长，这一时期国外的技术发展已经相当成熟，并随着中国互联网市场的发展逐渐展开布局，而国内则是互联网企业技术积累带动机器翻译系统专利技术申请量的逐步增加；2006~2015 年，国外来华申请量基本持平，而国内的技术发展处于一个高速发展的阶段，相关专利申请量逐年增加，其中 2008~2012 年稍微下挫之后又开始回升。导致这一情况出现的原因，一方面是互联网公司受到全球经济危机的影响，另一方面是市场需求日益旺盛；值得注意

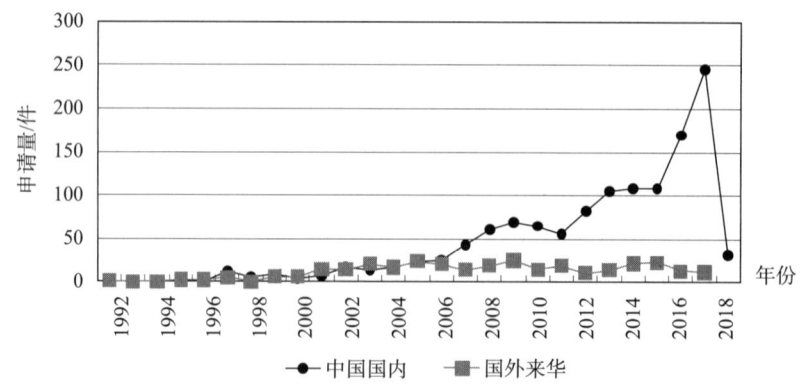

图 9-1-12　机器翻译系统技术国内和国外来华专利申请量趋势

的是，2016年以来国内申请量骤增，这不仅是国内对人工智能相关技术领域大力扶持的政策导向激发了国内申请人的研发热情，还与国际相关领域重大技术突破有关。数据表明，虽然国内对机器翻译系统技术领域的研发投入较晚，但是国外来华企业与国内几乎同时开始布局，并且国内申请人投入占比增长迅速。应当注意到，国外技术发展更早，国内申请在高价值核心专利中的占比还有待进一步考证。

9.1.3.2 中国主要申请人分析

中国主要申请人专利申请量排名如图9-1-13所示，计量对象为专利申请国在中国的专利。排名第一位的是英业达，在美日企业重点开拓本国市场的时候，英业达较早开始在中国大陆进行专利布局，投入市场的产品包括Dr. ey译典通在线翻译软件，主要关注的是英语教育市场，因此进入国内市场较早，专利积累较多。排名靠前的还包括该领域技术巨头东芝、微软、谷歌、IBM这几家国外企业，可见国外申请人在中国的机器翻译系统专利布局已经占有一定优势。国内主要申请人既有武汉传神这样深耕翻译领域的公司，也包括百度、阿里巴巴、腾讯这样的互联网企业，以及中国科学院这样的科研院校。其中武汉传神专注于人机互译领域，为专业翻译人员提供辅助机器翻译系统，百度则因为其推出的免费在线翻译系统更为大众所熟知。

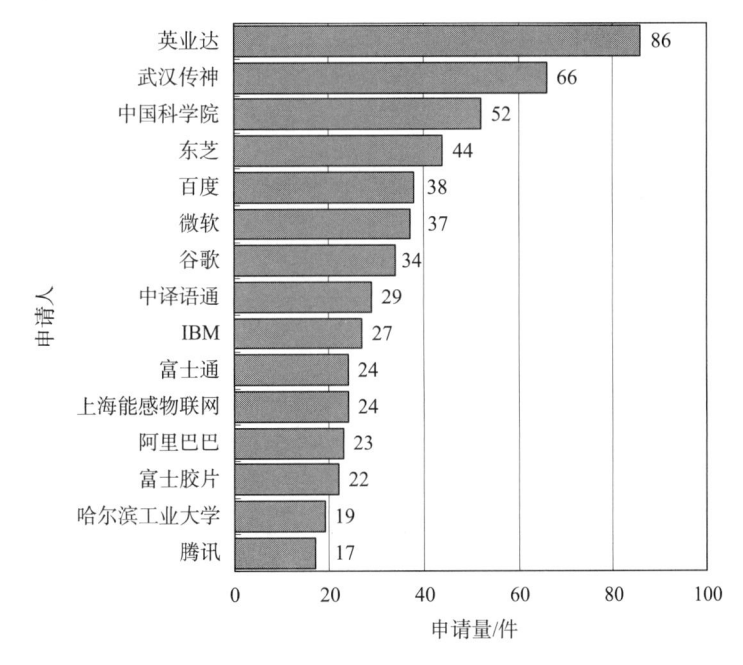

申请人	申请量/件
英业达	86
武汉传神	66
中国科学院	52
东芝	44
百度	38
微软	37
谷歌	34
中译语通	29
IBM	27
富士通	24
上海能感物联网	24
阿里巴巴	23
富士胶片	22
哈尔滨工业大学	19
腾讯	17

图9-1-13 机器翻译系统技术中国主要申请人专利申请量排名

国内主要创新主体专利申请量排名如图9-1-14所示，计量对象为专利优先权国为中国的全球专利申请。部分申请人的专利申请量比国内申请有所增加，例如百度申请为44件，和在华申请38件存在6件的差距，是因为这6件百度的专利申请同时提交了美国申请。从国内创新主体的排名看出，如武汉传神、中国科学院和百度的专利布局数量已经开始初具规模,其中高校、科研院所申请占有重要地位。在统计机器翻译系统技术方面,中国的专利总量虽然已经开始赶超美国,但专利分布过于分散,前15名创新主体所拥有的专利量并不多,因此国内也缺少真正的行业领军者,探索该领域的新边界,带领大家前行。

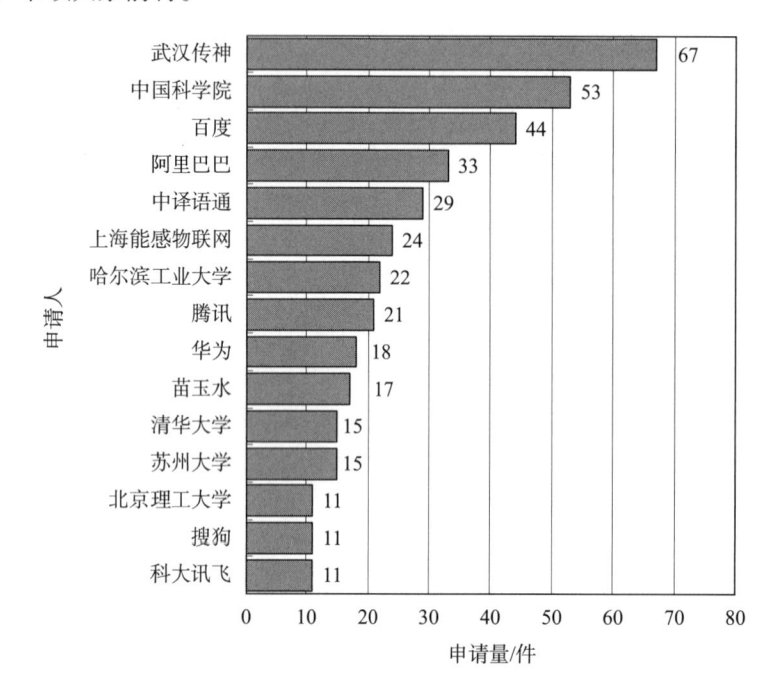

申请人	申请量/件
武汉传神	67
中国科学院	53
百度	44
阿里巴巴	33
中译语通	29
上海能感物联网	24
哈尔滨工业大学	22
腾讯	21
华为	18
苗玉水	17
清华大学	15
苏州大学	15
北京理工大学	11
搜狗	11
科大讯飞	11

图9-1-14　机器翻译系统技术国内主要创新主体专利申请量排名

9.1.3.3　中国专利技术主题分布

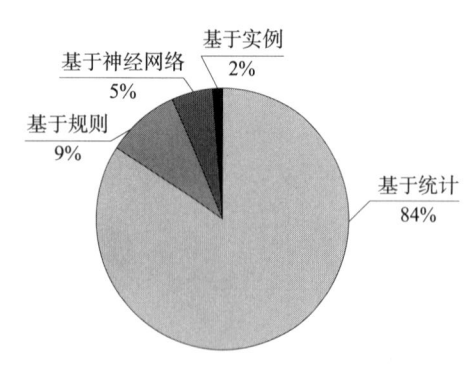

基于实例 2%
基于神经网络 5%
基于规则 9%
基于统计 84%

图9-1-15　机器翻译系统技术各技术主题在华专利申请量占比

图9-1-15显示了机器翻译系统技术各技术主题在华申请量占比的情况。可以看出,基于统计方法的机器翻译系统技术是国内创新主体布局的重点,占据了84%,基于规则的和基于神经网络的技术分居第二位和第三位。由此可见,国内的申请人抓住了近年来国际技术研发方向和产业热点,技术研发集中于最成熟的商业化技术领域及研发前沿技术,在靠近底层的语言规则和平行预料库方面则较缺失。

统计机器翻译系统技术国内主要省市专利布局情况,如表9-1-5所示。北京和广东分列第一位和第二位,这两省市在基于规则、基于统计和基于神经网络3种机器翻译系统技术上较其他省份均具备一定优势,体现出国内在一定程度上的技术区域集中性。但总体而言,各省份在专利布局数量上依旧偏少。加强研发,从而带动专利布局成为目前的主要工作之一。

表9-1-5 国内主要省市在机器翻译系统技术各技术主题申请量分布　　单位：件

国内各省市	机器翻译系统技术分支			
	基于规则	基于实例	基于统计	基于神经网络
北京	34	3	291	26
广东	17	0	164	10
上海	9	1	106	3
江苏	5	1	67	8
湖北	7	0	61	0
四川	6	0	52	0
山东	3	0	33	2
黑龙江	4	0	29	4
安徽	1	0	29	1
辽宁	3	1	26	6

国内创新主体在机器翻译系统技术各技术主题的专利布局情况如表9-1-6所示。所有创新主体都偏重于布局基于统计的机器翻译系统技术方向。这与该技术方向入门门口低有一定的关系，业界有一些类似Moses的开源统计机器翻译引擎，这使很多公司只用建立自定义的机器翻译引擎，并提供平行文本训练引擎，从而以最小的代价推出定制的机器翻译产品，统计机器翻译系统的研究和产品开发都变得相对简单。排名第一的武汉传神虽然专利申请数量较多，但是在较为前沿的基于神经网络的机器翻译系统方面存在空白，而百度则在该技术方向优势明显，其次是中译语通和华为，以及各高校、科研院所。总体来看，国内不仅专利申请较分散，且主要创新主体的研发投入在准入门槛较低的技术方向，专利数量下的核心专利竞争力有待进一步考证。值得注意的是以百度、中译语通为代表的公司和高校研究院所已经开始在技术要求更高的新兴神经网络机器翻译系统技术上开展研发投入。

表9-1-6 国内主要创新主体在机器翻译系统技术各技术主题布局情况　　单位：件

国内主要创新主体	机器翻译系统技术分支			
	基于规则	基于实例	基于统计	基于神经网络
武汉传神	7	0	61	0
中国科学院	1	1	53	5
百度	6	1	38	9
阿里巴巴	6	0	30	4
中译语通	1	0	27	6
上海能感物联网	4	0	20	0
哈尔滨工业大学	0	1	21	5

续表

国内主要创新主体	机器翻译系统技术分支			
	基于规则	基于实例	基于统计	基于神经网络
腾讯	5	0	15	3
华为	3	1	13	6
苗玉水	0	0	17	0
清华大学	1	0	14	2
苏州大学	0	0	15	5
北京理工大学	2	0	9	3
搜狗	1	0	10	0
科大讯飞	0	0	11	2

9.2 重要申请人分析

在前面一节中对申请态势进行分析时主要从机器翻译系统实现方法的角度对专利进行分类，而本节对重要申请人产品技术进行分析时，对机器翻译从技术手段的角度对机器翻译专利技术进行分类，分为 6 个一级分支和 18 个二级分支，以更深入地解析企业技术演进和布局（参见表 9-2-1）。

表 9-2-1 机器翻译技术手段类分类

一级分支	二级分支	三级分支
算法-模型	模型优化	训练与更新
		平滑与压缩
	架构	多策略翻译
		深度神经网络结构
	解码器	搜索
		收敛
	资源优化	模块化
		分布式
	自动客观评价	—
语料	语料挖掘	枢轴语言
		学习
	语料处理	分类
		对齐
		改写

续表

一级分支	二级分支	三级分支
先验约束	场景信息	—
	人工介入	—
	预设规则	—
场景化技术	光学文字识别技术（OCR）	—
	语音识别技术	—
	动作识别技术	—
多模态融合	图像融合	—
	视频融合	—
用户体验	显示设置	—
	翻译入口	—
	反馈机制	—

目前市场上比较受到关注的机器翻译应用产品包括谷歌翻译、微软必应翻译、百度翻译、科大讯飞语音翻译等。本节主要以微软、谷歌、百度3家公司为视角对机器翻译产品重要专利技术进行分析。3家公司近年专利申请量情况见表9-2-2。

表9-2-2 重要申请人近年专利申请量趋势对比　　　　单位：项

标准申请人	2003	2004	2005	2006	2007	2008	2009	2010	2011	2012	2013	2014	2015	2016	2017
微软	25	46	28	22	26	32	26	18	13	11	20	24	18	16	5
谷歌	1	2	4	0	12	25	25	5	34	28	9	15	15	19	15
百度	0	0	0	0	0	0	1	9	2	8	8	4	2	9

微软，全球机器翻译专利申请量排名第一的公司，研发时间较早。其产品涉及广泛，包括为企业级用户提供定制化服务的 Microsoft Translator 开放 API 技术、免费在线 Bing 翻译词典，及于2014年12月推出应用于 Skype 的实时机器翻译等，能够提供有关机器翻译的整体解决方案。

谷歌，作为21世纪初全球最知名科技公司，在机器翻译领域的投入引人瞩目。谷歌翻译从2006年开始推出，已经成为全球最可信最流行的机器翻译产品之一；尤其近年来，其在基于深度神经网络机器翻译系统上的研发成果，引领了新一轮机器翻译技术演进的方向。

百度翻译作为国内机器翻译市场上功能最丰富的产品，其产品将实物翻译、长句翻译、菜单翻译、单词翻译都囊括其中。2015年4月，百度机器翻译获得中国电子学会科技进步一等奖，项目成果被院士专家鉴定为"在多策略融合翻译等技术方面取得突破，在翻译质量、翻译语种方向、响应时间三个指标上达到国际领先水平，并取得了显著的经济效益和巨大的社会效益"；2015年5月，发布神经网络翻译系统，是世界上首个互联网NMT线上产品，早于谷歌1年。

为从产业技术的角度来考察3家公司技术发展状况，本节将检索范围扩展至3家公司与机器翻译应用产品相关的专利，而不仅涉及机器翻译系统。截至2018年9月12日，在DWPI数据库中检索到机器翻译技术相关的专利申请微软共497项，谷歌共464项，百度共86项。下面在这一数据基础上从申请趋势、专利布局、技术分布和发明人团队的角度对重要申请人专利技术进行分析。

9.2.1 微　软

微软成立于1975年，以研发、制造、授权和提供广泛的电脑软件服务业务为主。Microsoft Translator是由微软推出的自动翻译服务。自2006年以来，微软一直在内部使用自动文本翻译，并且自2014年起开始使用语音自动翻译。在众多微软的产品和服务中都有嵌入自动翻译功能，比如Office、Bing、Edge、Internet Explorer、SharePoint、Skype、小娜等。在使用这些微软产品时，用户可以随时翻译文本，Skype和小娜还支持实时语音翻译。所有这些应用的后台翻译技术都源自Microsoft Translator。目前，微软自动翻译系统支持50多种语言的文本翻译，9种语言的对话模式实时语音翻译，和18种语言的语音识别和输出。2011年，Microsoft Translator开始以API形式通过微软Azure云服务平台向第三方客户提供云端接入服务。目前全球已有数千家企业客户在使用此服务。常见的使用场景包括网站本地化、多语言客户支持、电子商务、社交媒体、网络游戏和商业智能等。2016年3月微软在业内最先推出语音翻译API服务，目前支持9种源语言的对话模式实时语音翻译，并且还在不断增加支持的语言。

9.2.1.1 申请目标国家或地区分布

从图9-2-1可以明显看出，微软更看重在美国本土进行专利申请，为209项，占比为总申请量的58%，其次海外更看重中国和欧洲的专利布局，分别为40项和38项，在小语种国家韩国和日本的申请量也分别达到20项和19项。

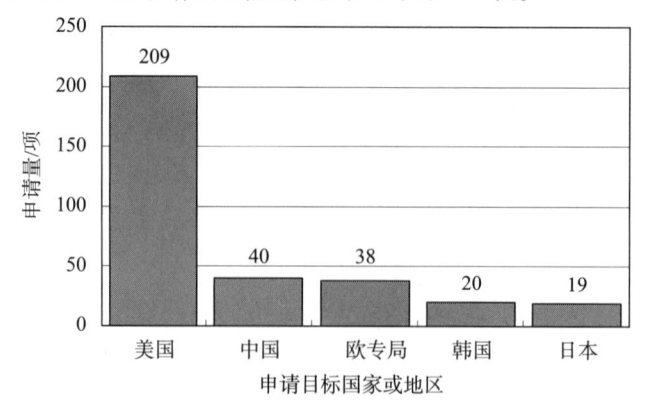

图9-2-1　微软全球专利申请目标国家或地区分布情况

图 9-2-2 显示了 2000 年是微软机器翻译相关专利申请量增长期的开始，2005 年开始申请量逐渐下降。在海外申请趋势基本与本土一致，在中国和欧洲的专利申请近年有所恢复，其他地区如在日本和韩国的申请量逐渐下滑。

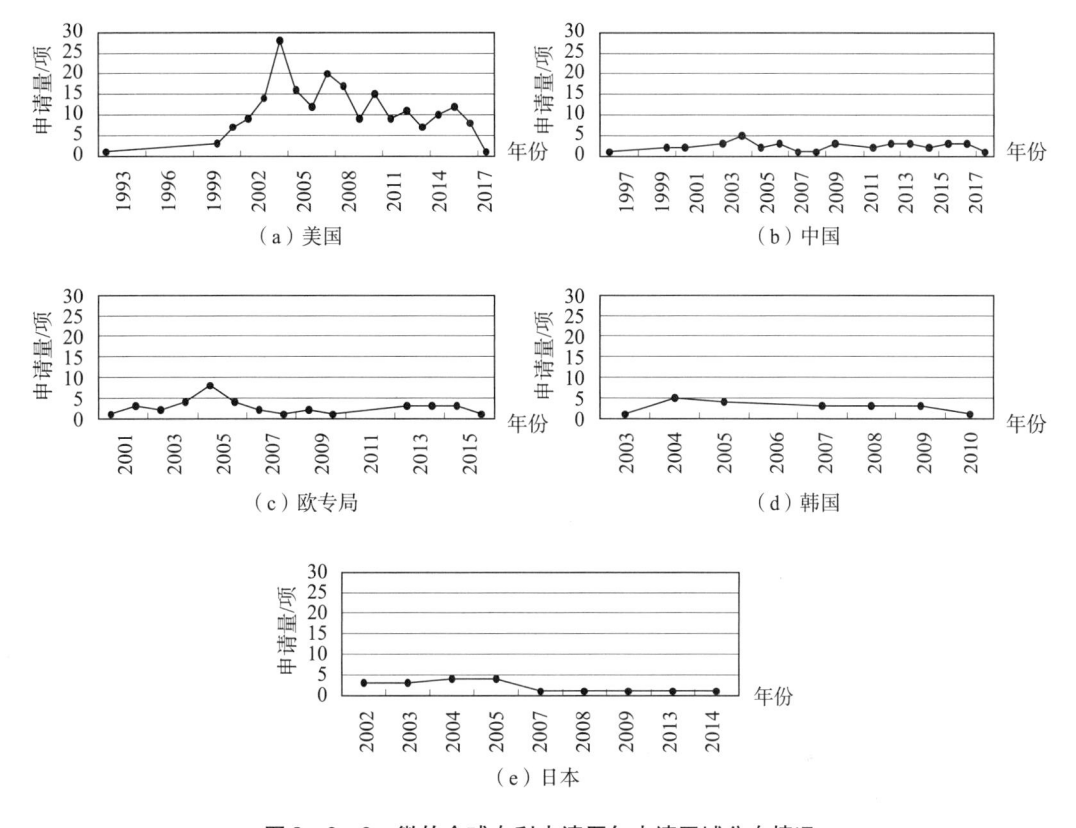

图 9-2-2 微软全球专利申请历年申请区域分布情况

9.2.1.2 技术分布

对同族专利进行归并去重，得到微软 429 项专利申请，在此基础上进行技术分布分析。

统计微软全球专利申请在各一级技术分支的分布，如表 9-2-3 所示。微软在机器翻译相关专利技术研究起步于 2000 年左右，正处于统计机器翻译走向实用化的阶段，其早期在模型和算法上投入占比较大，积累了一些关键基础专利技术。另一方面，由于微软旗下具有闭合软件产品生态链，决定了其机器翻译技术快速走向其他应用场景，相应地 2004 年用户体验相关技术申请占比剧增。近几年随着智能手机应用普及，可便携式多场景使用的机器翻译场景化技术方面占比开始增加。

微软在算法-模型技术分支上专利申请量占比最大，包括模型优化、架构化、资源优化、自动客观评价技术和解码器，主要集中在 2002~2008 年。其次是用户体验相关技术专利申请，包括翻译入口、显示设置和反馈制度，将翻译入口融入搜索、输入、浏览各种平台，将翻译界面操作显示便捷化设计，以及通过用户反馈修改优化翻译模型、更新语料库等产品实用化技术。

表 9-2-3 微软全球专利申请一级技术分支分布　　　　　　　　　单位：项

一级分支	2000	2001	2002	2003	2004	2005	2006	2007	2008	2009	2010	2011	2012	2013	2014	2015	2016	2017
算法-模型	3	4	10	5	13	12	5	10	11	7	4	1	2	4	8	4	3	—
用户体验	2	5	1	5	19	11	10	7	4	6	5	1	3	5	4	3	3	1
语料	—	2	4	7	5	4	14	9	8	5	5	3	4	6	4	2	1	1
先验约束	—	—	—	3	16	7	—	2	5	2	1	2	—	1	—	1	4	2
场景化技术	—	—	—	—	2	2	—	1	—	2	2	1	1	—	1	12	3	2
多模态融合	—	—	—	—	—	—	2	—	—	—	—	1	1	1	—	1	—	—

如表 9-2-4 所示，在申请量占比最大的算法-技术的二级技术分支细分下，可以进一步看到与模型训练过程、模型自动更新、模型平滑与压缩相关技术申请占 57 项，且 2014 年相关申请又开始增加。也就是说在基础算法方面，微软更注重模型优化相关技术。

表 9-2-4 微软全球专利申请二级技术分支分布　　　　　　　　　单位：项

二级分支	2000	2001	2002	2003	2004	2005	2006	2007	2008	2009	2010	2011	2012	2013	2014	2015	2016
模型优化	3	3	4	2	8	6	3	3	8	3	2	—	1	7	2	1	
自动客观评价	—	—	6	3	1	—	—	5	2	2	—	1	2	—	2	1	
解码器	—	—	—	—	4	5	—	2	—	2	—	—	—	—	1	—	
架构	—	1	—	—	—	1	—	—	1	—	—	—	—	1	—	1	
资源优化	—	—	—	—	—	—	2	—	—	—	—	—	1	—	—	—	

9.2.1.3　发明团队

如图 9-2-3 所示，微软已经形成了几个固定的研发团队，排名前五位的发明人中有 2 位中国专家，其中排名第四位的周明是微软亚洲研究院自然语言计算组的首席研究员和经理，是机器翻译和自然语言处理领域的专家。周明团队为 Bing 搜索引擎提供了重要的技术支持，包括分词器、情感分析、发声器、解析器和问答对话系统 NLP 技术；他的团队创建了汉英、粤语的机器翻译引擎，为译者和 Skype 翻译；同时与微软产品团队紧密合作，在中国（小冰）、日本（Rinna）和美国（Tay）创建了知名的 chat-bot 产品。

```
                Menezes Arul A. ████████████████████ 48
              Quirk Christopher B. ████████████████ 39
                Moore Robert C. ████████████████ 39
                      Zhou Ming ████████████ 29
                    Gao Jianfeng ██████████ 25
           Richardson Stephen D. ████████ 20
                    He Xiaodong ███ 9
                   Cherry Colin A. ███ 8
                     Aue anthony ██ 7
                 Dolan William B. ██ 6
                               0  10  20  30  40  50
                                    申请量/项
```

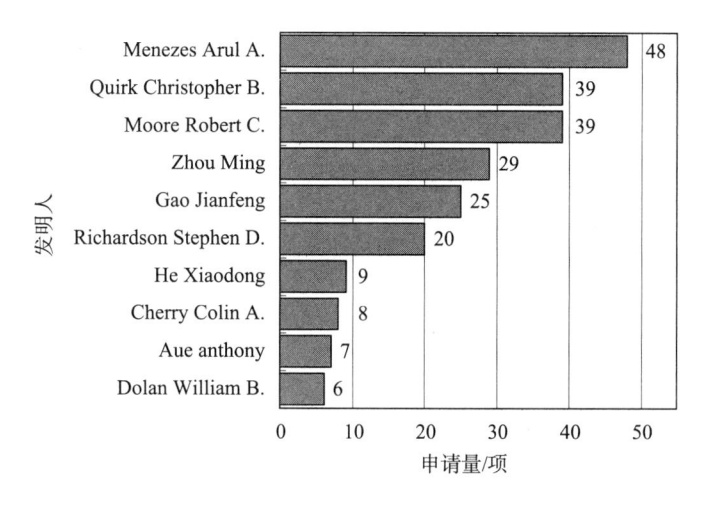

图 9-2-3 微软发明人专利申请量排名

统计微软前十位发明人在各一级技术分支领域专利申请量分布情况，如表 9-2-5 所示。结合图 9-2-4 可知，排名前三位的发明人 Moore、Menezes 和 Quirk 联系紧密，他们大部分的专利申请与算法-模型相关技术有关，而其他发明人如高建峰、Arul、何晓东，由于与其合作形成技术互补，因此微软在该技术方面占有一定优势；周明团队的专利申请集中在语料处理这一块，并且与高建峰团队合作申请较多。

表 9-2-5 微软发明人专利申请技术主题分布 单位：项

发明人	一级技术分支				
	算法-模型	用户体验	语料	先验约束	场景化技术
Menezes Arul A.	25	1	4	8	10
Moore Robert C.	33	—	6	—	—
Quirk Christopher B.	23	1	4	11	—
Zhou Ming	1	7	21	2	—
Gao Jianfeng	5	4	11	7	—
Richardson Stephen D.	7	9	3	1	—
He Xiaodong	6	—	1	1	1
Cherry Colin A.	6	—	—	2	—
Aue Anthony	3	—	—	—	4
Dolan William B.	5	—	1	—	—

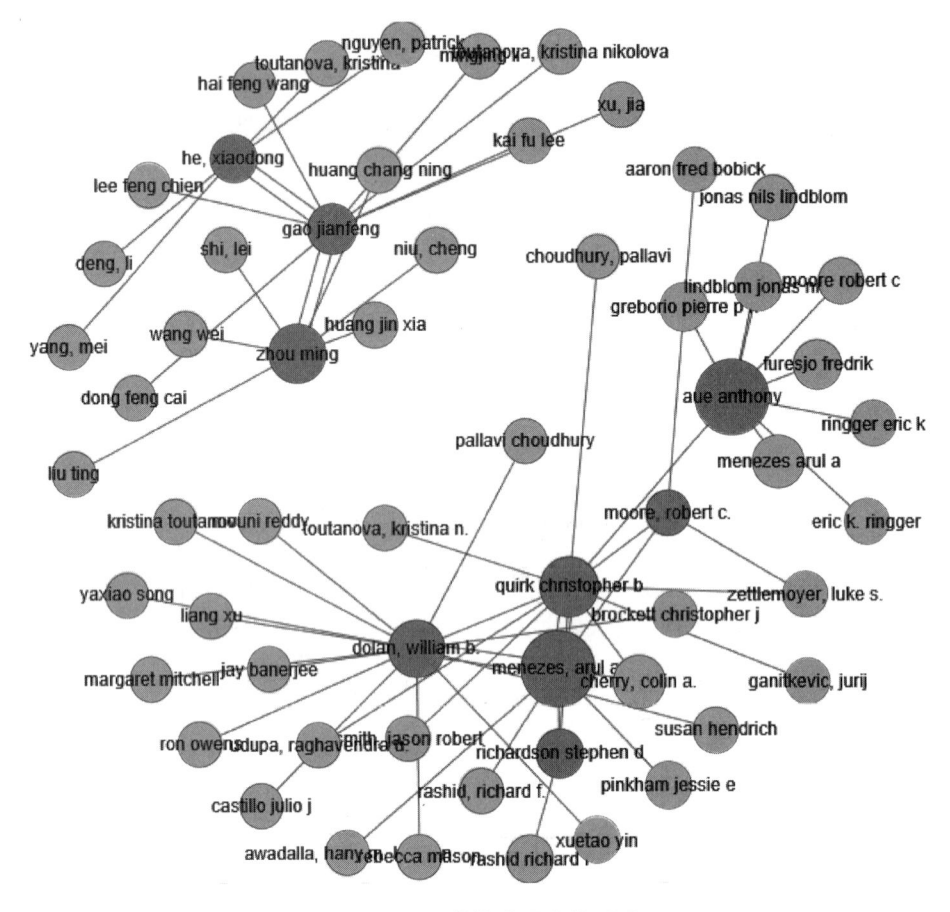

图 9-2-4 微软发明人关系图

9.2.2 谷 歌

谷歌成立于 1998 年,业务包括互联网搜索、云计算、广告技术等,同时开发并提供大量基于互联网的产品与服务,在算法、大数据、高性能机器运算等领域技术实力雄厚。虽然在 2006 年以前谷歌一直在使用老牌机器翻译公司 Systran 的技术,然而谷歌自己开发的翻译系统在 2005 年的 NIST 机器翻译系统比赛中,一举拿到第一名。在 2006 年的比赛中,谷歌翻译几乎包揽全部比赛项目的第一名,率先打响了互联网公司进军机器翻译市场的枪声,并于 2007 年正式推出自己的免费在线谷歌翻译产品,掀起新一轮大数据驱动统计机器翻译性能革命的浪潮,是机器翻译真正从可以用到实用的有力推动者。2016 年 9 月,谷歌研究团队宣布开发谷歌神经机器翻译系统,同年 11 月,谷歌翻译停止使用其自 2007 年 10 月以来一直使用的专有统计机器翻译(SMT)技术,开始使用神经机器翻译。目前,谷歌翻译支持 103 种语言,可提供 80 种语言之间的即时翻译,支持任意 2 种语言之间的字词、句子和网页翻译。

9.2.2.1 申请目标国家或地区分布

图 9-2-5 示出了谷歌全球专利申请主要目标国家或地区分布情况。数据显示,

谷歌在美国本土进行专利申请为169项，占其总量的36%，可见其比较关注海外市场的专利布局；而欧洲、中国和韩国市场是其主要布局区域，分别为48项、38项和19项。

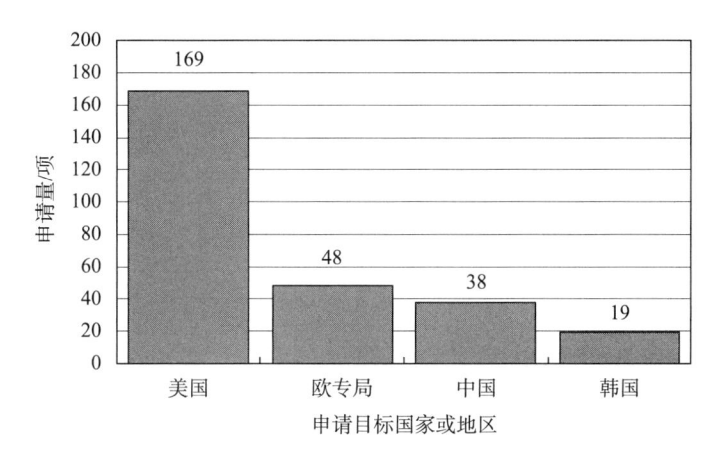

图9-2-5 谷歌全球专利申请目标国家或地区分布情况

如图9-2-6所示，谷歌2004年即开始进行机器翻译相关专利申请布局，为其2007年推出谷歌翻译在线产品作准备，2006年之后谷歌机器翻译相关专利申请持续增长并开始在海外布局，而其中海外市场较为重视在中国和欧洲的申请量，申请量变化趋势基本一致，在韩国的申请则逐年减少。

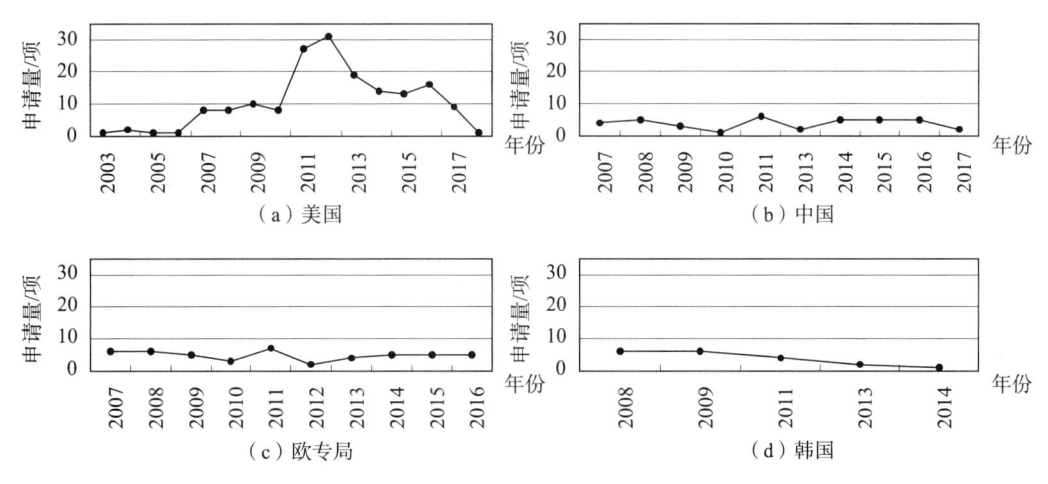

图9-2-6 谷歌全球专利申请历年申请区域分布情况

9.2.2.2 技术分布

对同族专利进行归并去重，得到谷歌261项专利申请，在此基础上对谷歌机器翻译专利申请进行技术分布分析。

统计谷歌全球专利申请在各一级技术分支的分布，如表9-2-6所示。谷歌虽然起步晚于微软，但是同样在算法模型核心技术领域投入较大。并且在2014年之后率先开展了端到端结构深度神经网络机器翻译的实用化研究,申请了多份相关专利,但是其最新的研究成果靠近2017年许多还未公开,比如Transformer机器翻译模型。此外,该公司在2012年之后的专利申请紧随应用场景,在用户体验及场景化技术方面占比增加。

表9-2-6 谷歌全球专利申请一级技术分支分布　　　　　　　　　单位:项

一级分支	2003	2006	2007	2008	2009	2010	2011	2012	2013	2014	2015	2016	2017	2018
算法-模型	—	—	10	4	4	1	5	8	—	4	9	1	6	—
用户体验	1	1	4	8	7	4	15	4	5	2	2	7	2	—
语料	—	—	2	3	—	—	6	—	5	3	2	1	1	2
先验约束	—	—	—	—	—	1	—	2	7	3	3	1	3	1
场景化技术	—	—	—	—	—	1	1	3	3	7	7	12	3	1
多模态融合	—	—	—	—	—	3	—	1	—	2	—	1	1	1

如表9-2-6所示,谷歌在用户体验技术分支上专利申请量占比最大,这也是为什么谷歌翻译能成长为该公司最受用户喜爱产品之一的原因。其次是算法-模型优化相关技术专利申请,包括2007年提出的基于分布式的统计翻译系统,为谷歌翻译借助其庞大网络数据训练翻译模型提升翻译性能奠定基础。

如表9-2-7及表9-2-8所示,在申请量占比最大的用户体验技术的二级技术分支细分下,可以进一步看到其在翻译入口、反馈机制和显示设置3个方面的投入较为均衡;而在核心技术算法模型的二级技术分支细分下,则明显偏重于资源优化设计和架构优化方面的相关技术投入。

表9-2-7 谷歌全球专利申请在用户体验下的二级技术分支分布　　　　　单位:项

二级分支	2003	2006	2007	2008	2009	2010	2011	2012	2013	2014	2015	2016	2017
翻译入口	1	—	—	3	3	2	6	—	3	1	—	3	1
显示设置	—	1	2	—	4	1	5	3	2	1	1	2	1
反馈机制	—	—	2	5	—	1	4	1	—	—	1	2	—

表9-2-8 谷歌全球专利申请在算法模型下的二级技术分支分布　　　　　单位:项

二级分支	2007	2008	2009	2010	2011	2012	2013	2014	2015	2016	2017
模型优化	—	1	—	1	2	—	—	—	1	—	—
自动客观评价	—	2	—	—	1	3	—	2	—	—	—
解码器	—	—	4	—	1	—	—	—	—	—	—
架构	—	1	—	—	1	2	—	—	5	1	5
资源优化	10	—	—	—	1	2	—	2	3	—	1

9.2.2.3 发明团队

如图9-2-7所示，谷歌单个发明人申请量较为突出的是Jeffery Chin和Daniel Rosart，属于谷歌知名的Google Brain团队和Google Translate团队，其在用户体验及算法模型两个技术方向上均有较多申请，技术交流较多。申请量前三位的发明人Alexander、Jeffrey、Daniel均来自于谷歌知名的Google Brain团队及Google Translate团队，排名第四位的发明人是Franz Josef Och，著名的谷歌翻译的首席架构师，在机器翻译领域的主要贡献有：把判别模型引入机器翻译，从根本上取代Noisy-Channel模型而成为目前的标准模型框架；简化了基于短语的模型，Och引入了相对频度，极大降低了参数估计的复杂度；在Och的研究中，数据规模总是第一位的，主导要发了基于分布式系统的统计机器翻译机。而排名靠前的发明人还有徐鹏，他于2005年获得约翰霍普金斯大学自然语言处理方向的博士学位，此前在谷歌任职11年，担任资深研究员，负责和领导了谷歌翻译的核心技术研发，并参与了谷歌显示广告系统的算法研发，目前是蚂蚁金服资深技术总监和硅谷AI实验室负责人。

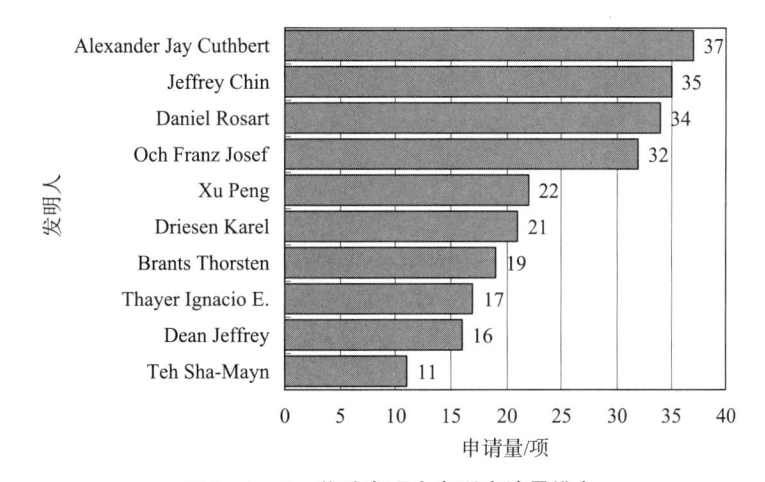

图9-2-7 谷歌发明人专利申请量排名

从谷歌发明人关系图（图9-2-8）及主要发明人专利申请的技术主题分布（表9-2-9），可以看出，谷歌已经形成了分别以算法模型、用户体验、场景化技术为主要技术方向的研发团队，在这几个方向上保持着相对稳定的研发实力；徐鹏团队主要是与Brants、Och研发团队交流较多，集中于算法模型技术方面；而场景化技术方向主要集中在Alexander Jay Cuthbert研发团队。

表9-2-9 谷歌发明人专利申请技术主题分布　　　　　　　　　　　单位：项

发明人	一级技术分支				
	算法模型	用户体验	语料	先验约束	场景化技术
Alexander Jay Cuthbert	3	3	1	3	27
Jeffrey Chin	14	21	—	—	—

续表

发明人	一级技术分支				
	算法模型	用户体验	语料	先验约束	场景化技术
Daniel Rosart	14	20	—	—	—
Och Franz Josef	24	2	6	—	—
Xu Peng	19	2	1	—	—
Driesen Karel	14	7	—	—	—
Brants Thorsten	17	—	2	—	—
Thayer Ignacio E.	17	—	—	—	—
Dean Jeffrey	16	—	—	—	—
Teh Sha – Mayn	6	5	—	—	—

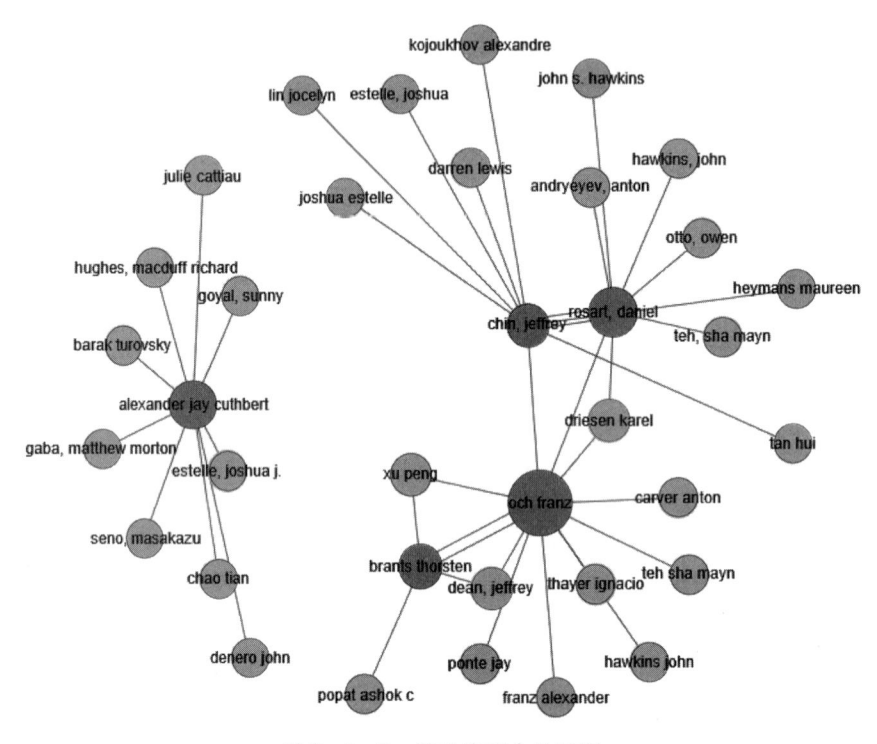

图 9 – 2 – 8　谷歌发明人关系图

9.2.3　百　度

百度，创立于 2000 年，提供着全球最大的中文搜索引擎服务，在算法、大数据、软件开发方面积累了深厚的技术。2010 年初，百度组建了机器翻译核心研发团队；2011 年 6 月 30 日，百度机器翻译服务正式上线；目前，百度翻译支持全球 28 种语言互译、756 个翻译方向，每日响应过亿次的翻译请求。此外，百度翻译还开放了 API 接口，目前已有超过 2 万个第三方应用接入。华为、OPPO、中兴、三星等手机厂商，金山词霸、灵格斯词霸、敦煌网等众多产品均接入了百度翻译 API。百度还将基于神经网络的机器翻译引入机器翻译中。这一应用比谷歌翻译要早 1 年，在海量翻译知识获取、翻译模型、多语种翻译技术等方面取得重大突破，实时准确地响应互联网海量、复杂的翻译请求。其所研发的深度学习与多种主流翻译模型相融合的在线翻译系统以及基于"枢轴语言"等技术，处于业内领先水平，在国际上获得了广泛认可。

9.2.3.1　申请目标国家或地区分布

从图 9-2-9 中可以看出，百度主要在国内进行专利申请布局，而在海外如美国、日本、欧洲分别仅有 3 项、2 项和 1 项。可见，百度作为国内行业领先者，在国际专利布局上存在较大短板。

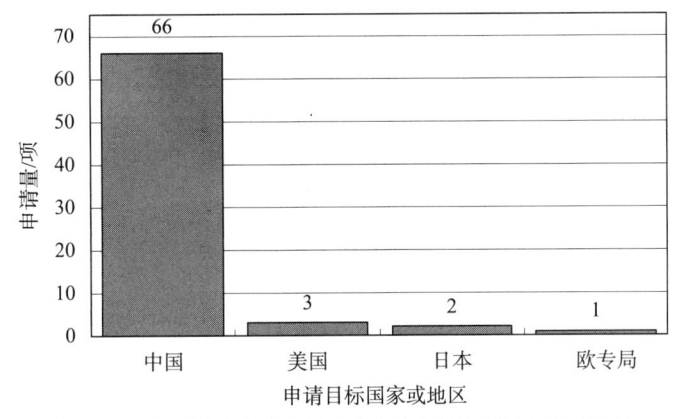

图 9-2-9　百度全球专利申请目标国家或地区分布情况

9.2.3.2　技术分布

对同族专利进行归并去重，得到百度 64 项专利申请，在此基础上进行技术分布分析。

如表 9-2-10 所示，百度在机器翻译领域起步较晚，2010 年才开始组织研发团队投入研究，但是其前期在语料处理和算法模型上都有较大投入，并于 2015 年 4 月，通过其在多策略融合翻译等技术方面取得的突破获得中国电子学会科技进步一等奖。近 2 年则更偏重于场景化技术的研究，侧重于实现语音同步翻译。这主要是因为机器翻译系统的性能相比于以前有了很大提高，在手机 App 等便携客户端的实用化体验有了极大改善空间。

表 9-2-10　全球专利申请一级技术分支分布　　　　　　　　单位：项

一级分支	2010	2011	2012	2013	2014	2015	2016	2017	2018
算法-模型	—	2	1	2	—	3	1	1	—
用户体验	—	—	1	2	2	4	1	2	1
语料	1	4	1	4	2	—	—	1	—
先验约束	—	1	1	2	3	1	3	1	—
场景化技术	—	—	—	1	1	1	—	8	2
多模态融合	—	—	—	2	2	—	—	—	—

如表 9-2-10 及表 9-2-11 所示，百度在场景化技术、用户体验技术和语料处理和算法模型优化等 5 个一级分支下的申请量较为均衡，说明百度在热点应用技术与基础算法上齐头并进。针对核心技术算法模型优化相关技术专利的二级分支来看，架构有 4 项申请，主要涉及多策略翻译和深度神经网络技术。

表 9-2-11 百度全球专利申请二级技术分支分布　　　　单位：项

二级分支	2011	2012	2013	2014	2015	2016	2017
模型优化	—	—	1	—	—	1	—
自动客观评价	1	—	1	—	—	—	—
解码器	—	—	—	—	1	—	—
架构	—	1	—	—	2	—	1

9.2.3.3 发明团队

如图 9-2-10 及表 9-2-12 所示，百度单独发明人申请量排名首位是百度自然语言处理部首席科学家吴华。得益于吴华及其团队在深度学习应用于自然语言处理方面所取得的研究成果及工程化实践，百度率先发布了在线神经网络机器翻译系统，其提出的神经网络机器翻译（Neural Machine Translation，NMT）多任务学习框架是"开创性"的工作；除了百度机器翻译，同时吴华主持研发的多项 NLP 核心技术还应用于搜索、Feed、DuerOS 等百度产品。排名第二位的是王海峰博士，是自然语言处理领域世界上最具影响力的国际学术组织 ACL（Association for Computational Linguistics）50 多年历史上唯一出任过主席（President）的华人，现任百度基础技术领域首席科学家。

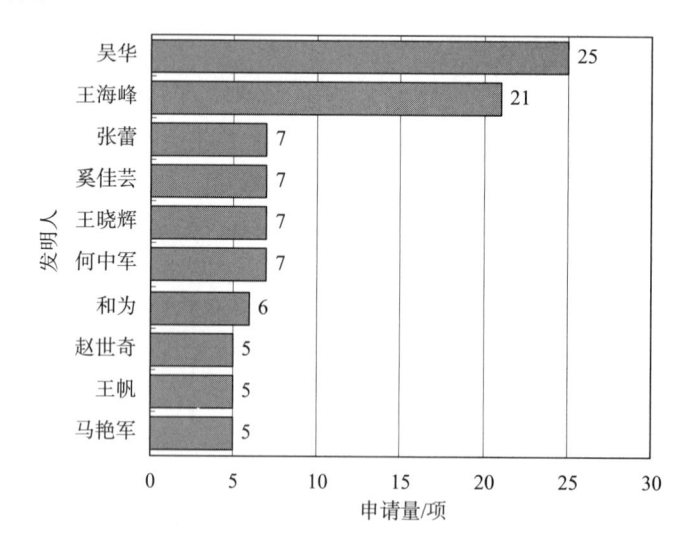

发明人	申请量/项
吴华	25
王海峰	21
张蕾	7
奚佳芸	7
王晓辉	7
何中军	7
和为	6
赵世奇	5
王帆	5
马艳军	5

图 9-2-10　百度发明人专利申请量排名

表 9-2-12　百度发明人专利申请技术分布　　　　　　　单位：项

发明人	算法-模型	用户体验	语料	先验约束	场景化技术	多模态融合
吴华	5	1	9	7	1	2
王海峰	5	—	8	5	1	2
何中军	1	—	4	2	—	—
王晓辉	—	3	—	—	4	—
奚佳芸	—	3	—	—	4	—
张蕾	—	3	—	—	4	—
和为	2	1	—	2	—	—
马艳军	2	—	1	1	—	1
王帆	—	1	—	2	1	1
赵世奇	—	1	2	2	—	—

从图 9-2-11 中可以看出，百度形成了以吴华、王海峰、何中军为核心的基础算法模型研发团队，以及专注于应用场景化和用户体验技术研究的王晓辉、奚佳芸、张蕾团队。算法和语料库这一块几个主要发明人团队之间流动较大，交流较多。

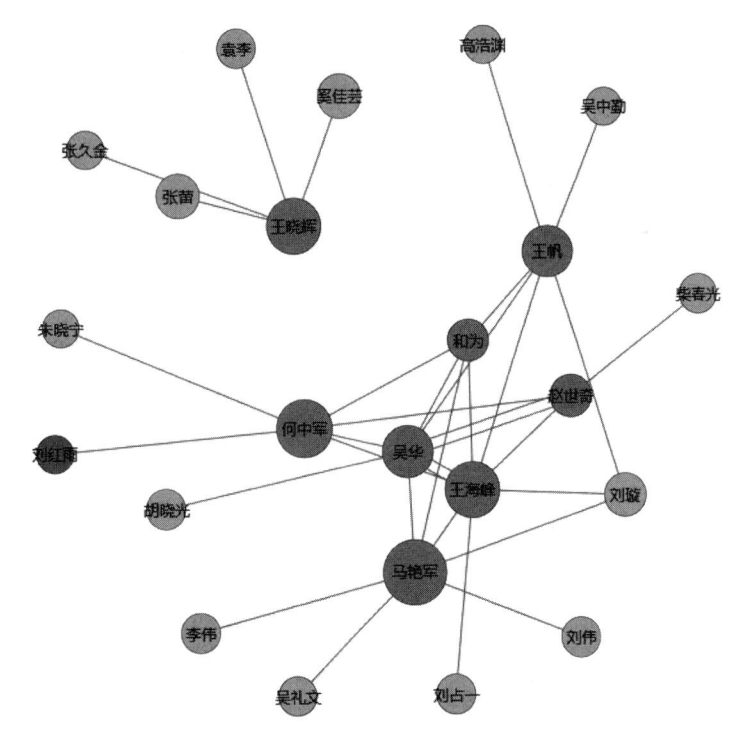

图 9-2-11　百度发明人关系图

9.2.4　对比分析

图 9-2-12 示出了微软、谷歌、百度 3 家公司历年专利申请趋势。数据显示：3 家公司中微软在机器翻译专利技术研发开展最早，尤其在 2000～2006 年的阶段，学术界在

统计机器翻译领域取得多项突破，国际机器翻译大赛上各项性能指标刷新，微软乘势加大研发投入，在统计机器翻译基础算法模型方面积累了大量核心专利。谷歌从 2003 年开始提出相关专利申请，但直到 2007 年谷歌翻译投入市场，谷歌才开始发力，2006 年正是基于短语的统计机器翻译模型走向成熟的阶段，从这个时间点开始，市场上涌现了诸多谷歌翻译、Yandex（一家俄罗斯互联网企业，旗下的搜索引擎在俄罗斯国内拥有逾 60% 的市场占有率）、Bing 以及其他基于短语的高端在线翻译，推动机器翻译走向实用化。百度从 2010 年开始研发自己的机器翻译实用化产品，虽然起步较晚，但是专利申请量保持稳定。

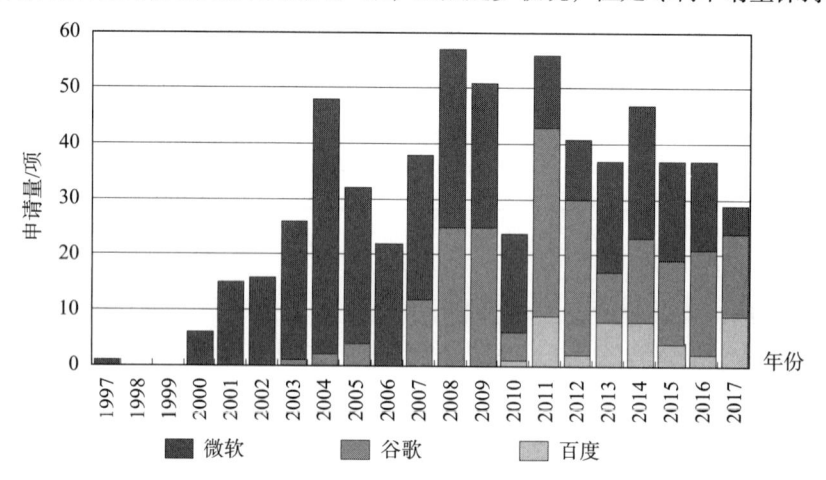

图 9-2-12　微软、谷歌、百度 3 家公司历年专利申请趋势

从图 9-2-13 中可以看出，微软、谷歌、百度在多模态融合技术方向上的投入都比较欠缺。谷歌在用户体验和场景化技术等产品应用技术落地方面具有优势，在深度学习机器翻译算法模型上也走在前列；微软在统计机器翻译基础算法模型和语料挖掘技术方面积累深厚，为其三大类机器翻译产品提供了有力技术支持；而百度虽然起步晚，在 2011 年才推出机器翻译在线产品，但是各个技术方向上投入比较均衡，其掌握的关键技术包括深度学习与多种主流翻译模型相融合的在线翻译系统以及基于"枢轴语言"等语料挖掘技术。

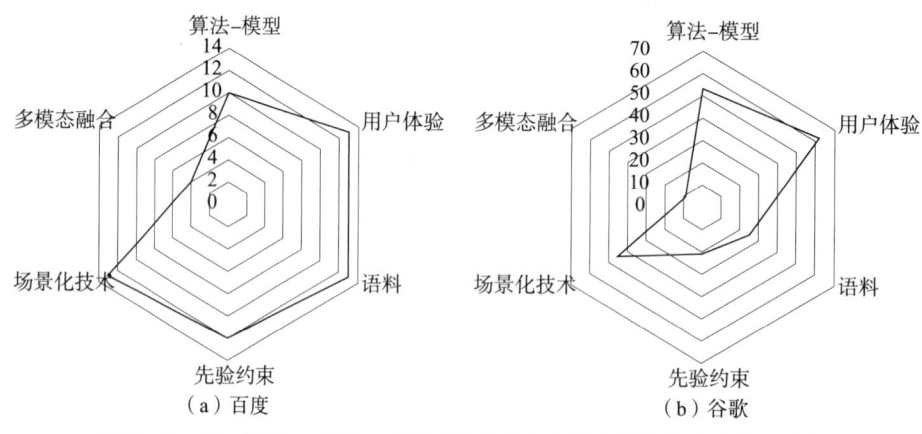

图 9-2-13　微软、谷歌、百度三家公司在机器翻译各技术分支申请量

注：图中数字表示申请量，单位为项。

（c）微软

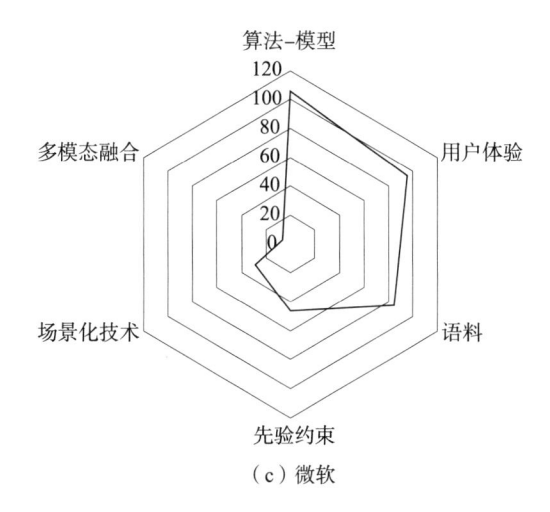

图 9-2-13 微软、谷歌、百度三家公司在机器翻译各技术分支申请量（续）

注：图中数字表示申请量，单位为项。

9.3 小 结

通过上述分析，我们可以初步得出以下结论：

（1）机器翻译技术目前处于技术活跃期，近年来专利申请量急速增长。一方面，无论在产业规模、市场规模还是专利历年申请量方面，该行业均呈现出蓬勃向上的态势；另一方面，从目前的技术水平上看还存在很多不足，翻译质量欠佳，场景应用技术主要布局在语音实时翻译这一块，而对译文流畅度要求更高的篇章翻译则较少。我国应当继续加大投入，促进机器翻译技术发展。

（2）中国、美国和日本在专利数量上优势明显，虽然美国、日本在早期研发上了一步，然而机器翻译技术存在爆发性发展的特点。具体体现在机器翻译前期基于规则的方法由 IBM 开拓，早期发展主要由日本企业跟进，中期由微软等互联网巨头主导，然而当下的基于深度神经网络的机器翻译刚刚起步，完全不同于以前的机器翻译架构，而中国在人工智能技术研发上并不落后。因此，中国需要紧跟当前热点技术研发，并围绕新兴垂直应用场景搭建周边应用技术，实现技术"弯道超车"。

（3）中国专利大而不强。中国专利虽然在布局数量上占据第二，但是集中度明显不足，具体体现为全球前十创新主体没有中国申请人，行业缺乏真正的领军者。

（4）在技术落地方面，微软、谷歌等国外产业巨头借助早期技术积累、全球创新人才集聚（微软亚洲研究院、硅谷谷歌大脑计划等）及平台优势（微软操作系统软件、谷歌搜索服务）助力其机器翻译产品落地，并在用户体验和场景化等产品应用技术方面取得优势；百度的经验是，依托国家平台的优势，响应国家人工智能发展战略在新兴技术方向（深度神经网络技术）实现追赶。

第10章 情感分析专利技术分析

情感分析与观点挖掘是自然语言处理领域的一个基础任务，属于文本分析范畴。其目的是从文本中判定识别论点，挖掘分析情感倾向，抽取得出主要的观点要素。近年来，随着互联网与社会媒体的迅猛发展，涌现并累积了含有观点的海量文本，比如企业分析消费者对产品的反馈信息，或者检测在线评论中的差评信息，故而引发了人们对情感分析的探索研究热潮。[1]

有两种主流思想运用到情感分析，第一种为基于情感词典的情感分析，是指根据已构建的情感词典，计算该文本的情感倾向，即根据语义和依存关系来量化文本的情感色彩。最终分类效果取决于情感词库的完善性。另外，需要很好的语言学基础，也就是说需要知道一个句子通常在什么情况为表现为积极或消极。第二种是基于机器学习，是指选取情感词作为特征词，将文本矩阵化，利用 Logistic Regression、朴素贝叶斯（Naive Bayes）、支持向量机（SVM）等方法进行分类。最终分类效果取决于训练文本的选择以及正确的情感标注。

本章对情感分析技术进行专利大数据分析。

10.1 全球申请趋势分析

10.1.1 全球专利申请趋势分析

情感分析在 1999 年被提出，对全球专利进行检索，从 1999 年起至今共有专利 1539 项。

如图 10-1-1 所示，情感分析技术在 1999 年被提出后一直处于缓慢发展状态，年申请量一直维持在 10~20 项；在 2005 年后随着网络技术的快速发展，对信息进行情感分析的需求逐步增加，相关专利申请呈快速发展状态，年申请量从十几项增加到 60 多项；2010 年在信息技术的快速发展和深度学习的推动下，相关专利申请迎来爆发式的增长，从年申请量几十项增加到 250 项以上。申请量的增长也从另外一个角度反映了创新主体对这一技术的重视。

---

[1] 江红. 情感分析研究综述［J］. 智能计算机与应用，2018，8（5）：103-105。

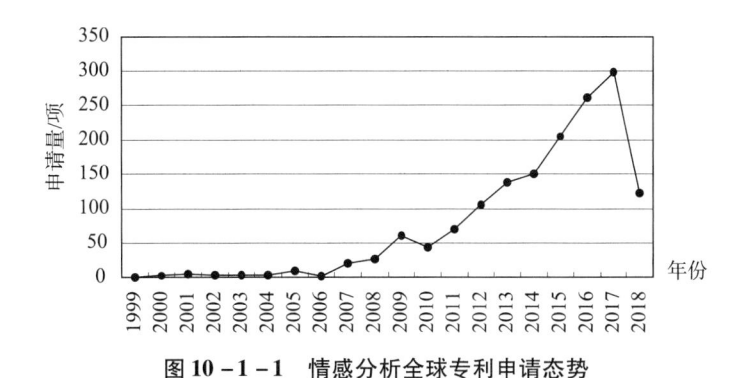

图 10-1-1 情感分析全球专利申请态势

10.1.2 专利申请来源地与目标地分析

中美两国都将人工智能列为国家战略，情感分析对于商品和服务的提供具有重要意义。美国具有 IBM 和微软等互联网巨头，随着科技的发展，互联网公司在情感分析领域进行大量布局。中国的苏州大学、中国科学院、北京大学和百度等也进行了大量的布局。基于上述原因，中美为最大的两个专利布局目标国，中国占比 71%，美国为 20%。日本、韩国、欧洲占比较小，排在第三位至第五位（图 10-1-2）。

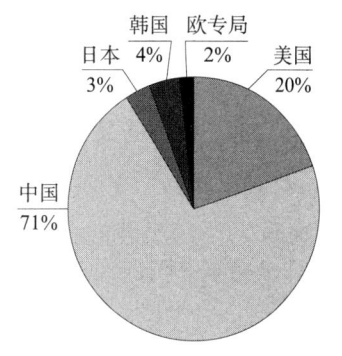

从图 10-1-3 所示的主要国家或地区历年申请量看，中国申请量增长十分迅猛，尤其是近年来，呈指数型增长。美国也处于快速增长状态，但年申请量不到中国 1/4，韩国也处于振荡式的快速增长。在日本和欧洲的申请量呈下滑态势。

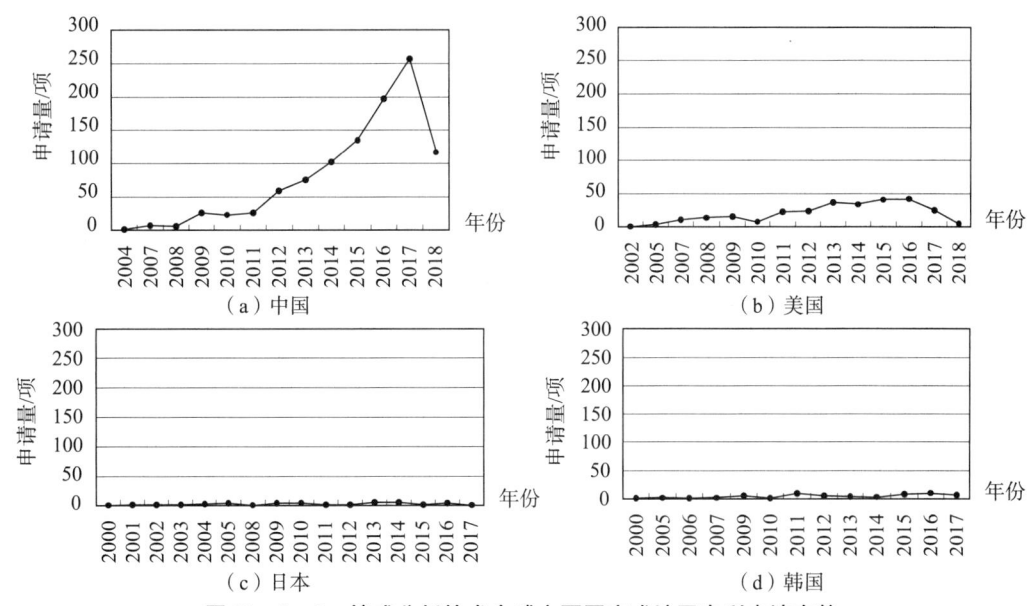

图 10-1-2 情感分析技术全球申请目标国家或地区占比

（a）中国　（b）美国　（c）日本　（d）韩国

图 10-1-3 情感分析技术全球主要国家或地区专利申请态势

(d) 欧专局

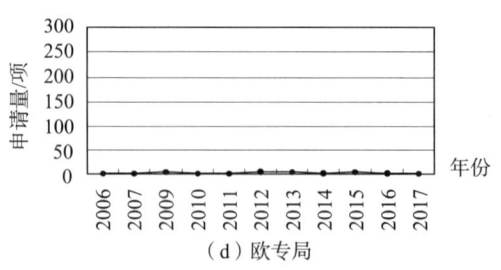

图 10-1-3　情感分析技术全球各国家或地区专利申请态势（续）

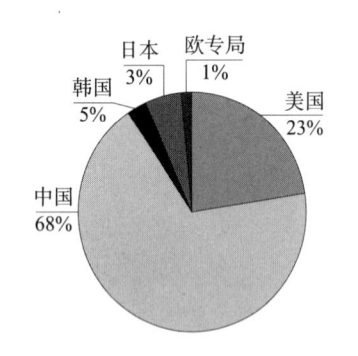

图 10-1-4　情感分析技术全球申请来源国家或地区占比

从图 10-1-4 所示的申请来源国家或地区来看，中国的占比有所下降，由目标国的 71% 下降到 68%，但仍旧占据了来源国第一的位置。相反，美国和韩国的占比有所上升，美国由目标国的 20% 增加到 23%，韩国由 4% 增加到 5%。由此可见，美韩两国比较注重自主研发，而中国则有部分专利是由外国输入的。

从图 10-1-5 所示的技术来源国家或地区的申请趋势可以看出，中国、美国、韩国增长态势良好，日本和欧洲的专利申请有所下滑。

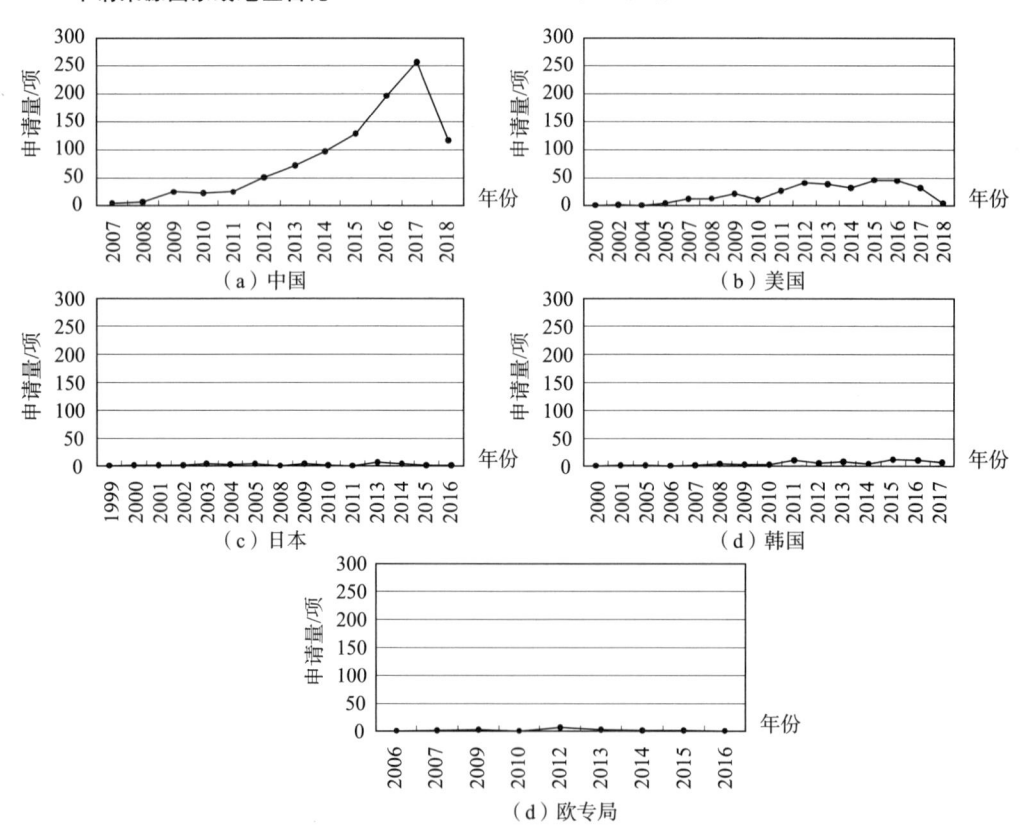

(a) 中国

(b) 美国

(c) 日本

(d) 韩国

(d) 欧专局

图 10-1-5　情感分析技术全球主要国家或地区专利申请态势

从表 10-1-1 可以看出，中国的外来专利申请中美国排在第一位，为 25 项；而中国 1001 项专利申请中仅有 4 项进入美国。总体说来，中国的绝大多数专利申请均聚集在国内，仅有少量专利进行海外申请，这为企业今后的外向型发展埋下了隐患。

表 10-1-1　情感分析技术主要国家或地区申请流向分布　　　单位：项

技术来源国或地区	技术目标国家或地区				
	中国	美国	日本	韩国	欧专局
中国	994	4	3	0	0
美国	25	248	5	5	11
日本	0	1	36	0	0
韩国	1	14	2	54	0
欧专局	1	4	0	0	16

10.1.3　全球主要申请人分析

在全球主要申请人排名中，IBM 一枝独秀，遥遥领先，属于第一阵营；排名前十位的其他申请人中微软排名第四，其他 8 位均为中国申请人。但位于全球排名前十位的中国申请人中，前六位均为科研院所，只有后三位为公司。

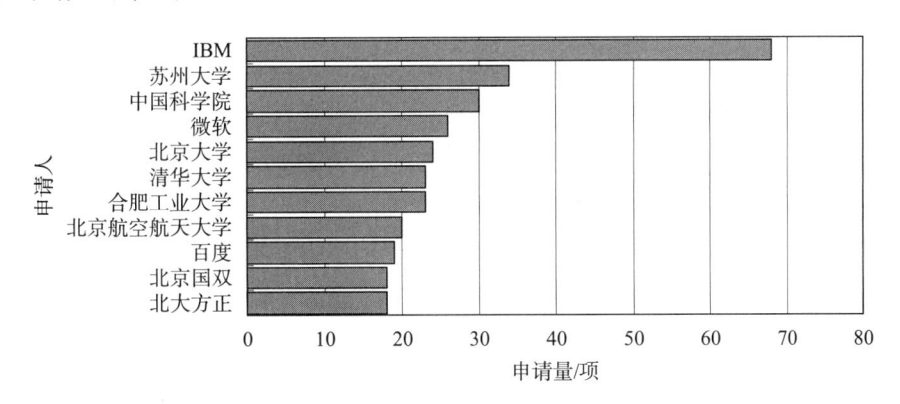

图 10-1-6　情感分析技术全球申请人专利申请量排名

10.2　中国申请趋势分析

10.2.1　中国专利申请趋势分析

中国情感分析技术历年申请量趋势与全球类似，但起步晚于国外，在 2005 年才产生第一件情感分析方面的专利申请。随着信息技术和深度学习技术的发展，从 2010 年情感分析技术开始攀升，近年来达到高峰（参见图 10-2-1）。

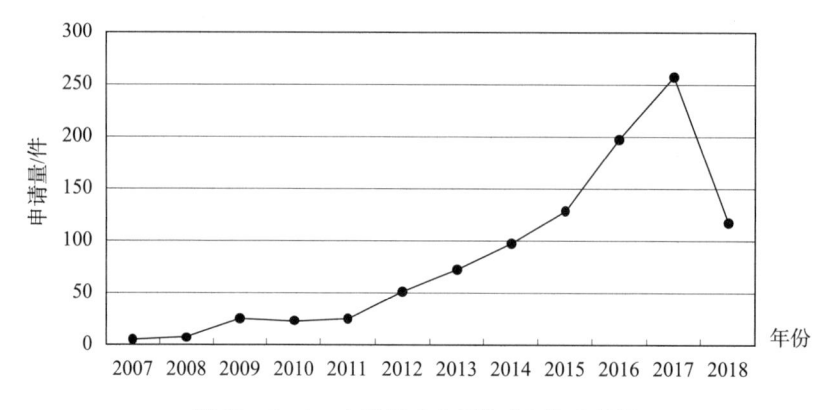

图 10-2-1 中国情感分析技术历年申请量

10.2.2 中国主要申请人分析

中国主要申请人排名如图 10-2-2 所示，计量对象为专利申请国在中国的专利申请。排名前十位的申请人均为中国申请人，其中苏州大学以 34 件排名第一，中国科学院以 30 件紧随其后，北京大学、清华大学、合肥工业大学和北京航空航天大学排名第三名至第六名；百度以 19 件排名第七名。可见，由于语言壁垒，国外优势申请人在华布局相对较少，但中国的申请人以科研院所为主。

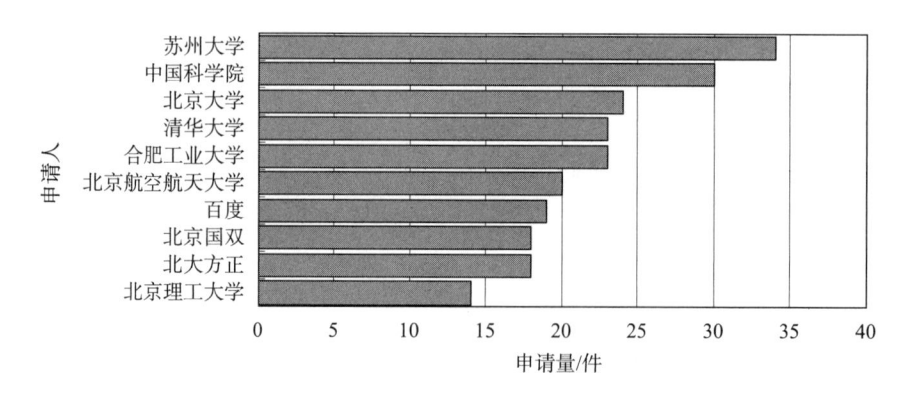

图 10-2-2 中国情感分析技术主要申请人申请量排名

国内创新主体专利申请量如图 10-2-3 所示，计量对象为优先权在中国的专利。可以看出，在华排名前十位的专利申请人与来自中国的前十位申请人完全一致，而且申请量也保持一致。可见，对于情感分析，排名靠前的申请人在海外布局不足。

10.2.3 国内主要省份专利布局情况

国内主要省市专利申请情况如图 10-2-4 所示，北京排名第一位，广东和江苏分别排名第二位和第三位。总体说来，国内各省份在情感分析领域专利差距明显，由于科研院所和公司总部大多位于北京，北京的申请量是广东的 2.5 倍以上。

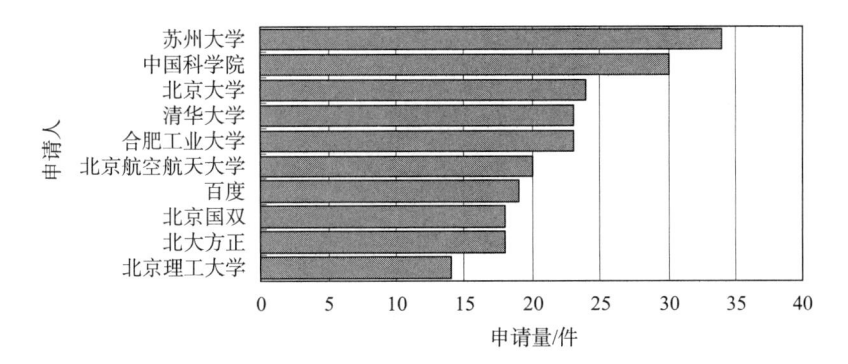

图 10-2-3 国内情感分析技术主要创新主体专利申请量排名

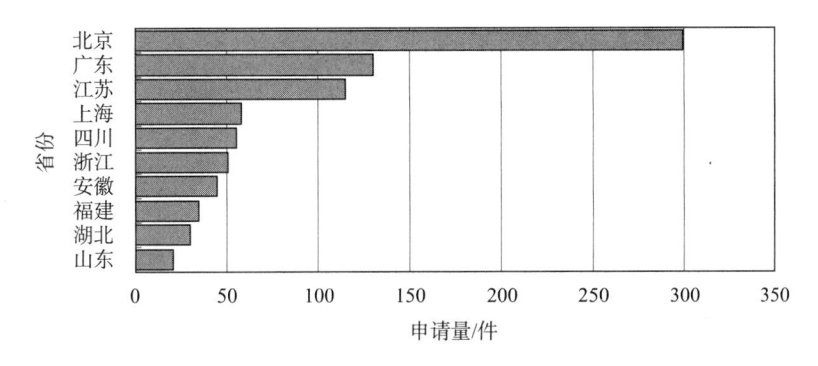

图 10-2-4 国内情感分析技术主要省份专利申请量排名

10.3 小 结

由前述分析可知，中国在情感分析的专利申请量已经超越美国，中美两国的专利申请量均呈快速增长态势。无论在全球申请人还是在华申请人中，中国申请人在数量上均具有一定优势，但是中国申请人的申请量相对于排名第一的 IBM 差距明显，且以科研院所为主。同时，排名前十位的中国申请人均没有在海外进行布局，中国申请人开拓海外市场时存在较大的市场风险。

第11章 信息抽取专利技术分析

11.1 信息抽取技术发展概述

随着计算机的普及以及互联网的迅猛发展，大量信息以电子文档的形式出现在人们面前。为了应对信息爆炸带来的严重挑战，迫切需要一些自动化的工具帮助人们在海量信息源中迅速找到真正需要的信息。信息抽取研究正是在这种背景下产生的。[1]

信息抽取系统的主要功能是从文本中抽取出特定的事实信息。比如，从新闻报道中抽取出恐怖事件的详细情况：时间、地点、作案者、受害者、袭击目标、使用的武器等；从经济新闻中抽取出公司发布新产品的情况：公司名、产品名、发布时间、产品性能等；从病人的医疗记录中抽取出症状、诊断记录、检验结果、处方等。通常，被抽取出来的信息以结构化的形式描述，可以直接存入数据库中，供用户查询以及进一步分析利用。

从自然语言文本中获取结构化信息的研究最早开始于20世纪60年代中期，这被看作信息抽取技术的初始研究。它以两个长期、研究性的自然语言处理项目为代表，一个是美国纽约大学 Linguistic String 项目，另一个是耶鲁大学 FRUMP 系统。在20世纪80年代末，信息抽取技术进入了蓬勃发展期，这期间一共举行了7届 MUC 会议（消息理解系列会议）。而在近些年，信息抽取技术研究表现得更加活跃，具体研究方向大致可分为如下方向：增强系统可移植能力、探索深层理解技术、篇章分析、多语言文本处理、WEB 信息抽取和时间信息处理。

11.2 信息抽取技术专利申请总体态势

11.2.1 全球专利申请概述

11.2.1.1 全球专利申请趋势分析

在本次研究中，截至 2018 年 9 月 12 日，在 DWPI 数据库中检索到涉及自动问答系统技术的专利申请共 4347 项。下面在这一数据基础上从总体发展趋势、各技术主题发展趋势的角度对该领域的专利技术进行分析。

结合全球专利申请趋势图 11-2-1 可以看出，信息抽取技术起源较早，在 20 世纪

---

[1] 李保利．信息抽取研究综述［J］．计算机工程与应用，2003，1-5。

80年代末期90年代初期开始发展，并且逐渐进入快速发展期；自2000年后，信息抽取技术进入快速发展期，专利申请趋势呈现出快速增长的态势。

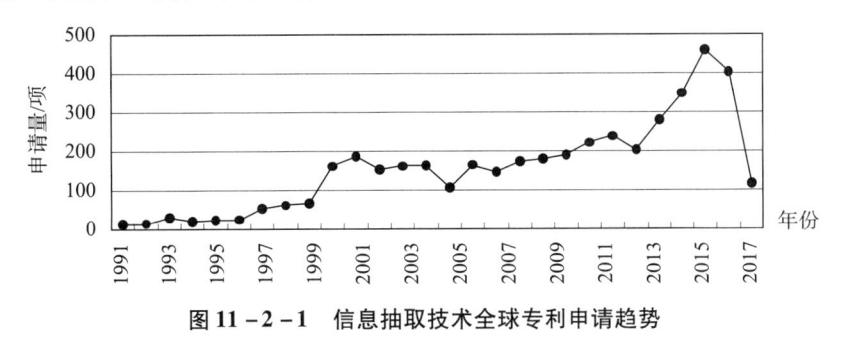

图11-2-1 信息抽取技术全球专利申请趋势

11.2.1.2 专利申请来源地与目标地

如图11-2-2所示，通过对专利申请的来源国家或地区进行分析可知，中国是目前信息抽取技术来源的最大国家，其技术来源的专利申请占比达到了43%，拥有诸如百度、腾讯、阿里巴巴等优秀企业。除了中国之外，日本、韩国也有一定的技术研发量，专利申请的原创数量占比分别达到了28%和21%。相比而言，美国在信息抽取技术方面的研究占比并不大，大概占到总量的7%。

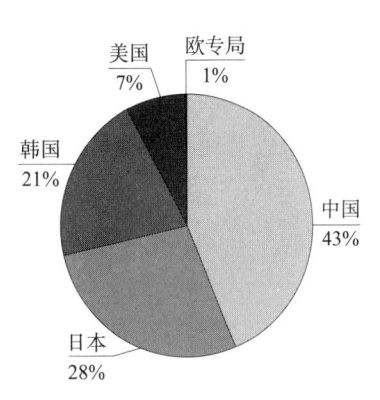

如图11-2-3所示，进一步通过对专利申请的优先权国家或地区统计各专利申请来源国家或地区的专利申请趋势可以发现，中国的专利申请趋势一直处于一个稳步增长的态势，是整体发展势头最好，也是最稳定的国家。日本研究较早，

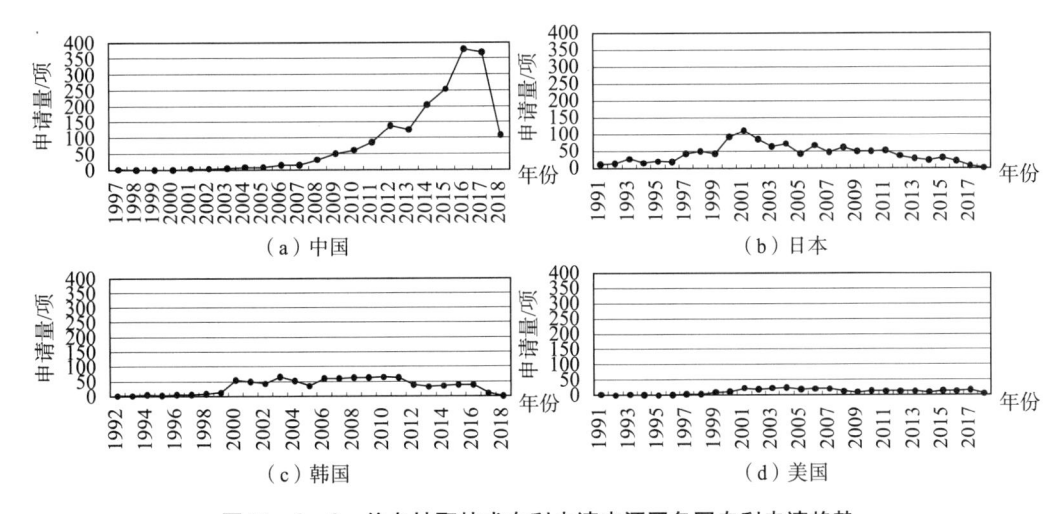

图11-2-2 信息抽取技术专利申请来源国家或地区

（a）中国　　（b）日本

（c）韩国　　（d）美国

图11-2-3 信息抽取技术专利申请来源国各国专利申请趋势

但是整体研究波动较大，尤其是2000年后，日本整体不注重专利申请量的增长，而是注重质的增长的大前提下，日本信息抽取技术的整体申请趋势也立即见效。韩国和美国的专利申请趋势较像，都是在前期有一定的技术积累，然后逐渐达到一个稳定期，随后技术申请呈现一定波动和下降趋势，近几年专利申请量有一定提升。

如图11-2-4所示，中国是自动问答系统技术布局的第一大国家，专利申请占有率达到了46%，这也说明中国是信息抽取技术的重要市场。同时排名第二位至第四位的国家或区域同样依次为日本、韩国和美国，目标国申请的占比为23%（日本），20%（韩国）以及9%（美国）。

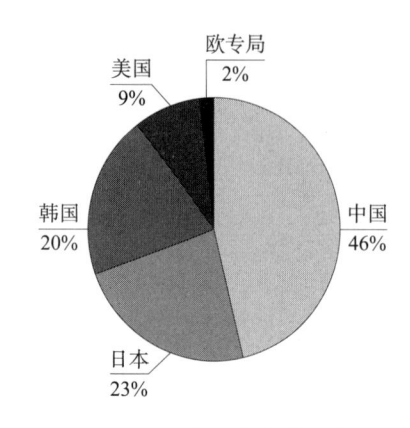

图11-2-4 信息抽取技术专利申请目标国家或地区

如图11-2-5所示，进一步对信息抽取技术目标国家或地区的专利申请趋势进行对比可知，中国依然是信息抽取技术的主要布局国家，并且整体布局态势呈现逐步增长的趋势。此外，日本布局在2002年后开始减少。韩国在2000年后布局整体态势良好。美国在2000年后整体专利布局态势也比较良好，只是申请总量相比于其他国家或地区不大。

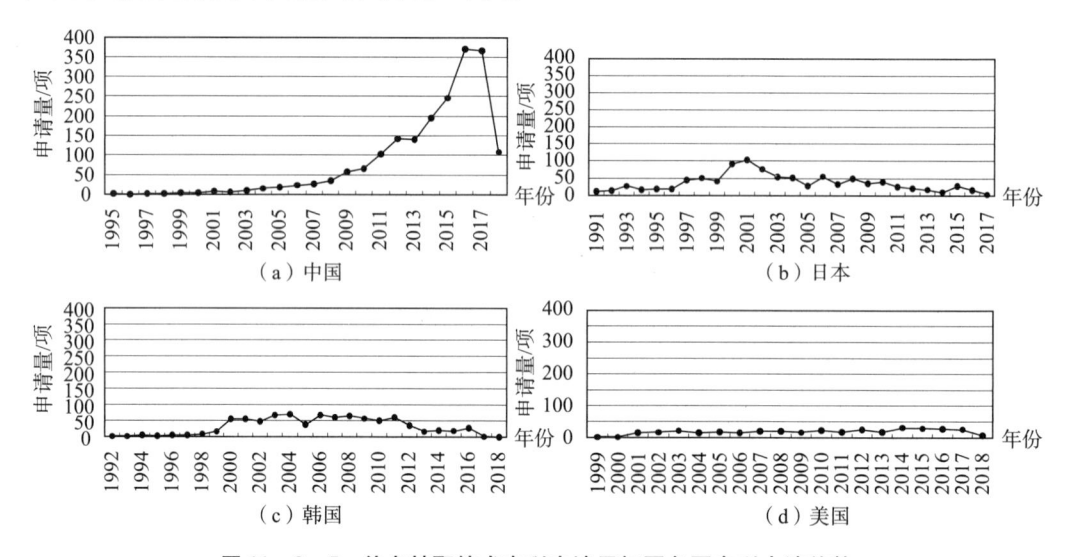

图11-2-5 信息抽取技术专利申请目标国各国专利申请趋势

为了进一步分析信息抽取技术原创国的专利技术的流向情况，通过主要国家或地区申请量流向分布（参见表11-2-1）分析可知，各国家或地区的原创技术主要在本国或地区进行布局。但是，中国在各地区申请的1833件专利中，有1781件是在国内布局，在其他四地区布局的专利仅为52件，占比仅为2.84%，整体海外布局占比非常小。反观美国，虽然其在五大局的相关布局专利仅为287件，但是其海外布局专利申请数量达到了125件，占比达到43.56%。由此可见，国内创新主体在专利申请量巨大的同时整体海外布局意识欠缺，缺少海外竞争实力；而美国专利申请人体现出了高度的全球化专利布局思维，有助于帮助其扩展全球市场。

表 11-2-1　信息抽取技术主要国家或地区申请量流向分布　　　　单位：件

技术来源国家或地区	技术目标国家或地区				
	中国	欧专局	日本	韩国	美国
中国	1781	8	19	4	21
欧专局	0	2	0	4	4
日本	88	23	909	50	93
韩国	32	13	10	744	57
美国	32	24	36	33	162

11.2.1.3　全球重要申请人分析

如图 11-2-6 所示，通过对信息抽取技术的全球专利申请的申请人排名进行分析可知，三星、日本电气、百度、富士通和腾讯达到全球专利申请总量的前五位，专利申请总量分别为 133 项、117 项、113 项（并列）和 112 项。此外，在前十名申请人中，日本企业达到了 5 家，中国企业有 3 家，而韩国企业有 2 家。

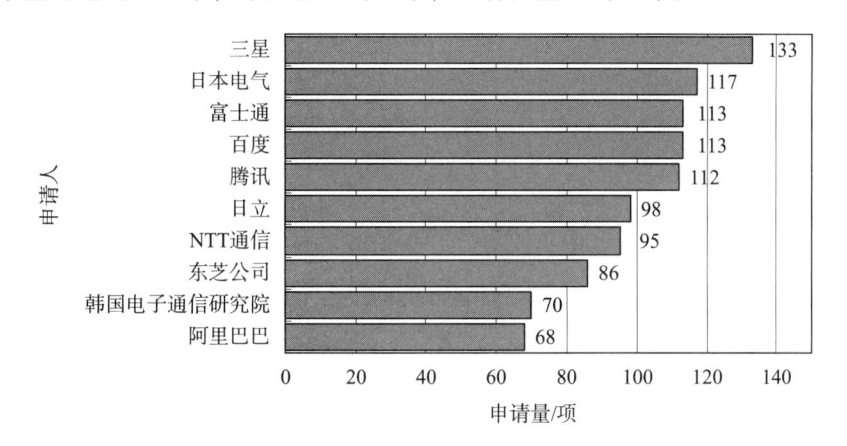

图 11-2-6　信息抽取技术全球重要专利申请人申请量排名

11.2.2　中国专利申请概述

11.2.2.1　中国专利申请趋势分析

截至 2018 年 9 月 12 日，CNABS 数据库中检索到涉及信息抽取技术的专利申请共 1945 件。下面在这一数据基础上从专利申请发展趋势、中国和国外来华专利分布、各技术主题占比的角度对该领域的专利技术进行分析。图 11-2-7 显示了自动系统在华专利历年申请量。

如图 11-2-7 所示，信息抽取技术在华专利申请趋势整体发展良好，呈现出一个递增的趋势，并且从未出现明显下滑期。在 2002 年以前，在华信息抽取技术整体都处于一个缓慢发展期的阶段。2002~2010 年，在华的信息抽取技术开始进入一个快速发展期，专利申请数量逐年递增明显。到 2010 年以后，信息抽取技术进入高速发展期，每一年的专利申请数量都超过 100 件，且在 2016 年超过了 350 件。

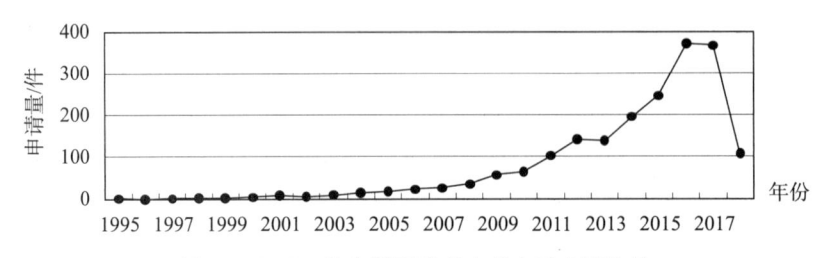

图 11-2-7 信息抽取技术在华专利申请趋势

11.2.2.2 中国主要申请人分析

通过对信息抽取在华重要申请人排名可知，百度在国内的专利申请排名为第一位，达到了 111 件，但是其全球专利申请达到了 113 件，可见即使像百度这样的大型科技公司，在海外布局的专利也不多。在前十申请人中，除了传统巨头 BAT，还有科研院所、高校以及科技型公司。另外，韩国三星和日本索尼也进入到榜单前十当中，可见韩国和日本是除了中国以外信息抽取技术的全球第二大和第三大专利申请国家，在信息抽取领域拥有一定技术实力（参见图 11-2-8）。

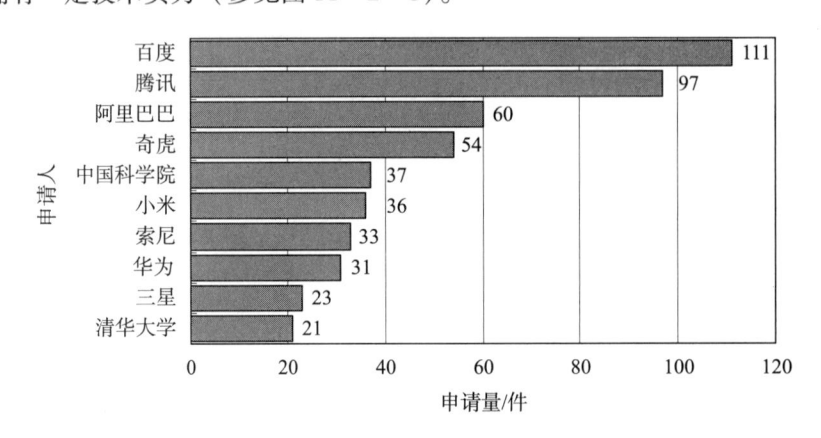

图 11-2-8 信息抽取技术在华重要申请人排名

为了更好地分析国内本土申请人的技术研发实力，进一步对国内本土申请人进行专利排名分析，参见图 11-2-9 可知，再次入围前十位的企业为清华大学和搜狗，其专利申请分别为 21 件和 20 件。相比于百度公司增加了 2 件优先权国家为中国的专利，腾讯和阿里巴巴的专利则分别增加了 13 件和 8 件，可见，腾讯以及阿里巴巴在信息抽取领域的海外专利布局要好于百度。

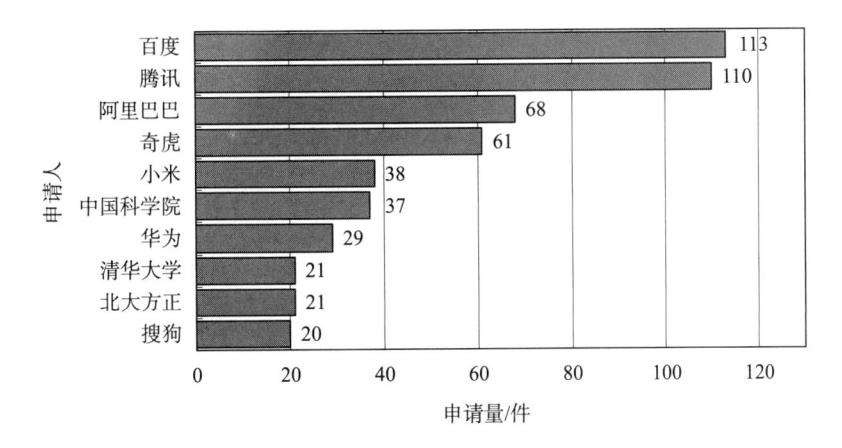

图 11-2-9 信息抽取技术国内重要申请人排名

11.2.2.3 主要省份专利申请排名

通过对主要省份进行信息抽位取技术的排名分析可知，参见图 11-2-10，北京专利申请排名最多，达到了 662 件，结合排名前十位的申请人也可以发现，绝大多数为北京的申请人。除了北京以外，广东的专利申请也达到了 403 件。其次为上海和江苏，专利申请分别达到了 111 件和 100 件。后面的省份专利申请最多也仅为浙江的 55 件，其和北京以及广东差距非常大，地域的技术实力差别已经很明显。

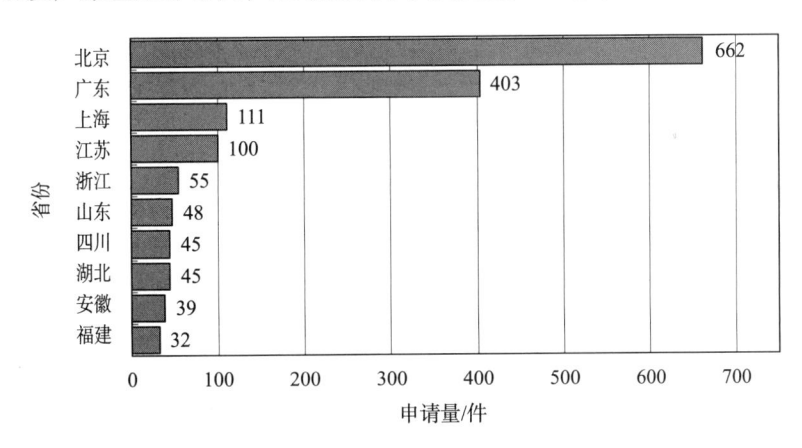

图 11-2-10 国内信息抽取技术主要省份申请量排名

为了进一步了解排名靠前省市的专利申请排名情况，对国内排名靠前的 4 个省市（北京、广东、上海和江苏）进行历年专利申请的趋势分析（图 11-2-11）可知，在 4 个省市的整体申请趋势中，北京和广东和上海类似，基本处于逐年递增的申请趋势。并且北京和广东的信息抽取技术的专利申请没有明显的波动，说明该项技术在这 2 个区域发展势头良好。上海和江苏虽然整体也处于良好发展的态势，但是受制于专利申请总量不大等因素，在部分年限内出现了明显的震荡和波动，这也说明该项技术在这两个区域研究变动比较明显。

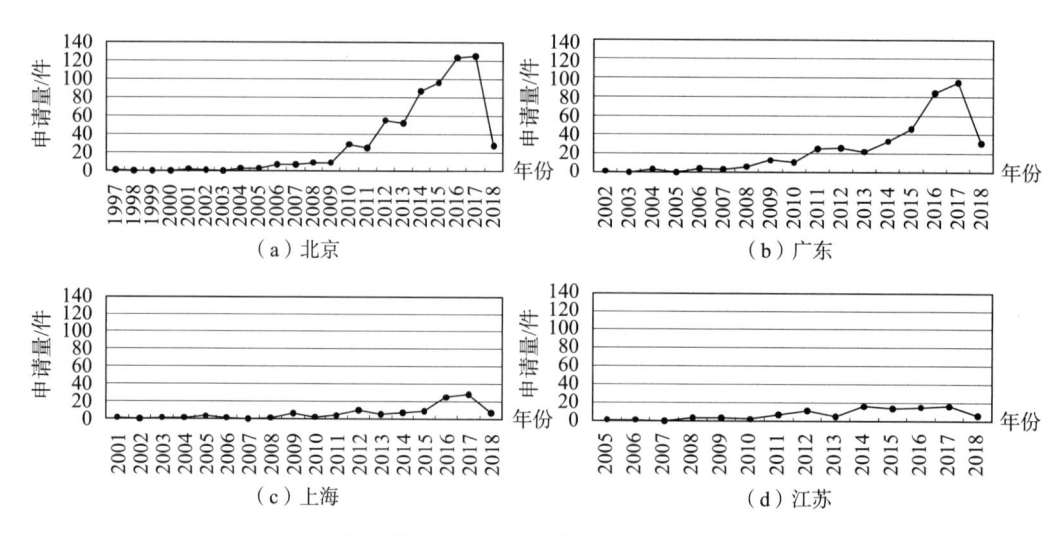

图 11-2-11 信息抽取技术北京、广东、上海、江苏专利申请趋势

11.3 小　结

首先，从技术发展来看，信息抽取技术能够有效从海量信息源中快速找到需要的事实信息，有助于人类在信息报道、财经信息、医疗诊断等各个领域进行快速的资料搜集和整理。信息抽取技术发展较早，并且发展趋势良好，目前已经具备一定实用基础。

其次，从技术来源地、技术目标地以及主要国家或区域发展来看，中国在信息抽取技术领域拥有一家独大的优势，并且整体发展势头最好。美国在信息抽取技术的发展总量和发展趋势都相对较弱，这也是中国和美国在整个自然领域相比，稍有的具有较大发展优势的领域。美国的专利申请总量虽然少，但是海外布局占比非常高；中国专利总量大，但是海外布局占比少。所以，中国的企业应当利用好这一优势，结合汉语的语法特点和汉语的群众基础，继续巩固这一优势。同时，应当积极进行海外布局，充分对既有的优势进行全球布局，形成全球影响力。

再次，在全球前十重要申请人排名中，国内企业百度、腾讯和阿里巴巴进入前十位，其他前十申请人也是来自韩国和日本的科技巨头。可见，对于信息抽取技术的研究，拥有较大数据基础和客户基础的科技巨头拥有发展优势。各大科技型巨头应当充分利用这一天然优势，在自身发展的同时，兼顾中小型科技型公司的特色亮点，有针对性地进行合作，开展全方面、无死角的信息抽取技术及应用研究。

第 12 章　自动摘要专利技术分析

随着近几年文本信息的爆发式增长，人们每天能接触到海量的文本信息，如新闻、博客、聊天、报告、论文、微博等。从大量文本信息中提取重要的内容，已成为我们的一个迫切需求，而自动文本摘要（Automatic Text Summarization）则提供了一个高效的解决方案。

根据 Radev 的定义，摘要是"一段从一份或多份文本中提取出来的文字，它包含了原文本中的重要信息，其长度不超过或远少于原文本的一半"。自动文本摘要旨在通过机器自动输出简洁、流畅、保留关键信息的摘要。

自动文本摘要有非常多的应用场景，如自动报告生成、新闻标题生成、搜索结果预览等。此外，自动文本摘要也可以为下游任务提供支持。

文本摘要有多种分类方法，按照摘要方法划分可以分为抽取式摘要方法和生成式摘要方法。抽取式摘要方法通过抽取文档中的句子生成摘要，通过对文档中句子的得分进行计算，得分代表重要性程度，得分越高代表句子越重要，然后通过依次选取得分最高的若干个句子组成摘要，摘要的长度取决于压缩率。生成式摘要方法不是单纯地利用原文档中的单词或短语组成摘要，而是从原文档中获取主要思想后以不同的表达方式将其表达出来。生成式摘要方法为了传达原文档的主要观点，可以重复使用原文档中的短语和语句，但总体上来说，摘要需要用作者自己的话来概括表达。生成式摘要方法需要利用自然语言理解技术对原文档进行语法语义的分析，然后对信息进行融合，通过自然语言生成的技术生成新的文本摘要。

按照文档数量划分，可以分为单文档摘要方法和多文档摘要方法。单文档摘要方法是指针对单个文档，对其内容进行抽取总结生成摘要；多文档摘要方法是指从包含多份文档的文档集合中生成一份能够概括这些文档中心内容的摘要。

按照文本摘要的学习方法可分为有监督方法和无监督方法。有监督方法需要从文件中选取主要内容作为训练数据，大量的注释和标签数据是学习所需要的。这些文本摘要的系统在句子层面被理解为一个二分类问题，其中，属于摘要的句子称为正样本，不属于摘要的句子称为负样本。机器学习中的支持向量机（Support Vector Machine，SVM）和神经网络也会用到这样分类的方法。无监督的文本摘要系统不需要任何训练数据，它们仅通过对文档进行检索即可生成摘要。❶

尽管对自动文本摘要有庞大的需求，但这个领域的发展却比较缓慢。对计算机而言，生成摘要是一件很有挑战性的任务。从一份或多份文本生成一份合格摘要，要求计算机在阅读原文本后理解其内容，并根据轻重缓急对内容进行取舍、裁剪和拼接内

---

❶ 明思拓宇，陈鸿昶. 文本摘要研究进展与趋势［J］. 网络与信息安全学报，2018，4（6）：1-10.

容，最后生成流畅的短文本。因此，自动文本摘要需要依靠自然语言处理/理解的相关理论，是近几年来的重要研究方向之一。

12.1 全球申请趋势分析

12.1.1 全球专利申请趋势分析

由图 12-1-1 可知，自动摘要技术在 1975 年首次被提出。对全球专利进行检索，从 1975 年至今共有 1068 项专利申请。

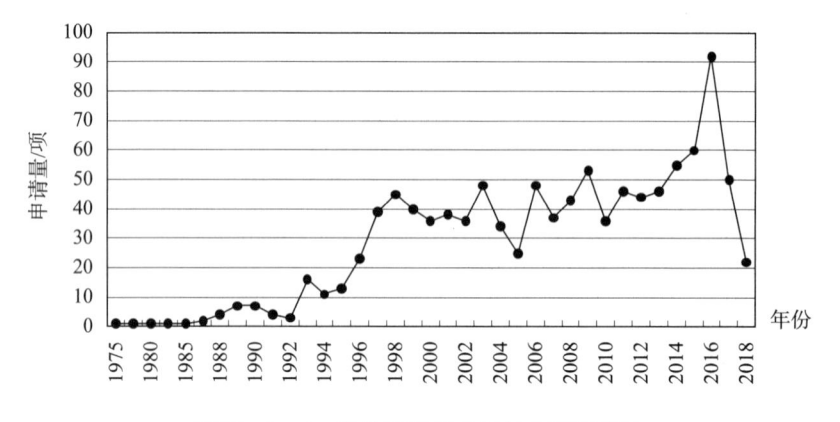

图 12-1-1 自动摘要技术历年全球申请量

如图 12-1-1 所示，1975 年自动摘要首次被提出后由于技术瓶颈一直未突破，因此业界一直反应平淡。直到 1990 年统计算法被用于自动摘要，申请量开始快速增长，随后维持稳定状态。2010 年后，随着深度学习技术在自动摘要过程中应用，申请量开始快速增长。可以看到，自动摘要技术专利申请量，由一开始的每年几项到四五十项的探索，进入 2017 年（数据不完整）的 92 项，可见创新主体对这一技术的重视。

12.1.2 专利申请来源地与目标地分析

由于自动摘要技术起步较早，在自然文本处理方面具有广泛的应用，日本拥有东芝、NTT 通信、施乐和日本电气等企业，相关企业进行了大量布局。美国具有 IBM、微软等互联网巨头，随着网络信息量的急剧增长，互联网巨头开始布局自动摘要分析技术。中国的百度、奇虎等出于自身的需求也进行了专利布局。基于上述原因，参见图 12-1-2，中国、日本、美国为全球最大的 3 个专利布局目标国，日本占比 31%，中国为 31%，美国占比也相对

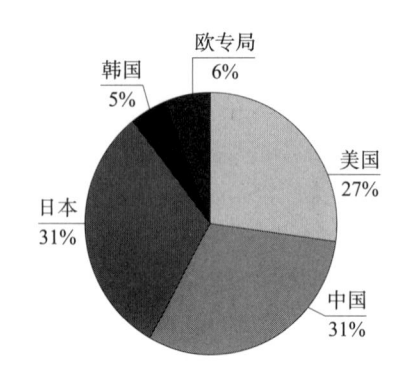

图 12-1-2 自动摘要技术全球申请目标国家或地区占比

较高，为27%，韩国和欧专局占比较少。

如图12-1-3所示，中国申请量增长较为迅速，美国在2010年时有小幅滑落，但之后呈快速增长态势，韩国近年来也快速增长，日本和欧洲的申请量有小幅下滑。

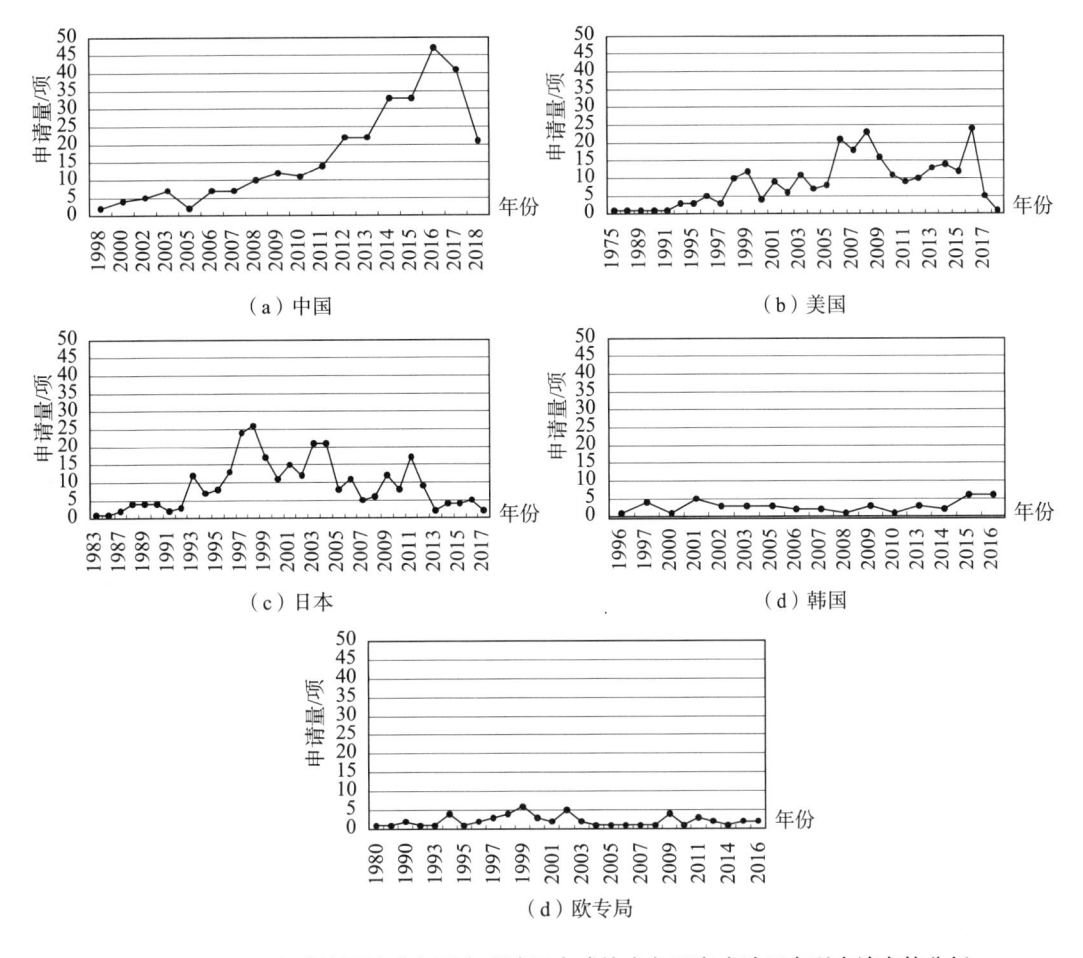

图12-1-3 自动摘要技术各国家或地区全球技术各国家或地区专利申请态势分析

如图12-1-4所示，从自动摘要技术全球申请来源国家或地区来看，中国的占比与目标国基本持平，美国则由27%增加到34%，日本由31%降低到28%。由此可知，中国的输入输出基本平衡，而美国比较注重自主研发。

从图12-1-5技术来源国家或地区历年申请量来看，中美两国增长态势良好，韩国也有快速增长的可能。整体上中国起步较晚，处于技术积累阶段；而美国起步较早，在深度学习的推动下快速发展相关技术。

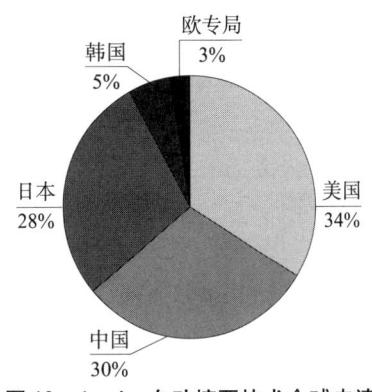

图12-1-4 自动摘要技术全球申请来源国家或地区占比

从表 12-1-1 可以看出，中国的外来专利中美国排名第一，而中国有相同件数的专利申请进入美国。同时，在美国 300 项专利申请中，有近 1/3 的专利流向其他国家或地区，体现了美国具有较强的专利控制市场的意识。而中国的绝大多数申请均聚集在国内，仅有极少量的专利进行海外申请，这为企业今后的外向型发展埋下了隐患。

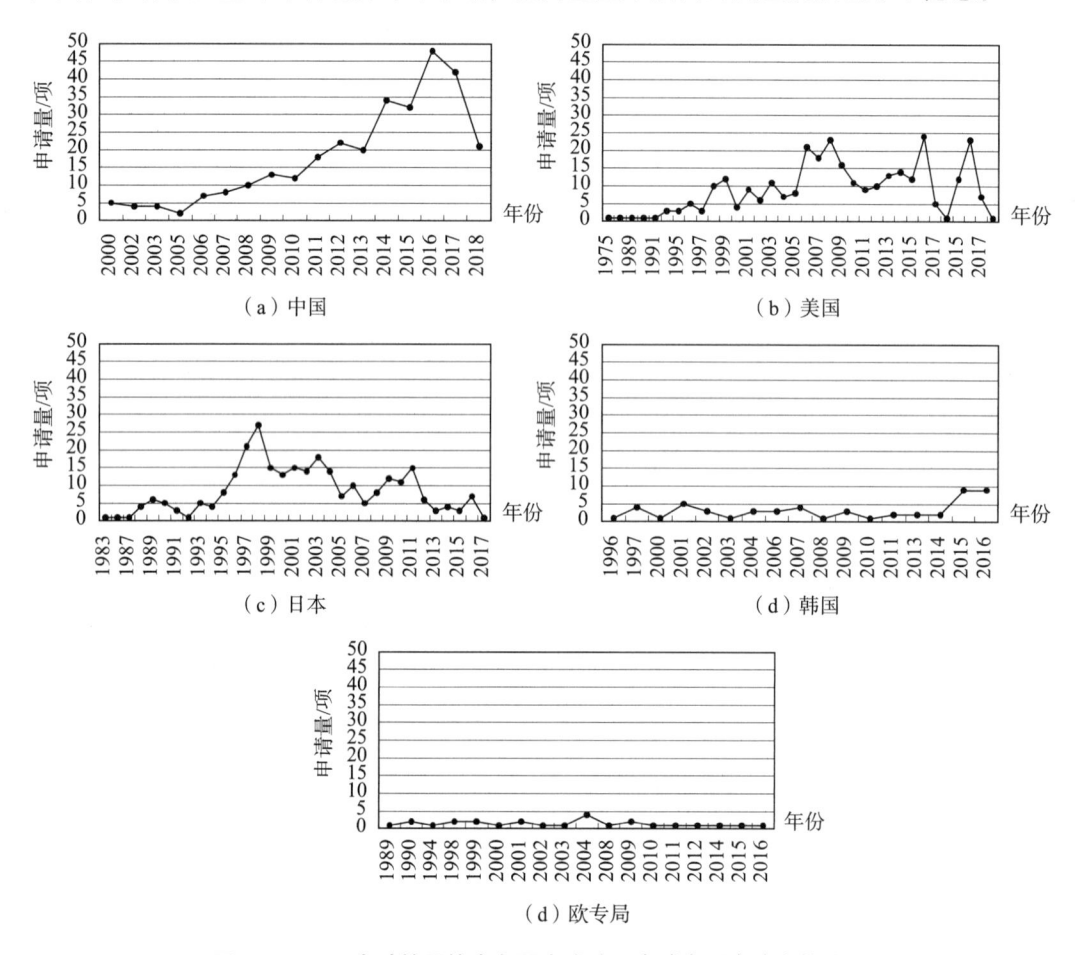

（a）中国

（b）美国

（c）日本

（d）韩国

（d）欧专局

图 12-1-5　自动摘要技术各国家或地区全球专利申请态势分析

表 12-1-1　自动摘要技术主要国家或地区申请量流向分布　　　　单位：项

技术来源国或地区	技术目标国家或地区				
	中国	美国	日本	韩国	欧专局
中国	280	10	2	0	3
美国	10	212	41	6	31
日本	6	16	242	2	8
韩国	2	5	4	37	3
欧专局	1	4	4	0	14

12.1.3 全球主要申请人分析

如图 12-1-6 所示，在全球申请人中，IBM 排名第一，日本的东芝、NTT 通信和施乐排名第二位至第四位，中国仅有百度进入前十，排名第十位。可以看出，在排名前十名的申请人中，中国和美国主要为互联网巨头，而日本为传统的通信厂商。

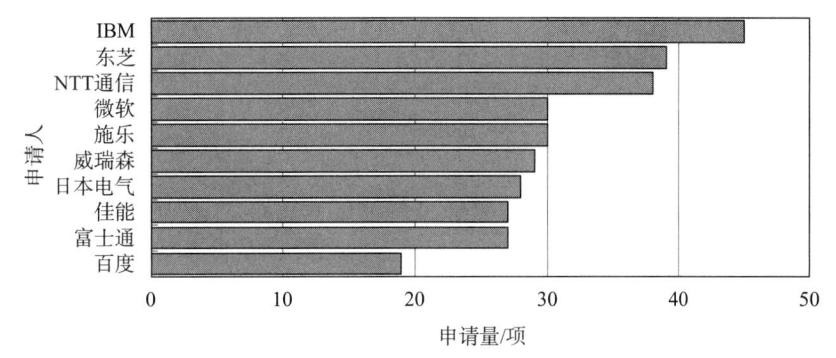

图 12-1-6 自动摘要技术全球主要申请人专利申请量排名

12.2 中国申请趋势分析

12.2.1 中国专利申请趋势分析

中国自动摘要技术历年申请量与全球类似，但起步较全球较晚。在 2005 年以前申请量较少，每年的申请量均不超过 10 件；2005 年后开始增长，随着深度学习应用于自动摘要，自动摘要技术在 2010 年以后开始攀升，近年来达到高峰（参见图 12-2-1）。

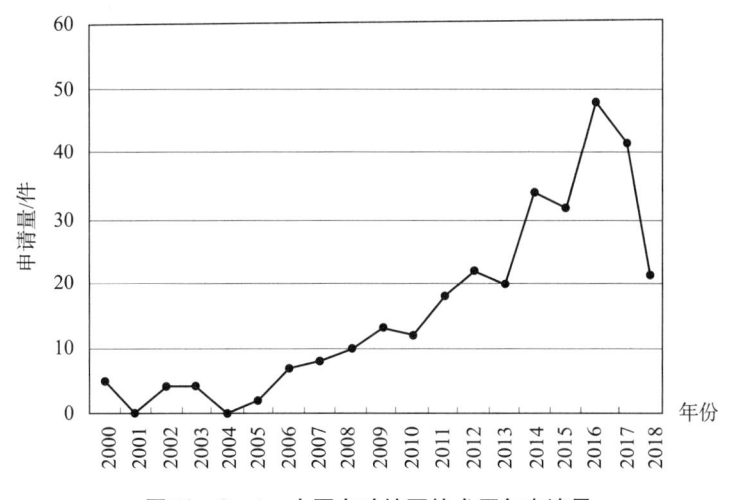

图 12-2-1 中国自动摘要技术历年申请量

12.2.2 中国主要申请人分析

中国主要申请人专利排名如图12-2-2所示,计量对象为专利申请国在中国的专利申请。国内各申请人的专利数量并不多,排名第一位的为百度,共有19件专利申请,具有一定优势。北京奇虎、北京大学和中国科学院分列第二位及第四位。但值得注意的是,IBM和微软为在华申请量的第八名,各有5件专利申请,具有较强实力。

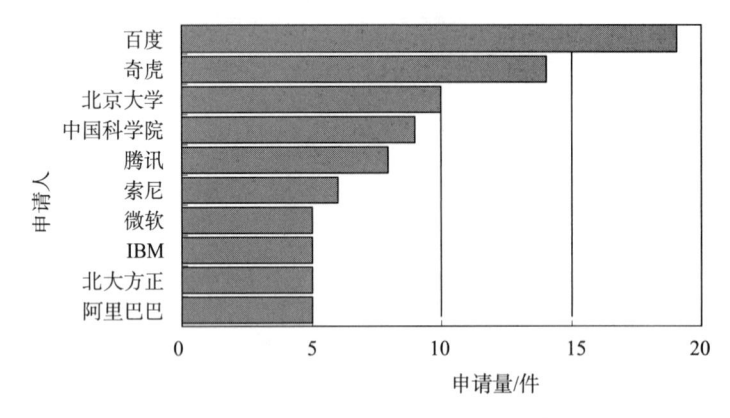

图12-2-2 中国自动摘要技术主要申请人专利申请量排名

中国主要创新主体专利申请量排名如图12-2-3所示,计量对象为专利优先权国在中国的专利。可以看出,这部分创新主体以企业为主,也有部分科研院所。其中百度以19件专利申请排名第一,北京奇虎和北京大学分列第二位和第三位。通过对比在华申请和来自中国的申请,可以发现,阿里巴巴、北京大学和腾讯均具有一定的海外布局。但是从申请量来看,国内的优势申请人想相对于国外巨头仍差距明显。

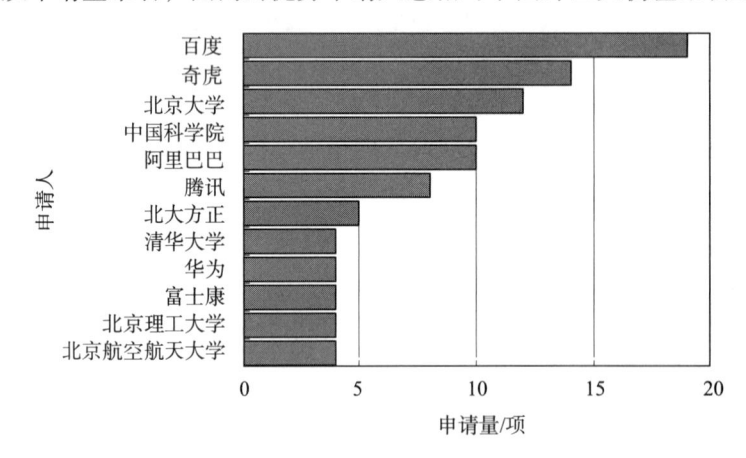

图12-2-3 中国自动摘要技术主要创新主体专利申请量排名

12.2.3 国内主要省份专利布局情况

国内主要省份专利申请情况如图12-2-4所示,北京排名第一位,广东和江苏分别排名第二位和第三位。由于科研院所和互联网公司总部大多位于北京，北京的申请量达到116件，相对于第二梯队的广东具有明显优势；而由于广东聚集了一定数量的互联网、通信企业，广东的申请量也达到了44件。整体而言，中国在自动摘要领域的申请量较低，省份之间差距明显。

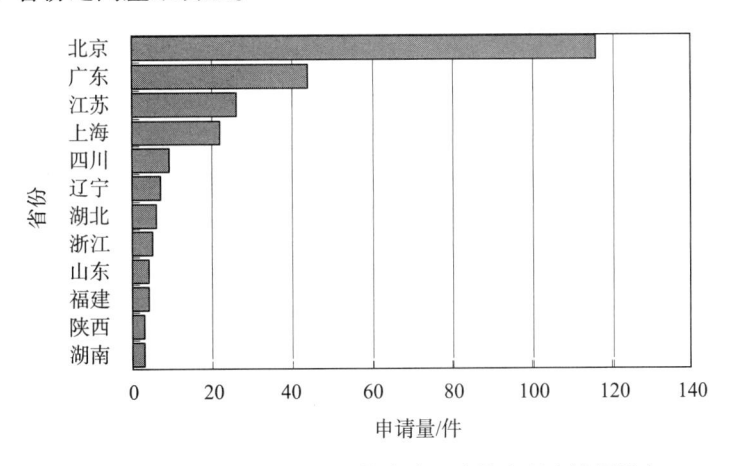

图12-2-4 中国自动摘要技术主要省份专利申请量排名

12.3 小　结

由前述分析可知，自动摘要技术起步较早，在统计模型和深度学习的推动下，经历了两轮快速增长。但是，相关技术不够成熟，申请量总体上仍较少。由于中国起步较晚，故虽然近年来增长迅速，但是中国在申请总量及优势申请人上仍缺乏明显优势。

第 13 章 主要结论

前述第 1~12 章分别对自然语言处理技术各技术分支从专利整体态势、重点技术分支和重要申请人进行了具体分析。通过以上分析,全面掌握了自然语言处理技术领域的专利技术现状。本章在以上各章分析基础上对自然语言处理专利技术的分析内容进行总结。

13.1 专利态势分析结论

13.1.1 全球态势分析

从全球专利申请趋势分析,自然语言处理基础起步于 19 世纪 70 年代,随着计算机技术和网络技术的发展,从 2000 年开始专利申请呈快速增长态势,年申请量接近 800 项。2010 年深度学习引入自然语言处理后,专利申请迎来新一轮的快速增长,专利申请年由每年 1000 项,快速增长到 2500 项。伴随着知识产权意识的提高和对人工智能的重视,来自中国的专利申请年申请量已经超过排名第二位的美国。但由于美国前期积累深厚以及中国申请人海外布局不足,中国成为最大的自然语言处理专利申请目标国(37%)和第二大技术来源国(34%)。

由于语言具地域性,各国家海外在布局均不高。但整体而言,中国 3% 的海外布局仍远低于全球 19% 的平均水平。在全球前十位的申请人中,中国占据 1 席,在中国,前十位的申请人中,来自海外的仅有微软和 IBM。

中国的应用/基础专利比为 1.5∶1,高于全球 1.35∶1 的平均水平,也低于美国(0.89∶1)、欧洲(0.53∶1),中国存在明显的重应用技术、轻基础技术情况。在基础技术上,中国专利申请总量略低于美国,但在引领自然语言处理技术发展的语言模型、知识图谱和语义分析方面实力已经接近美国。在应用技术上,中国专利申请量略高于美国;在诞生于大数据的情感分析、信息抽取方面占有一定优势,而在传统的机器翻译和自动摘要方向,实力要差于美国;在自动问答方向中美实力相当。就整体比例而言,中国在信息抽取方向占比畸高。

13.1.2 国内态势分析

国内申请量排名靠前的申请人主要为互联网公司和科研院所。由于具有数据优势和应用需求,互联网巨头百度、腾讯和阿里巴巴在专利申请量上尤其是应用技术专利申请量上排名靠前;中国科学院、北京大学、清华大学、浙江大学和苏州大学凭借其在自然语言处理基础技术方面的研究和各领域的广泛布局成为国内申请量最多的科研院所申请人。

13.2 重点技术分析结论

13.2.1 基础技术

虽然我国在词法分析领域起步较晚，但近5年来在该领域的发展也较为迅速。中国的核心优势在于分词技术，但在命名实体识别和词性标注方面与美国相比仍存在明显的短板，需要在命名实体识别和词性标注上进一步投入研发力量。中国在词法分析方面的创新主体除企业外，科研院所是一支不可忽视的力量，如何实现科研院所研究成果的专利化是一个十分重要的问题，未来要加强产学研结合，促进科研院所与企业之间的合作。百度、腾讯等核心企业应加强核心底层技术的研究，以应用技术的发展倒逼词法分析等基础技术的发展和进步。

在句法分析方面，我国与美国、日本存在较大差距，加大研发投入十分必要。同时，中国企业在该领域发力严重不足，技术产出远不如高校、科研院所，应以雄厚的资金促进研发，尽早形成在该领域具有重要影响力的核心申请人。句法分析技术的发展受到了人工智能技术发展的强烈刺激，受人工智能技术发展的影响较大。同时，未来基于人工智能的句法分析也是未来发展的主流，中国创新主体应抓住该技术发展机遇期，在句法分析方面进入第一阵营。

语义分析技术受到广泛的认可，近年来专利申请量急速增长。词语级语义分析技术相对成熟，句子级和篇章级是未来发展的主要方向；相对于基于词典和统计模型，无监督学习是词语级语义分析的主要方向；在句子级语义分析中，语义角色融合具有良好的发展前景。

语言模型技术的发展对推动自然语言处理应用技术的发展具有重大作用，近年来专利申请量急速增长。语言模型技术的特点决定了针对不同领域的应用，如在机器翻译、信息抽提、自动问答等领域分别发展出处理不同任务的专有模型，如最大熵模型和支持向量模型，然而最近的研究趋势是向适用领域更广的混合模型及能处理多模态任务的神经网络模型发展。

知识图谱是自然语言处理的一项重要的基础技术，近年来得到了广泛的认可和重视，且专利申请量也获得了快速的增长，发展前景良好。中国在该领域申请量虽位居第一，但仍存在技术分散、布局不够等问题。中国在该领域应继续加大研发，为信息检索、自动问答等应用技术的发展提供有力支撑。充分利用好深度学习、专家系统等人工智能技术，将其有效应用到知识库构建、实体关系学习等方面，不断优化知识图谱的有效性和准确性是知识图谱未来的主要发展方向。

13.2.2 应用技术

自动问答系统整体发展处于上升趋势，尤其是自2011年IBM的Watson系统在电视节目中击败人类后，开启了自动问答系统发展的新高潮。各大公司开始积极布局自动问答领域，并且成立相关产品和研发部门。IBM在2014年单独成立Watson事业部，围绕Watson系统进行深入布局，并且在以医疗为重要应用子方向进行技术深耕。微软先后推出任务型自动问答产品微软小娜和情感聊天机器人微软小冰，重点打造情感陪伴型智能聊天机器人。百度在2015年推出交互式人工智能秘书度秘，重点打造以人工智能为主要研发方向的自动问答产品。此外，随着技术的不断发展和用户综合性需求的不断提升，集成化、多功能化方向发展，能够用于情感聊天同时也能用于特定领域的检索问答是未来自动问答系统的主要发展方向。

机器翻译技术目前处于技术活跃期，近年来专利申请量急速增长。一方面，无论从产业规模、市场规模还是专利历年申请量方面，该行业均呈现出蓬勃向上的态势；另一方面，从目前的技术水平上看还存在很多不足，翻译质量欠佳，场景应用技术主要布局在语音实时翻译这一块，而对译文流畅度要求更高的篇章翻译则较少。我国应当继续加大投入，促进机器翻译技术发展。中国、美国和日本在专利数量上优势明显，虽然美国、日本在早期研发上了一步，然而机器翻译技术存在爆发性发展的特点，具体体现在机器翻译前期基于规则的方法由IBM开拓，早期发展主要由日本企业跟进，中期由微软等互联网巨头主导，然而当下的基于深度神经网络的机器翻译刚刚起步，完全不同于以前的机器翻译架构，而中国在人工智能技术研发上并不落后。

中国在情感分析的专利申请量已经超越美国，中美两国的专利申请量均呈快速增长态势。无论在全球申请人还是在华申请人中，中国申请人在数量上均具有一定优势，但是中国申请人的申请量相对于排名第一位的IBM差距明显，且以科研院所为主。同时，排名前十位的中国申请人均没有在海外进行布局，中国申请人开拓海外市场时存在较大的知识产权风险。

自动摘要技术起步较早，在统计模型和深度学习的推动下，经历了两轮快速增长。但是，相关技术不够成熟，申请量总体上仍较少。由于中国起步较晚，故虽然中国近年来增长迅速，但是中国在申请总量及优势申请人上仍缺乏明显优势。

信息抽取技术领域中国专利申请总量全球第一，美国占比非常少。但是中国申请人海外专利申请占比远远低于美国申请人的海外申请占比。这也从一定程度反映出中国在信息抽取技术方向研究存在大而不强的问题，也缺少将研发技术进行全球专利布局的布局意识，存在海外布局风险。

附录　主要申请人名称约定表

申请人约定名称	对应的申请人名称（不同表达方式以分号分隔）
三星	三星电子株式会社； 三星 SDI 株式会社； 北京三星通信技术研究有限公司； 天津三星电子有限公司； 苏州三星电子有限公司； 三星电子（中国）研发中心； SAMSUNG ELECTROINCS CO. LTD.； SAMSUNG ELECTROINCS CO. LTD.； SAMSUNG SDI CO. LTD.； SAMSUNG MOBILE DISPLAY CO. LTD. （SMSU）SAMSUNG DISPLAY
西门子	西门子公司； 西门子股份公司 西门子医疗保健诊断公司； 西门子（深圳）磁共振有限公司； 西门子磁体技术有限责任公司； 上海西门子医疗器械有限公司； 美国西门子医疗解决公司； SIEMENS AG； SIEMENS AKTIENGESELLSCHAFT； SIEMENS HEALTHCARE GMBH； （SIEI）SIEMENS HEALTHCARE GMBH
谷歌	谷歌公司； 谷歌有限责任公司； 谷歌技术控股有限责任公司； 谷歌科技控股有限责任公司； 谷歌股份有限公司； 耐斯特实验公司； 谷歌有限公司； GOOGLE

续表

申请人约定名称	对应的申请人名称（不同表达方式以分号分隔）
谷歌	GOOGLE INC.； GOOGLE INC.； GOOGLE LLC.； （GOOG）GOOGLE INC.； GOOGLE TECHNOLOGY HOLDINGS LLC.； DMARC BROADCASTING INC.； WAYMO LIC.； Chronicle
Mobileye	御眼视觉技术有限公司； 移动眼视力科技有限公司； 摩比莱耶科技有限公司； MOBILEYE VISION TECHNOLOGIES LTD.； MOBILEYE TECHNOLOGIES LTD.； （MOBI-N）MOBILEYE VISION TECHNOLOGIES
松下	松下电器产业株式会社； 松下知识产权经营株式会社； 松下电工株式会社； 松下电子工业株式会社； 松下电气机器（北京）有限公司； MASUSHITA ELECTRIC IND CO. LTD.； PANASONIC CORP.； PANASONIC CORPORATION； PANASONIC INTELLECTUAL PROPERTY CORP.
福特	福特全球技术公司； 福特环球技术公司； 福特汽车公司； FORD MOTOR CO.； FORD GLOBAL TECH INC.； FORD GLOBAL TECHNOLOGIES LLC.
通用	通用汽车公司； 通用电气公司； 上海通用汽车有限公司； 通用汽车环球科技运作公司； 通用汽车环球科技运作有限责任公司； GEN ELECTRIC； GM GLOBAL TECH OPERATIONS INC.； GM GLOBAL TECHNOLOGY OPERATIONS INC.

续表

申请人约定名称	对应的申请人名称（不同表达方式以分号分隔）
丰田	丰田自动车株式会社； 丰田车体株式会社； 株式会社丰田中央研究所； TOYOTA MOTOR CORP.； TOYOTA MOTOR CO. LTD.； TOYOTA MOTOR CORPARATION
歌乐	歌乐株式会社； 株式会社歌乐； CLARION CO. LTD.； CLARION CO. LTD.
富士康	富士康科技集团； 富士康科技股份有限公司； FOXCONN TECH CO LTD.； FOXCONN INTERCONNECT TECHNOLOGY LTD.； FOXCONN ADVANCED TECH INC； FOXCONN PRECISION COMPONENTS CO. LTD.
施乐	施乐公司； 富士施乐株式会社； FUJI XEROX CO. LTD.； XEROX CORP.； FUJITSU XEROC CORP.； XEROC CORP.（US）； FUJITSU XEROC CO. LTD.（JP）
日本电气	日本电气株式会社； 日本电气硝子株式会社； 日本电气工程株式会社； 日本电气方案创新株式会社； NEC液晶技术株式会社； NEC卡西欧移动通信株式会社； NEC CROP.； NIPPON ELECTRIC CO.； NEC ELECTRONICS CROP.

续表

申请人约定名称	对应的申请人名称（不同表达方式以分号分隔）
NTT通信	NTT通信公司； NTT通信株式会社； NIPPON TELEGRAPH & TELEPHONE； NTT COMM CORP.； NTT COMMUNICATIONS CORP.； NTT COMMUNICATIONS KK； NTT ADVANCED TECH KK； NTT PLALA INC.； NTT COMWARE CORP.
飞利浦	皇家飞利浦电子股份有限公司； 皇家飞利浦有限公司； 飞利浦（中国）投资有限公司； KONINKL PHILIPS ELECTRONICS NV； KONINKLIJKE PHILIPS ELECTRONICS NV
东芝	株式会社东芝； 东芝医疗系统株式会社； 东芝公司； TOSHIBA CORP.； KABUSHIKI KAISHA TOSHIBA； TOSHIBA KK； TOSHIBA MEDICAL SYSTEMS CORPARATION
佳能	佳能公司； 佳能株式会社； 佳能电子株式会社； CANON KK； CANON INC.； CANON CORP.
日立	株式会社日立制作所； 日立汽车系统株式会社； 株式会社日立高新技术； HITACHI LTD.； HATICHI APPLIANCES INC.； HITACHI HIGH TECH CORP.

续表

申请人约定名称	对应的申请人名称（不同表达方式以分号分隔）
微差通信	微差通信公司； 微差通信奥地利有限责任公司； NUANCE COMM INC. ； NUANCE COMMUNICATIONS AUSTRIA GMBH
美国电话电报	美国电话电报公司； AMERICAN TELEPHONE & TELEGRAPH CO. ； AT & T CORP. ； AT & T BELL LAB
SAP	思爱普有限公司； SAP 股份公司； SAP 欧洲公司； SAP AG； SAP SE； SAP EURO CO. ； SAP SA； SAP PRODUCTS LTD.
IBM	国际商业机器公司； 国际商用机器公司； IBM； IBM CORPARATION； INTERNATIONAL BUSINESS MACHINES CORP.
微软	微软公司； 微软技术许可有限责任公司； 微软国际控股私有有限公司； 微软技术授权有限责任公司； MICROSOFT CORP. ； MICROSOFT CORPORATION； MICROSOFT TECHNOLOGY LICENSING LLC.
苹果	苹果公司； 苹果电脑公司； 苹果电脑有限公司； APPLE INC. ； APPLE COMPUTER

续表

申请人约定名称	对应的申请人名称（不同表达方式以分号分隔）
LG	LG电子株式会社； 乐金显示有限公司； 乐金电子（中国）研究开发中心有限公司； LG ELECTRONICS INC.； LG DISPLAY CO. LTD.
黑莓	黑莓有限公司； 捷讯研究有限公司； BLACKBERRY CO. LTD.； BLACKBERRY LTD.； RESEARCH IN MOTION LTD.
甲骨文	甲骨文国际公司； 甲骨文美国公司； ORACLE INT CORP.； ORACLE INTERNATIONAL CORPORATION； ORACLE AMERICA INC.； BEA系统公司； BEA SYSTEMS INC.
Facebook	脸谱公司； FACEBOOK INC.
迈思慧公司	迈思慧公司； MYSCRIPT
中国科学院	中科院； 中国科学院； 中国科学院微电子研究所； 中国科学院技术技术研究所； 中国科学院自动化研究所； 中国科学院深圳先进技术研究院； INSTITUE OF CHINESE ACADEMY OR CHINA
商汤科技	北京市商汤科技开发有限公司； 深圳市商汤科技有限公司； 浙江商汤科技开发有限公司； SENSETIME； BEIJING SENSETIME CO. LTD.

续表

申请人约定名称	对应的申请人名称（不同表达方式以分号分隔）
旷视科技	北京旷视科技有限公司； 北京迈格威科技有限公司； 北京小孔科技有限公司； MEGVII INC； MEGVII TECHNOLOGY LIMITED
百度	百度在线网络技术（北京）有限公司； 北京百度网讯科技有限公司； 百度国际科技（深圳）有限公司； BEIJING BAIDU NETCOM SCIENCE AND TECHNOLOGY CO. LTD.； BAIDU SCI & TECHNOLOGY CO.
腾讯	腾讯科技（深圳）有限公司； 腾讯科技（北京）有限公司； 深圳市腾讯计算机系统有限公司； TENCENT TECH SHENZHEN CO. LTD.； TENCENT INC.
中兴	中兴通讯股份有限公司； 深圳中兴网信科技有限公司； 深圳市中兴移动通信有限公司； 深圳市中兴微电子技术有限公司； 南京中兴软件有限责任公司； ZTE CROP.； ZTE COMMUNICATION CO. LTD.； SHENZHEN ZTE MOBILE TECH CO. LTD.
阿里巴巴	阿里巴巴集团控股有限公司； 阿里巴巴公司； 广州阿里巴巴文学信息技术有限公司； ALIBABA GROUP HOLDING LTD.； ALIBABA CO.
华为	华为技术有限公司； 华为终端有限公司； 深圳华为通信技术有限公司； 华为软件技术有限公司； HUAWEI TECH CO. LTD.； HUAWEI DEVICE CO. LTD.； SHENZHEN HUAWEI COMM TECH CO.

续表

申请人约定名称	对应的申请人名称（不同表达方式以分号分隔）
武汉传神	武汉传神信息技术有限公司； 传神联合（北京）信息技术有限公司； 语联网（武汉）信息技术有限公司； 武汉传神网络科技股份有限公司； WUHAN TRANSN INFORMATION TECHNOLOGY CO. LTD.； YULIANWANG INFORMATION TECHNOLOGY WUHAN； TRANSN（BEIJING）INFORMATION TECHNOLOGY CO. LTD.
科大讯飞	科大讯飞股份有限公司； 安徽科大讯飞信息科技股份有限公司； IFLYTEK CO LTD.； ANHUI USTC IFLYTEK CO. LTD.
中译语通	中译语通科技股份有限公司； 中译语通科技（北京）有限公司； 中译语通科技（青岛）有限公司； GLOBAL TONE COMMUNICATION TECH CO. LTD.
搜狗	北京搜狗科技发展有限公司； 北京搜狗信息服务有限公司； BEIJING SOGOU TECHNOLOGY DEVELOPMENT CO. LTD； BEIJING SOGOU INFPRMATION SERVICE CO. LTD.
奇虎	北京奇虎科技有限公司； 奇智软件（北京）有限公司； 奇酷互联网络科技（深圳）有限公司； BEIJING QIHOO TECHNOLOGY CO. LTD.； QIZHI SOFTWARE（BEIJING）CO. LTD.
北京知道未来	北京知道未来信息技术有限公司； BEIJING ZHIDAO WEILAI INFORMATION TECH CO. LTD.； BEIJING KNOW FUTURE INFORMATION TECHNOLOGY CO. LTD.
上海智臻智能	上海致臻智能网络科技股份有限公司； 上海智臻网络科技有限公司； SHANGHAI ZHIZHEN INTELLIGENT NETWORK TEC.

续表

申请人约定名称	对应的申请人名称（不同表达方式以分号分隔）
竹间智能	竹间智能科技（上海）有限公司； EMOTIBOT TECHNOLOGIES LTD.
北京光年无限科技	北京光年无限科技有限公司； BEIJING GUANGNIAN WUXIAN SCIENCE & TECH CO. LTD.
大华技术	浙江大华技术股份有限公司； 浙江大华信息技术股份有限公司； ZHEJIANG DAHUA TECHNOLOGY CO. LTD.
海康威视	杭州海康威视数字技术股份有限公司； 杭州海康威视系统技术有限公司； 杭州海康威视软件有限公司； 杭州海康威视数字技术有限公司； HIKVISION DIGITAL TECH CO. LTD.
联影医疗	上海联影医疗科技有限公司； 武汉联影医疗科技有限公司； 深圳联影医疗科技有限公司； SHANGHAI UNITED IMAGING HEALTHCARE CO. LTD.
英业达	英业达股份有限公司； 英业达科技有限公司； YINGYEDA CO LTD. ； INVENTEC CORP. ； INVENTEC TECHNOLOGY CO. LTD.

图 索 引

关键技术一　计算机视觉

图 1-2-1　计算机视觉产业发展历程 （14）
图 1-2-2　2010～2017 年 ImageNet 图像识别错误率 （15）
图 1-3-1　计算机视觉的技术分支图 （16）
图 2-1-1　计算机视觉技术全球专利申请趋势 （18）
图 2-1-2　计算机视觉技术全球专利申请来源国家或地区 （18）
图 2-1-3　计算机视觉技术全球专利申请目标国家或地区 （18）
图 2-1-4　计算机视觉技术全球主要专利申请人排名 （19）
图 2-2-1　计算机视觉技术中国专利申请趋势 （20）
图 2-2-2　计算机视觉技术中国主要专利申请人排名 （21）
图 2-2-3　计算机视觉技术国内主要省份专利申请量排名 （21）
图 2-3-1　计算机视觉技术类一级分支专利申请量占比 （22）
图 2-3-2　图像技术各二级分支专利申请量占比 （22）
图 2-3-3　视频技术各二级分支专利申请量占比 （23）
图 2-3-4　计算机视觉技术类各分支专利申请趋势 （24）
图 2-3-5　计算机视觉应用类各分支专利申请趋势 （26）
图 2-3-6　计算机视觉应用类各分支专利申请趋势 （27）
图 3-1-1　智能网联汽车视觉技术历年申请量 （32）
图 3-1-2　智能网联汽车视觉技术申请目标国家或地区 （32）
图 3-1-3　智能网联汽车视觉技术申请来源国家或地区 （32）
图 3-1-4　智能网联汽车视觉技术全球主要申请人专利申请量排名 （33）
图 3-1-5　智能网联汽车视觉技术在华历年申请量 （37）
图 3-1-6　智能网联汽车视觉技术在华主要申请人申请量排名 （38）
图 3-1-7　智能网联汽车视觉技术在华技术领域分布 （39）
图 3-1-8　智能网联汽车计算机视觉技术路线图 （41~42）
图 3-2-1　智能安防影像分析技术全球专利申请趋势 （50）
图 3-2-2　智能安防影像分析技术全球专利布局目标国家或地区 （50）
图 3-2-3　智能安防影像分析技术全球专利主要目标国家或地区申请趋势 （51）
图 3-2-4　智能安防影像分析技术全球专利申请来源国家或地区 （51）
图 3-2-5　智能安防影像分析技术全球专利主要来源国家或地区申请趋势 （52）
图 3-2-6　智能安防影像分析技术全球主要专利申请人排名 （53）
图 3-2-7　智能安防影像分析技术各一级分支申请量占比分布 （53）
图 3-2-8　生物特征识别技术下各二级分支申请量占比分布 （53）
图 3-2-9　智能安防影像分析技术各一级分支专利申请趋势 （54）
图 3-2-10　生物特征识别技术下各二级分支专利申请趋势 （54）

图 3－2－11	智能安防影像分析技术在华专利申请趋势 （57）
图 3－2－12	智能安防影像分析技术在华主要申请人排名 （57）
图 3－2－13	智能安防影像分析技术在华各一级分支申请量占比分布 （58）
图 3－2－14	生物特征识别技术下在华各二级分支申请量占比分布 （58）
图 3－2－15	人脸识别技术路线图 （彩图1）
图 3－3－1	医疗影像技术全球专利申请历年申请量 （66）
图 3－3－2	医疗影像技术全球专利申请目标国家或地区 （66）
图 3－3－3	医疗影像技术全球专利申请来源国或地区 （66）
图 3－3－4	医疗影像技术全球主要申请人专利申请量排名 （67）
图 3－3－5	医疗影像技术第二级技术分支申请量分布 （68）
图 3－3－6	医疗影像技术国内专利历年申请量 （70）
图 3－3－7	医疗影像技术国内主要申请人专利申请量排名 （71）
图 3－3－8	医疗影像技术国内主要创新主体专利申请量排名 （71）
图 3－3－9	医疗影像技术国内技术领域分布 （72）
图 3－3－10	医疗影像技术技术路线图 （74～75）
图 3－4－1	金融安全技术全球专利申请趋势 （81）
图 3－4－2	金融安全技术全球专利布局目标国家或地区 （82）
图 3－4－3	金融安全技术全球专利布局主要目标国家或地区申请趋势 （82）
图 3－4－4	金融安全技术全球专利申请来源国家或地区 （83）
图 3－4－5	金融安全技术全球专利主要来源国家或地区申请趋势 （83）
图 3－4－6	金融安全技术全球主要专利申请人排名 （84）
图 3－4－7	金融安全技术各一级分支申请量占比分布 （85）
图 3－4－8	金融安全技术各二级分支申请量占比分布 （85）
图 3－4－9	金融安全技术各一级分支专利申请趋势 （85）
图 3－4－10	金融安全技术各二级分支专利申请趋势 （86）
图 3－4－11	金融安全技术在华专利申请趋势 （88）
图 3－4－12	金融安全技术在华主要申请人排名 （89）
图 3－4－13	金融安全技术中国各一级分支申请量占比分布 （90）
图 3－4－14	金融安全技术中国各二级分支申请量占比分布 （90）
图 4－1－1	Mobileye 传统/新兴计算机视觉技术占比 （94）
图 4－1－2	Mobileye 传统和新兴计算机视觉技术申请趋势 （94）
图 4－1－3	Mobileye 专利技术申请来源国家或地区 （95）
图 4－1－4	Mobileye 专利技术申请目标国家或地区 （95）
图 4－1－5	Mobileye 新兴技术专利分布 （95）
图 4－1－6	Mobileye 传统技术专利分布 （95）
图 4－1－7	图像处理传统技术专利申请分布 （96）
图 4－1－8	图像处理新兴技术专利申请分布 （97）
图 4－1－9	图像处理技术相关技术专利量分布 （97）
图 4－1－10	Mobileye 技术发展路线图一 （98）
图 4－1－11	Mobileye 技术发展路线图二 （100）
图 4－1－12	EyeQ1～2 产品专利保护情况 （101）
图 4－1－13	EyeQ3 产品专利保护情况 （102）
图 4－1－14	道路管理系统专利布局情况 （102）
图 4－1－15	Mobileye 重要发明人网络图 （103）
图 4－2－1	商汤科技专利申请趋势 （105）
图 4－2－2	商汤科技专利区域布局情况 （105）
图 4－2－3	商汤科技专利申请领域分布情况

图4-2-4 商汤科技核心技术路线 （彩图2）（107）
图4-2-5 商汤科技主要发明人排名 （115）
图4-2-6 商汤科技身份验证技术主要发明人排名 （116）
图4-3-1 旷视科技专利申请量趋势 （118）
图4-3-2 旷视科技专利技术主题分布 （120）
图4-3-3 旷视科技专利技术主题占比 （121）
图4-3-4 旷视科技在计算机视觉技术分支对应技术效果的专利分布 （122）
图4-3-5 旷视科技在活体检测的技术路线 （124）
图4-4-1 计算机视觉医疗领域西门子专利申请年分布量 （125）
图4-4-2 2004~2018年计算机视觉医疗领域专利申请目标国家或地区 （126）
图4-4-3 2004~2018年计算机视觉医疗领域来源国家或地区 （126）
图4-4-4 计算机视觉领域西门子各技术分支占比 （126）
图4-4-5 计算机视觉领域西门子技术路线 （128~129）
图4-4-6 联影医疗专利布局 （130）

关键技术二 自然语言处理

图1-3-1 各细分领域人工智能公司获投额情况 （152）
图1-4-1 自然语言处理技术分支 （153）
图2-1-1 自然语言处理全球专利申请趋势 （155）
图2-1-2 自然语言处理技术专利申请目标国家或地区 （156）
图2-1-3 自然语言处理技术主要目标国家或地区专利申请态势 （156）
图2-1-4 自然语言处理技术申请来源国家或地区 （157）
图2-1-5 自然语言处理技术主要来源国家或地区专利申请态势 （157）
图2-1-6 自然语言处理技术全球主要申请人专利申请量排名 （158）
图2-1-7 自然语言处理一级技术分支占比分析 （158）
图2-1-8 自然语言处理一级技术分支历年申请量 （159）
图2-1-9 中国自然语言处理技术历年申请量 （160）
图2-1-10 自然语言处理中国主要申请人专利申请量排名 （160）
图2-1-11 自然语言处理国内主要创新主体专利申请量排名 （160）
图2-1-12 自然语言处理技术主要省份专利申请量 （161）
图2-1-13 自然语言处理技术中国技术领域分布 （162）
图2-1-14 自然语言处理技术国内技术领域历年专利申请量变化 （162）
图2-2-1 全球基础技术各技术分支占比分析 （163）
图2-2-2 基础技术各技术分支专利申请态势 （164）
图2-2-3 中国基础技术各二级分支的占比分析 （165）
图2-2-4 中国基础技术二级分支专利申请态势 （166）
图2-3-1 全球自然语言处理应用技术各技术分支申请量占比分析 （168）
图2-3-2 全球自然语言处理应用技术各技术分支专利申请态势 （168）
图2-3-3 中国的应用技术各二级分支的占比情况 （170）
图2-3-4 中国应用技术各二级分支专利申请态势 （170）
图3-1-1 词法分析全球专利申请趋势 （174）
图3-1-2 词法分析中国专利申请趋势 （174）
图3-2-1 词法分析全球主要技术来源国家或地区申请量占比 （175）
图3-2-2 词法分析全球主要技术来源国家或地区申请量趋势 （175）
图3-2-3 词法分析目标地申请量占比图 （176）
图3-2-4 词法分析技术主要目标地申请趋势 （176）
图3-3-1 词法分析全球主要申请人申请量排

图索引

图 3-3-2 词法分析全球排名前三位申请人历年申请量趋势 （178）
图 3-3-3 词法分析在华主要申请人及其申请量排名 （178）
图 3-3-4 词法分析国内申请主要发明人及其申请量排名 （179）
图 3-4-1 国内词法分析技术来源地申请量分布 （180）
图 3-5-1 词法分析技术构成 （180）
图 3-5-2 词法分析全球专利技术构成 （183）
图 3-5-3 全球词法分析各技术构成专利申请趋势 （183）
图 3-5-4 词法分析中国专利申请技术构成 （184）
图 3-5-5 词法分析中国各技术构成申请趋势 （185）
图 3-6-1 分词技术发展路线 （188）
图 3-6-2 词性标注技术发展路线 （191）
图 3-6-3 命名实体识别技术发展路线 （193）
图 4-1-1 句法分析全球专利申请趋势 （195）
图 4-1-2 句法分析中国专利申请趋势 （196）
图 4-2-1 句法分析全球主要技术来源国家或地区申请量占比 （196）
图 4-2-2 句法分析全球主要技术来源国家或地区申请量趋势 （197）
图 4-2-3 句法分析全球主要技术目标地申请量占比 （197）
图 4-2-4 句法分析全球主要技术目标地申请量趋势 （198）
图 4-2-5 国内句法分析技术来源地申请量分布 （199）
图 4-3-1 句法分析全球主要申请人申请量排名 （200）
图 4-3-2 句法分析全球前三位申请人的申请趋势 （200）
图 4-3-3 句法分析在华主要申请人申请量排名 （201）
图 4-4-1 句法分析技术构成 （202）
图 4-4-2 句法分析全球专利技术构成 （202）
图 4-4-3 句法分析各技术分支构成专利申请趋势 （202）

图 4-4-4 句法分析中国专利技术构成 （203）
图 4-4-5 句法分析中国各技术构成申请趋势 （204）
图 5-1-1 语义分析全球专利申请态势 （207）
图 5-1-2 语义分析技术全球专利申请目标国家或地区 （207）
图 5-1-3 语义分析技术目标地全球专利历年申请量 （208）
图 5-1-4 语义分析技术全球专利申请来源国家或地区 （208）
图 5-1-5 语义分析技术来源地全球专利申请态势 （209）
图 5-1-6 全球语义分析主要申请人专利申请量排名 （210）
图 5-1-7 全球语义分析技术各二级技术分支占比 （210）
图 5-1-8 语义分析技术全球各分支历年申请量 （211）
图 5-1-9 中美语义分析技术各技术分支申请趋势分析 （212）
图 5-1-10 在华语义分析技术历年申请量 （213）
图 5-1-11 语义分析技术在华主要申请人专利申请量排名 （214）
图 5-1-12 语义分析技术国内主要创新主体专利申请量排名 （214）
图 5-1-13 中国语义分析的专利申请技术领域分布 （215）
图 5-2-1 词语级语义分析技术发展路线 （217）
图 5-2-2 词语级语义重要申请人专利技术分析 （彩图3）
图 5-3-1 句子级语义专利技术发展路线 （219）
图 5-3-2 句子级语义重要申请人分析 （225）
图 5-4-1 篇章级语义技术发展路线 （227）
图 5-4-2 篇章级语义分析重要申请人分析 （231）
图 6-1-1 语言模型技术历年全球专利申请量 （235）
图 6-1-2 语言模型技术主要申请目标国家或地区占比 （235）

图6-1-3 语言模型技术主要国家或地区历年申请量（236）
图6-1-4 语言模型技术申请来源国家或地区占比（236）
图6-1-5 语言模型技术申请来源国家或地区历年申请量（237）
图6-1-6 语言模型技术全球主要申请人专利申请量排名（238）
图6-1-7 重要申请人-微软语言模型技术发明人排名（238）
图6-1-8 重要申请人-微软语言模型技术发明人关系图（239）
图6-2-1 中国语言模型技术历年申请量（239）
图6-2-2 语言模型技术中国主要申请人专利申请量排名（240）
图6-2-3 语言模型技术国内主要创新主体专利申请量排名（240）
图6-2-4 语言模型技术国内前十名省份专利布局情况（241）
图7-2-1 知识图谱历年全球专利申请量（243）
图7-2-2 知识图谱目标国家或地区申请占比（244）
图7-2-3 知识图谱主要国家或地区历年申请量（244）
图7-2-4 知识图谱来源国家或地区申请占比（245）
图7-2-5 知识图谱申请来源国家或地区历年申请量（245）
图7-2-6 知识图谱全球主要申请人专利申请量排名（246）
图7-3-1 知识图谱国内历年申请量（247）
图7-3-2 知识图谱中国主要申请人专利申请量排名（248）
图7-3-3 知识图谱中国主要创新主体专利申请量排名（248）
图7-3-4 知识图谱主要省份专利布局情况（249）
图8-2-1 自动问答系统全球专利申请趋势（252）
图8-2-2 自动问答系统专利申请来源国家或地区（253）
图8-2-3 自动问答系统专利申请来源国家或地区专利申请趋势（254）
图8-2-4 自动问答系统专利申请目标国家或地区（254）
图8-2-5 自动问答系统专利申请目标国家或地区专利申请趋势（255）
图8-2-6 自动问答系统全球重要专利申请人申请量排名（256）
图8-2-7 自动问答系统全球前30重要专利申请人国别分布（256）
图8-2-8 自动问答系统在华专利申请趋势图（257）
图8-2-9 自动问答系统在华专利申请技术来源国家或地区（257）
图8-2-10 自动问答系统在华重要申请人排名（258）
图8-2-11 自动问答系统国内重要申请人排名（258）
图8-2-12 自动问答系统主要省份专利申请量排名（258）
图8-2-13 自动问答系统北京、广东、上海专利申请趋势（259）
图8-3-1 IBM自动问答系统专利申请全球趋势（262）
图8-3-2 IBM自动问答系统全球专利申请布局（262）
图8-3-3 IBM自动问答系统功能领域分类占比（262）
图8-3-4 IBM自动问答系统功能领域分类申请趋势（263）
图8-3-5 IBM自动问答系统回复生成方式分类占比（263）
图8-3-6 IBM自动问答系统回复生成方式分类申请趋势（263）
图8-3-7 Watson系统和Watson医疗辅助系统的重要专利路线（彩图4）
图8-3-8 IBM发明人专利申请量排名（269）
图8-3-9 微软自动问答系统专利申请全球趋势（271）
图8-3-10 微软自动问答系统全球专利申请布局（272）

图 索 引

图 8-3-11　微软自动问答系统功能领域分类占比　（272）

图 8-3-12　微软自动问答系统功能领域分类申请趋势　（272）

图 8-3-13　微软自动问答系统回复生成方式分类占比　（273）

图 8-3-14　微软自动问答系统回复生成方式分类申请趋势　（273）

图 8-3-15　微软自动问答产品小冰发展路程及相关专利申请　（277）

图 8-3-16　微软自动问答系统技术发明人专利申请量排名　（278）

图 8-3-17　百度自动问答系统专利申请全球趋势　（279）

图 8-3-18　百度自动问答系统全球专利申请布局　（279）

图 8-3-19　百度自动问答系统功能领域分类占比　（280）

图 8-3-20　百度自动问答系统功能领域分类申请趋势　（280）

图 8-3-21　百度自动问答系统回复生成方式分类占比　（280）

图 8-3-22　百度自动问答系统回复生成方式分类申请趋势　（281）

图 8-3-23　百度自动问答系统围绕度秘的专利技术路线图　（彩图5）

图 8-3-24　百度自动问答系统发明人专利申请量排名　（285）

图 9-1-1　基于规则的机器翻译流程　（288）

图 9-1-2　机器翻译系统产业及专利发展脉络（彩图6）

图 9-1-3　机器翻译系统技术全球历年申请量趋势　（293）

图 9-1-4　机器翻译系统技术申请目标国家或地区占比情况　（294）

图 9-1-5　机器翻译系统技术主要国家或地区历年申请量　（294）

图 9-1-6　机器翻译系统技术申请来源国家或地区占比　（295）

图 9-1-7　机器翻译系统技术主要技术来源国家或地区历年申请量趋势　（295）

图 9-1-8　机器翻译系统技术全球主要申请人专利申请量排名　（296）

图 9-1-9　机器翻译系统技术各技术主题历年专利申请量趋势　（297）

图 9-1-10　机器翻译系统技术各技术主题全球专利申请量占比　（297）

图 9-1-11　机器翻译系统技术中国专利历年申请量　（300）

图 9-1-12　机器翻译系统技术国内和国外来华专利申请量趋势　（300）

图 9-1-13　机器翻译系统技术中国主要申请人专利申请量排名　（301）

图 9-1-14　机器翻译系统技术国内主要创新主体专利申请量排名　（302）

图 9-1-15　机器翻译系统技术各技术主题在华专利申请量占比　（302）

图 9-2-1　微软全球专利申请目标国家或地区分布情况　（306）

图 9-2-2　微软全球专利申请历年申请区域分布情况　（307）

图 9-2-3　微软发明人专利申请量排名　（309）

图 9-2-4　微软发明人关系图　（310）

图 9-2-5　谷歌全球专利申请目标国家或地区分布情况　（311）

图 9-2-6　谷歌全球专利申请历年申请区域分布情况　（311）

图 9-2-7　谷歌发明人专利申请量排名　（313）

图 9-2-8　谷歌发明人关系图　（314）

图 9-2-9　百度全球专利申请目标国家或地区分布情况　（315）

图 9-2-10　百度发明人专利申请量排名　（316）

图 9-2-11　百度发明人关系图　（317）

图 9-2-12　微软、谷歌、百度3家公司历年专利申请趋势　（318）

图 9-2-13　微软、谷歌、百度三家公司在机器翻译各技术分支申请量　（318～319）

图 10-1-1　情感分析全球专利申请态势　（321）

图 10-1-2　情感分析技术全球申请目标国家或地区占比　（321）

图 10-1-3　情感分析技术全球主要国家或地区专利申请态势　（321～322）

图 10-1-4　情感分析技术全球申请来源国家

357

图10-1-5	情感分析技术全球主要国家或地区占比 (322)
图10-1-5	情感分析技术全球主要国家或地区专利申请态势 (322)
图10-1-6	情感分析技术全球申请人专利申请量排名 (323)
图10-2-1	中国情感分析技术历年申请量 (324)
图10-2-2	中国情感分析技术主要申请人申请量排名 (324)
图10-2-3	国内情感分析技术主要创新主体专利申请量排名 (325)
图10-2-4	国内情感分析技术主要省份专利申请量排名 (325)
图11-2-1	信息抽取技术全球专利申请趋势 (327)
图11-2-2	信息抽取技术专利申请来源国家或地区 (327)
图11-2-3	信息抽取技术专利申请来源国各国专利申请趋势 (327)
图11-2-4	信息抽取技术专利申请目标国家或地区 (328)
图11-2-5	信息抽取技术专利申请目标国各国专利申请趋势 (328)
图11-2-6	信息抽取技术全球重要专利申请人申请量排名 (329)
图11-2-7	信息抽取技术在华专利申请趋势 (330)
图11-2-8	信息抽取技术在华重要申请人排名 (330)
图11-2-9	信息抽取技术国内重要申请人排名 (331)
图11-2-10	国内信息抽取技术主要省份申请量排名 (331)
图11-2-11	信息抽取技术北京、广东、上海、江苏专利申请趋势 (332)
图12-1-1	自动摘要技术历年全球申请量 (334)
图12-1-2	自动摘要技术全球申请目标国家或地区占比 (334)
图12-1-3	自动摘要技术各国家或地区全球技术各国家或地区专利申请态势分析 (335)
图12-1-4	自动摘要技术全球申请来源国家或地区占比 (335)
图12-1-5	自动摘要技术各国家或地区全球专利申请态势分析 (336)
图12-1-6	自动摘要技术全球主要申请人专利申请量排名 (337)
图12-2-1	中国自动摘要技术历年申请量 (337)
图12-2-2	中国自动摘要技术主要申请人专利申请量排名 (338)
图12-2-3	中国自动摘要主要创新主体专利申请量排名 (338)
图12-2-4	国内自动摘要主要省份专利申请量排名 (339)

表 索 引

关键技术一 计算机视觉

- 表1 主要国/组织人工智能战略规划节选 (3~4)
- 表2 人工智能关键技术分解表 (4~5)
- 表2-1-1 计算机视觉技术全球主要国家或地区申请量流向分布 (19)
- 表2-3-1 主要国家或地区计算机视觉技术类分支专利布局 (25)
- 表2-3-2 国内主要省市计算机视觉技术类分支专利布局 (25)
- 表2-3-3 主要国家或地区计算机视觉应用类分支专利布局 (28)
- 表2-3-4 国内主要省市应用类技术分支专利量分布 (28)
- 表2-3-5 计算机视觉技术在各应用领域分布 (29)
- 表3-1-1 智能网联汽车视觉技术主要国家或地区申请量流向表 (33)
- 表3-1-2 智能网联汽车视觉技术手段类分类 (34)
- 表3-1-3 智能网联汽车视觉技术应用类分类 (35)
- 表3-1-4 智能网联汽车视觉技术主要国家或地区布局情况 (36)
- 表3-1-5 主要申请人在智能网联汽车视觉技术分支布局情况 (37)
- 表3-1-6 智能网联汽车视觉技术国内主要省份专利布局情况 (38)
- 表3-1-7 智能网联汽车视觉技术在华创新主体专利布局情况 (39)
- 表3-1-8 识别算法核心专利1 (43)
- 表3-1-9 识别算法核心专利2 (44)
- 表3-1-10 识别算法核心专利3 (44)
- 表3-1-11 车辆控制技术核心专利4 (45)
- 表3-1-12 车辆控制技术核心专利5 (45)
- 表3-1-13 车辆控制技术核心专利6 (46)
- 表3-1-14 硬件技术核心专利7 (47)
- 表3-1-15 硬件技术核心专利8 (47)
- 表3-2-1 智能安防影像分析技术分解 (49)
- 表3-2-2 智能安防影像分析技术全球主要国家或地区申请量流向分布 (52)
- 表3-2-3 智能安防影像分析技术一级分支主要国家或地区布局情况 (55)
- 表3-2-4 生物特征识别技术下各二级分支主要国家或地区布局情况 (55)
- 表3-2-5 智能安防影像分析技术一级分支全球主要申请人布局情况 (55~56)
- 表3-2-6 生物特征识别技术下各二级分支全球主要申请人布局情况 (56)
- 表3-2-7 智能安防影像分析技术国内主要省市专利布局情况 (58)
- 表3-2-8 智能安防影像分析技术在华主要创新主体各一级分支布局情况 (59)
- 表3-2-9 生物特征识别技术下各二级分支在华主要创新主体布局情况 (59)
- 表3-2-10 人脸识别技术分解 (60)
- 表3-2-11 人脸识别核心专利1 (63)
- 表3-2-12 人脸识别核心专利2 (63)
- 表3-2-13 人脸识别核心专利3 (64)
- 表3-3-1 医疗影像技术全球专利主要国家或地区申请量流向表 (67)
- 表3-3-2 医疗影像技术分类 (68)
- 表3-3-3 医疗影像技术主要国家或地区布局情况 (69)
- 表3-3-4 医疗影像技术主要申请人在各技术分支的布局情况 (70)

359

表3-3-5	医疗影像技术国内主要省份专利布局情况 (72)
表3-3-6	医疗影像技术国内创新主体专利布局情况 (73)
表3-3-7	医疗影像技术核心专利1 (76)
表3-3-8	医疗影像技术核心专利2 (76)
表3-3-9	医疗影像技术核心专利3 (77)
表3-3-10	医疗影像技术核心专利4 (77)
表3-3-11	医疗影像技术核心专利5 (78)
表3-3-12	医疗影像技术核心专利6 (78)
表3-3-13	医疗影像技术核心专利7 (79)
表3-3-14	医疗影像技术核心专利8 (79)
表3-4-1	金融安全技术分解 (81)
表3-4-2	金融安全技术全球主要国家或地区申请量流向分布 (84)
表3-4-3	金融安全技术一级分支主要国家或地区布局情况 (86)
表3-4-4	金融安全技术各二级分支主要国家或地区布局情况 (87)
表3-4-5	金融安全技术一级分支全球主要申请人布局情况 (87)
表3-4-6	生物特征识别技术下各二级分支全球主要申请人布局情况 (88)
表3-4-7	金融安全技术国内主要省市专利布局情况 (89)
表3-4-8	金融安全技术中国主要创新主体各一级分支布局情况 (90~91)
表3-4-9	金融安全技术中国主要创新主体各二级分支布局情况 (91)
表4-1-1	障碍物技术弱人工智能相关技术历年专利量分布 (96)
表4-1-2	道路检测技术申请量分布 (96)
表4-1-3	Mobileye重要发明人 (103)
表4-1-4	Mobileye重要发明人技术分布 (104)
表4-2-1	商汤科技专利技术分解 (106)
表4-2-2	商汤科技一级技术分支年申请量 (107)
表4-2-3	商汤科技基础技术分支下各二级技术分支年申请量 (108)
表4-2-4	商汤科技应用技术分支下各二级技术分支年申请量 (108)
表4-2-5	商汤科技应用技术分支下各三级技术分支年申请量 (109)
表4-2-6	商汤科技身份验证技术分支下各四级技术分支年申请量 (109)
表4-2-7	商汤科技安防领域专利各一级技术分支年申请量 (110)
表4-2-8	商汤科技安防领域专利基础技术分支下各二级技术分支年申请量 (110)
表4-2-9	商汤科技安防领域专利应用技术分支下各二级技术分支年申请量 (110)
表4-2-10	商汤科技安防领域专利目标识别技术分支下各三级技术分支年申请量 (111)
表4-2-11	商汤科技安防领域专利身份验证技术分支下各四级技术分支年申请量 (111)
表4-2-12	商汤科技安防领域专利目标解析技术分支下各三级技术分支年申请量 (111)
表4-2-13	商汤科技安防领域专利属性检测技术分支下各四级技术分支年申请量 (112)
表4-2-14	核心专利1 (114)
表4-2-15	核心专利2 (114)
表4-2-16	核心专利3 (115)
表4-2-17	身份验证技术各子技术分支主要发明人申请量排名 (116)
表4-3-1	旷视科技专利目标国家或地区分布 (120)
表4-3-2	旷视科技各技术主题的专利分布 (121)
表4-3-3	旷视科技的人脸识别与分析技术的专利分布 (122)
表4-3-4	旷视科技的人体识别与分析技术的专利分布 (122)

关键技术二 自然语言处理

| 表2-1-1 | 自然语言处理技术主要国家或地区 |

	申请量流向分布 （158）		表5-1-2	语义分析技术主要国家或地区专利申请布局情况 （211）
表2-1-2	主要国家或地区自然语言处理一级技术分支申请量 （159）		表5-1-3	语义分析技术重要申请人专利申请布局情况 （213）
表2-1-3	排名前十申请人与其他申请人合作申请情况 （161）		表5-1-4	语义分析技术国内主要省份专利布局情况 （215）
表2-1-4	自然语言处理技术国内创新主体专利布局情况 （162）		表5-1-5	语义分析技术国内创新主体专利布局情况 （216）
表2-1-5	自然语言处理技术美国专利申请人专利布局情况 （163）		表6-1-1	语言模型技术主要国家或地区申请量流向分布 （237）
表2-2-1	主要国家或地区在基础技术二级分支上的专利布局情况 （164）		表7-2-1	知识图谱主要国家或地区申请量流向分布 （246）
表2-2-2	全球重要申请人基础技术二级分支上的专利布局情况 （165）		表8-2-1	自动问答系统主要国家或地区申请量流向分布 （255）
表2-2-3	在华重要申请人基础技术二级分支上的专利布局情况 （166~167）		表8-3-1	自动问答系统分类方式标引表 （260）
表2-2-4	国内主要省份基础技术二级分支专利布局分析 （167）		表8-3-2	自动问答系统技术构成与技术效果标引表 （260）
表2-3-1	主要国家应用技术二级分支专利布局情况 （169）		表8-3-3	IBM自动问答系统分类方式矩阵表 （264）
表2-3-2	全球重要申请人应用技术二级分支上的专利布局情况 （169）		表8-3-4	IBM自动问答系统功能领域分类方式矩阵表 （264）
表2-3-3	主要申请人应用技术二级分支上的专利布局情况 （171）		表8-3-5	IBM自动问答系统回复生成方式分类方式矩阵表 （264）
表2-3-4	国内主要省份在应用技术二级分支上的专利申请量 （171~172）		表8-3-6	IBM自动问答系统功能领域与技术结构矩阵表 （265）
表3-2-1	词法分析技术主要国家或地区申请流向分布 （177）		表8-3-7	IBM自动问答系统回复生成方式与技术结构矩阵表 （265）
表3-5-1	主要技术来源国家或地区技术构成布局情况 （184）		表8-3-8	IBM自动问答系统技术方向与技术效果功效表 （265）
表3-5-2	词法分析国外主要申请人专利技术构成 （186）		表8-3-9	IBM发明人研究功能领域专利申请技术分布 （269~270）
表3-5-3	词法分析国内主要创新主体专利技术构成 （186~187）		表8-3-10	IBM发明人研究回复生成专利申请技术分布 （270）
表4-4-1	句法分析主要技术来源国家或地区技术构成布局情况 （203）		表8-3-11	IBM发明人技术方向专利申请技术分布 （270）
表4-4-2	句法分析国外主要申请人专利技术构成 （204）		表8-3-12	微软自动问答系统分类方式矩阵表 （273）
表4-4-3	句法分析国内主要申请人专利技术构成 （205）		表8-3-13	微软自动问答系统功能领域分类方式矩阵表 （274）
表5-1-1	语义分析技术主要国家或地区申请量流向分布 （209）		表8-3-14	微软自动问答系统回复生成方式

表 8-3-15	微软自动问答系统功能领域与技术结构矩阵表 （274）
	分类方式矩阵表 （274）
表 8-3-16	微软自动问答系统回复生成方式与技术结构矩阵表 （274）
表 8-3-17	微软自动问答系统技术方向与技术效果功效表 （275）
表 8-3-18	百度自动问答系统分类方式矩阵表 （281）
表 8-3-19	百度自动问答系统功能领域分类方式矩阵表 （281）
表 8-3-20	百度自动问答系统回复生成方式分类方式矩阵表 （282）
表 8-3-21	百度自动问答系统功能领域与技术结构矩阵表 （282）
表 8-3-22	百度自动问答系统回复生成方式与技术结构矩阵表 （282）
表 8-3-23	百度自动问答系统技术方向与技术效果功效表 （283）
表 9-1-1	机器翻译系统技术分支 （287）
表 9-1-2	机器翻译系统技术主要国家或地区申请量流向分布 （296）
表 9-1-3	机器翻译系统技术主要国家或地区布局情况 （298）
表 9-1-4	全球主要申请人机器翻译系统技术布局情况 （298~299）
表 9-1-5	国内主要省市在机器翻译系统技术各技术主题申请量分布 （303）
表 9-1-6	国内主要创新主体在机器翻译系统技术各技术主题布局情况 （303~304）
表 9-2-1	机器翻译技术手段类分类 （304~305）
表 9-2-2	重要申请人近年专利申请量趋势对比 （305）
表 9-2-3	微软全球专利申请一级技术分支分布 （308）
表 9-2-4	微软全球专利申请二级技术分支分布 （308）
表 9-2-5	微软发明人专利申请技术主题分布 （309）
表 9-2-6	谷歌全球专利申请一级技术分支分布 （312）
表 9-2-7	谷歌全球专利申请在用户体验下的二级技术分支分布 （312）
表 9-2-8	谷歌全球专利申请在算法模型下的二级技术分支分布 （312）
表 9-2-9	谷歌发明人专利申请技术主题分布 （313~314）
表 9-2-10	全球专利申请一级技术分支分布 （315）
表 9-2-11	百度全球专利申请二级技术分支分布 （316）
表 9-2-12	百度发明人专利申请技术分布 （317）
表 10-1-1	情感分析技术主要国家或地区申请流向分布 （323）
表 11-2-1	信息抽取技术主要国家或地区申请量流向分布 （329）
表 12-1-1	自动摘要技术主要国家或地区申请量流向分布 （336）